PRAXIS DES ORGANISCHEN CHEMIKERS

DIE PRAXIS

DES

ORGANISCHEN CHEMIKERS.

VON

DR. PHIL. LUDWIG GATTERMANN,

ORDENTLICHER PROFESSOR DER CHEMIE UND DIREKTOR DER PHILOSOPHISCHEN ABTEILUNG DES CHEMISCHEN LABORATORIUMS DER UNIVERSITÄT FREIBURG I. B.

SIEBENTE, VERBESSERTE UND VERMEHRTE AUFLAGE.

MIT EINUNDNEUNZIG ABBILDUNGEN UND EINER TABELLE.

LEIPZIG,

VERLAG VON VEIT & COMP.

1905

Druck von Metzger & Wittig in Leipzig.

Vorwort zur ersten Auflage.

Das vorliegende Buch ist in erster Linie einem privaten Bedürfnis des Verfassers entsprungen. Wenn man gleichzeitig eine größere Anzahl von Studierenden in das organische Arbeiten einzuführen hat, dann ist es oft beim besten Willen nicht möglich, jeden einzelnen auf die kleinen Kunstgriffe, deren es beim organischen Arbeiten so viele gibt, aufmerksam zu machen. Damit nun der Studierende sich auch in Abwesenheit des Lehrers bei der Ausführung allgemeiner Operationen Rat erholen kann, ist den speziellen Vorschriften für Präparate ein allgemeiner Teil vorausgeschickt, welcher die Kristallisation, Destillation, das Trocknen, die analytischen Operationen u. a. behandelt. Bei der Abfassung dieses Teiles wurde weniger Wert darauf gelegt, die zahlreichen Modifikationen der einzelnen Operationen möglichst vollständig aufzuzählen, als vielmehr darauf, die wichtigsten Operationen derart zu beschreiben, daß der Anfänger auch in Abwesenheit des Assistenten dieselben danach selbständig ausführen kann.

Im zweiten speziellen Teile wurden jedem einzelnen Präparate allgemeine Betrachtungen angefügt, welche sich auf das Wesen und die allgemeine Bedeutung der ausgeführten Reaktionen beziehen und den Zweck verfolgen, daß der Studierende sich schon beim praktischen Arbeiten auch möglichst vielseitige theoretische Kenntnisse aneignet, welche unter diesen Umständen erworben, bekanntlich fester haften, als wenn sie ausschließlich an Hand eines rein theoretischen Buches gewonnen sind. Und so hofft denn der Verfasser, daß sein Buch neben den trefflichen Anleitungen von E. Fischer und Levy sich hier und da einige

Freunde erwerben möge. Für den Hinweis auf die Mängel desselben würde der Verfasser den Herren Fachgenossen stets dankbar sein.

Heidelberg, im August 1894.

Gattermann

Vorwort zur zweiten Auflage.

Die Notwendigkeit einer zweiten Auflage des vorliegenden Buches nach Verlauf von nur drei Semestern ist für den Verfasser ein erfreuliches Zeichen dafür, daß sein Buch sich mehr Freunde erworben hat, als er bei der Abfassung desselben zu hoffen wagte. Da die Vorschriften sich im allgemeinen wohl bewährt haben, so konnte die erste Auflage bis auf eine Anzahl kleiner Verbesserungen unverändert abgedruckt werden. Von Präparaten sind nur das inzwischen entdeckte Phenylhydroxylamin und Nitrosobenzol neu aufgenommen. Die beim Kapitel „Stickstoffanalyse" eingefügte Tabelle dürfte bei der Berechnung der Analysen willkommen sein. Indem der Verfasser allen Herren Fachgenossen, die ihn auf Mängel der ersten Auflage freundlich aufmerksam gemacht haben, bestens dankt, spricht er auch jetzt wieder die Bitte aus, dies auch bezüglich der neuen Auflage tun zu wollen.

Heidelberg, im Februar 1896.

Gattermann

Vorwort zur dritten Auflage.

Das Bedürfnis einer dritten Auflage nach einem weiteren Verlaufe von zwei und einem viertel Jahre zeigt dem Verfasser aufs neue, daß seine Idee, nicht nur praktische Vorschriften, sondern dazu auch theoretische Erörterungen zu geben, auch fernerhin den

Beifall der Fachgenossen gefunden hat. In der neuen Auflage wurden die früheren Vorschriften zum größten Teil unverändert beibehalten; verbessert wurden nur diejenigen für Malonsäureester, Phenylhydroxylamin, Phenylhydrazin u. a. m. Die Darstellung des Acetylens bezw. Acetylentetrabromides wurde fortgelassen und dafür ein Beispiel für einen Übergang aus der aliphatischen Reihe in die aromatische (Ringschließung bei einem 1·5 Diketon) aufgenommen. Die aromatischen Präparate wurden um eine Vorschrift zur Darstellung eines Aldehydes mit Hilfe von Kohlenoxyd bereichert. — Indem der Verfasser allen Herren Fachgenossen, welche ihn durch Ratschläge erfreut haben, seinen besten Dank ausspricht, bittet er um weitere freundliche Anteilnahme an der neuen Auflage.

Heidelberg, im Mai 1898.

Gattermann

Vorwort zur vierten Auflage.

In der vorliegenden neuen Auflage wurden die Präparate aus der aliphatischen Reihe um die Darstellung von Glykol aus Äthylenbromid vermehrt. Herrn Prof. Dr. L. Henry in Löwen bin ich für wertvolle Ratschläge bezgl. dieses Präparates zu großem Danke verpflichtet. Unter die aromatischen Präparate wurde ein Beispiel für die Reimer-Tiemannsche Synthese (Salicylaldehyd), sowie die Zerlegung der inaktiven Mandelsäure in ihre aktiven Komponenten neu aufgenommen. — Die alten Vorschriften konnten beibehalten werden, wurden jedoch in manchen Punkten verbessert.

Zur Freude des Verfassers hat sein Büchlein auch im Auslande Beifall gefunden, wie das Erscheinen einer englischen Übersetzung beweist. Eine Übersetzung ins Russische befindet sich unter der Presse.

Heidelberg, im Februar 1900.

Gattermann

Vorwort zur fünften Auflage.

Das vorliegende Buch ist ein unveränderter Abdruck der vierten Auflage. Mögen die Freunde des Büchleins demselben auch im alten Gewande treu bleiben.

Freiburg, im Oktober 1901.

Gattermann

Vorwort zur sechsten Auflage.

Dem Charakter des Buches entsprechend wurden in die neue Auflage zwei Beispiele für die so fruchtbare GRIGNARDsche Reaktion neu aufgenommen. An den alten Vorschriften etwas zu ändern, erwies sich als nicht notwendig.

Freiburg, im Oktober 1903.

Gattermann

Vorwort zur siebenten Auflage.

Die neue Auflage unterscheidet sich von den früheren dadurch, daß theoretische Erörterungen, die für das organisch-präparative Arbeiten von allgemeiner Bedeutung sind (Theorie der Wasserdampfdestillation, Teilungssatz, Massenwirkungsgesetz, Löslichkeitsprodukt), nach Möglichkeit Berücksichtigung fanden. Ferner wurde die Tabelle für die Berechnung der Stickstoffbestimmungen auf Grund des von RAYLEIGH und RAMSAY ermittelten Stickstoffgewichtes neu berechnet, bei welchem Anlasse auch die Mantissen der dekadischen Logarithmen eingefügt wurden.

Freiburg, im April 1905.

Gattermann

Inhalt.

Allgemeiner Teil.

Organisch-analytische Methoden.

Spezieller Teil.

I. Aliphatische Reihe.

III. Pyridin- und Chinolinreihe.

IV. Anorganischer Teil.

Abkürzungen.

A. = Liebigs Annalen der Chemie.
A. ch. = Annales de chimie et de physique.
B. = Berliner Berichte.
Bl. = Bulletin de la société chimique de Paris.
Ch.-Z. = Chemiker-Zeitung.
J. = Jahresbericht über die Fortschritte der Chemie.
J. pr. = Journal für praktische Chemie.
P. = Poggendorffs Annalen.
R. = Journal der russischen chemischen Gesellschaft.
Z. = Zeitschrift für Chemie.

Allgemeiner Teil.

Die bei chemischen Reaktionen erhaltenen Körper sind nur in seltenen Fällen sofort rein; man muß sie deshalb, ehe man mit ihnen weiterarbeitet, einem Reinigungsprozeß unterwerfen. Die zu diesem Zwecke am häufigsten ausgeführten Operationen sind

1. die **Kristallisation,**
2. die **Sublimation,**
3. die **Destillation.**

Kristallisation.

Arten der Kristallisation: Das bei einer Reaktion direkt erhaltene Produkt (das Rohprodukt) ist, sofern es fest ist, meistens amorph oder klein-kristallinisch. Um es in einheitlichen, wohlcharakterisierten Kristallen zu erhalten, sowie um es von Verunreinigungen, wie Filterfasern, anorganischen Substanzen, Nebenprodukten u. a. zu trennen, löst man es meistens unter Erwärmen in einem geeigneten Lösungsmittel auf, filtriert von den ungelöst gebliebenen Verunreinigungen ab und läßt die warme Lösung allmählich erkalten, wobei sich der gelöste Körper in kristallisierter Form abscheidet, während gelöste Verunreinigungen in der Mutterlauge verbleiben (Kristallisation durch Erkalten). Manche Körper sind in allen Lösungsmitteln, selbst in der Kälte, so leicht löslich, daß sie sich aus ihren Lösungen beim bloßen Abkühlen nicht abscheiden. In diesem Falle muß man, um Kristalle zu erhalten, einen Teil des Lösungsmittels verdunsten lassen (Kristallisation durch Verdunstung).

Lösungsmittel: Als Lösungsmittel benutzt man für organische Substanzen hauptsächlich die folgenden Körper:

Wasser,
Alkohol,
Äther,
Ligroin (Petroleumäther),
Eisessig,
Benzol,

sowie Mischungen dieser, wie

Wasser + Alkohol,
Wasser + Eisessig,
Äther + Ligroin,
Benzol + Ligroin.

Nicht so häufig wie diese wendet man an: Salzsäure, Schwefelkohlenstoff, Aceton, Chloroform, Essigester, Methylalkohol, Amylalkohol, Toluol, Xylol, Solvent Naphta u. a. m.

Nur selten werden benutzt: Pyridin, Naphtalin, Phenol, Nitrobenzol, Anilin u. a. m.

Wahl des Lösungsmittels: Die Wahl eines geeigneten Lösungsmittels ist oft von großem Einflusse auf das gute Gelingen eines Versuches, indem ein fester Körper erst dann als einheitlich angesprochen werden kann, wenn er auch einheitlich kristallisiert ist. Handelt es sich um die Auffindung des zweckmäßigsten Lösungsmittels, so führt man zunächst in der folgenden Weise einige Vorversuche aus: Möglichst kleine Proben der fein pulverisierten Substanz (wenige Milligramme genügen) werden der Reihe nach mit geringen Mengen der oben an erster Stelle aufgeführten Solventien in kleinen Reagenzröhren versetzt. Tritt hierbei bereits in der Kälte oder bei schwachem Erwärmen Lösung ein, so ist das betreffende Lösungsmittel vorläufig außer acht zu lassen. Die übrigen Proben erwärmt man zum Sieden, bis eventuell unter Nachfügen einer größeren Menge des Lösungsmittels Lösung eingetreten ist. Man kühlt dann mit kaltem Wasser ab und beobachtet, aus welcher Probe sich Kristalle in reichlichster Menge abgeschieden haben. Zuweilen tritt beim bloßen Abkühlen die Kristallisation nicht ein; in diesem Falle reibt man die Gefäßwandungen mit einem scharfkantigen Glasstabe oder „impft" der Lösung ein Kriställchen des Rohproduktes ein, wodurch oftmals die Kristallisation eingeleitet wird. Haben sich die an erster Stelle erwähnten einheitlichen Lösungsmittel als untauglich erwiesen, so versucht man es mit Mischungen. Körper, welche in Alkohol oder Eisessig leicht löslich sind, sich hieraus beim Abkühlen infolgedessen nicht abscheiden, sind meistens in Wasser schwer löslich. Man versetze daher die heißen Lösungen in den reinen Solventien je nach den Umständen mit wenig oder mehr Wasser und beobachte, ob jetzt beim Abkühlen Kristallabscheidung stattfindet. Substanzen, welche in Äther, Benzol, Toluol u. a. leicht löslich sind, lösen sich oft in Ligroin schwer auf. Man kann deshalb oftmals auch Mischungen dieser Körper, wie soeben beschrieben, mit Vorteil verwenden. Haben sich bei diesen Versuchen mehrere Lösungsmittel als geeignet erwiesen, so erwärmt man die betreffenden Proben nochmals, bis Lösung eingetreten ist, und läßt nun langsam erkalten. Dasjenige Lösungsmittel, aus dem sich die besten Kristalle in reichlichster Menge abscheiden, wählt man dann für die Kristallisation der Gesamtmenge. Ist eine Substanz in allen Lösungsmitteln leicht löslich, so muß man zur Kristallisation durch Verdunstung seine Zuflucht nehmen, indem man die verschiedenartigen Lösungen auf Uhrgläsern einige Zeit stehen läßt. Dasjenige Lösungsmittel, aus dem sich zuerst Kristalle abscheiden, ist das geeignetste. Oftmals löst sich ein Körper in einem Lösungsmittel erst beim Erwärmen auf, kristallisiert jedoch beim Abkühlen nicht sofort wieder aus; man nennt derartige Körper „träge“ kristallisierende. In diesem Falle lasse man die Lösungen längere Zeit, wenn nötig über Nacht, an einem möglichst kühlen Orte stehen. Ist ein Körper sehr schwer löslich, so wende man möglichst hoch siedende Lösungsmittel, wie Toluol, Xylol, Nitrobenzol, Anilin, Phenol u. a. an. — Die bei diesen Vorversuchen erhaltenen Kristalle bewahre man besonders bei leicht löslichen Substanzen auf, damit, wenn die Hauptmenge keine Kristalle abscheiden will, man durch Einimpfen eines der vorher erhaltenen die Kristallisation einleiten kann. — Die Kristallisation unzersetzt siedender Substanzen kann man sich oft dadurch erleichtern, daß man den Körper zuvor destilliert.

Lösen der Substanz: Bei Anwendung von Wasser oder Eisessig, also eines nicht oder nicht leicht brennbaren Lösungsmittels, kann man das Erhitzen bei geringeren Flüssigkeitsmengen in einem Becherglase, bei größeren stets in einem Kolben über freier Flamme auf einem Drahtnetze vornehmen, wobei darauf zu achten ist, daß, um ein Springen des Gefäßes zu verhindern, man die am Boden befindlichen Kristalle durch Rühren mit einem Glasstabe oder durch Schütteln des Gefäßes öfters in der Flüssigkeit aufrührt. Diese Vorsichtsmaßregel ist besonders auch dann anzuwenden, wenn der zu lösende Körper beim Erwärmen unter der Flüssigkeit schmilzt. Auch Alkohol und Benzol kann man, wenn man bereits geübt im Arbeiten ist und nicht zu große Mengen zu erhitzen hat, in der gleichen Weise direkt über einer mäßig großen Flamme erwärmen. Entzünden sich diese, so suche man nicht die Flamme durch Ausblasen zu löschen. Vielmehr entferne man die Erhitzungsquelle und bedecke das Gefäß mit einem Uhrglase, einer Glasplatte oder einem feuchten Tuche. Arbeitet man mit größeren Mengen von Alkohol oder Benzol, oder mit Äther, Ligroin, Schwefelkohlenstoff und anderen niedrig siedenden Körpern, so nimmt man das Erhitzen auf dem Wasserbade unter Anwendung eines Steigrohres oder eines Rückflußkühlers vor. — Kristallisiert man eine Substanz aus einem Lösungsmittel um, welches sich mit Wasser nicht mischt, so muß jene, wofern sie feucht ist, zuvor getrocknet werden.

Ein Fehler, den selbst Fortgeschrittenere nur zu oft beim Umkristallisieren begehen, besteht darin, daß die Substanz sogleich mit einer möglichst großen Menge des Lösungsmittels übergossen wird. Erhitzt man nun, so tritt zwar leicht Lösung ein, allein beim Abkühlen kristallisiert nichts aus. Es ist eben so viel Lösungsmittel genommen, daß dieses die Substanz selbst in der Kälte zu lösen vermag. Die Folge ist, daß nun ein Teil des Lösungsmittels wieder abdestilliert werden muß, was mit Zeit- und Substanzverlust, sowie bisweilen mit Zersetzung der Substanz verknüpft ist. Man mache es sich deshalb zur Regel, zunächst nur so wenig Lösungsmittel zu nehmen, daß die Substanz beim Erwärmen sich nicht vollkommen darin auflöst, und dann allmählich noch so viel nachzufügen, daß eben alles gelöst ist. Nur so ist man sicher, daß beim Abkühlen eine reichliche Kristallisation eintritt. — Wendet man eine Mischung zweier Lösungsmittel an, von denen das eine die Substanz leicht, das andere sie schwer löst, z. B. Alkohol + Wasser, so löst man zunächst die Substanz in nicht zu viel des ersteren unter Erwärmen auf und versetzt dann unter fortwährendem Erhitzen so lange allmählich mit dem zweiten (bei Anwendung von Wasser fügt man dieses zweckmäßig heiß hinzu), bis die im ersten Augenblicke eintretende Trübung beim weiteren Erhitzen nicht mehr verschwindet, worauf man, um letztere zu entfernen, nochmals eine kleine Menge des ersten Lösungsmittels nachfügt. Beim Zusatz der ersten Anteile der zweiten Flüssigkeit (Wasser und Ligroin) scheiden sich bisweilen harzartige Verunreinigungen ab; in diesem Falle filtriert man vor weiterem Zusatz zuvor von diesen ab.

Zuweilen kommt es vor, daß die letzten Anteile eines Körpers sich nur schwer lösen wollen. Der Anfänger begeht hier oft den Fehler, daß er immer größere Mengen des Lösungsmittels nachfügt, um die letzten Reste, welche meistens aus schwer löslichen Verunreinigungen, wie anorganischen Salzen u. a., bestehen, in Lösung zu bringen. Die Folge davon ist dann, daß beim Abkühlen nichts auskristallisiert. In einem derartigen Falle lasse man die sich schwer lösenden Anteile ruhig ungelöst; beim Filtrieren der Lösung bleiben diese ja auf dem Filter zurück.

Filtrieren der Lösung: Hat man eine Substanz in Lösung gebracht, so gilt es zunächst, die Lösung von den ungelöst gebliebenen Anteilen, wie Nebenprodukten, Filterfasern, anorganischen Körpern u. a., abzufiltrieren. Man bedient sich hierbei meistens eines sogen. „abgesprengten" Trichters, d. h. eines gewöhnlichen Trichters, dessen Abflußrohr dicht unter dem konischen Teile abgeschnitten ist (Fig. 1). Die in der analytischen Chemie angewandten Trichter haben den Nachteil, daß, wenn die heiße Lösung eines Körpers durch das Abflußrohr fließt, sie hierin so sehr abgekühlt wird, daß in ihm sich oftmals Kristalle abscheiden, was eine Verstopfung des Rohres zur Folge hat. Der abgesprengte Trichter wird mit einem Faltenfilter beschickt, welches bei leicht auskristallisierenden Substanzen zweckmäßig aus sehr leicht durchlässigem Filtrierpapier (Schnellfilter) gefertigt ist (Fig. 2). Die zu filtrierende Lösung lasse man vor dem Filtrieren nicht abkühlen, sondern gieße sie, nachdem man sie eben von der Flamme oder vom Wasserbade genommen, sofort auf das Filter. Arbeitet man mit brennbaren Lösungsmitteln, so achte man darauf, daß die Dämpfe sich nicht an einer in der Nähe befindlichen Flamme entzünden. Auf dem Filter selbst sollen normalerweise während

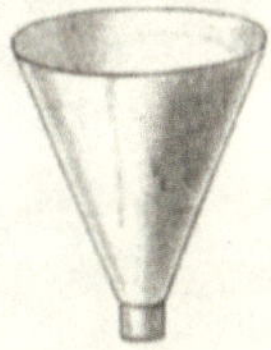

Fig. 1.

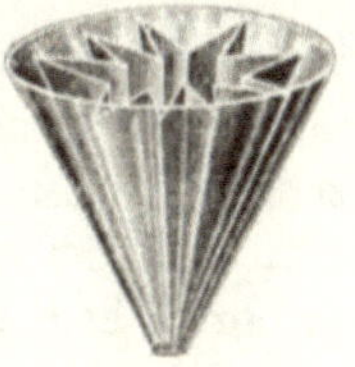

Fig. 2.

des Filtrierens keine oder nur wenige Kristalle abgeschieden werden. Scheidet eine Lösung, sobald man sie auf das Filter gießt, bereits hier größere Mengen von Kristallen ab, so ist dies ein Zeichen, daß man zu wenig Lösungsmittel angewandt hat. In einem derartigen Falle durchsticht man die Spitze des Filters, spült mit einer neuen Menge des Lösungsmittels die abgeschiedenen Kristalle zu der noch nicht filtrierten Lösung, versetzt von neuem mit einer größeren Menge Lösungsmittel, erhitzt und filtriert nun die verdünntere Lösung.

Sehr schwer lösliche Körper kristallisieren zuweilen bereits in dem zwischen Filter und Trichter befindlichen Raume infolge der Berührung mit den kalten Wänden des letzteren aus. Man

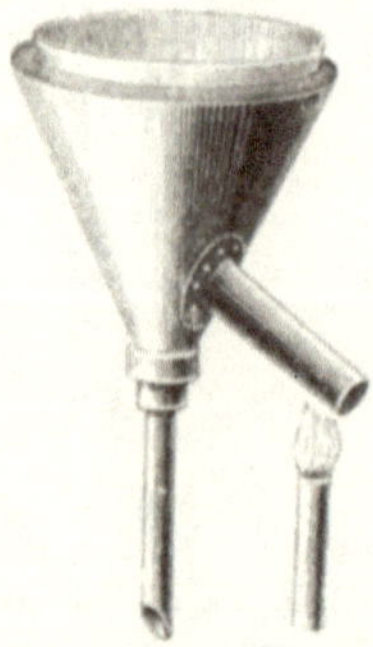

Fig. 3.

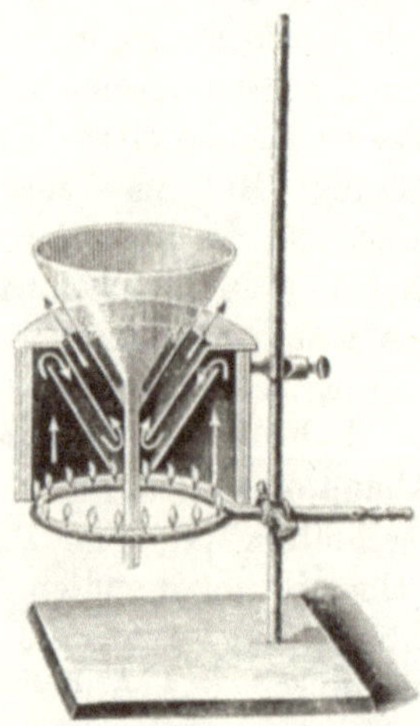

Fig. 4.

Fig. 5.

kann diesem Übelstande beim Filtrieren kleiner Flüssigkeitsmengen dadurch abhelfen, daß man den Trichter in einem Trockenschranke oder direkt über einer Flamme vorwärmt. Auch kann man sich bei größeren Mengen eines Heißwasser- oder Heißluft-Trichters bedienen (Fig. 3 und 4), oder man kann den Trichter mit einem konisch aufgewundenen Bleirohr umgeben, durch welches man Wasserdampf leitet (Fig. 5). Beim Filtrieren brennbarer Flüssigkeiten ist die Flamme, mit welcher der Heißwasser- oder Heißluft-Trichter erwärmt wird, zuvor auszulöschen. Sehr zweckmäßig nimmt man auch bei leicht wieder auskristallisierenden Substanzen das Filtrieren an der Saugpumpe unter

Anwendung eines Trichters mit möglichst großer Filtrierfläche (BÜCHNERscher Trichter) vor und gießt die filtrierte Lösung in das eigentliche Kristallisationsgefäß um. Um bei hochsiedenden Lösungsmitteln ein Springen des dickwandigen Filtrierkolbens zu vermeiden, wärme man ihn vor dem Filtrieren durch Eintauchen in warmes Wasser etwas vor.

Siedendes Nitrobenzol, Anilin, Phenol u. dergl. können in der üblichen Weise durch ein gewöhnliches Papierfilter filtriert werden.

Wahl des Kristallisationsgefäßes: Die Größe und Form des Kristallisationsgefäßes ist nicht ohne Bedeutung für die Kristallabscheidung. Kristallisiert ein Körper allein durch Abkühlung aus, ohne daß ein Teil des Lösungsmittels zu verdunsten braucht, so läßt man die Kristallisation in einem Becherglase vor sich gehen. Flache sog. Kristallisationsschalen sind für diesen Fall nicht empfehlenswert, da man sie nicht, wie häufig erforderlich, über freier Flamme erhitzen kann, und da ferner die Lösung gern über den Rand „kriecht", was mit Substanzverlust verknüpft ist. Überdies sind die an den Rändern sich absetzenden Krusten sehr unrein, da sie infolge vollständigen Verdunstens des Lösungsmittels alle die Verunreinigungen enthalten, die von Rechts wegen in der Mutterlauge gelöst bleiben sollten. Das Becherglas wählt man derart aus, daß die Höhe der darin befindlichen Lösung annähernd dem Durchmesser des Glases gleich ist, daß also das Gefäß etwa zur Hälfte bis zu zwei Dritteln gefüllt ist.

Nochmaliges Erhitzen nach dem Filtrieren: Viele Körper kristallisieren bereits während des Filtrierens im Becherglase aus. Da die so erhaltenen Kristalle infolge der schnellen Abscheidung nie gut ausgebildet sind, so muß man stets, nachdem die gesamte Lösung filtriert ist, letztere nochmals bis zur Auflösung der abgeschiedenen Kristalle erhitzen und sie dann in aller Ruhe möglichst langsam erkalten lassen. Um die Lösung vor Staub sowie vor zu schneller Abkühlung zu schützen, bedeckt man das Gefäß zunächst mit einem Stück Filtrierpapier und dann mit einem Uhrglase oder einer Glasplatte. Das Papier soll verhindern, daß die an dem kalten Deckglase sich zu Tropfen verdichtenden Dämpfe des Lösungsmittels in die Flüssigkeit herabfallen, wodurch die Kristallisation gestört werden würde. Man kann das Papier umgehen, wenn man das Uhrglas mit der Wölbung nach oben über das Gefäß deckt; die kondensierten Dämpfe fließen dann an den Wandungen des Becherglases ab.

Abscheidung der Kristalle: Um möglichst schöne Kristalle zu erhalten, lasse man die Lösung in aller Ruhe langsam erkalten. Nur ausnahmsweise stelle man sie zur Beschleunigung der Abscheidung in kaltes Wasser; auch berühre man das Gefäß nicht eher, bis die Kristallisation beendet ist. Scheidet sich ein Körper beim langsamen Abkühlen in sehr derben Kristallen aus, so ist es, wenn es sich um Gewinnung von Analysensubstanz handelt, in diesem Falle zweckmäßig, durch künstliche Abkühlung die Kristallisation zu beschleunigen, so daß die Kristalle kleiner ausfallen. Sehr derbe Kristalle pflegen nämlich häufig unreiner zu sein als kleinere, indem sie Mutterlauge in sich einschließen. Will man eine möglichst reichliche Kristallabscheidung erzielen, so stelle man das Gefäß an einen kühlen Ort, etwa in den Keller oder Eisschrank. Kristallisiert ein Körper „träge", so sei auf das oben beim Kapitel „Wahl des Lösungsmittels" Gesagte verwiesen (Kratzen mit einem Glasstabe; Einimpfen eines Kristalles; Stehenlassen über Nacht). Bisweilen scheidet sich ein Körper beim Abkühlen nicht in Kristallen, sondern in geschmolzenem Zustande ab. Dies kann seine Ursache darin haben, daß die Lösung so konzentriert ist, daß die Abscheidung bereits bei einer oberhalb des Schmelzpunktes liegenden Temperatur stattfindet. In diesem Falle erhitzt man nochmals bis zur Lösung des abgeschiedenen Öles und fügt dann je nach Bedürfnis eine neue Menge des Lösungsmittels zu. In anderen Fällen kann man diesem Übelstande dadurch abhelfen, daß man, sobald eine leichte Trübung sich zeigt, die Gefäßwände kurze Zeit mit einem scharfkantigen Glasstabe reibt oder einen bereits vorhandenen Kristall des gleichen Körpers der Lösung einimpft. Auch durch sehr langsame Abkühlung, indem man z. B. das Becherglas in ein mit heißem Wasser gefülltes größeres Gefäß stellt und in diesem abkühlen läßt, kann man in manchen Fällen diesen Mißstand beseitigen.

Zuweilen findet die Abscheidung von Kristallen plötzlich innerhalb weniger Sekunden in der gesamten Lösung statt. Da die so erhaltenen Kristalle meistens nicht gut ausgebildet sind, so erhitzt man die Flüssigkeit, nachdem man ihr zuvor einige Kristalle entnommen hat, nochmals bis zur Lösung und fügt ihr, nachdem sie zum Teil erkaltet ist, jene Kristalle hinzu, wodurch eine allmähliche Kristallisation veranlaßt wird.

Trennung der Kristalle von der Mutterlauge: Ist die Kristallabscheidung beendet, so gilt es zunächst, die Kristalle von der Flüssigkeit (Mutterlauge) zu trennen. Dies hat stets durch Abfiltrieren an der Saugpumpe, niemals durch bloßes Abgießen zu geschehen. Man beachte hierbei, daß beim Anlegen des Filters dieses mit der gleichen Substanz, welche als Lösungsmittel verwandt wurde, anzufeuchten ist. — Krusten, welche durch vollkommenes Verdunsten der Mutterlauge sich gebildet haben, filtriere man nicht mit den Kristallen ab. Man entferne sie zuvor mit einem Spatel und verarbeite sie gemeinsam mit der Mutterlauge. Um die nach dem Absaugen an den Kristallen noch haftende Mutterlauge vollständig zu entfernen, wäscht man einige Male mit frischem Lösungsmittel nach; bei leicht löslichen Substanzen selbstverständlich mit nicht zu großen Mengen. Hat man Lösungsmittel angewandt, welche an der Luft oder auf dem Wasserbade nicht leicht verdampfen, z. B. Eisessig, Toluol, Nitrobenzol u. a., so verdrängt man diese allmählich durch leicht verdampfende, wie Äther und Alkohol, indem man zunächst einmal mit dem angewandten Lösungsmittel, dann mit einer Mischung, welche viel von diesem und wenig von dem leichter siedenden enthält, nachwäscht, dann immer mehr von letzterem verwendet und schließlich allein mit diesem auswäscht. Eisessig kann man nach dem gleichen Prinzip auch durch Wasser verdrängen.

Trocknen der Kristalle: Sind die Kristalle von der Mutterlauge befreit, so müssen sie getrocknet werden. Dies kann entweder bei gewöhnlicher Temperatur durch allmähliches Verdunsten des Lösungsmittels an der Luft oder bei höherer Temperatur durch Erhitzen auf dem Wasserbade oder im Trockenschranke erfolgen. Im ersteren Falle breitet man die Kristalle auf einer mehrfachen Lage von Filtrierpapier in dünner Schicht aus und bedeckt sie mit einem Uhrglase, Trichter, Becherglase oder dergl. Damit die Dämpfe des Lösungsmittels abfließen können, darf man die Kristalle durch die Bedeckung nicht vollkommen von der Luft abschließen, weshalb man die Schutzdecke zweckmäßig auf einige Korke stellt. Auch im Exsikkator, eventuell unter Evakuieren desselben, können Kristalle getrocknet werden. Bei höherer Temperatur kann man unter Erhaltung der Kristallform natürlich nur solche Körper trocknen, welche unter den gegebenen Verhältnissen nicht schmelzen. Da viele Körper weit unterhalb ihres Schmelzpunktes sich verflüssigen, sobald sie mit nur geringen Mengen eines Lösungsmittels behaftet sind, so mache man, wenn man bei höherer Temperatur trocknet, stets mit einer kleinen Probe einen Vorversuch, ehe man die Gesamtmenge erhitzt. Körper, welche aus einem mit Äther mischbaren Lösungsmittel umkristallisiert sind und in Äther sich nicht leicht lösen, kann man sehr schnell dadurch trocknen, daß man sie einige Male mit Äther wäscht. Nach kurzem Liegen an der Luft sind sie dann trocken.

Verarbeitung der Mutterlauge: Die von den Kristallen abfiltrierte Mutterlauge enthält je nach der Löslichkeit der Substanz bei gewöhnlicher Temperatur noch größere oder geringere Mengen des Körpers gelöst, deren Gewinnung sich in vielen Fällen wohl verlohnt. Eine „zweite Kristallisation" läßt sich z. B. erhalten, wenn man einen Teil des Lösungsmittels abdestilliert. Auch kann man die Mutterlauge mit einer zweiten Flüssigkeit, welche den gelösten Körper nur schwierig löst, z. B. eine Lösung in Alkohol oder Eisessig mit Wasser, eine Lösung in Äther oder Benzol mit Ligroin, verdünnen.

Kristallisation durch Verdunsten: Ist ein Körper in allen Lösungsmitteln so leicht löslich, daß er erst beim teilweisen Verdunsten des letzteren auskristallisiert, so stellt man sich zum Zweck der Kristallisation, event. unter Erwärmen, eine nicht zu verdünnte Lösung her und filtriert diese von ungelöst gebliebenen Verunreinigungen ab. Als Kristallisationsgefäß wendet man in diesem Falle vielfach die flachen sogen. Kristallisierschalen an, in welchen man die Lösung zum Teil verdunsten läßt. Um diese vor Staub zu schützen, bedeckt man das Gefäß in der beim Kapitel „Trocknen der Kristalle" angegebenen Weise mit einem Trichter oder Uhrglase. Bei dieser Art der Kristallisation kommt es bisweilen vor, daß durch Kapillaritätswirkungen die Lösung über den Rand der Schale „kriecht". Um hierdurch bedingte Substanzverluste zu vermeiden, stelle man die Schale auf ein Uhrglas oder eine Glasplatte. In einem derartigen Falle bedecke man auch niemals das Gefäß mit Filtrierpapier, da man sonst nach einiger Zeit oft den gesamten Körper von diesem aufgesaugt vorfindet. Soll das Lösungsmittel zur Erzielung gut ausgebildeter Kristalle möglichst langsam verdunsten, so bringt man die Lösung in ein Becherglas oder ein Reagenzrohr, welches man, um die Verdunstung noch weiter zu verlangsamen, mit Filtrierpapier verschließen kann. Beschleunigen kann man die Verdunstung dadurch, daß man das Kristallisationsgefäß in einen Exsikkator stellt, welcher je nach der Natur des Lösungsmittels mit verschiedenen Substanzen beschickt ist; für die Absorption von Wasser resp. Alkohol mit Chlorcalcium oder Schwefelsäure, für die Absorption von Eisessig mit Natronkalk, festem Kali oder Natron. Auch durch Evakuieren des Exsikkators läßt sich die Verdunstung aller Lösungsmittel beschleunigen.

Da die reinigende Wirkung der Kristallisation darauf beruht, daß Verunreinigungen in der Mutterlauge gelöst bleiben und mit dieser abfiltriert werden, so darf man wie bei jeder Kristallisation auch hier nie das gesamte Lösungsmittel verdunsten lassen; vielmehr muß man die Kristalle abfiltrieren, solange sie noch mit Mutterlauge bedeckt sind. Vor dem Filtrieren entferne man zunächst mit Hilfe eines Stückchens Filtrierpapier oder eines Spatels die Krusten, welche sich meistens an den Rändern des Gefäßes abgesetzt haben. Trotz der Leichtlöslichkeit wasche man die den Kristallen anhaftende Mutterlauge mit geringen Mengen des Lösungsmittels nach. Hat man nur eine kleine Menge von Kristallen, so kann man diese im Notfalle dadurch von der anhaftenden Mutterlauge trennen, daß man sie auf einem porösen Tonteller mit etwas Lösungsmittel befeuchtet.

Fraktionierte Kristallisation: Bislang wurde angenommen, daß der umzukristallisierende Körper im wesentlichen einheitlicher Natur sei, und es war nur Aufgabe der Kristallisation, jenen in den kristallisierten Zustand überzuführen. Oft benutzt man jedoch auch die Kristallisation, um aus einer Mischung verschiedener Körper die einzelnen Bestandteile voneinander zu trennen; eine Aufgabe, die meistens schwieriger ist, als wenn es sich um die Kristallisation eines einheitlichen Körpers handelt. Nehmen wir den einfachsten Fall an, daß es sich nämlich um die Trennung zweier Körper handelt. Ist ihre Löslichkeit sehr verschieden, wie dies meistens der Fall ist, wenn eine Mischung verschieden hoch substituierter Körper vorliegt, so ist es häufig nicht schwierig, ein Lösungsmittel zu finden, welches wesentlich den leichter löslichen und nur wenig von dem schwerer löslichen aufnimmt. Wiederholt man die Kristallisation der zwei Fraktionen noch ein zweites Mal, so kann man eine vollständige Trennung herbeiführen. Zu diesem Zwecke kann man auch besonders konstruierte Apparate, sogen. Extraktionsapparate, benutzen, deren Anwendung dem einfachen Aufkochen gegenüber den

Vorzug besitzt, daß man mit viel geringeren Mengen des Lösungsmittels auskommen kann. Ein derartiger Apparat ist in Fig. 6 und 7 dargestellt. An ein weites Glasrohr *d* ist ein enges, doppelt gebogenes Rohr, welches als Heber wirkt, angeschmolzen (Fig. 7). Dieser Teil des Apparates befindet sich in einem Glasmantel *b*, welcher an seiner unteren Verengung mit einem Kolben, der zur Aufnahme des Lösungsmittels bestimmt ist, verbunden wird, während in die obere Öffnung mit Hilfe eines Korkes ein Rückflußkühler, zweckmäßig ein Kugelkühler, eingesetzt ist. Um eine leicht lösliche Substanz von einer schwer löslichen zu trennen, stellt man sich zunächst eine Hülse aus Filtrierpapier in der folgenden Weise her: Über ein Glasrohr, welches halb so weit wie das innere Rohr *d* ist, rollt man Filtrierpapier in dreifacher Lage und schnürt das untere Ende der Rolle, welches etwas über das Glasrohr herausstehen muß, mit einem Bindfaden fest zu. Damit die Rolle Halt hat, umwindet man sie in der Mitte sowie am oberen Ende locker mit einem Faden. Die Länge der Rolle wird derart gewählt, daß sie 1 cm unter dem höchsten Punkte des engen Heberrohres endet. In diese Hülse bringt man die zu extrahierende Substanz, welche man oben durch einen lockeren Wattebausch abschließt. Man erhitzt nun den Kolben *a* je nach der Natur des Lösungsmittels auf einem Wasserbade oder über freier Flamme. Die im Kühler sich kondensierenden Dämpfe tropfen in die Hülse, lösen hier Substanz auf, filtrieren durch die Hülse und sammeln sich in dem Raume zwischen Hülse und innerem Glasrohr an. Sobald die Flüssigkeit bis zum höchsten Punkte des Heberrohres gelangt ist, saugt dieses die Lösung ab, welche in den Kolben *a* zurückfließt; ein Spiel, das sich immer von neuem wiederholt. Die Menge des Lösungsmittels betrage das Anderthalbfache bis Doppelte vom Volumen des inneren Glasrohres bis zum höchsten Punkte des Hebers. — Die Konstruktion eines Kugelkühlers

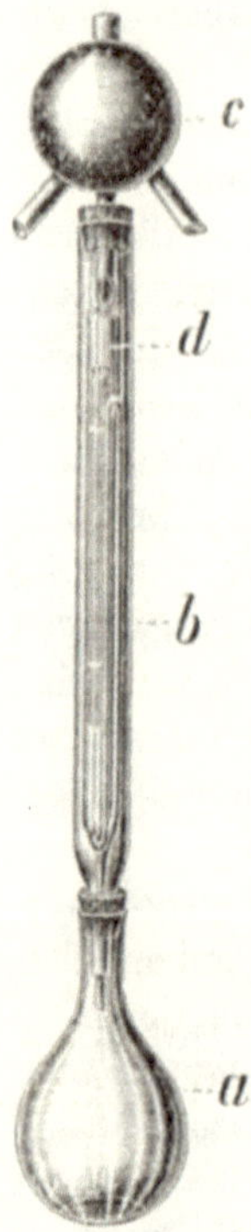

Fig. 6.

Fig. 7.

ist in Fig. 8 dargestellt. Von den zwei für die Ein- und Ableitung des Wassers bestimmten Röhren ist meistens diejenige, in welche das Wasser eintreten soll, durch einen Pfeil markiert.

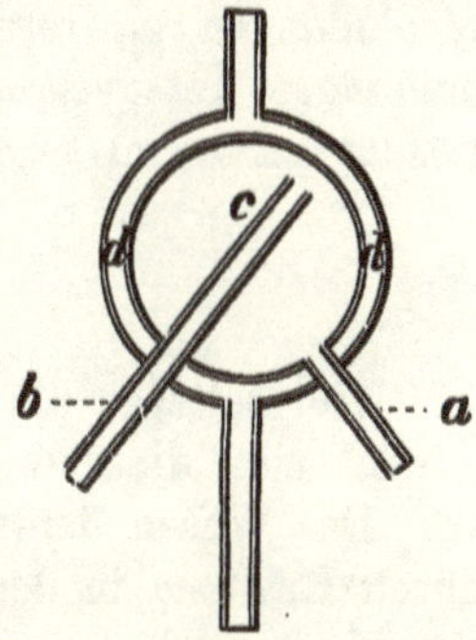

Fig. 8.

Verhältnismäßig leicht gelingt auch die Trennung zweier Körper, die annähernd gleich löslich sind, von denen jedoch der eine in größerer Menge als der andere vorhanden ist. Löst man in diesem Falle die Mischung beider gemeinsam auf, so kristallisiert häufig beim Erkalten nur der in größerer Menge vorhandene aus. Bisweilen scheiden sich jedoch nach einiger Zeit auch Kristalle des zweiten Körpers aus; unter diesen Umständen muß man die Kristallisation sorgsam beobachten und sobald sich den zuerst abgeschiedenen Kristallen andersartige beigesellen, sofort, selbst wenn die Lösung noch warm ist, von dem Abgeschiedenen an der Saugpumpe abfiltrieren.

Kristallisieren zwei Körper von Anfang an nebeneinander aus, wie dies der Fall ist, wenn sie annähernd gleiche Löslichkeit besitzen und in fast gleicher Menge vorhanden sind, so kann man diese unter Umständen auf mechanischem Wege voneinander trennen. Ist z. B. der eine derb, der andere fein kristallisiert, so kann man sie mit Hilfe eines geeigneten Siebes oder Drahtnetzes voneinander absieben. Auch Blättchen und Nadeln lassen sich oft durch ein Sieb trennen. Versagt diese Methode ihren Dienst, so versuche man durch Auslesen mit einer Pinzette oder Feder die Trennung herbeizuführen. Bei all diesen mechanischen Operationen müssen die Kristalle möglichst trocken sein.

In manchen Fällen, wenn der eine Körper spezifisch schwerer als der andere ist, kann man die Trennung dadurch ermöglichen, daß man die Kristalle durch lebhaftes Umrühren mit einem Glasstabe in der Flüssigkeit aufwirbelt. Die schweren setzen sich hierbei zunächst zu Boden, so daß man von ihnen die Flüssigkeit samt den noch darin schwimmenden leichten abgießen kann.

Doppelverbindungen mit dem Lösungsmittel: Manche Substanzen kristallisieren aus gewissen Lösungsmitteln in Form von Doppelverbindungen mit letzteren aus. So scheiden sich viele

Körper aus Wasser in kristallwasserhaltigem Zustande ab. Auch Alkohol, Eisessig, Aceton, Chloroform, Benzol (mit Triphenylmethan) u. a. vermögen sich mit anderen Körpern zu Doppelverbindungen zu vereinigen. Erhitzt man derartige Doppelverbindungen auf geeignete Temperaturen, so pflegt das gebundene Lösungsmittel zu verdampfen.

Sublimation.

Viel seltener als die Kristallisation aus einem Lösungsmittel wendet man die Sublimation zur Reinigung eines festen Körpers an. Das Wesen derselben besteht darin, daß man eine Substanz durch Erhitzen in den Gaszustand überführt und die Dämpfe an einer kalten Fläche sich wieder kondensieren läßt, wobei sie sich oft zu Kristallen verdichten.

Eine Sublimation kleinerer Substanzmengen läßt sich zweckmäßig zwischen zwei gleich großen Uhrgläsern ausführen. Auf das untere bringt man die zu sublimierende Substanz, bedeckt jenes dann mit einem runden Filter, welches etwas über den Rand des Glases hervorragt und in seinem mittleren Teile einige Male durchlöchert ist, legt das zweite Uhrglas mit der Wölbung nach oben darauf und verbindet beide mit einer Uhrglasklammer. Erhitzt man nun das untere Glas möglichst langsam durch eine kleine Flamme auf einem Sandbade, so kondensiert sich die vergaste Substanz an dem kalten oberen Glase zu Kristallen; das Filter verhindert, daß die leichten Kriställchen wieder auf das untere, heiße Glas zurückfallen. Zur Abkühlung des oberen Glases kann man dieses mit einer mehrfachen Lage feuchten Filtrierpapieres oder mit einem Stückchen eines feuchten Tuches bedecken.

Fig. 9.

Will man größere Substanzmengen sublimieren, so ersetzt man in dem soeben beschriebenen Apparate das obere Uhrglas durch einen Trichter, welcher etwas kleiner als das Glas ist (Fig. 9). Damit die Dämpfe nicht aus dem Abflußrohr des Trichters entweichen, verschließt man dieses durch einen Wattepfropfen oder durch ein Hütchen aus Filtrierpapier. Äußerst zweckmäßig für Sublimationen ist der von Brühl zu diesem Zwecke konstruierte Apparat (Fig. 10). Er besteht aus einer hohlen Scheibe von Metall, durch welche man Wasser laufen läßt. In der konischen Öffnung derselben befindet sich ein Tiegel, welcher die zu sublimierende Substanz aufnimmt. Die Scheibe wird bedeckt durch eine gewölbte Glasschale, deren abgeschliffener Rand dicht an jener anliegt. Erhitzt man den Tiegel direkt mit einer kleinen Flamme, während kaltes Wasser durch die Scheibe läuft, so kondensieren sich die Dämpfe zum Teil an dem Glasdeckel, wesentlich jedoch an der durch das kalte Wasser abgekühlten oberen Fläche der Scheibe zu Kristallen. — Bei Sublimationen beachte man stets, daß der Apparat erst nach dem vollkommenen Erkalten auseinander genommen wird.

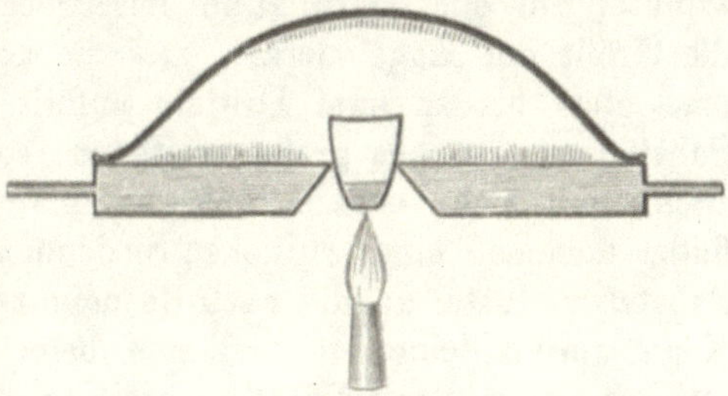

Fig. 10.

Auch in Tiegeln, Kolben, Bechergläsern, Retorten, Röhren u. a. kann man Sublimationen vornehmen. Das Erhitzen kann man in einem Luft- oder Ölbade ausführen. Um die Dämpfe schneller abzuleiten, kann man einen indifferenten Gasstrom durch den Apparat schicken.

Destillation.

Arten und Zweck der Destillation: Unter Destillation versteht man die Überführung eines flüssigen oder festen Körpers durch Erhitzen in den Dampfzustand und darauffolgende Wiederverdichtung desselben. Je nachdem die Destillation bei Atmosphärendruck oder im luftverdünnten Raume ausgeführt wird, unterscheidet man die gewöhnliche Destillation von der Vakuumdestillation. Zweck der Destillation ist es, entweder einen einheitlichen Körper durch die Bestimmung seines Siedepunktes auf seine Reinheit zu prüfen, oder aber eine Mischung verschieden hoch siedender Körper voneinander zu trennen (Fraktionierte Destillation).

Destillationsgefäße: Das Erhitzen des zu destillierenden Körpers nimmt man meistens in Fraktionierkolben vor (Figg. 11, 12, 13). Diese unterscheiden sich außer durch ihre Größe noch durch die Entfernung des Kondensationsrohres von der Kugel, sowie durch die Weite des Kondensationsrohres, voneinander. Bei der Auswahl eines Fraktionierkolbens beachte man die folgenden Punkte: Für eine Destillation bei Atmosphärendruck wähle man die Größe der Kugel derart, daß die zu destillierende Substanz jene etwa bis zu zwei Dritteln anfüllt. Destilliert man kleine Substanzmengen aus großen Gefäßen, so bringt dies zwei Übelstände mit sich: erstens überhitzt man leicht die Dämpfe und findet demnach einen zu hohen Siedepunkt, und zweitens hat man Substanzverluste, da die nach Beendigung der Destillation in der Kugel zurückbleibenden und sich beim Abkühlen verdichtenden Dämpfe ein größeres Volumen besitzen, als bei Anwendung eines kleinen Kolbens. — Bei der Destillation niedrig siedender Körper befinde sich das Kondensationsrohr möglichst hoch über der Kugel,

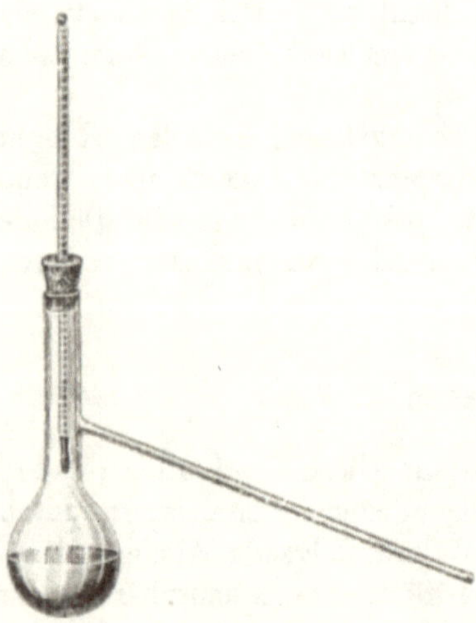

Fig. 11.

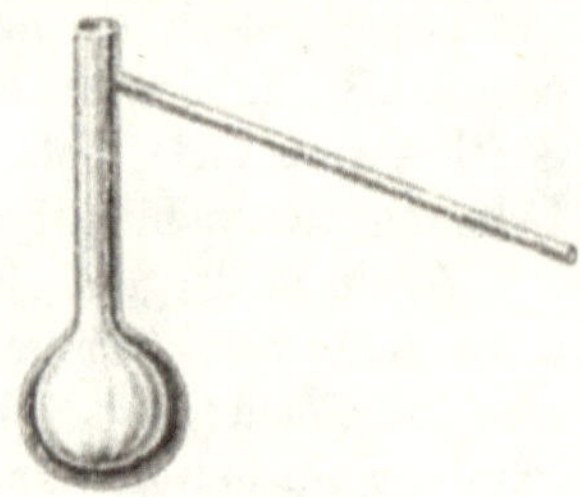

Fig. 12.

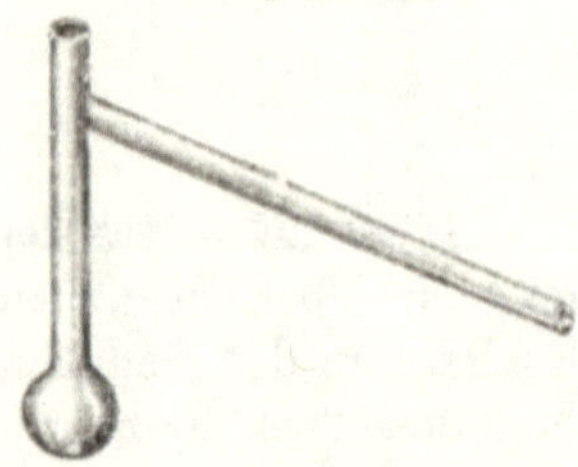

Fig. 13.

so daß der gesamte Quecksilberfaden vom Dampf der Flüssigkeit erhitzt wird. Man hat in diesem Falle keine Korrektur für den nicht bis zur Siedetemperatur erhitzten Teil des Quecksilbers anzubringen (s. u.). Je höher ein Körper siedet, desto näher muß das Kondensationsrohr der Kugel sein, damit den Dämpfen möglichst wenig Gelegenheit geboten wird, sich unterhalb des Ansatzrohres zu verdichten und in die Kugel zurückzufließen.

Hat man größere Substanzmengen zu destillieren, so kann man einen jeden Kochkolben dadurch in einen Fraktionierkolben verwandeln, daß man ihn mit Hilfe eines durchbohrten Korkes mit einem T-Tohre verbindet, wie dies Fig. 14 veranschaulicht.

Bei der Destillation fester Körper, welche im Kondensationsrohr erstarren, wendet man Fraktionierkolben mit möglichst weitem Ansatzrohr an.

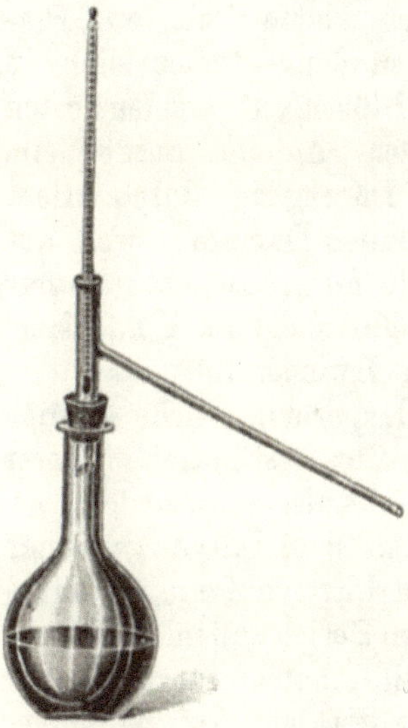

Fig. 14.

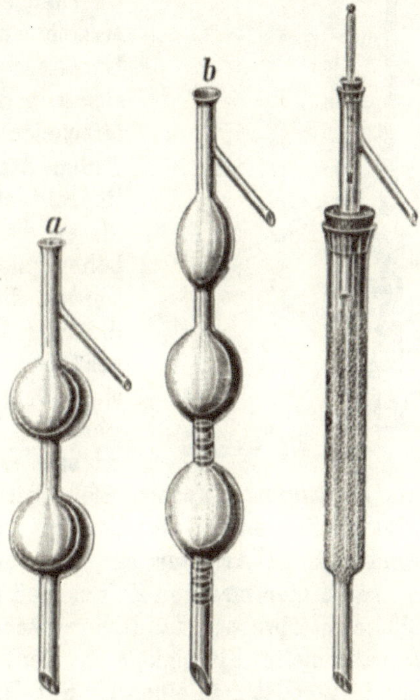

Fig. 15.
Fraktionieraufsätze nach
Wurtz. Linnemann. Hempel.

Eine fraktionierte Destillation kann man ebenfalls in den soeben beschriebenen Fraktionierkolben ausführen; allein viel schneller und vollkommener erreicht man sein Ziel, wenn man sich hierbei besonders für diesen Zweck konstruierter Fraktionieraufsätze bedient (Fig. 15). Diese können entweder direkt an die Kugel angeschmolzen sein, oder man verbindet sie durch einen Kork mit einem gewöhnlichen Kolben (Fig. 14), oder sehr zweckmäßig, wie in Fig. 16, mit kurzhalsigen, runden Kölbchen, welche man in den verschiedensten Größen, alle jedoch von gleicher Halsweite, so daß der gleiche Kork auf alle Größen paßt, vorrätig hält. Das Wesen dieser Fraktionieraufsätze besteht darin, daß die Dämpfe nicht sofort in das Kondensationsrohr gelangen, sondern daß ihnen zuvor Gelegenheit gegeben wird, daß die mitgerissenen höher siedenden Anteile sich verdichten und in die Kugel zurückfließen können. Bei dem Apparate von WURTZ (*a*) erfolgt die Abkühlung an der großen Oberfläche der Kugeln. Vollkommener erreicht man die Abkühlung in dem LINNEMANNschen Aufsatze (*b*), welcher sich von dem WURTZschen dadurch unterscheidet, daß sich in den verengten Teilen desselben kleine Siebe aus Platindrahtnetz befinden. Indem sich in diesen die zu Flüssigkeit kondensierten höher siedenden Anteile ansammeln, werden beim Durchgang durch diese die nachströmenden Dämpfe so weit abgekühlt, daß die mitgerissenen schwerer siedenden Anteile ebenfalls kondensiert werden. Nach HEMPEL füllt man den Aufsatz mit Glasperlen, welche ähnlich wie die LINNEMANNschen Siebe wirken. Zur Destillation größerer Flüssigkeitsmengen ist der HEMPELsche Aufsatz besonders geeignet. Beim Arbeiten mit ihm sowie mit dem LINNEMANNschen Aufsatze muß man von Zeit zu Zeit das Erhitzen auf einige Augenblicke unterbrechen, damit die zwischen den Perlen und in den Sieben angesammelte Flüssigkeit in den Destillierkolben zurückfließen kann. Wendet man einen LE BEL-HENNINGERschen Aufzatz an, so ist dies nicht nötig, da bei diesem etwas oberhalb der Siebe besondere Abflußröhren für die Kondensflüssigkeit seitlich angesetzt sind.

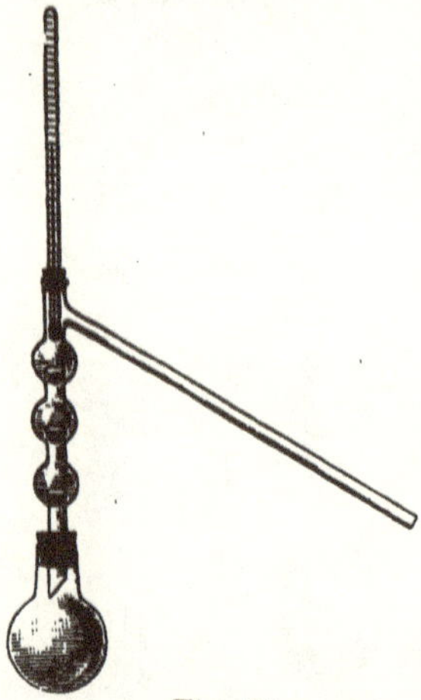

Fig. 16.

Versuche haben ergeben, daß man durch eine einmalige Destillation unter Anwendung eines der beschriebenen Aufsätze eine vollkommenere Trennung erzielt, als durch eine mehrfach wiederholte Fraktionierung in einem gewöhnlichen Fraktionierkolben.

Befestigung des Fraktionierkolbens: Ist es erforderlich, den Fraktionierkolben in eine Klammer einzuspannen, so bringe man diese möglichst weit oberhalb des Kondensationsrohres, niemals jedoch unterhalb desselben an, da sonst das durch die Berührung mit den heißen Dämpfen sich ausdehnende Glas durch die Klammer, besonders wenn dieselbe fest angezogen ist, an der Ausdehnung gehindert wird, was ein Springen des Apparates zur Folge haben kann.

Befestigung des Thermometers: Das Thermometer wird mit

Hilfe eines durchbohrten Korkes (kein Kautschuk) in dem Halse des Fraktionierkolbens befestigt. Die genauesten Siedepunktsbestimmungen erhält man, wenn der ganze Quecksilberfaden sich im Dampf der Substanz befindet. Bei niedrigsiedenden Körpern erreicht man dies leicht unter Anwendung eines Fraktionierkolbens mit hoch angesetztem Kondensrohr. In diesem Falle befestigt man das Thermometer derart, daß der Siedepunktsgrad sich in der Höhe des Ansatzrohres befindet, wobei jedoch die Thermometerkugel sich nicht in der Kugel des Kolbens oder gar in der Flüssigkeit befinden darf, in welchem Falle man einen anderen Fraktionierkolben verwendet, dessen Kondensrohr noch höher angesetzt ist. Ist bei hochsiedenden Körpern eine derartige Anordnung nicht möglich, so schiebt man das Thermometer so weit in die Röhre ein, daß die Thermometerkugel sich etwas unterhalb des Kondensationsrohres befindet. In diesem Falle ist bei genauen Versuchen in der unten zu beschreibenden Weise eine Korrektur anzubringen. Will man diese umgehen, so wendet man sogen. „abgekürzte" Thermometer an, d. h. Thermometer, deren Skala erst bei verschieden hohen Temperaturen (100°, 200° usw.) beginnt. Bei Anwendung dieser läßt es sich für alle Temperaturen ermöglichen, daß der ganze Quecksilberfaden sich im Dampf befindet.

Bei Destillationen ereignet es sich bisweilen, daß das Quecksilber gerade bis in die Höhe des Korkes, in welchem das Thermometer befestigt ist, steigt, so daß man die Siedetemperatur nicht ablesen kann. In diesem Falle hilft man sich so, daß man entweder das Thermometer etwas höher oder tiefer schiebt, oder, wenn dies nicht möglich, daß man den Kork, so weit derselbe aus dem Rohre hervorragt, der Länge nach durchschneidet, so daß die Skala sichtbar wird.

Kondensation der Dämpfe: Die Kondensation der Dämpfe erfolgt je nach der Höhe des Siedepunktes in verschiedener Weise. Siedet ein Körper relativ niedrig (bis gegen 100°), so verbindet man das Kondensationsrohr des Fraktionierkolbens durch einen Kork (kein Kautschukstopfen) mit einem LIEBIGschen Kühler. Je nachdem der Siedepunkt sehr niedrig oder höher liegt, wendet man einen langen oder kürzeren Kühler an. Siedet ein Körper sehr niedrig, so kann man das Gefäß, in welchem man die kondensierte Flüssigkeit aufsammelt (die Vorlage), durch einen Kork und gebogenen Vorstoß mit dem Kühler verbinden (vergl. Fig. 65) und die Vorlage von außen durch Eis oder eine Kältemischung abkühlen. Liegt der Siedepunkt eines Körpers mittelhoch, etwa zwischen 100° und 200°, so kühlt man die Vorlage, welche man durch einen Kork mit dem Kondensationsrohr verbindet, über einem Trichter in der aus Fig. 17 ersichtlichen Weise durch fließendes Wasser ab. Soll die Substanz nochmals destilliert werden, so verwendet man hierbei einen Fraktionierkolben als Vorlage; ist dies nicht erforderlich, so kann man auch eine tubulierte Saugflasche benutzen. Die Anwendung von Kühlwasser läßt sich oft ganz umgehen, wenn man das Kondensationsrohr durch einen Kork mit einem etwa 50 cm langen, weiten Glasrohr (Verlängerungsrohr) verbindet (Fig. 18). Bei noch höher siedenden Substanzen ist auch dieses überflüssig, indem das Kondensationsrohr des Fraktionierkolbens, wofern dasselbe nicht sehr kurz ist, allein zur Verdichtung ausreicht.

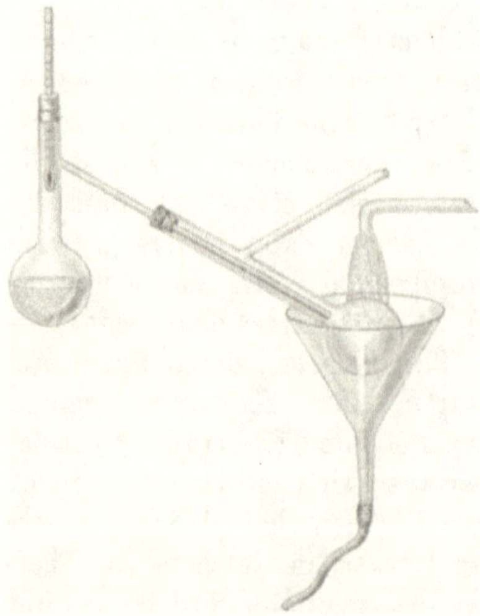

Fig. 17.

Will man geringe Substanzmengen destillieren und die Anwendung eines Kühlers wegen des damit verbundenen Substanzverlustes umgehen, so kann man auch niedrig siedende Substanzen allein aus einem Fraktionierkolben destillieren, wofern man nur die Destillation äußerst langsam und vorsichtig mit einer möglichst kleinen Flamme (sogen. Mikrobrenner) ausführt. Destilliert man große Substanzmengen, so empfiehlt sich stets die Anwendung eines Kühlers, da bei den anderen Kondensationsvorrichtungen die Röhren schließlich so heiß werden, daß keine vollkommene Verdichtung mehr erfolgt. Greifen die Dämpfe einer Substanz die Korke an, so stecke man das Kondensationsrohr so weit in den Kühler oder in das Verlängerungsrohr hinein, daß die Dämpfe mit dem Kork nicht in Berührung kommen. Oder aber man nehme überhaupt keinen Kork, sondern stecke das Kondensrohr sehr weit in das Kühlrohr hinein.

Erhitzen: Niedrig siedende Substanzen (bis zu ca. 80° siedend) kann man statt mit freier Flamme auch auf dem Wasserbade, welches je nach der Höhe des Siedepunktes nur schwach angeheizt oder zum vollen Sieden erwärmt wird, erhitzen. Vielfach ist es bequemer die Kugel des Fraktionierkolbens, soweit sie Flüssigkeit enthält, in ein mit Wasser gefülltes Schälchen oder Becherglas, welches man je nach Bedürfnis schwach oder stärker erhitzt, einzutauchen. Auch kann man die Kugel des Kolbens bei niedrig siedenden Substanzen wie mit einer Flamme dadurch erhitzen, daß man sie von Zeit zu Zeit in eine mit warmem Wasser gefüllte Schale eintaucht. Destilliert man eine Substanz nicht über freier Flamme ab, so empfiehlt es sich, zur Verhin-

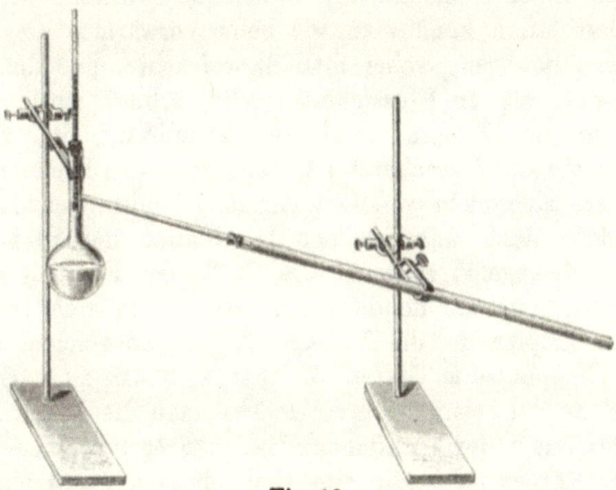

Fig. 18.

derung des Siedeverzuges einige Platinschnitzeln oder Glasscherben (s. u.) in die Flüssigkeit zu werfen. Da beim Erhitzen auf dem Wasserbade die Dämpfe des zu destillierenden Körpers durch den zwischen den Ringen ausströmenden Wasserdampf leicht überhitzt werden können, so empfiehlt es sich bei genauen Siedepunktsbestimmungen, das Erhitzen mit direkter Flamme, die natürlich entsprechend klein sein muß, vorzunehmen. Sehr zweckmäßig sind für diesen Zweck die sogen. Mikrobrenner. Höher siedende Körper werden stets mit freier Flamme erhitzt. Der Kolben kann hierbei durch ein Drahtnetz vor der direkten Flamme geschützt sein; bei vorsichtigem Arbeiten kann man jedoch das Drahtnetz fortlassen. Beim Erhitzen stelle man die Flamme nicht sofort unter den Kolben, weil dadurch leicht ein Springen veranlaßt wird; vielmehr bewege man sie so lange gleichmäßig hin und her, bis die Substanz eben zu sieden beginnt. Substanzen, welche zuvor in einem Lösungsmittel, meistens in Äther, gelöst waren, halten nach dem Verdampfen des Lösungsmittels auf dem Wasserbade oft noch geringe Anteile desselben hartnäckig zurück. Erhitzt man nun mit freier Flamme, so kommt es häufig vor, daß beim Anwärmen plötzlich infolge Siedeverzuges lebhaftes Aufsieden und Überschäumen stattfindet. Um dies zu verhindern, rüttle man den Fraktionierkolben während des Anwärmens öfters an, da, wenn die Flüssigkeit in Bewegung gehalten wird, nicht leicht Siedeverzug eintritt. Auch durch seitliches Erwärmen kann man diesen Übelstand oft vermeiden. Während der eigentlichen Destillation kann man wie beim Vorwärmen die Flamme fortdauernd bewegen, wobei man darauf achte, daß der Kolben nur so weit, als er Flüssigkeit erhält, erhitzt wird, da man andernfalls die Dämpfe überhitzt. Damit für den Fall des Springens die Hand geschützt ist, halte man den Brenner schräg, so daß jene sich nicht gerade unter dem Kolben befindet. Man kann jedoch auch während der Destillation die Flamme fest unter das Siedegefäß stellen. Die Größe der Flamme reguliere man derart, daß das kondensierte Destillat in sich regelmäßig folgenden Tropfen in die Vorlage fließt. Entweichen aus der Vorlage Dämpfe, so ist dies ein Zeichen, daß man zu stark erhitzt. Gegen Ende der Destillation verkleinere man die Flamme etwas.

Aufsammeln der Fraktionen: Hat man es mit einem fast einheitlichen Körper zu tun, dessen Reinheit man durch eine Siedepunktsbestimmung kontrollieren will, so geht bei der Destillation meistens ein kleiner Anteil bereits unterhalb des richtigen Siedepunktes über (Vorlauf). Man sammelt diesen in einer kleinen Vorlage gesondert auf. Es folgt dann die Hauptfraktion, welche bei einer ganz konstant bleibenden Temperatur, dem richtigen Siedepunkt, übergeht. Ist in der Kugel nur noch wenig Flüssigkeit vorhanden, so ist es trotz Verkleinerung der Flamme schwer zu vermeiden, daß die Dämpfe etwas überhitzt werden, was ein Steigen des Thermometers zur Folge hat. Die wenige Grade oberhalb des wahren Siedepunktes übergehenden Anteile kann man bei präparativen Arbeiten ohne Schaden gemeinsam mit der richtig siedenden Fraktion aufsammeln. Höher siedende Anteile, welche gesondert aufgefangen werden, bezeichnet man als Nachlauf.

Ganz anders gestaltet sich der Verlauf einer fraktionierten

Destillation. Betrachten wir hier gleich ein praktisches Beispiel, welches unten ausgeführt werden wird, nämlich die Darstellung von Benzoylchlorid. Dieser Körper wird erhalten, indem man Phosphorpentachlorid auf Benzoesäure einwirken läßt, wobei eine Mischung von Phosphoroxychlorid (Siedepunkt 110°) und Benzoylchlorid (Siedepunkt 200°) entsteht. Unterwirft man diese Mischung der Destillation, so geht nicht etwa zunächst bei 110° das gesamte Phosphoroxychlorid, und später bei 200° das Benzoylchlorid über; vielmehr beginnt die Destillation bereits unter 110°, indem eine Mischung von viel niedrig siedendem Körper mit wenig des höher siedenden übergeht; die Temperatur steigt dann allmählich, indem die Menge des erstern stetig ab-, die des zweiten dafür zunimmt, bis schließlich gegen 200° eine Mischung, die wesentlich aus dem höher siedenden Körper besteht, übergeht. Eine quantitative Trennung der Bestandteile eines Gemisches ist demnach auf dem Wege der fraktionierten Destillation nicht zu erreichen, wohl aber gelingt es in den meisten Fällen, besonders wenn, wie im gewählten Beispiel, die Siedepunkte der Komponenten weit auseinander liegen, durch Aufsammeln verschiedener Fraktionen und öftere Wiederholung der Destillation zwei Fraktionen zu gewinnen, welche die Hauptmengen der einzelnen Bestandteile enthalten. Allgemeingültige scharfe Regeln für die fraktionierte Destillation aufzustellen, ist nicht wohl möglich; die Anzahl der aufzusammelnden Fraktionen ist abhängig von dem Unterschiede der Siedepunkte, von der Anzahl der zu trennenden Körper, von deren Mengenverhältnis und anderen Faktoren. Wenn es sich, wie meistens bei präparativen Arbeiten, um die Trennung nur zweier Körper handelt, so kann man ziemlich allgemein in folgender Weise verfahren: Was die aufzusammelnden Fraktionen anbelangt, so teile man das Siedepunktsintervall in drei gleiche Teile; für das oben gewählte Beispiel erhalten wir dann die Temperaturen 110°—140°, 140°—170°, 170°—200°. Man sammle zunächst das vom Beginn der Destillation bis 140° Übergehende auf (Fraktion I), dann in einem anderen Gefäße den von 140°—170° übergehenden Anteil (Fraktion II), und schießlich wiederum in einer frischen Vorlage das von 170°—200° Übergehende (Fraktion III). Die Mengen der so erhaltenen drei Fraktionen werden nicht sehr verschieden voneinander sein. Man unterwirft nun die Fraktion I aus einem kleineren Destillierkolben einer erneuten Destillation, wobei man den bis 140° übergehenden Anteil wie bei der ersten Destillation in der leeren Vorlage I, die man inzwischen event. gereinigt hat, aufsammelt. Ist die Temperatur 140° erreicht, so destilliert man nicht weiter, sondern fügt zu dem im Fraktionierkolben gebliebenen Rückstande die Fraktion II und destilliert von neuem. Das bis 140° Übergehende wird in Vorlage I aufgesammelt, das von 140°—170° Siedende in der leeren Vorlage II. Zeigt das Thermometer 170° an, so destilliert man nicht weiter, sondern fügt zu dem Rückstande Fraktion III und erhitzt von neuem, wobei man wieder die üblichen drei Fraktionen aufsammelt. Man hat jetzt wiederum

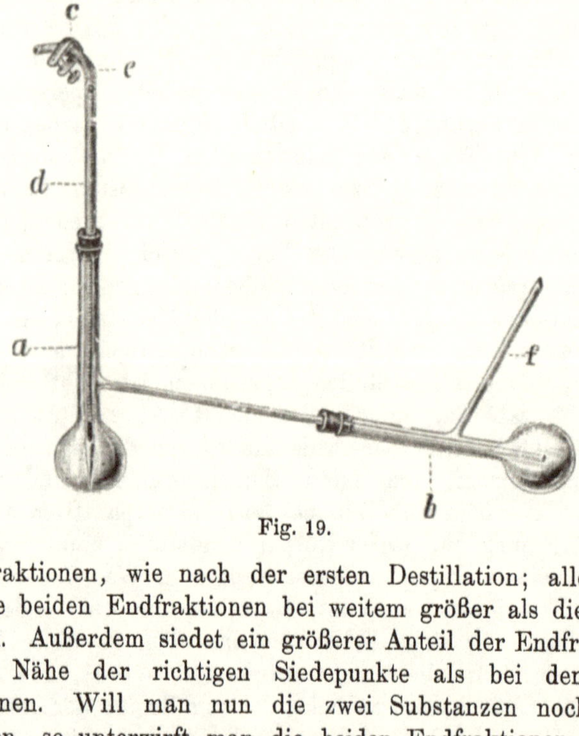

Fig. 19.

drei Fraktionen, wie nach der ersten Destillation; allein jetzt sind die beiden Endfraktionen bei weitem größer als die Mittelfraktion. Außerdem siedet ein größerer Anteil der Endfraktionen in der Nähe der richtigen Siedepunkte als bei den ersten Fraktionen. Will man nun die zwei Substanzen noch reiner gewinnen, so unterwirft man die beiden Endfraktionen für sich nochmals einer Destillation, wobei man die wenige Grade unter- und oberhalb der richtigen Siedepunkte übergehenden Anteile, das Phosphoroxychlorid etwa von 105°—115°, das Benzoylchlorid von 195°—205°, aufsammelt.

Vakuumdestillation: Viele Körper, welche bei Atmosphärendruck nicht unzersetzt flüchtig sind, lassen sich im luftverdünnten

Raume ohne Zersetzung destillieren. Auch für die fraktionierte Destillation geringer Substanzmengen ist die Vakuumdestillation von Vorteil, da die Trennung der einzelnen Bestandteile im Vakuum eine schnellere und vollständigere ist als bei Atmosphärendruck.

Vakuumapparat: Die einfachste Form eines Vakuumapparates ist in Fig. 19 dargestellt. Zwei Fraktionierkolben *a* und *b* sind durch einen Kork miteinander verbunden. In dem Halse des einen (*a*) befindet sich, in einen gut schließenden Kork eingesetzt, ein Glasrohr *d*, welches bis auf den Boden des Kolbens reicht und an seinem unteren Ende zu einer Kapillare ausgezogen ist. Der Zweck dieser Vorrichtung wird weiter unten erklärt werden. Im Innern des Rohres befindet sich das Thermometer.

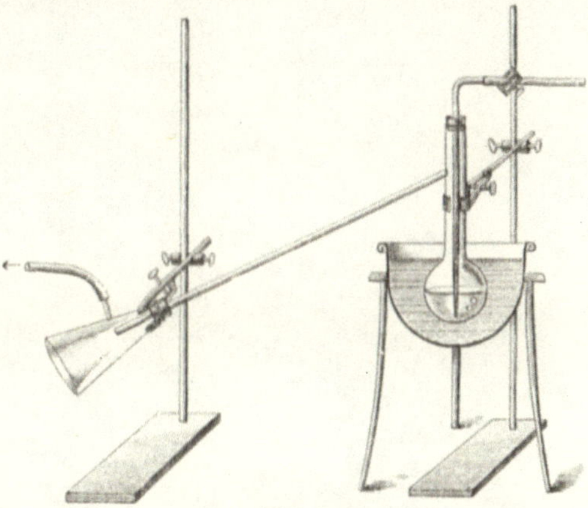

Fig. 20.

Statt des Kolbens *b* kann man auch eine Saugflasche, wie solche beim Filtrieren unter Druck angewandt wird, benutzen (Fig. 20). Diese wende man jedoch nur bei niedrig siedenden Substanzen an, da durch die Berührung mit zu heißen Flüssigkeiten das dickwandige Gefäß leicht springt, was bei Vakuumdestillationen sehr störend ist. Bei niedrig siedenden Substanzen schiebt man zur vollkommenen Verdichtung der Dämpfe über das Kondensationsrohr des Destillationsgefäßes den Mantel eines LIEBIGschen Kühlers und kühlt während der Destillation durch fließendes Wasser.

Diese einfachen Apparate wendet man dann an, wenn man nur wenige Fraktionen aufsammeln will, da es lästig ist, bei jeder neuen Fraktion das Vakuum aufzuheben und eine frische Vorlage vorzulegen. Will man eine größere Anzahl von Fraktionen auffangen, so wendet man einen Apparat an, bei dem man, ohne wie vorher das Vakuum aufheben zu müssen, unter Erhaltung desselben die Vorlagen wechseln kann. Sehr zweckmäßig ist der von BRÜHL konstruierte Apparat, welcher in den Figuren 21 und 22 dargestellt ist. Durch Drehen der Achse *b* (Fig. 22) kann man der Reihe nach die an ihr befestigten Vorlagen unter das Ende des Kondensationsrohres *c* bringen.

Auch die in Fig. 23 dargestellte Vorlage ist für fraktionierte

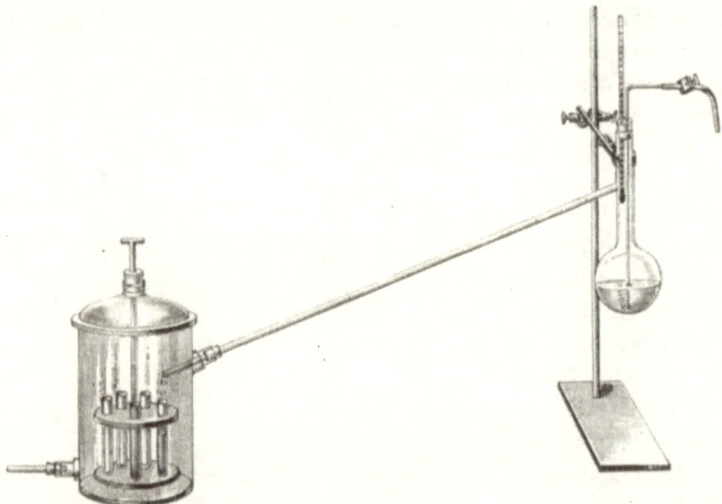

Fig. 21.

Destillationen im Vakuum sehr geeignet. Indem man den Kork *a* samt Glasteil *b* um das mit den Fingern festgehaltene Abfluß-

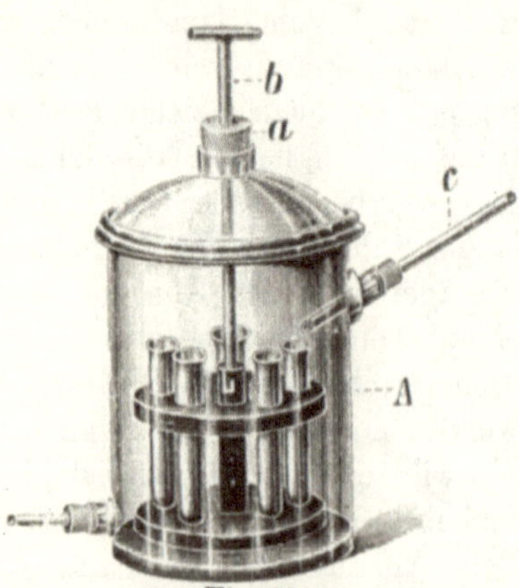

Fig. 22.

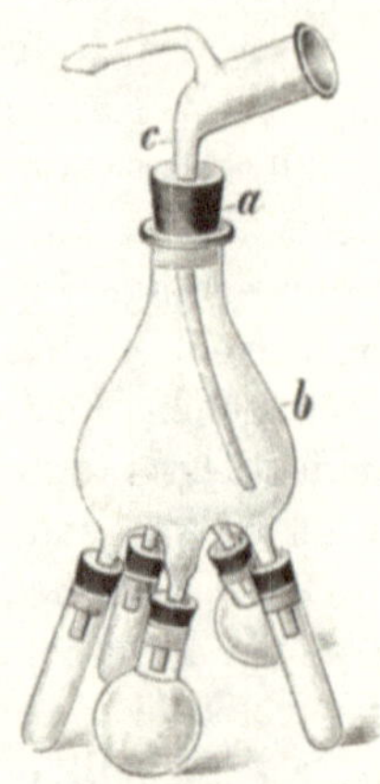

Fig. 23.

rohr *c* dreht, kann man die verschiedenen Gefäße unter die Mündung des letzteren bringen.

Aufbau eines Vakuumapparates: Da die bei der Vakuumdestillation sich entwickelnden Dampfblasen bei weitem größer als unter gewöhnlichen Umständen sind, so wähle man, um ein Übersteigen der Flüssigkeit zu vermeiden, den Destillierkolben so groß, daß die zu destillierende Flüssigkeit die Kugel am besten nur bis zu einem Drittel, höchstens aber bis zur Hälfte ausfüllt. Es wird empfohlen, die einzelnen Teile eines Vakuumapparates durch Kautschukstöpsel miteinander zu verbinden; allein die gewöhnlichen Korke lassen sich gerade so gut verwenden; nur wähle man möglichst porenfreie aus, presse sie zuvor in der Korkpresse zusammen und durchbohre sie sehr sorgfältig. Überzieht man sie nach dem Zusammenstellen des Apparates mit einer dünnen Schicht von Kollodium, so bietet es keine Schwierigkeiten, sofort ein gutes Vakuum zu erzeugen. Thermometer und Kapillarrohr kann man so anordnen, wie in Fig. 19 angegeben. Sehr zweckmäßig ist es auch, wie in Fig. 21 einen doppelt durchbohrten Kork anzuwenden und Thermometer und Kapillarrohr nebeneinander anzubringen. Das Kapillarrohr zieht man sich aus einer 1—2 mm weiten Glasröhre aus; die für dieses erforderliche enge Korkbohrung stellt man zweckmäßig mit einer erhitzten Stricknadel her. Die zur Verhinderung des Stoßens angebrachten Kapillarröhren kann man auch durch andere Hilfsmittel (siehe unten) ersetzen; in diesem Falle befestigt man das Thermometer am Fraktionierkolben wie bei einer gewöhnlichen Destillation. Bei Anwendung kapillar ausgezogener Röhren zieht man über ihr äußeres Ende kurze, dickwandige Kautschukschläuche, welche durch einen Schraubenquetschhahn verschlossen werden können (Fig. 19, *e* und *c*).

An Stelle der gewöhnlichen Fraktionierkolben wendet man bei Vakuumdestillationen sehr zweckmäßig die von Claisen empfohlenen Kolben (Fig. 24) an. In den Schenkel *a* setzt man mit Hilfe eines dickwandigen Schlauches oder eines Korkes die kapillar ausgezogene Röhre ein, während *b* das Thermometer trägt. Diese Kolben besitzen den Vorteil, daß bei stoßweisem Sieden ein Überschleudern der Flüssigkeit bis in den Kühler gänzlich vermieden werden kann, wenn man in das Rohr *b* einige größere Glasstücke einfüllt, welche den Stoß der aufwärts geschleuderten Flüssigkeit brechen. Den Raum über den Glasstücken kann man — natürlich nur bei Flüssigkeiten von nicht zu hohem Siedepunkt — mit Glasperlen ganz oder teilweise ausfüllen und so die Vorteile der Hempelschen Kolonne mit denen der Vakuumdestillation verbinden.

Für die Destillation fester Körper verwendet man Fraktionierkolben mit weitem, säbelförmig gebogenem Kondensationsrohr Fig. 25).

Um die Größe des Vakuums zu bestimmen, verbindet man den unteren Tubus des BRÜHLschen Apparates durch einen dick-

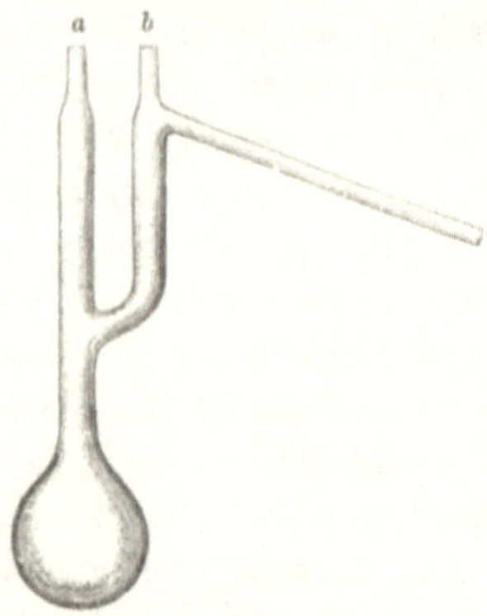

Fig. 24.

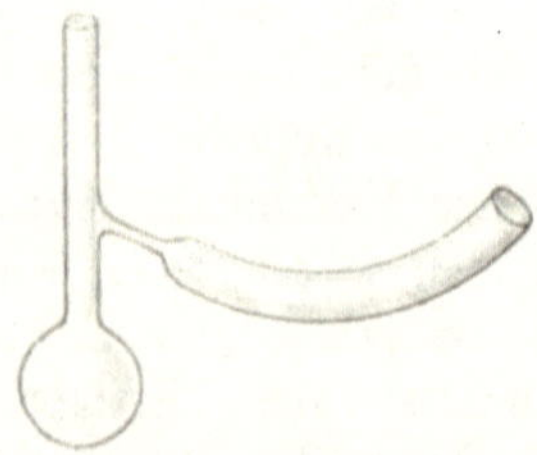

Fig. 25.

wandigen Schlauch, welcher beim Evakuieren nicht zusammengedrückt werden darf, mit einem abgekürzten Barometer (Fig. 26), welches andererseits ebenfalls durch einen dickwandigen Schlauch mit der Saugpumpe in Verbindung steht.

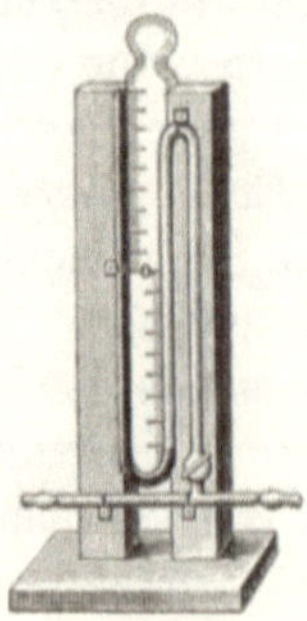

Fig. 26.

Da es sich infolge wechselnden Wasserdruckes bisweilen ereignet, daß Wasser aus der Saugpumpe in das Manometer oder die Vorlage dringt, so schaltet man zweckmäßig zwischen Saugpumpe und Manometer eine dickwandige Saugflasche ein.

Damit der Apparat gut schließt, reibe man die Korke, die Enden der Schläuche, sowie die Schliffflächen der BRÜHLschen Vorlage mit einer dünnen Schicht von Fett oder Vaseline ein. Bei Anwendung von gewöhnlichen Korken überziehe man diese sowie die Enden der Schläuche nach Fertigstellung des Apparates mit Kollodium. Ehe man die zu destillierende Flüssigkeit einfüllt, prüfe man, ob der Apparat auch das gewünschte Vakuum liefert. Zu diesem Zwecke schließe man den an der kapillaren Röhre befindlichen Quetschhahn, setze die Saugpumpe in Tätigkeit und sehe, ob nach einiger Zeit das gewünschte Vakuum erzielt ist. Ist dies nicht der Fall, so drücke man die Korke etwas fester in die Röhren, fette etwas mehr ein oder überziehe nochmals mit Kollodium und ziehe die Schläuche weiter über die Röhren. Oftmals wirkt auch die Saugpumpe nicht genügend; man sehe dann, ob sie nicht etwa verstopft ist oder benutze eine andere, besser wirkende. Um in den evakuierten Apparat wieder Luft hineinzulassen, darf man nicht etwa plötzlich eine Schlauchverbindung lüften; durch die plötzlich eindringende Luft könnte leicht der Apparat zertrümmert werden. Man schließt vielmehr, während die Pumpe noch arbeitet, den zu dieser führenden Schlauch durch einen Schraubenquetschhahn, welchen man gleich bei der Zusammenstellung des Apparates über jenen geschoben hat. Bei Anwendung eines Kapillarrohres kann man dann entweder den an diesem befindlichen Quetschhahn allmählich öffnen und die Luft durch die Kapillare eintreten lassen, oder man kann auch, nachdem man den zur Saugpumpe führenden Schlauch von dieser entfernt hat, den am Schlauch befindlichen Quetschhahn allmählich öffnen. Am schnellsten kommt man zum Ziele, wenn man den Schlauch an der Saugpumpe mit den Fingern fest zuquetscht, ihn dann von der Saugpumpe entfernt und nun öfters auf einen Augenblick den Druck der Finger aufhebt, bis schließlich das durch das plötzliche Eindringen der Luft hervorgerufene Geräusch nicht mehr auftritt. Hat man sich so von der Dichtigkeit des Apparates überzeugt, so kann man die zu destillierende Flüssigkeit einfüllen und zur Destillation schreiten.

Erhitzen: Die Erhitzung bei der Vakuumdestillation kann man direkt mit freier Flamme ausführen, wobei jedoch nicht wie gewöhnlich von unten, sondern mehr von der Seite her erhitzt werden muß. Auf fortdauernde Bewegung der Flamme muß hier besonders acht gegeben werden. Viel zweckmäßiger und sicherer ist es, wenn man das Erhitzen in einem Öl- oder Paraffinbade oder noch besser in einem metallenen Luftbade (eiserner Tiegel) vornimmt. Letzteres bedeckt man mit einer dicken Asbestplatte, welche in der Mitte eine runde Öffnung für das Rohr des Fraktionierkolbens und von dieser ausgehend einen schmalen, geraden, bis zum Rande gehenden Schnitt besitzt. Das Luftbad sei nicht zu groß; man vermeide, daß die Kugel des Fraktionierkolbens den Boden des Luftbades berührt und lege deshalb etwas Asbest auf letzteren.

Die Temperatur des Öl- oder Luftbades darf bei genauen Versuchen nur 20°—30° höher sein als der vom Thermometer angegebene Siedepunkt. Man tauche deshalb in das Bad ein

Thermometer ein und reguliere die Flamme derart, daß kein größerer Temperaturunterschied besteht. Mit dem Erhitzen beginne man erst, nachdem das Vakuum hergestellt ist.

Verhindern des Stoßens: Um das bei Vakuumdestillationen häufig auftretende lästige Stoßen (plötzliches, stürmisches Aufsieden) zu verhindern, kann man durch die Flüssigkeit fortdauernd einen schwachen Luftstrom saugen, welcher jene in stetiger Bewegung erhält. Diesem Zwecke dienen die kapillar ausgezogenen Röhren. Der Luftstrom darf nicht zu lebhaft sein, da man sonst kein niedriges Vakuum erzeugen kann; man reguliert ihn mit Hilfe des Quetschhahnes. Den gleichen Effekt kann man erreichen, wenn man gewisse Körper, wie Holzstäbchen von Streichholzdicke, Kapillarröhren, Glasscherben, Stückchen eines ungebrannten Tontellers, Talkpulver, Platinschnitzeln u. a., in die Flüssigkeit wirft. Sehr gut wirkt auch ein mit einem Platindraht umwickeltes Stückchen Bimsstein.

Bezüglich weiterer Einzelheiten der Vakuumdestillation sehe man die Broschüre von R. Anschütz: „Die Destillation unter vermindertem Druck im Laboratorium" nach.

Erniedrigung des Siedepunktes: Um einige Anhaltspunkte für die bei der Destillation im Vakuum annähernd zu erwartende Erniedrigung des Siedepunktes zu gewinnen, betrachte man die folgende Tabelle:

Substanz	Siedepunkt bei 12 mm	Siedepunkt bei gew. Druck	Differenz
Essigsäure	19°	118°	99°
Monochloressigsäure .	84°	186°	102°
Chlorbenzol	27°	132°	105°
p-Nitrotoluol . . .	108°	236°	128°
Acetanilid	167°	295°	128°

Korrektur des Siedepunktes: Läßt es sich nicht ermöglichen, daß zur genauen Bestimmung eines Siedepunktes der gesamte Quecksilberfaden sich im Dampf der Flüssigkeit befindet (s. o. hoch angesetztes Kondensrohr; abgekürztes Thermometer), so kann man in zweierlei Weise eine Korrektur anbringen. Man lese in Graden die Länge des durch die Dämpfe nicht erhitzten, also oberhalb des Kondensationsrohres befindlichen Quecksilberfadens ab (L) und bringe in der Mitte dieses Fadens möglichst nahe an dem Thermometer ein zweites an, dessen Temperatur t

man abliest. Ist T die beobachtete Siedetemperatur, so beträgt die zu addierende Korrektur

$$L(T-t).0{\cdot}000154^{0}.$$

Auch kann man den sogen. „korrigierten" Siedepunkt sehr zweckmäßig in der Weise bestimmen, daß man nach beendeter Destillation aus dem gleichen Kolben unter den gleichen Bedingungen einen anderen Körper, welcher in der Nähe des ersteren siedet und dessen korrigierter Siedepunkt bekannt ist, destilliert und die bei diesem beobachtete Differenz auf ersteren überträgt.

Abdestillieren eines Lösungsmittels: Eine beim organischen Arbeiten häufig vorkommende Operation ist das Abdestillieren eines Lösungsmittels von dem darin gelösten Körper. Die Verwendung eines Lösungsmittels hat zur Voraussetzung, daß die Siedepunkte des letzteren und des darin gelösten Körpers sehr weit auseinander liegen, so daß eine möglichst vollkommene Trennung beider durch eine einmalige Destillation zu erreichen ist. Die hierfür angewandten Methoden sind abhängig von der Menge der Lösung und der gelösten Substanz, sowie von dem Siedepunkte des Lösungsmittels. Es seien hier zunächst die Methoden beschrieben, welche beim Abdestillieren leicht siedender Lösungsmittel wie Äther, Ligroin, Schwefelkohlenstoff, Alkohol u. a. benutzt werden können.

Hat man geringe Mengen eines Lösungsmittels abzudampfen, und lohnt es sich nicht der Mühe, dieses durch Kondensation zurückzugewinnen, so kann man bei Äther, Ligroin und Schwefelkohlenstoff die in einem kleinen Kölbchen befindliche Lösung in ein größeres, mit warmem Wasser gefülltes Gefäß tauchen. Umschütteln des Kölbchens beschleunigt die Verdampfung wesentlich.

Schneller gelangt man zum Ziele, wenn man das Kölbchen auf ein erhitztes Wasserbad stellt; in diesem Falle ist es zweckmäßig, zur Verhinderung des Siedeverzuges einen kleinen Platindraht oder einige Kapillarfäden in die Flüssigkeit zu stellen; auch öfteres Umschütteln befördert die Verdampfung. Sollten die Dämpfe sich an der Flamme des Wasserbades entzünden, so suche man nicht durch Blasen die Flamme zu löschen, sondern man drehe zunächst die unter dem Wasserbade befindliche Flamme aus, nehme das Kölbchen mit Hilfe eines Tuches vom Wasserbade fort und bedecke die Öffnung des Kölbchens mit einem Uhrglase. Schwefelkohlenstoff destilliere man bei dessen leichter Entzündlichkeit jedoch niemals auf diese Weise ab, sondern stets ohne Flamme.

Auch größere Mengen von Lösungsmitteln kann man nach

diesen zwei Methoden verdampfen; in diesem Falle erhitze man jedoch nicht sofort die ganze Menge, sondern man verdampfe in einem kleinen Gefäße zunächst einen Teil des Lösungsmittels; ist dieser verdampft, so füge man eine zweite Portion nach, und so fort. Die Gefahr der Entzündung kann man vermeiden, außerdem die Schnelligkeit der Verdampfung vergrößern, wenn man in das Gefäß eine fest in eine Klammer eingespannte Glasröhre, die einige Zentimeter oberhalb des Flüssigkeitsniveaus endet und mit der Saugpumpe verbunden ist, einführt. In diesem Falle gebe man acht, daß nicht einmal die Röhre in die Flüssigkeit eintaucht, wodurch letztere in die Pumpe gesaugt werden würde.

Zum schnellen Verdampfen kleiner Äthermengen ist auch das folgende Verfahren sehr zu empfehlen: Man bringt wenige Kubikzentimeter der Lösung in ein nicht zu enges Reagenzrohr und erwärmt dieses unter fortdauerndem Schütteln aus freier Hand über einer kleinen leuchtenden Flamme. Ist die erste Portion verdampft, so füge man eine zweite nach u. s. f. Da hierbei fast regelmäßig die Ätherdämpfe sich entzünden, so halte man sich diese Eventualität stets gegenwärtig und erschrecke nicht, wenn der Äther brennt. Ist dies der Fall, so unterbreche man das Erhitzen auf einen Augenblick; durch Blasen oder durch Bedecken der Öffnung ist die Flamme leicht zu löschen. Hält man während des Erhitzens das Reagenzrohr möglichst flach, so wird die Gefahr der Entzündung vermindert.

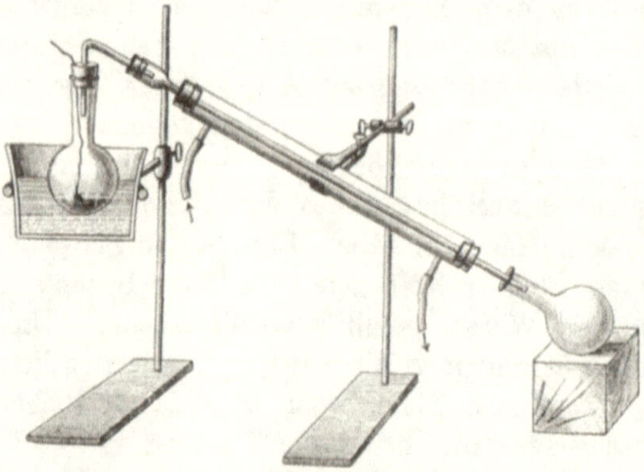

Fig. 27.

Will man größere Mengen von Äther, Ligroin oder Schwefelkohlenstoff abdestillieren und diese durch Kondensation zurückgewinnen, so verbinde man einen Kolben durch ein gebogenes Rohr mit einem absteigenden Kühler und erwärme ohne Flamme in einem mit heißem Wasser gefüllten Wasserbade. Um Siedeverzug zu verhindern, hänge man zwischen Kork und Kolben einen bis auf den Boden reichenden, möglichst faserigen Faden (Siedefaden) auf und schüttle während der Destillation öfters um (Fig. 27). Man bringe nicht sofort die gesamte Flüssigkeit in den Kolben, sondern zunächst einen Teil; ist von diesem das Lösungsmittel abgedampft, so füge man eine neue Menge nach usw.

Ist man im Besitze eines sogen. Sicherheitswasserbades, d. h. eines Wasserbades, bei dem die Flamme wie in der Davyschen Sicherheitslampe von einem Drahtnetz umgeben ist, so kann man Äther und Ligroin von diesem unter fortdauerndem Erhitzen mit der Flamme abdestillieren. Schwefelkohlenstoff destilliere man jedoch auch von diesem nicht ab, da er sich bereits an einem heißen Gegenstande entzünden kann.

Sehr empfehlenswert sind beim Abdestillieren von Lösungsmitteln die sog. Schlangenkühler, welche in der aus Fig. 28 ersichtlichen Weise verwandt werden. Statt eines Wasserbades kann man sich zum Erhitzen direkt eines Brenners bedienen, dessen Flamme von einem zylindrischen Drahtnetz ganz umgeben ist. Den Tubus der Vorlage verbindet man mit einem Schlauch, welcher in eine Abzugsöffnung führt oder unterhalb der Tischplatte mündet.

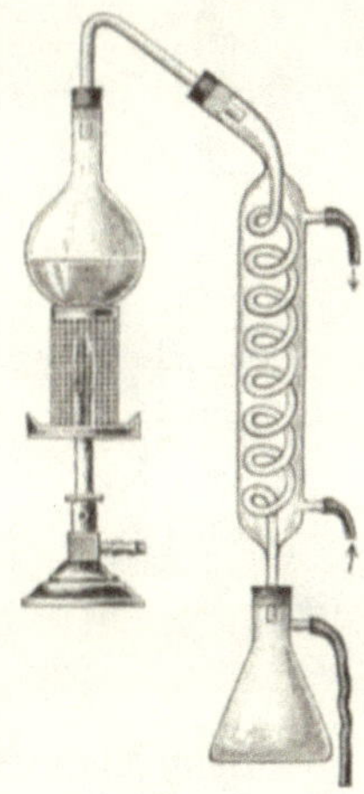

Fig. 28.

Höchst zweckmäßig zum Abdestillieren beliebig großer Äthermengen ist der in Fig. 29 dargestellte Apparat. Ein Fraktionierkolben, in dessen Hals sich ein Tropftrichter befindet, wird mit einem absteigenden Kühler oder einem aufrechten Schlangenkühler verbunden. Unter Erwärmen durch heißes Wasser oder in diesem speziellen Falle auf dem durch eine Flamme erhitzten Wasserbade, oder schließlich über direkter Flamme mit Sicherheitsdrahtnetz läßt man nun die ätherische Lösung allmählich aus dem Tropftrichter in den Fraktionierkolben, auf dessen Boden sich einige Platinschnitzeln oder Scherben eines ungebrannten Tontellers befinden, fließen. Läßt man das Nachfließen der Lösung in demselben Tempo erfolgen, wie der Äther sich im Kühler verdichtet, so kann man stundenlang eine kontinuierliche Destillation unterhalten. Man lasse hierbei in der Vorlage nicht ein zu großes Ätherquantum sich ansammeln, sondern entleere jene von Zeit zu Zeit in ein größeres Gefäß. Will man sich vor Entzündung des Äthers schützen, so verstopfe man die Vorlage durch einen lockeren Wattepfropfen oder verbinde das Kondensationsrohr durch einen Kork mit einer tubulierten Vorlage (Schlauch am Tubus wie in Fig. 28). Dieses Verfahren bietet außer seiner bequemen Handhabung noch den Vorteil, daß man nach beendigter Destillation den Rückstand sofort aus dem Fraktionierkolben einer Destillation mit Thermometer unterwerfen kann, was besonders dann ökonomisch ist, wenn die Menge des gelösten Körpers nur gering ist. In diesem Falle wähle man die Größe des Fraktionierkolbens der zu erwartenden Menge des Rückstandes entsprechend aus.

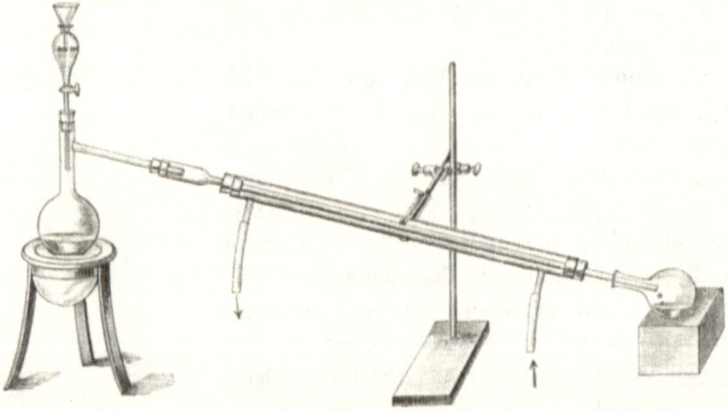

Fig. 29.

Beim Abdestillieren von Alkohol ist es erforderlich, das Wasserbad dauernd zu erhitzen. Man vergesse auch hierbei niemals die Anwendung eines Siedefadens. Die Destillation des Alkohols kann beschleunigt werden, wenn man den Destillierkolben nicht auf, sondern in das Wasserbad hineinstellt. Sättigt man das Wasser des Wasserbades mit festem Kochsalz, so wird die Temperatur des Bades erhöht, und die Destillation verläuft noch schneller.

Seit kurzem kommen auch zylindrische Wasserbadeinsätze in den Handel, deren seitliche Wand und Boden vielfach durchlocht sind, und die den einfachen Wasserbadringen gegenüber den großen Vorteil bieten, daß die zu erhitzende Flüssigkeit nicht nur vom Boden, sondern auch von den Seiten her durch die Wasserdämpfe erwärmt wird.

Ist man geübt im Arbeiten, so kann man auch über einem Drahtnetz mit darunter gestellter Flamme oder von einem Sandbade Alkohol abdestillieren. In diesem Falle ganz besonders erhitze man nicht zu große Mengen auf einmal. Bezüglich des Abdestillierens von Benzol gilt das gleiche wie vom Alkohol.

Höher siedende Lösungsmittel werden abdestilliert wie oben beim Kapitel „Destillation“ angegeben.

In verhältnismäßig seltenen Fällen ist die Differenz der Siedepunkte des Lösungsmittels und des gelösten Körpers nur gering. Man muß unter diesen Umständen die Trennung unter Anwendung eines Fraktionieraufsatzes durch eine systematische fraktionierte Destillation herbeiführen.

Destillation mit Wasserdampf.

Eine eigenartige Destillation, welche beim organischen Arbeiten sehr häufig zur Reinigung oder zur Trennung von Gemischen verwandt wird, ist die Destillation mit Wasserdampf. Viele Substanzen, auch solche, welche weit oberhalb 100° destillieren oder für sich nicht ohne Zersetzung flüchtig sind, besitzen die Eigenschaft, daß beim gemeinsamen Erhitzen mit Wasser, oder wenn man Wasserdämpfe über oder durch dieselben leitet, sie mit letzteren flüchtig sind. Diese Erscheinung erklärt sich folgendermaßen: Nehmen wir an, daß wir eine Mischung zweier Flüssigkeiten haben, die ineinander absolut unlöslich sind, so wird keine den Dampfdruck der anderen beeinflussen, d. h. jede wird stets den Dampfdruck besitzen, den sie ausübte, wenn sie allein vorhanden wäre. Ein praktisches Beispiel dieser Art, welches später ausgeführt werden wird, ist die Destillation einer Mischung von Wasser (S.-P. 100°) und Brombenzol (S.-P. 155°). Erwärmen wir eine solche allmählich, so werden die Dampfdrucke beider Stoffe immer größer, und die Erscheinung des Siedens wird eintreten, wenn die Summe der Dampfdrucke gleich dem herrschenden Barometerstande ist, den wir zu 760 mm annehmen wollen. Wie aus der folgenden Tabelle ersichtlich, tritt dies bei einer Temperatur von 95·25° ein:

t	Dampfdruck[1] von C_6H_5Br	Dampfdruck von H_2O	Summe
95°	120 mm	634 mm	754 mm
95·25°	121 „	639 „	760 „
96°	124 „	657 „	781 „

[1] Der Dampfdruck des Brombenzols ist aus den von Young für 90° und 100° ermittelten Werten (Journ. chem. soc. **55**, S. 486) durch Interpolation berechnet.

Bei dieser Temperatur wird also eine Mischung von Wasser und Brombenzol überdestillieren. Das Mengenverhältnis beider ergibt sich aus folgenden Erwägungen: Bei gleicher Temperatur und gleichem Drucke enthalten nach der Regel von AVOGADRO gleiche Volumina aller idealen Gase die gleiche Anzahl von Molekülen. Sind die Temperaturen gleich, die Drucke aber verschieden, so stehen die Molekülzahlen gleicher Volumina im Verhältnis der Drucke. Betrachten wir nun unser bei 95·25° übergehendes Dampfgemisch von Wasser und Brombenzol. Da ersteres bei dieser Temperatur einen Dampfdruck von 639 mm, letzteres von 121 mm ausübt, so müssen sich die Molekülzahlen wie diese Drucke verhalten, d. h. auf je 639 Moleküle Wasser kommen 121 Moleküle Brombenzol. Wollen wir die Gewichtsmengen der übergehenden Stoffe berechnen, so müssen wir die Anzahl der Moleküle mit dem Gewichte des einzelnen Moleküls, d. h. dem Molekulargewicht multiplizieren. Wir erhalten dann in unserm Beispiel: Auf 639 × 18 Gewichtsteile Wasser gehen 121 × 157 Gewichtsteile Brombenzol (Mol.-Gew. 157) über, was annähernd einem Verhältnis von 3 Gewichtsteilen Wasser zu 5 Gewichtsteilen Brombenzol entspricht.

Die beiden Stoffe gehen in diesem Mischungsverhältnis so lange konstant über, bis der eine von ihnen völlig überdestilliert ist.

Es soll nicht verschwiegen werden, daß ein derartiger idealer Verlauf einer Wasserdampfdestillation nie realisierbar ist, wie sich aus folgenden Erwägungen ergibt: Stoffe, die absolut unlöslich ineinander sind, gibt es nicht. Es wird also stets eine gegenseitige Beeinflussung der Dampfdrucke stattfinden, die allerdings in dem gewählten Beispiel nur gering ist. Da ferner Dämpfe nicht streng der AVOGADROschen Regel folgen, so wird hierdurch das Mengenverhältnis der übergehenden Stoffe etwas verschoben. Schließlich verändern sich die Verhältnisse noch dadurch, daß man in der Praxis nie nur auf die eigentliche Siedetemperatur erhitzt, sondern Wasserdampf einleitet, wodurch die Temperaturverhältnisse etwas andere wie oben werden. Immerhin dürften die obigen Betrachtungen den Vorgang der Wasserdampfdestillation in großen Zügen wiedergeben.

Apparat: Der für die Destillation mit Wasserdampf verwandte Apparat ist in Fig. 30 dargestellt. In einen schräg gestellten

Rundkolben führen durch einen doppelt durchbohrten Kork zwei nicht zu enge Glasröhren, von denen die eine, welche bis auf den Boden des Kolbens reicht, zum Einleiten des Wasserdampfes dient, während die zweite dicht unter dem Korke endet und mit einem möglichst langen absteigenden Kühler verbunden ist. Den Destillierkolben wähle man so groß, daß die Flüssigkeit ihn höchstens bis zur Hälfte anfüllt. Damit der Wasserdampf auch ein am Boden des Kolbens befindliches Öl mit fortreißen kann, so ist das Einleitungsrohr etwas nach abwärts gebogen, damit es bis zum tiefsten Punkte des Kolbens reicht. Der Dampf wird in einem mit Wasser etwa bis zur Hälfte gefüllten Blechtopfe entwickelt, in dessen Hals mit Hilfe eines doppelt durchbohrten Korkes ein mit Quecksilber gefülltes Sicherheitsrohr, dessen inneres Ende nicht in das Wasser eintauchen darf, sowie ein rechtwinklig gebogenes Ableitungsrohr sich befinden.

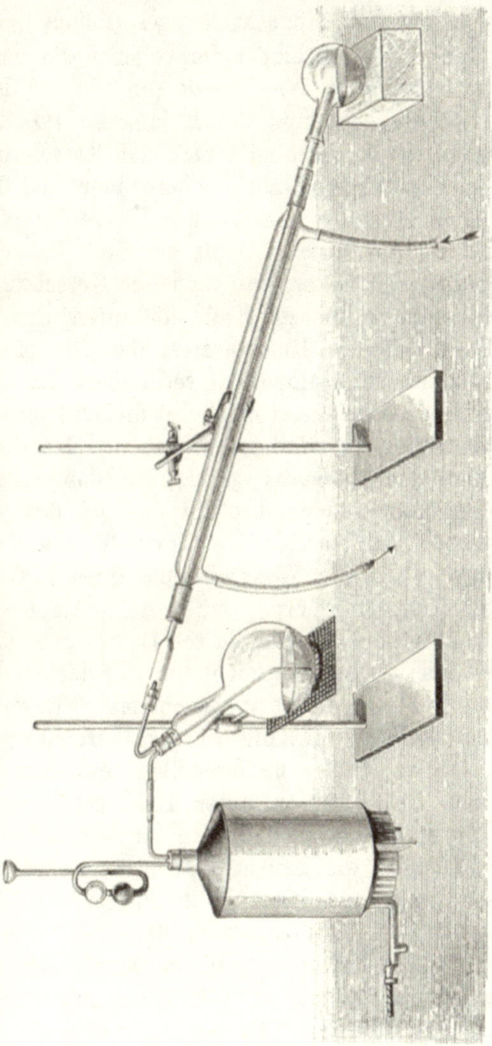

Fig. 30.

Ausführung der Destillation: Der Versuch beginnt damit, daß man zunächst den Dampfentwickler und gleichzeitig den Kolben anheizt, was bei ersterem zweckmäßig durch einen niedrigen Brenner (FLETCHER-Brenner) geschieht. Den Kolben kann man über einem Drahtnetz mit freier Flamme erhitzen; da hierbei jedoch zuweilen ein sehr lästiges Stoßen der Flüssigkeit eintritt, so nimmt man in einem derartigen Falle das Erhitzen auf einem lebhaft siedenden Wasserbade vor. Sobald das Wasser im Dampfentwickler kocht und die Flüssigkeit im Rundkolben möglichst vorgewärmt ist, verbindet man den Kessel und den Kolben durch einen Kautschukschlauch miteinander und läßt den Apparat so lange in Tätigkeit, bis mit den Wasserdämpfen nichts mehr übergeht. Sollten Wasserdämpfe aus dem Sicherheitsrohr ausströmen, so rührt dies daher, daß man den Kessel zu lebhaft erhitzt; man verkleinere in diesem Falle die unter ihm befindliche Flamme. Um die teilweise Kondensation der Dämpfe in dem oberen kälteren Teile des Kolbens zu verhindern, kann man diesen in mehrfacher Lage mit einem möglichst dicken Tuche, welches die Wärmeausstrahlung vermindert, bedecken. Ist die Menge der zu destillierenden Substanz gering, so daß man nur einen kleinen Kolben anzuwenden braucht, so ist das Vorwärmen und andauernde Erhitzen des letzteren überflüssig, und man kann in diesem Falle die Wasserdämpfe direkt in die kalte Flüssigkeit leiten. Ist ein Körper mit Wasserdämpfen sehr leicht flüchtig, so kann man das Einleiten von Dampf ganz umgehen. Man destilliert dann einfach die mit ihrem mehrfachen Volumen Wasser versetzte Substanz direkt aus einem mit absteigendem Kühler verbundenen Kolben. Ist die zu destillierende Substanz fest, so daß sie sich im Kühler zu Kristallen verdichtet, so kann man diese, wofern die Substanz unter 100° schmilzt, dadurch aus dem Kühlrohr entfernen, daß man für kurze Zeit das Kühlwasser abläßt. Durch die heißen Wasserdämpfe wird dann die Substanz geschmolzen und fließt in die Vorlage. Läßt man nach dieser Operation wieder Wasser in den Kühler laufen, so erfolge dies im Anfang nicht zu schnell, da sonst leicht der warm gewordene Kühler springen kann. Schmilzt eine Substanz über 100°, so muß man, um das Kühlrohr frei zu machen, die Destillation für kurze Zeit unterbrechen und die Kristalle mit einem langen Glasstabe aus dem Rohr herausstoßen.

Das Ende der Destillation kann man bei in Wasser schwer löslichen Substanzen daran erkennen, daß das übergehende Wasser keine Öltröpfchen oder Kristalle mehr mit sich führt. Bei in Wasser löslichen Körpern kann jedoch ein scheinbar reines Wasser noch beträchtliche Mengen Substanz gelöst enthalten. In diesem Falle überzeugt man sich von dem Ende des Versuches dadurch, daß man etwa 10 ccm des letzten Destillates in einem Reagenzrohr aufsammelt, diese mit Äther ausschüttelt und den Äther verdampft. Hinterläßt dieser keinen Rückstand, so ist die Destillation beendet. Zeigt ein Körper eine Farbenreaktion, wie z. B. Anilin mit Chlorkalk, so kann man auch diese zur Entscheidung jener Frage anwenden. Ist die Destillation beendet, so entferne man zunächst den Verbindungsschlauch vom Destillierkolben und drehe erst dann die Flamme unter dem Dampfentwickler aus. Auch bei einer Unterbrechung der Destillation beachte man diesen Punkt. Andernfalls könnte es sich ereignen, daß der Inhalt des Destillierkolbens in den Dampfentwickler zurückgesaugt wird.

Überhitzter Wasserdampf: Bei sehr schwer flüchtigen Körpern ist es oft erforderlich, die Destillation durch überhitzten Wasserdampf zu bewirken. Man schaltet dann zwischen Dampfentwickler und Destillierkolben ein konisch gewundenes Kupferrohr (Fig. 31) ein, welches von einem konischen Mantel aus dicker Asbestpappe umgeben ist. Um die Wasserdämpfe zu überhitzen, stellt man unter diesem einen Brenner derart auf, daß die Flamme sich im Innern des konischen Teiles befindet. Da man für manche Zwecke überhitzten Dampf von bestimmter Temperatur nötig hat, so befindet sich an der Austrittsstelle des Dampfes ein kleiner Tubus, in den man mit Hilfe von Asbestschnur ein Thermometer einsetzt. Die Destillation erleichtert man noch dadurch, daß man den Destillierkolben in einem Öl- oder Luftbade auf höhere Temperatur erhitzt; in diesem Falle überschichtet man die zu destillierende Substanz nicht mit Wasser.

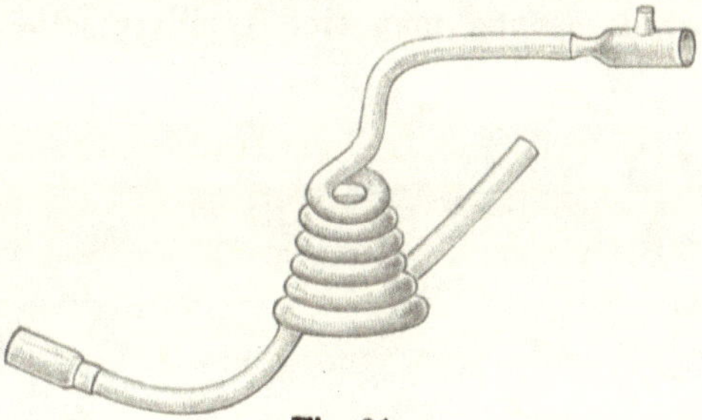

Fig. 31.

Trennung von Flüssigkeitsgemischen. Ausschütteln. Aussalzen.

Trennung von Flüssigkeiten: Handelt es sich um die Trennung zweier nicht mischbarer Flüssigkeiten, von denen die eine meistens Wasser oder eine wäßrige Lösung ist, so kann man dies bei größeren Mengen im Scheidetrichter ausführen (Fig. 32). Ist die zu gewinnende Flüssigkeit spezifisch schwerer als Wasser, so läßt man sie durch Öffnen des Hahnes aus dem Abflußrohr des Trichters ab. Schwimmt sie oberhalb des Wassers, so läßt man zunächst letzteres ab und gießt dann erstere aus dem oberen Tubus des Trichters heraus, nicht aber läßt man sie wie das Wasser durch den Hahn ab. Man vermeidet so, daß die in der Durchbohrung des Hahnes sowie im Abflußrohr befindlichen Teile des Wassers zu der anderen Lösung gelangen. Bei der Trennung geringer Flüssigkeitsmengen wendet man einen kleinen Scheidetrichter (sogen. Tropftrichter) an.

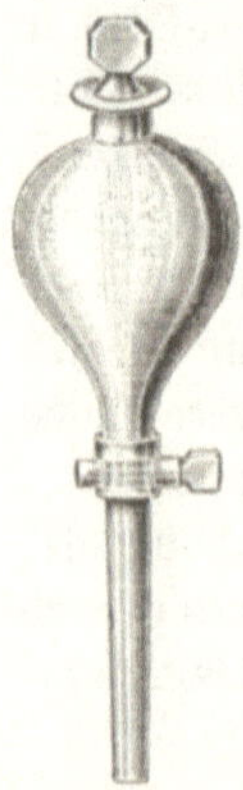

Fig. 32.

Hat man nur so wenig Flüssigkeit, daß auch ein solcher zu groß ist, so benutzt man eine Kapillarpipette (Fig. 33 und 34). Das zu

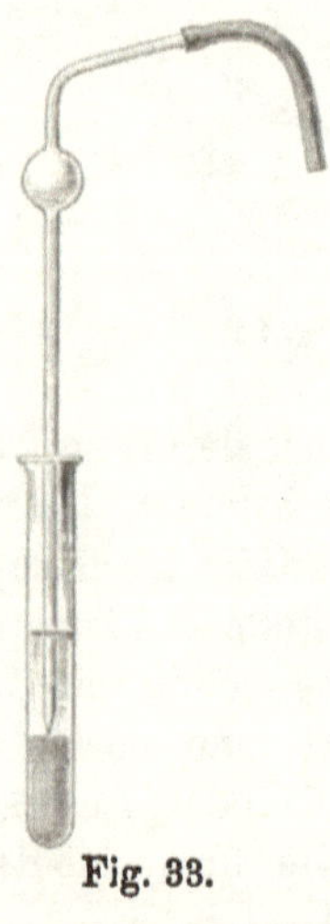

Fig. 33.

Fig. 34.

trennende Flüssigkeitsgemisch bringt man in ein möglichst enges Reagenzrohr, taucht die Kapillarpipette bis zur Berührungsfläche ein, falls man die obere Schicht entfernen will, und saugt, während man das Glas in Augenhöhe hält, so lange, bis die obere Schicht sich in der Pipette befindet. Man kneift dann den Schlauch mit den Zähnen oder mit der Hand zu und kann nun die Pipette abheben. Will man die untere Schicht entnehmen, so taucht man die Pipette bis auf den Boden des Glases und verfährt sonst wie vorher. Derartige Pipetten lassen sich sehr leicht aus einem Glasrohr anfertigen; ist man das Arbeiten mit ihnen gewohnt, so sind sie ein unentbehrliches Hilfsmittel.

Ausschütteln: Das Ausschütteln hat den Zweck, Substanzen, welche in einer Flüssigkeit, meistens Wasser, suspendiert oder gelöst sind, durch Schütteln mit einer anderen Flüssigkeit, welche mit der ersteren nicht mischbar ist, den gelösten Körper leichter löst und sich leicht durch Destillation entfernen läßt, der ersteren zu entziehen. Zum Ausschütteln wendet man meistens Äther an; jedoch werden in besonderen Fällen auch Schwefelkohlenstoff, Ligroin, Chloroform, Benzol, Amylalkohol u. a. verwandt. Es seien hier einige Fälle besprochen, in welchen man die Operation des Ausschüttelns mit Äther anwendet.

Will man eine in Wasser unlösliche Flüssigkeit, welche nur in so geringer Menge vorhanden ist, daß eine direkte Trennung infolge der Adhäsion an den Gefäßwandungen mit Verlusten verknüpft sein würde, oder welche im Wasser in Form von kleinen Tröpfchen suspendiert ist, gewinnen, so fügt man zu der Mischung Äther, schüttelt um, trennt die zwei Schichten und verdampft den Äther.

In der gleichen Weise verfährt man, wenn die Substanz vollkommen in Wasser gelöst, oder zum Teil suspendiert, zum Teil gelöst ist. Hat sich aus einer wässerigen Lösung ein beträchtlicher Anteil eines festen oder flüssigen Körpers abgeschieden, so nimmt man nicht sofort mit Äther auf, sondern man filtriert zunächst den festen Körper ab, oder trennt das abgeschiedene Öl im Scheidetrichter und schüttelt erst dann mit Äther aus. In manchen Fällen, wenn z. B. das abgeschiedene Öl trübe oder die Lösung stark sauer oder alkalisch ist, so daß das Abfiltrieren Schwierigkeiten bietet, kann man jedoch sofort alles mit Äther aufnehmen. Bei in Wasser löslichen Substanzen muß man das Ausschütteln je nach der geringeren oder größeren Löslichkeit in Wasser einmal oder mehrere Male wiederholen. Will man hierbei nicht zu große Äthermengen verwenden, so destilliere man nach dem erstmaligen

Ausschütteln den Äther ab und benutze ihn von neuem zu einer zweiten Ausschüttelung usf. Um sich davon zu überzeugen, ob ein erneutes Ausschütteln noch Zweck hat, verdampfe man eine Probe der ätherischen Lösung auf einem Uhrglase und beobachte, ob hierbei noch ein Rückstand bleibt. Verdampft man bei dieser Probe den Äther durch Daraufblasen mit dem Munde, so wird der Anfänger oft das Opfer eines Irrtums. Es scheiden sich hierbei oft reichliche Mengen von Kristallen aus, welche jedoch nichts anderes sind als Eis, indem nämlich durch die Verdunstungskälte des Äthers die Feuchtigkeit des Atems kondensiert ist. Ein anderer Irrtum, in den der Anfänger sehr leicht beim Ausschütteln mit Äther verfällt, ist folgender: Bei den meisten chemischen Prozessen bilden sich geringe Mengen gefärbter Verunreinigungen, welche beim Ausschütteln dem Äther eine Färbung verleihen. Der Anfänger ist nun leicht geneigt, das Ausschütteln so lange fortzusetzen, bis der Äther nicht mehr gefärbt wird. Dies Verfahren ist durchaus verkehrt; beim Ausschütteln farbloser Verbindungen bietet die Färbung des Äthers keinen Anhalt dafür, ob in letzterem noch Substanz gelöst ist; nur die oben angeführte Probe gibt hierüber sichere Auskunft.

Beim Ausschütteln sind noch die folgenden Punkte zu beachten; Warme Flüssigkeiten lasse man vor dem Ausschütteln mit einem niedrig siedenden Lösungsmittel wie Äther, Schwefelkohlenstoff u. a. zuvor vollständig erkalten. — Oftmals trennen sich auch nach längerem Stehen die zwei Schichten infolge eines an der Grenzfläche schwimmenden flockigen Niederschlages nicht voneinander. Man kann diesen Übelstand dadurch beseitigen, daß man entweder mit einem Glasstabe umrührt oder mit dem Scheidetrichter in horizontaler Richtung kreisförmige Bewegungen ausführt, wobei jedoch die zwei Schichten nicht durcheinander geschüttelt werden dürfen. Unter Umständen kann man auch in den Hals des Trichters mit Hilfe eines durchbohrten Korkes eine Glasröhre einsetzen und nun durch die Saugpumpe über der Flüssigkeit einen luftverdünnten Raum erzeugen. Durch die aus der Flüssigkeit hierbei aufsteigenden Gasblasen wird die störende Emulsion oft vernichtet. Bisweilen erreicht man dies auch dadurch, daß man einige Tropfen Alkohol dem Äther hinzufügt. Ist die Trennung der Schichten eine sehr unvollkommene, so hat dies oft seine Ursache darin, daß man zu wenig Äther genommen hat; man füge in diesem Falle noch mehr Lösungsmittel nach. Versagen all die beschriebenen Mittel ihren Dienst, so kann man den Übelstand vollkommen sicher dadurch beseitigen, daß man an der Saugpumpe, am besten unter Anwendung eines Büchnerschen Trichters, beide Schichten gemeinsam filtriert, wobei der die Emulsion veranlassende Niederschlag auf dem Filter bleibt.

Zuweilen scheiden sich beim Zusatz von Äther zu einer wässerigen Lösung, welche anorganische Salze enthält, letztere in festem Zustande aus. In diesem Falle fügt man entweder so viel Wasser hinzu, bis diese wieder in Lösung gegangen sind, oder man filtriert sie an der Saugpumpe ab.

Ist das spezifische Gewicht einer ätherischen Lösung annähernd dem der wässerigen gleich, so findet oftmals die Trennung nur schwierig statt. Man füge dann etwas festes Kochsalz hinzu, wodurch das spez. Gewicht der wässerigen Lösung erhöht wird.

Unter Umständen ist sowohl die wässerige wie die ätherische Lösung so dunkel gefärbt, daß man beide nicht voneinander unterscheiden kann. In diesem Falle halte man bei der Trennung den Scheidetrichter gegen das Licht, oder man stelle abends eine Leuchtflamme dahinter und beobachte die Flüssigkeit dicht oberhalb des Hahnes. Beim Ablassen der Flüssigkeit kann man an dieser Stelle sehr wohl erkennen, wann die untere Schicht ausgeflossen ist.

Theorie des Ausschüttelns: Haben wir ein Gemisch zweier Lösungsmittel 1. und 2., die sich nicht ineinander lösen, und andererseits einen Stoff, der sich mit gleicher Molekulargröße in beiden löst, und zwar in 1. doppelt so leicht (d. h. die doppelte Gewichtsmenge ist löslich) wie in dem gleichen Volumen von 2., so wird, wenn wir so viel von ihm anwenden, daß beide Lösungsmittel sich damit sättigen können, von jenem in der Volumeneinheit von 1. doppelt so viel gelöst sein wie in der von 2. Das Verhältnis der Konzentrationen des gelösten Stoffes in den beiden Lösungsmitteln ist demnach 2:1. Wenden wir von dem zu lösenden Stoffe nur so wenig an, daß eine vollständige Sättigung der Lösungsmittel nicht eintreten kann, und schütteln wir ihn mit der Mischung dieser, oder lösen wir den Stoff in einem Lösungsmittel auf und schütteln diese Lösung mit dem zweiten Lösungsmittel, so verteilt sich jener auf beide Lösungsmittel und zwar derart, daß das Verhältnis der Konzentrationen (Teilungskoeffizient k) wiederum 2 : 1 ist (Berthelot und Jungfleisch). Nennen wir die maximalen (Sättigungs-)Konzentrationen K_1 und K_2, und seien die Konzentrationen in zwei miteinander im

Gleichgewicht befindlichen ungesättigten Lösungen k_1 und k_2, so gilt die Gleichung:

$$k = \frac{K_1}{K_2} = \frac{k_1}{k_2}.$$

Sei z. B. die Menge des gelösten Stoffes a, und wenden wir gleiche Volumina von 1. und 2. an, so wird sich bei einmaligem Ausschütteln in 1. hiervon $\frac{2}{3}a$ lösen, während in 2. nur $\frac{1}{3}a$ gelöst ist. Je größer also der Unterschied in den Löslichkeiten ist, um so leichter und vollständiger erfolgt das Ausschütteln. Wenden wir auf ein Volumen von 2. zwei Volumina von 1. zum Ausschütteln an, so berechnet sich die in 2 Volumen von 1. gelöste Menge des Stoffes a in folgender Weise:

Lösungsmittel	Volumen	Gelöster Stoff	Konzentration, d. h. Quotient aus gelöstem Stoff und Volumen des Lösungsmittels
1.	2	x	$\frac{x}{2}$
2.	1	$(a - x)$	$(a - x)$

Das Verhältnis der Konzentrationen muß nun wiederum gleich dem Teilungskoeffizienten sein, d. h. es ist:

$$\frac{\frac{x}{2}}{(a-x)} = \frac{2}{1}, \text{ woraus folgt } x = \frac{4}{5}\,a.$$

Die allgemeine Formulierung des Teilungssatzes ist folgende:

Lösungsmittel	Volumen	Gelöster Stoff	Konzentration	Teilungskoeffizient von 1. nach 2.
1.	v_1	x	$\frac{x}{v_1}$	k
2.	v_2	$a - x$	$\frac{a - x}{v_2}$	

$$\frac{\frac{x}{v_1}}{\frac{a-x}{v_2}} = k,$$

$$x = \frac{k\,a\,v_1}{v_2 + k\,v_1}.$$

Für praktische Zwecke ist die Frage von Bedeutung, ob es zweckmäßiger ist, mit einem bestimmten Volumen eines Lösungsmittels in einer einzigen Operation auszuschütteln, oder dies mit kleineren

Teilen des Lösungsmittels in verschiedenen Operationen zu tun. Diese Frage beantwortet sich so: In obigem Beispiel lösten sich bei einmaligem Ausschütteln mit dem gleichen Volumen von 1. in diesem $\frac{2}{3}a$. Schütteln wir nun bei einem zweiten Versuche zunächst mit dem halben Volumen von 1. aus, so wird sich hierin von a nur ein Teil x, der kleiner als $\frac{2}{3}a$ ist, lösen, während $(a - x)$ in 2. gelöst bleibt. Wir haben demnach folgende Verhältnisse:

Lösungsmittel	Volumen	Gelöster Stoff	Konzentration, d. h. Quotient aus gelöstem Stoff und Volumen des Lösungsmittels
1.	$\frac{1}{2}$	x	$\frac{x}{\frac{1}{2}} = 2x$
2.	1	$a - x$	$a - x$

Das Verhältnis der Konzentrationen muß aber gleich dem Teilungskoeffizienten sein; es ist demnach:

$$\frac{2x}{a - x} = \frac{2}{1} \quad \text{oder} \quad x = \frac{a}{2}.$$

Die eine Hälfte von a ist demnach in Lösungsmittel 1. gegangen, die andere in 2. verblieben. Schütteln wir nun die erhaltene Lösung 2. mit der zweiten Hälfte des Lösungsmittels 1. aus, so wird sich in letzterem von dem noch gelösten $\frac{a}{2}$ wiederum die Hälfte, also $\frac{a}{4}$ lösen. In Summa sind also ausgeschüttelt: $\frac{a}{2} + \frac{a}{4} = \frac{3}{4}a$ gegenüber $\frac{2}{3}a$ bei einmaligem Ausschütteln mit der Gesamtmenge von 1. Es ist also zweckmäßiger, mit einer gewissen Menge eines Extraktionsmittels das Ausschütteln mit kleineren Anteilen mehrfach zu wiederholen, als sofort die Gesamtmenge in einer einzigen Operation zu verwenden. Ersteres Verfahren hat den Nachteil, daß es mehr Zeit wie letzteres verlangt. Wo, wie bei Laboratoriumsversuchen, der Preis des Lösungsmittels keine Rolle spielt, und es mehr auf die Schnelligkeit des Arbeitens ankommt, verwendet man deshalb meistens größere Mengen des Lösungsmittels auf einmal. — Daß ein quantitatives Ausschütteln eines Stoffes im absoluten Sinne durch eine endliche Wiederholung der Operation nicht möglich ist, ergibt sich leicht aus obigen Ausführungen $\left(\frac{a}{2} + \frac{a}{4} + \frac{a}{8} + \frac{a}{16} \cdots\right.$ kann bei einer endlichen Anzahl von Gliedern nicht gleich a werden$\left.\right)$.

Die vorstehenden Betrachtungen gelten nur für den Fall, daß die Lösungsmittel sich nicht gegenseitig lösen. Diese Voraussetzung trifft nicht streng zu für Mischungen von Wasser und Äther, da sowohl Äther in Wasser wie Wasser in Äther löslich ist.

Die gleichen Formeln gelten, wenn man die Löslichkeit nicht auf die Volumeneinheit, sondern auf die Gewichtseinheit des Lösungsmittels bezieht. In diesem Falle hat natürlich der Teilungskoeffizient einen anderen Wert.

Aussalzen: Ein Hilfsmittel, welches zur Abscheidung von in Wasser gelösten Substanzen vielfach die vorzüglichsten Dienste leistet, ist das Aussalzen. Viele in reinem Wasser lösliche Substanzen besitzen nämlich die Eigenschaft, in wässerigen Salzlösungen unlöslich oder schwerlöslich zu sein; trägt man demnach in ihre wässerige Lösung festes Kochsalz, Chlorkalium, Pottasche, Chlorcalcium, Salmiak, Glaubersalz, essigsaures Natrium, Ammonsulfat oder andere Salze ein, so gehen diese in Lösung, während der zuvor gelöste Körper sich dafür abscheidet. Nach dieser Methode kann man manche Körper, wie Alkohol, Aceton u. a., die in Wasser so leicht löslich sind, daß man sie durch Ausschütteln mit Äther nicht gewinnen kann, aus ihrer wässerigen Lösung mit Leichtigkeit abscheiden. Man verfährt hierbei derart, daß man in die wässerige Lösung so lange eines jener Salze, meistens feste Pottasche, einträgt, bis diese nicht mehr gelöst wird. Der verdrängte Körper sammelt sich dann oberhalb der schweren Salzlösung an und kann durch Abheben gewonnen werden.

Auch eine Kombination von Aussalzen und Ausschütteln mit Äther bietet große Vorteile. Fügt man zu der wässerigen Lösung eines Körpers eines der oben erwähnten Salze, am besten fein pulverisiertes Kochsalz, so wird das Ausschütteln mit Äther aus verschiedenen Gründen wesentlich erleichtert. Erstens wird ein Teil des gelösten Körpers schon durch das Aussalzen abgeschieden; ferner wird die Löslichkeit des ersteren in dem neuen Lösungsmittel, der Kochsalzlösung, verringert, so daß beim Ausschütteln ein größerer Teil in den Äther geht, als bei Anwendung einer rein wässerigen Lösung, und schließlich löst sich der Äther nicht so leicht in der Salzlösung wie im Wasser auf, so daß das Volumen der ätherischen Lösung ein größeres ist. Was die Menge des hinzuzufügenden Kochsalzes anbelangt, so wende man auf 100 ccm wässerige Lösung ca. 25—30 g fein pulverisiertes Kochsalz an. Leider hat sich die Methode des Aussalzens im wissenschaftlichen Laboratorium noch nicht so weit eingebürgert, wie sie es verdiente, während sie in dem Laboratorium des technischen Chemikers schon seit langem täglich geübt wird. Unter den Reagentien, welche man dauernd gebraucht, sollte eine Flasche mit Kochsalz nicht fehlen. — In manchen Fällen kann man statt des festen Salzes auch eine gesättigte, wässerige Lösung anwenden. — Über die Theorie des Aussalzens von Elektrolyten vgl. die theoretischen Betrachtungen bei Benzolsulfosäure.

Entfärbung. Entfernung von Harzen.

Wie bekannt, besitzt die Tierkohle die Eigenschaft, Farbstoffe auf sich niederzuschlagen. Man benutzt sie aus diesem Grunde häufig im Laboratorium, um farblose Körper von gefärbten Verunreinigungen zu befreien. Handelt es sich um die Entfärbung einer festen Substanz, so löse man diese zunächst in einem geeigneten Lösungsmittel auf, koche dann mit Tierkohle und filtriere von dieser ab. Ehe man die heiße Lösung mit Tierkohle versetzt, lasse man jene zuvor etwas erkalten, da nahe bis zum Siedepunkte erhitzte Flüssigkeiten bei der plötzlichen Berührung mit der Tierkohle oft stürmisch aufsieden, wobei leicht Überschäumen stattfindet. Bei Anwendung von Lösungsmitteln, welche sich mit Wasser nicht mischen, trockne man die meistens etwas feuchte Tierkohle zuvor auf dem Wasserbade. Das Lösungsmittel ist wenn möglich derart zu wählen, daß beim Abkühlen der entfärbten Lösung der gelöste Körper auskristallisiert. Bei der Ausführung dieser Operation mache man es sich zur Regel, die Tierkohle erst dann hinzuzufügen, wenn der zu entfärbende Körper vollkommen gelöst ist. Nur so ist man sicher, daß nicht etwa ein Teil des letzteren sich ungelöst bei der Tierkohle befindet. Die Menge der Tierkohle richtet sich nach der Menge der Substanz und der Intensität der Färbung; bei nur wenig gefärbten Substanzen nehme man nur wenig Kohle; bei stärker gefärbten entsprechend mehr. Auch zur Entfernung von in Wasser sehr fein verteilten Niederschlägen, die sich durch Filtrieren nicht beseitigen lassen, kann man Tierkohle verwenden. So scheidet sich z. B. beim Ausfällen von Zinn durch Schwefelwasserstoff das Schwefelzinn oft so fein verteilt ab, daß es durch das Filter läuft. Kocht man die Flüssigkeit mit Tierkohle, so bietet das Filtrieren keine Schwierigkeit mehr.

Die Tierkohle, vor allem in sehr fein verteiltem Zustande, besitzt den Nachteil, daß sie zuweilen mit durch das Eilter läuft und das Filtrat verunreinigt. Eine wiederholte Filtration hilft häufig diesem Mangel ab. Bei Substanzen, welche der Analyse unterworfen werden sollen und die mit Tierkohle entfärbt sind, achte man stets darauf, ob sie nicht durch diese verunreinigt sind. In einem solchen Falle kristallisiere man nochmals, ohne Anwendung von Kohle, um. Auch kann man diesen Übelstand dadurch beseitigen oder wesentlich mildern, daß man die Kohle vor der Verwendung einige Male mit Wasser schlämmt, die in der Flüssigkeit suspendierten Anteile mit dem Wasser dekantiert und nur die groben, sich leicht absetzenden Anteile benutzt.

Wie man in der Zuckertechnik in jüngster Zeit die Tierkohle zum Teil durch eine Mischung von feinem Holzschleifmehl und geschlämmter Kieselgur ersetzt hat, so soll auch im kleinen Maßstabe im Laboratorium eine derartige Mischung zur Entfärbung wohl verwendbar sein. Derselben wird ein ganz hervorragendes Reinigungsvermögen zugeschrieben, so daß man mit viel kleineren Mengen denselben Effekt erzielt, wie mit bei weitem größeren Quantitäten von Tierkohle.

Um zu verhindern, daß leicht oxydierbare Flüssigkeiten sich beim Eindampfen an der Luft zersetzen, womit meistens eine Färbung verbunden ist, leitet man durch sie einen Strom eines reduzierenden oder schützenden Gases, wie schweflige Säure, Schwefelwasserstoff oder Kohlensäure. Sehr leicht oxydierbare Substanzen dampft man nicht in einer Schale, sondern in einem Kolben ab, da sie in diesem vor der Einwirkung der Luft besser geschützt sind.

Nicht nur färbende Verunreinigungen, sondern auch solche harzartiger Natur lassen sich, wie oben beschrieben, durch Kochen mit Tierkohle entfernen. Auch eine Mischung von Holzpulver und Kieselgur, mit welcher die Lösung ebenfalls gekocht wird, soll gute Dienste leisten.

Zum Aufsaugen harzartiger Verunreinigungen, sofern diese flüssig oder ölig sind, wendet man auch sehr zweckmäßig ungebrannte, poröse Tonteller an, auf welche man die Substanz mit Hilfe eines Spatels in dünner Schicht fest aufpreßt. Genügt einmaliges Abpressen nicht, so streicht man die Substanz nochmals auf eine frische, noch ungebrauchte Stelle. Das Aufsaugen eines Öles kann man oft dadurch erleichtern, daß man den Körper auf dem Tonteller mit etwas Alkohol, Äther, Ligroin, welche zuweilen die Verunreinigung, nicht aber die Substanz auflösen, befeuchtet.

Auch durch Abpressen zwischen einer mehrfachen Lage von Filtrierpapier kann man ölige Beimengungen entfernen. Man wendet hierbei entweder eine Schraubenpresse an oder beschwert das zwischen zwei Holzklötzchen befindliche Papier mit einem schweren Gegenstande.

Trocknen.

Trocknen fester Körper: Bereits beim Kapitel „Kristallisation" ist beschrieben, in welcher Weise man feuchte Kristalle trocknen kann. Die dort aufgeführten Methoden gelten natürlich für alle festen Körper, auch wenn dieselben nicht oder nur unvollkommen kristallisiert sind, so daß sie an dieser Stelle nicht nochmals wiederholt zu werden brauchen. Nur auf einige Trockenmethoden roherer Art, die man meistens bei Rohprodukten anwendet, sei hier noch hingewiesen.

Ehe man einen Körper durch Liegenlassen an der Luft oder im Exsikkator oder durch Erwärmen trocknet, entfernt man meistens die Hauptmenge der Feuchtigkeit zuvor durch Abpressen. Dies kann in der Weise erfolgen, daß man die Substanz in eine mehrfache Lage von Filtrierpapier einpackt und in einer Schraubenpresse auspreßt. Das Abpressen pflegt man unter Erneuerung des Papieres so oft zu wiederholen, bis letzteres nicht mehr feucht wird. Ist ein fester Körper nicht durch Wasser oder ein Lösungsmittel, sondern durch ein flüssiges Nebenprodukt, welches man ebenfalls gewinnen will, verunreinigt, so kann man aus dem zum Abpressen verwandten Papier mit einem Lösungsmittel wie Äther die ausgepreßte Flüssigkeit extrahieren. Größere Mengen eines nicht zu feinkörnigen Körpers kann man in feinmaschiges Filtriertuch einbinden und so in der Presse auspressen. Bei kleineren Substanzmengen kann man das Abpressen zwischen zwei Holzklötzchen, von denen man das obere beschwert, vornehmen.

Sehr oft macht man zum Trocknen fester Körper von der Eigenschaft des ungebrannten Porzellans, mit Begierde Flüssigkeiten aufzusaugen, Gebrauch. Mit Hilfe eines Spatels preßt man den zu trocknenden Körper in dünner Schicht auf einen passenden Scherben[1] eines ungebrannten Tontellers und läßt

[1] Tonteller zerkleinere man nicht durch Daraufschlagen mit einem harten Gegenstande. Man kneife sie vielmehr am Rande mit einer kleinen Beißzange in radialer Richtung fest ein. Ohne jeden Abfall lassen sich so beliebig große Bruchstücke herstellen.

ihn je nach Bedürfnis kürzere oder längere Zeit hierauf. Genügt einmaliges Abpressen nicht, so wiederholt man die Operation unter Anwendung eines noch ungebrauchten Tellers. Auch ölige und harzige Verunreinigungen lassen sich, wie bereits oben angeführt, auf diese Weise entfernen.

Unzersetzt schmelzende Körper kann man auch in der Weise trocknen, daß man sie entweder auf dem Wasserbade oder im Trockenschranke, oder über einer Flamme zum Schmelzen erhitzt und nach dem Erstarren das über oder unter der Schmelze befindliche Wasser abgießt.

Um eine Substanz bei höherer Temperatur im Vakuum zu trocknen, wendet man zwei aufeinander geschliffene Halbkugeln aus Glas an, von denen die obere einen Tubus besitzt. In diesem befindet sich ein durch einen Kork eingesetztes rechtwinklig gebogenes Glasrohr, welches man mit der Saugpumpe verbindet. Das Erhitzen nimmt man entweder durch Eintauchen in eine größere Menge warmen Wassers oder auf dem siedenden Wasserbade vor. Um eine Kondensation der Dämpfe zu verhindern, umwickelt man die obere Halbkugel mit einem Tuche.

Trockenmittel für Flüssigkeiten: Flüssigkeiten werden in der Weise getrocknet (entwässert), daß man entweder in sie selbst oder in eine Lösung derselben ein Trockenmittel bringt. Die am häufigsten verwandten Trockenmittel sind:

Chlorcalcium
  a) gekörnt,
  b) geschmolzen,
Kali,
Natron,
geglühte Pottasche,
geschmolzenes Glaubersalz.

Seltener wendet man an: Ätzkalk, Ätzbaryt, entwässerte Soda, entwässerten Kupfervitriol, Phosphorpentoxyd, Natrium u. a. m.

Bei der Auswahl eines Trockenmittels ist zu beachten, daß es auf die zu trocknende Substanz chemisch nicht einwirken darf. Chlorcalcium vereinigt sich z. B. sowohl mit Alkoholen wie mit Basen zu Doppelverbindungen. Zum Trocknen dieser zwei Körperklassen wende man demnach niemals Chlorcalcium an. Kali und Natron reagieren bekanntlich auf Säuren und Phenole unter

Bildung von Salzen, auf Alkohole unter Bildung von Alkoholaten; auf Säureester wirken sie verseifend ein. Zum Trocknen dieser Substanzen benutze man deshalb niemals jene Trockenmittel. Säuren trockne man ferner nie mit Karbonaten, da auch hier Salzbildung eintreten kann.

Chlorcalcium wendet man in zwei Formen, entweder gekörnt oder geschmolzen, an. Energischer wirkt die erste Form, da sie eine größere wirksame Oberfläche besitzt. Sie hat jedoch den Nachteil gegenüber der geschmolzenen Form, daß infolge der Porosität die Substanzverluste größer sind. Zum Trocknen kleinerer Substanzmengen sowie nur sehr wenig Feuchtigkeit enthaltender Flüssigkeiten wendet man daher zweckmäßiger geschmolzenes Chlorcalcium an.

Beim Trocknen von Basen mit Kali oder Natron beachte man, daß diese Trockenmittel bisweilen durch Kalium- bezw. Natriumnitrit verunreinigt sein können. Da Nitrite auf Basen zersetzend einwirken, so wende man möglichst reines Alkali an, oder an Stelle dessen Pottasche oder Glaubersalz.

Arten des Trocknens: Wie schon erwähnt, kann man Flüssigkeiten entweder in unverdünntem Zustande oder in Lösung trocknen. Das erste Verfahren wendet man an, wenn die Menge der Flüssigkeit einigermaßen beträchtlich ist, so daß die Verluste, welche durch Anhaften der Flüssigkeit an dem Trockenmittel verursacht werden, keinen zu großen Prozentsatz ausmachen. Niedrig siedende Flüssigkeiten, bei denen sich infolge ihres Siedepunktes die Anwendung eines Lösungsmittels verbietet, werden ebenfalls stets direkt getrocknet. — Hat man eine Lösung eines höher siedenden Körpers, so trocknet man diese, bevor man das Lösungsmittel abdestilliert. Geringe Substanzmengen sowie zähflüssige Körper versetzt man absichtlich mit einem Verdünnungsmittel, meistens Äther, und trocknet sie dann.

Das Trocknen erfolgt in der Weise, daß man in die Flüssigkeit das Trockenmittel wirft und beide je nach Bedürfnis kürzere oder längere Zeit miteinander in Berührung läßt. Solange eine Flüssigkeit noch trübe erscheint, ist sie auch noch nicht trocken. — Eine zu trocknende Flüssigkeit darf niemals sichtbare Wassertropfen enthalten. Ist dies der Fall, so trenne man bei größeren Mengen von Wasser die Schichten zunächst im Scheidetrichter oder sauge jenes mit einer Kapillarpipette ab und trockne erst dann. Sind nur wenige Wassertröpfchen vorhanden, so filtriere man zu-

4*

nächst durch ein kleines Faltenfilter oder gieße die Lösung vorsichtig in ein anderes Gefäß um, wobei die Wassertröpfchen an den Wandungen des ersteren haften bleiben. Daß man bei der Scheidung ätherischer Lösungen von wässerigen Flüssigkeiten das Mitreißen von Wasser dadurch vermeiden kann, daß man die ersteren nicht aus dem Hahn des Scheidetrichters herausläßt, sondern daß man sie aus dem oberen Tubus herausgießt, ist oben schon erwähnt worden.

Enthält eine Flüssigkeit sehr viel Feuchtigkeit, was besonders bei trüben, milchigen Lösungen der Fall ist, so ereignet es sich oft, daß das Trockenmittel vollkommen zerfließt, indem sich eine wässerige Lösung desselben bildet. In diesem Falle füge man nicht sofort neues Trockenmittel hinzu, sondern trenne die zwei Schichten zuvor entweder im Scheidetrichter oder mit einer Pipette oder durch Abgießen.

Die gleichen Regeln gelten für das Trocknen unverdünnter Flüssigkeiten. Bei hoch siedenden Substanzen, welche bei Wasserbadtemperatur nicht flüchtig sind, kann man das Trocknen dadurch sehr beschleunigen, daß man sie mit dem Trockenmittel auf dem Wasserbade erwärmt.

Siedet eine Flüssigkeit oberhalb 200°, so kann man sie ohne Anwendung eines Trockenmittels sehr zweckmäßig dadurch vom Wasser befreien, daß man sie unter vermindertem Druck längere Zeit auf einem Wasserbade erwärmt, wobei das Wasser, nicht aber die Substanz überdestilliert. Man bedient sich hierbei des in Fig. 20 abgebildeten Apparates. Verfügt man über eine gut wirkende Saugpumpe, so ist die Anwendung eines Manometers nicht erforderlich.

Bevor man eine getrocknete Flüssigkeit destilliert, oder ehe man aus einer getrockneten Lösung das Lösungsmittel abdestilliert, gieße man jene von dem Trockenmittel ab. Um die an diesem haftenden Anteile noch zu gewinnen, kann man im letzten Falle mit einer kleinen Menge des trockenen Lösungsmittels nachwaschen. Niedrig siedende einheitliche Flüssigkeiten, welche bereits auf dem Wasserbade sieden, kann man unter Umständen ohne vorherige Trennung vom Trockenmittel abdestillieren. Ist die zu trocknende Flüssigkeit spezifisch so schwer, daß das Trockenmittel auf ihr schwimmt, so gieße man behufs Trennung die Flüssigkeit durch einen Trichter, der ein wenig Glaswolle oder Asbest enthält. — In manchen, allerdings seltneren

Fällen kann man eine Flüssigkeit, die jedoch nicht leicht flüchtig sein darf, dadurch trocknen, daß man sie in einem möglichst flachen Gefäße in einen Exsikkator, der eventuell evakuiert wird, stellt.

Filtrieren.

Während es bei analytischen Arbeiten vielfach zweckmäßiger ist, die Filtrationen ohne Anwendung von Druck auszuführen, sollte man beim organisch-präparativen Arbeiten Niederschläge, wo irgend angängig, unter Druck filtrieren. Diese Methode bietet verschiedene Vorzüge: so kann man eine Filtration in viel kürzerer Zeit ausführen; ferner läßt sich der Niederschlag viel vollständiger von der Flüssigkeit trennen; infolgedessen trocknet er auch schneller u. a. m. Was das Filtrieren ohne Druck anbelangt, so sind die diesbezüglichen Handgriffe entweder von der analytischen Chemie her bereits bekannt oder oben beim Kapitel „Kristallisation" aufgeführt.

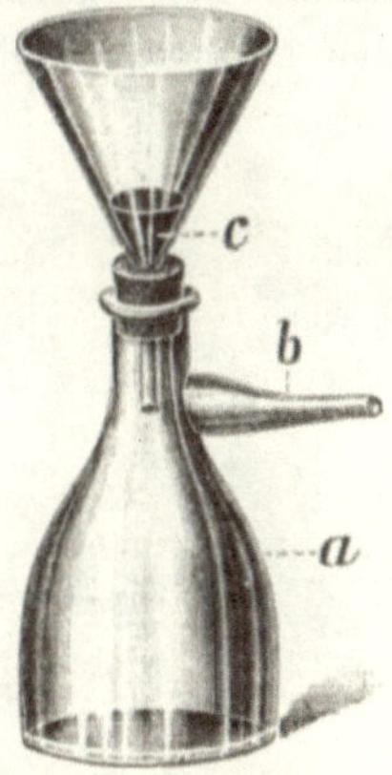

Fig. 35.

Filtrieren an der Saugpumpe: Zum Filtrieren unter Druck (an der Saugpumpe) bedient man sich eines Filtrierkolbens *a* (Saugflasche) mit seitlich angesetztem Tubus *b* (Fig. 35). Einen jeden Kolben kann man in eine Saugflasche verwandeln, indem man ihn mit einem doppelt durchbohrten Korke versieht, in dessen einer Durchbohrung sich der Trichter befindet, während die andere ein rechtwinklig gebogenes Glasrohr, welches dicht unter dem Korke endet und mit der Saugpumpe verbunden wird, führt. Man wähle hierfür möglichst dickwandige Kolben, damit sie beim Evakuieren durch den Druck der Atmosphäre nicht eingedrückt werden; eventuell evakuiere man bei dünnwandigen Kolben nicht zu stark.

Als Trichter kann man in vielen Fällen die üblichen konischen Glastrichter verwenden, in welche man ein eng anliegendes Filter legt. Hat der Trichter nicht den richtigen Winkel, so falte man das Filter je nach Bedürfnis mehr zusammen oder breite es weiter aus. Damit die am Glase nicht anliegende Spitze beim Evakuieren nicht reißt, lege man zuvor einen Platinkonus *c* in den Trichter. In Ermangelung eines solchen läßt er sich durch ein konisch zusammengefaltetes Stück Pergamentpapier oder Filtrierleinen ersetzen. Das Filter befeuchte man beim Anlegen mit der gleichen Flüssigkeit, welche man filtrieren will. Andernfalls könnte es sich nämlich ereignen, daß, wenn man z. B. ein Filter mit Wasser angelegt hat und dann eine alkoholische Lösung filtriert, in den Filterporen der im Alkohol gelöste Körper durch das Wasser ausgefällt wird, wodurch das Filtrieren verhindert oder zum mindesten erschwert wird. Schäumt eine Flüssigkeit beim Filtrieren stark, was bisweilen bei alkalischen Flüssigkeiten vorkommt, so entferne man von Zeit zu Zeit den Schlauch plötzlich von dem Saugkolben. Durch den Druck der einströmenden Luft werden dann die Blasen zerstört. Auch kann man, wie ganz allgemein zur Beseitigung von Schaum, das Filtrat zuweilen mit einigen Tropfen Alkohol oder Äther versetzen. — Um geringe Flüssigkeitsmengen zu filtrieren, kann man in einen Saugkolben ein Reagenzrohr stellen, wie dies in Fig. 36 veranschaulicht ist, oder direkt ein solches als Sauggefäß herrichten.

Fig. 36.

Fig. 37.

Die Saugfläche kann man vergrößern, indem man in einen Glastrichter eine Siebplatte von Glas oder Porzellan legt (Fig. 37). Bei Benutzung einer solchen bedarf man eines doppelten Filters. Man legt auf sie zunächst ein rundes Filter, welches genau die Größe der Platte besitzt, und über dieses ein zweites, dessen Rand ca. 2—3 mm über jene hervorragt.

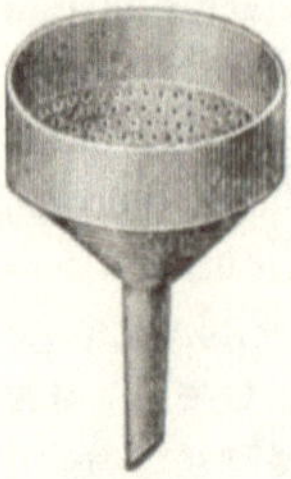

Fig. 38.

Unentbehrlich beim organischen Arbeiten sind die von Büchner konstruierten Trichter, welche infolge ihrer großen Saugfläche ein sehr schnelles Filtrieren ermöglichen und beim Filtrieren größerer Quantitäten in erster Linie benutzt werden sollten (Fig. 38). Man kann in diese, wie soeben beschrieben, ein Doppelfilter einlegen; in den meisten Fällen genügt jedoch ein einfaches. Beim Arbeiten mit den aus Porzellan gefertigten und demnach undurchsichtigen Büchnerschen Trichtern mache man es sich zur Regel, sie nach dem Gebrauche sofort gründlich zu reinigen.

Dem Büchnerschen Trichter in ihrer Konstruktion und Wirkung ähnlich sind die sogen. „Nutschfilter“. Sie bestehen aus einer flachen Schale mit durchlöchertem Boden, welche durch einen Kautschukring oder eine Schliffläche luftdicht mit dem breiten Rande eines tubulierten Zylinders verbunden ist (Fig. 39).

Greift die zu filtrierende Lösung Filtrierpapier an, so kann man dieses durch Filtrierleinen ersetzen, welches je nach der Natur des Niederschlages fein- oder grobmaschig gewählt wird und vor dem Filtrieren anzufeuchten ist. Wird auch dieses angegriffen, so benutzt man Tücher aus Nitrozellulose, die man durch Einwirkung einer Mischung von Salpetersäure und Schwefelsäure auf einen aus pflanzlichen Fasern bestehenden gewebten Stoff erhält. Durch solche Tücher läßt sich selbst konz. Schwefelsäure filtrieren. Ihrer Explosivität wegen müssen Stoffe aus Nitrozellulose stets unter Wasser aufbewahrt werden. In derartigen Fällen wendet man auch wohl zum Zurückhalten des Niederschlages Glaswolle oder besser langfaserigen Asbest an, mit welchem man entweder unter Benutzung eines Platinkonus den unteren Teil des Trichters anfüllt, oder den man in dünner Schicht auf einer Siebplatte oder dem Boden des Büchnerschen Trichters ausbreitet. In diesem Falle sauge man zum Beginn der Filtration nur schwach; erst wenn eine größere Menge Niederschlag sich angesammelt hat, sauge man stärker. Neuerdings sind auch Filtrierscheiben aus säure- und alkalifestem Filtrierstein in den Handel gebracht, die mit Hilfe einer Asbestdichtung sowohl in einen konischen wie einen Büchner-Trichter eingesetzt werden können und vielfach vortreffliche Dienste leisten.[1] Sehr grobkörnige Niederschläge kann man ganz ohne Benutzung eines Filters abfiltrieren, indem man in die Spitze eines gewöhnlichen Trichters einen Platinkonus oder eine Glaskugel (sogen. „Murmel") legt, die man eventuell noch mit etwas Glaswolle oder Asbest umgibt.

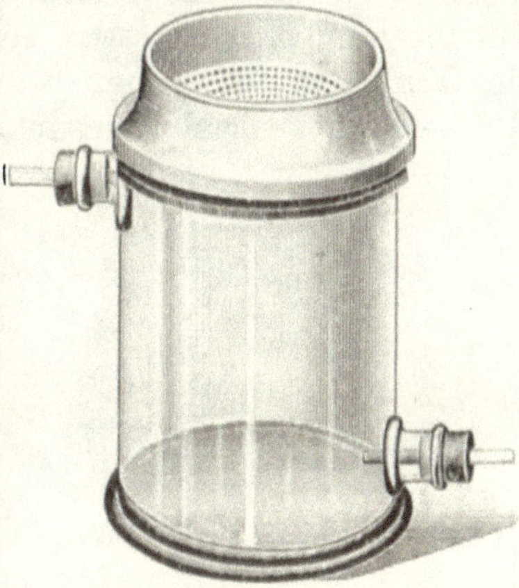

Fig. 39.

Pukallsche Zellen: Zum Filtrieren schwer filtrierbarer Niederschläge, wie Calciumsulfat, Bariumsulfat, von stark sauren

[1] Vom metallurgischen Bureau Dr. W. Buddéus, München.

Flüssigkeiten u. a., leisten die aus einer porösen Tonmasse hergestellten PUKALLschen Zellen sehr gute Dienste. Sie sind in verschiedenen Größen käuflich zu haben und besitzen entweder die Form eines Zylinders oder eines Mörserpistilles. Um mit ihnen zu filtrieren, setzt man mit Hilfe eines gut schließenden Korkes in der in Fig. 40 angegebenen Weise in die Öffnung der Zelle ein zweimal rechtwinklig gebogenes Rohr, welches man mit einer Saugflasche verbindet und das auf beiden Seiten dicht unter den Korken endet. Die Tonzelle wird in die zu filtrierende Flüssigkeit, welche sich in einem nicht zu weiten Becherglase befindet, bis möglichst auf dessen Boden eingetaucht. Saugt man nun mit der Saugpumpe, so filtriert die Flüssigkeit durch die porösen Wände, und sie wird, wenn die Zelle gefüllt ist, in die Saugflasche gesogen, während der Niederschlag in dem Gefäß zurückbleibt und sich zum großen Teil an den äußeren Wandungen der Zelle absetzt.

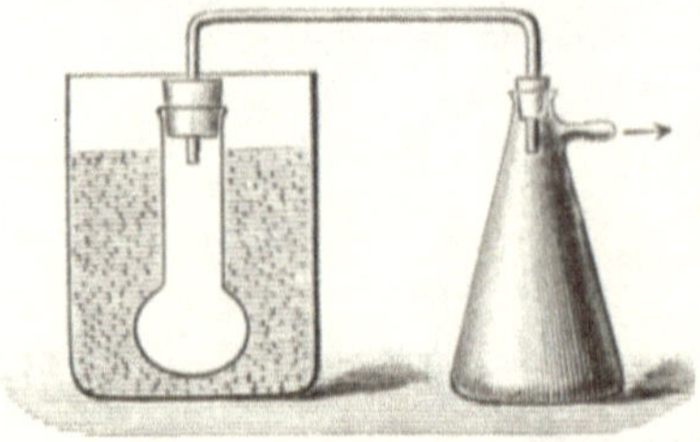

Fig. 40.

Filterpresse: Zum Filtrieren größerer Quantitäten schwer filtrierbarer Substanzen, vor allem von Farbstoffen, von Barium- oder Calciumsulfat u. a., benutzt man häufig Filterpressen, von denen die von HEMPEL beschriebene näher erwähnt werden möge (Fig. 41). Die Trennung des Niederschlages von der Flüssigkeit erfolgt in einer Zelle *c*, welche aus zwei durchlöcherten Porzellanplatten, zwischen denen sich ein Gummiring befindet, besteht. Die erste Operation beim Arbeiten mit der Presse ist das Herrichten der Zelle. Man schneidet sich zunächst zwei kreisförmige Stücke von Filtrierleinen und zwei Papierfilter, beide von der Größe der Siebplatten. Nachdem man dann die Leinentücher mit Wasser durchfeuchtet hat, setzt man die Zelle in folgender Weise zusammen: Zu unterst kommt eine Siebplatte; darauf legt man ein Papierfilter und auf dieses ein Leinentuch. Nachdem man dann in die Öffnung des Gummiringes ein weites Glasrohr *g* eingesetzt hat, welches nicht ganz bis zur gegenüberliegenden Wand des Ringes reicht, legt man jenen auf das Leinen; dann folgt wiederum Leinen, Filtrierpapier und schließlich die zweite Siebplatte. Man schraubt nun die einzelnen Teile mit drei

Klammern fest zusammen, von denen man die eine nahe am Glasrohr, die anderen um je $^1/_3$ des Kreisumfanges von dieser entfernt anlegt. Die Zelle ist nun zum Filtrieren hergerichtet und wird zwischen die zwei gerieften Glasplatten *d* gelegt. Ehe man sie mit dem Steigrohr *b* verbindet, schließe man den an diesem befindlichen Quetschhahn, gieße Wasser in den Trichter *a*, öffne nun den Quetschhahn, bis das Wasser das Steigrohr anfüllt, und schließe ihn dann wieder. Jetzt verbinde man letzteres mit der Zelle, gieße die zu filtrierende Flüssigkeit in den Trichter und öffne den Quetschhahn. Während des nun erfolgenden Filtrierens achte man darauf, daß der Trichter stets Flüssigkeit enthalte, damit das Steigrohr fortdauernd gefüllt ist. Laufen die ersten Anteile trübe durch, so gieße man sie nochmals in den Trichter zurück. Will man den in der Zelle befindlichen Niederschlag auswaschen, so zieht man das in diese führende Glasrohr so weit heraus, daß es nur noch wenige Zentimeter tief in jene eintaucht. Es wird hierdurch in der Zelle ein Kanal gebildet, durch welchen das Waschwasser nach allen Richtungen hin den Niederschlag durchdringen kann. Ist dieser so beträchtlich, daß er das Innere der

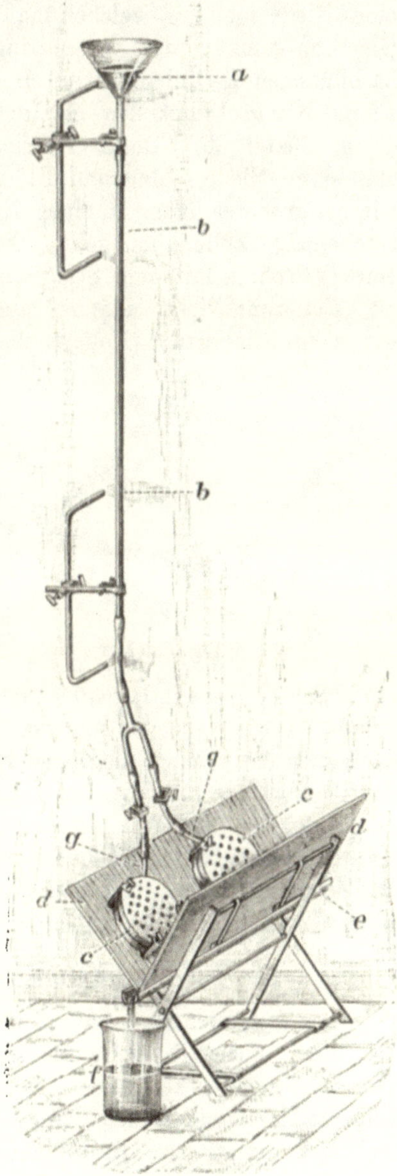

Fig. 41.

Zelle vollkommen ausfüllt, so bildet er einen derart festen Kuchen, daß man die Zelle ohne weiteres auseinander nehmen kann. Befindet sich in ihr jedoch nur eine geringere Menge eines Niederschlages, welchen man gewinnen will, so zieht man das Glasrohr ganz aus dem Gummiringe heraus, entleert den meistens halbflüssigen Zellinhalt in ein Becherglas, nimmt die Zelle auseinander und kratzt den im Innern haftenden Niederschlag mit einem Spatel ab. Durch Filtrieren an der Saugpumpe trennt man dann Niederschlag und Flüssigkeit vollends. — Beim Abfiltrieren größerer Mengen eines Niederschlages, welche nicht in eine einzige Zelle hineingehen, kann man zwei Zellen mit Hilfe eines Y-Rohres mit dem Steigrohre verbinden.

Kolieren: Nicht zu feinkörnige Niederschläge kann man auch durch ein Filtriertuch (Koliertuch), welches auf einen Holzrahmen (Kolierrahmen) (Fig. 42) gespannt wird, abfiltrieren. Ein viereckiges Stück Leinenzeug wird nach gründlichem Anfeuchten an den vier Nägeln des Rahmens derartig lose befestigt, daß es eine flache sackartige Vertiefung bildet. Nachdem man dann den Rahmen auf eine entsprechend große Schale gestellt hat, gießt man die zu filtrierende Flüssigkeit auf das Tuch, wobei sie meistens schnell durchfiltriert. Will man nach dem Auswaschen den Niederschlag auspressen, so falte man das Tuch an den Rändern von allen Seiten gleichmäßig zusammen und drücke es zunächst mit den Händen aus. Noch weiter kann man den Niederschlag trocknen, indem man die Öffnung des durch das Zusammenfalten gebildeten Sackes mit einer Schnur zubindet, worauf man in der Schraubenpresse vorsichtig auspreßt.

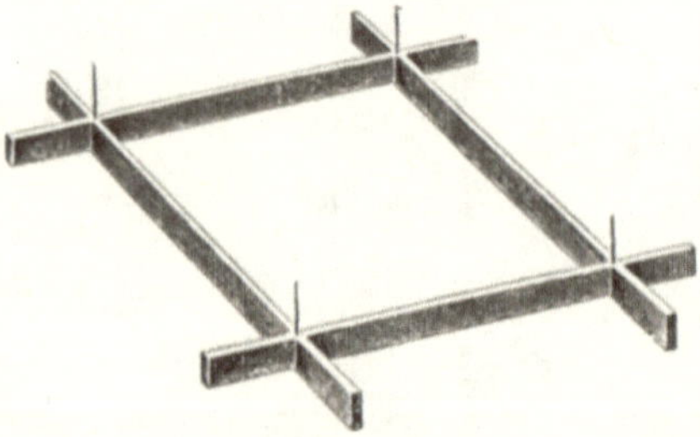

Fig. 42.

Erhitzen unter Druck.

Einschmelzröhren. Füllen derselben: Will man Substanzen bei einer oberhalb ihres Siedepunktes liegenden Temperatur aufeinander einwirken lassen, so pflegt man sie meistens in einer beiderseitig geschlossenen Röhre zu erhitzen. Handelt es sich nicht um quantitative Bestimmungen, erhitzt man ferner nicht hoch, greifen die zu erhitzenden Körper das Glas nicht an und entwickeln sich bei dem Prozesse keine Gase, so kann man leicht schmelzbare Glasröhren verwenden. Meistens jedoch, und zwar stets bei quantitativen Bestimmungen, wendet man schwer schmelzbare Röhren aus Kaliglas an, da diese widerstandsfähiger sind und nicht so leicht springen wie die ersteren. Beim Füllen der Röhren beachte man das Folgende: Vor dem Einfüllen der Substanz trockne man die Röhre. Sowohl feste wie auch flüssige Substanzen fülle man niemals direkt ein, sondern mit Hilfe eines Trichterrohres, welches für das Einfüllen fester Substanzen möglichst weit gewählt wird. Je nachdem beim Erhitzen größerer oder geringerer Druck entsteht, fülle man nur wenig oder mehr Substanz ein, niemals jedoch mehr, als daß die Röhre bis zur Hälfte gefüllt ist. Leichtflüchtige Substanzen, sowie solche, deren Dämpfe das Zuschmelzen der Röhre erschweren, wie Salzsäure, Jodwasserstoffsäure, fülle man erst kurz vor dem Zuschmelzen ein. Beim Herausziehen des Trichterrohres vermeide man, mit diesem die Wandungen des Einschmelzrohres zu berühren.

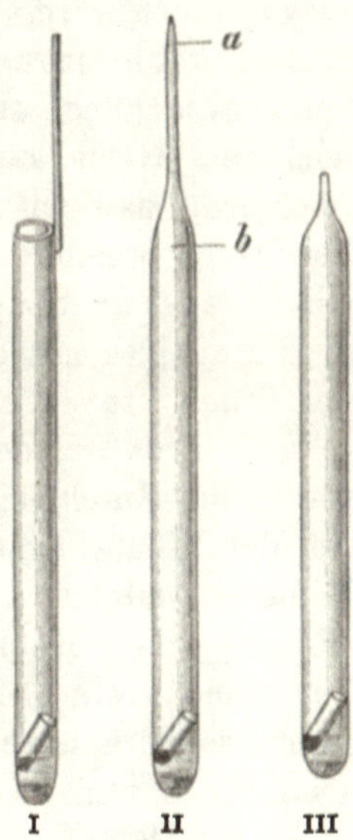

Fig. 43.

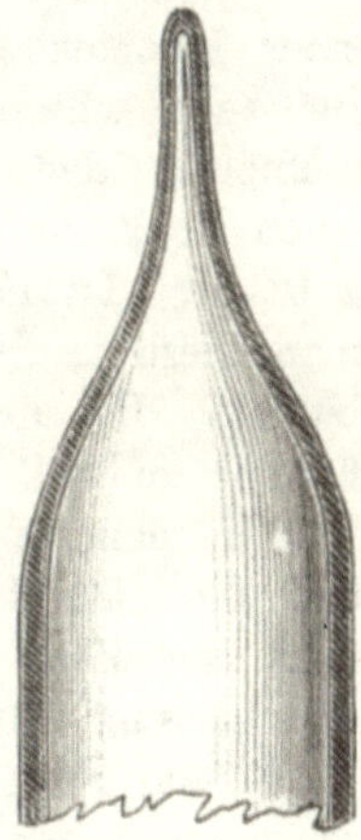
Fig. 44.

Zuschmelzen: Um eine mit Substanz beschickte Röhre an ihrem offenen Ende zuzuschmelzen, wärmt man letzteres, indem man die Röhre unter etwa 45° geneigt hält, unter fortwährendem Drehen in einer kleinen leuchtenden Gebläseflamme zunächst vor, erhitzt dann kräftig in einer großen entleuchteten Flamme und schmilzt, sobald das Glas weich geworden, einen zuvor etwas vorgewärmten Glasstab daran (Fig. 43 I). Man geht dann mit der Flamme etwas tiefer und zieht, sobald das Glas weich geworden, das Rohr plötzlich zu einer engen Röhre aus (II). Nachdem man darauf das Kapillarrohr bei *a* abgebrochen oder abgeschnitten hat, damit beim weiteren Erhitzen die Luft aus der Röhre entweichen kann, erhitzt man die Stelle *b*. Ist diese weich geworden, so zieht man sie ein wenig aus, erhitzt dann etwas unterhalb *b*, zieht wieder etwas aus usw., so daß man einen allmählichen, soliden Übergang der eigentlichen zylindrischen Röhre in einen spitzen Kegel erzeugt. Man erhitzt dann den engsten Teil des letzteren mit einer nicht zu großen Flamme, ohne jedoch wie vorher zu ziehen. Das weich gewordene Glas fällt hierbei nach der Mitte zusammen, und man erhält eine dickwandige Kapillare, welche man an einer Stelle abschmilzt (III). Den zugeschmolzenen Teil eines Einschmelzrohres zeigt Fig. 44 in natürlicher Größe. Bei der Erzeugung des kapillaren Teiles ist es zweckmäßig, nicht wie vorher das Rohr gleichmäßig in derselben Richtung zu drehen, sondern nur kurze Vor- und Rückwärtsdrehungen auszuführen, da im ersteren Falle die nur geringe Glasmasse leicht spiralig gewunden wird.

Nach dem Zuschmelzen kühle man den erhitzten Teil in einer leuchtenden Flamme allmählich ab, bis er berußt ist. Bei sehr schwer schmelzbarem Glase kann man sich das Zuschmelzen dadurch erleichtern, daß man hinter der Flamme einen Backstein oder Ziegelstein, welcher die Wärme reflektiert, aufstellt. Ist man im Besitze einer Sauerstoffbombe, so kann man diese an Stelle des Blasebalges mit der Gebläselampe verbinden. Bei der hohen Temperatur der Leuchtgas-Sauerstoffflamme gelingt das Zuschmelzen außerordentlich leicht.

In manchen Fällen wird das Zuschmelzen dadurch erschwert, daß die Dämpfe der in der Röhre befindlichen Substanz das Glas angreifen, wodurch dieses „entglast", oder daß sie sich unter Abscheidung störender Produkte, wie Kohle, Jod u. a. zersetzen. In diesem Falle ziehe man nicht wie oben die Röhre zunächst zu einem engen Rohre aus, sondern lasse den angeschmolzenen Glasstab daran und ziehe an diesem. Indem so die Luft Zutritt zu der Röhre hat, und die Dämpfe aus letzterer ungehindert entweichen können, wird das Zuschmelzen erleichtert. Die Abscheidung von Kohle kann man dadurch verhindern, daß man während des Erhitzens von einem Gehilfen durch ein enges Rohr fortdauernd Luft in den oberen Teil der Röhre blasen läßt, wodurch die Kohle oxydiert wird. Gilt es, sehr flüchtige Substanzen einzuschmelzen, so kühlt man während des Zuschmelzens den Teil der Röhre, welcher die Substanz enthält, durch Wasser, Eis oder eine Kältemischung ab. Man lasse sich hierbei von einem Gehilfen, welcher das mit dem Kühlmittel gefüllte Gefäß den Bewegungen des Glasbläsers entsprechend dreht, assistieren. In diesem Falle ist es oft zweckmäßig, das Einschmelzrohr bereits vor dem Einfüllen der Substanz zu einer soliden Röhre, durch welche das möglichst enge Einfüllrohr eben noch hindurchgeht, zu verengen.

Erhitzen: Das Erhitzen von Bombenröhren führt man in den sogen. Bombenöfen aus, von denen eine zweckmäßige Konstruktion in Fig. 45 dargestellt ist. Um auf eine bestimmte Temperatur erhitzen zu können, setzt man mit Hilfe eines einfach durchbohrten Korkes, welchen man mit Asbestpapier umwickelt, in den Tubus des Ofens ein Thermometer ein, dessen Gefäß sich 1 cm über dem Boden des Tubusrohres befinden muß. Die Einschmelzröhren werden nicht direkt, sondern in einem dickwandigen, einseitig geschlossenen, eisernen Schutzmantel erhitzt, in welchen man die Glasröhre derart einlegt, daß der kapillare Teil sich an dem offenen Ende des eisernen Rohres befindet. Beim Einlegen des Glasrohres in den Schutzmantel halte man diesen nicht vertikal, sondern nur wenig geneigt, damit das erstere nicht durch einen plötzlichen Fall auf den eisernen Boden zerschlagen wird. Die Schutzmäntel werden mit dem offenen Ende zuerst in den Ofen geschoben, damit für den Fall einer Explosion die Trümmer nicht aus dem vorderen Teile des Ofens, sondern aus dem nach der Wand zu gerichteten hinteren Teile, wo sie durch einen Splitterfänger unschädlich gemacht werden, herausgeschleudert werden. Nach dem Einlegen der Röhren verschließt man die vordere Öffnung des Bombenofens durch einen eisernen Schieber.

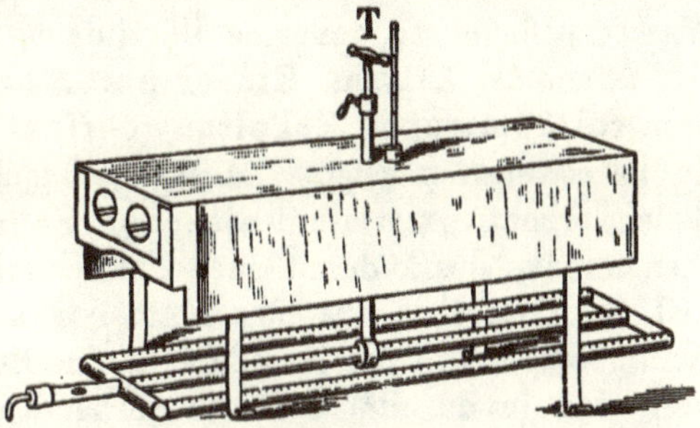

Fig. 45.

Man erhitze die Röhren nicht sofort auf die gewünschte Temperatur, sondern wärme sie allmählich an. Will man in dem oben abgebildeten Ofen nur auf eine niedrige Temperatur erhitzen, so tue man dies nicht durch große Flammen bei tief gestelltem Brennerrohr, sondern mit kleinen Flammen bei hoch gestelltem

Brenner. — Die Gefahr des Springens von Röhren kann man in manchen Fällen, in denen schließlich ein sehr hoher Druck entsteht, dadurch vermindern, daß man nach einer bestimmten Zeit das Erhitzen unterbricht, nach dem vollkommenen Erkalten durch Öffnen der Kapillare die bis dahin gebildeten Gase herausläßt, wieder zuschmilzt und nun von neuem weiter erhitzt.

Will man Röhren nur auf 100° erhitzen, so benutzt man hierzu zweckmäßig eine sogen. „Wasserbadkanone", in welcher der die Glasröhre umgebende Schutzmantel sich im Dampfe von Wasser befindet, so daß eine Überhitzung unmöglich ist.

Öffnen der Röhren: „Einschmelzröhren dürfen nur nach dem vollkommenen Erkalten geöffnet werden." Man nimmt sie in schwach geneigter Lage (das kapillare Ende gegen den Boden erhöht) „mit dem eisernen Schutzmantel" aus dem Ofen heraus, bewirkt durch einen schwachen Ruck, daß der kapillare Teil der Glasröhre aus dem Mantel herausschaut und hält nun den äußersten Teil der Kapillare in eine Bunsenflamme. Für den Fall, daß in der Röhre Druck vorhanden, wird das weich gewordene Glas aufgeblasen, und die Gase entweichen aus der kapillaren Öffnung, und zwar oftmals mit solcher Heftigkeit, daß die Flamme ausgelöscht wird. Wird hierbei die Kapillare nicht aufgeblasen, so beachte man, ob sie nicht etwa verstopft ist, und entferne in diesem Falle zuvor die in ihr befindliche Substanz durch Erhitzen. Um sich davon zu überzeugen, ob noch Druck vorhanden, halte man die Kapillare in die Nähe einer kleinen Flamme; wird diese in der Art einer Stichflamme zur Seite geblasen, so ist noch Druck vorhanden. Herrscht in einer zu öffnenden Röhre sehr starker Druck, so schütze man vor dem Aufblasen der Kapillare die Hand, mit welcher man den eisernen Schutzmantel hält, durch einen derben Handschuh, oder man umwickle das Rohr da, wo man es hält, mehrfach mit einem Tuche; es ist nämlich vorgekommen, daß infolge der plötzlichen Druckentlastung das Glasrohr gesprungen und dadurch die Naht des Schutzmantels aufgerissen ist, wodurch Verletzungen der Hand hervorgerufen sind. „Mit noch nicht geöffneten Röhren verfahre man äußerst vorsichtig; man nehme sie niemals, etwa um sie zu betrachten, aus dem eisernen Mantel heraus. Beim Öffnen halte man sie so, daß sie im Falle des Springens niemand verletzen können."

Nach dem Erhitzen von Substanzen mit Jodwasserstoff und

Phosphor kommt es zuweilen vor, daß die Röhre beim Öffnen über der Flamme explodiert. Es hat sich in diesem Falle bei der Reaktion Phosphorwasserstoff sowie Wasserstoff gebildet, welche mit dem Sauerstoff der in der Röhre enthaltenen Luft ein explosives Gemenge bilden. In einem derartigen Falle öffne man die Kapillare durch Abkneifen mit einer Zange, wobei man allerdings sehr vorsichtig verfahren muß. Das Absprengen der Spitze führe man dann auch nicht, wie unten beschrieben, aus, sondern man schlage mit einem Hammer den oberen Teil des Rohres direkt ab, nachdem man um den ganzen Rand einen scharfen Feilstrich gemacht hat.

Um den Inhalt des Rohres ausleeren zu können, sprengt man den konischen Teil in der folgenden Weise ab: man macht an der Stelle, wo der zylindrische Teil in den konischen übergeht, einen scharfen Feilstrich, der nicht ganz um die Röhre zu reichen braucht, und berührt diesen leicht mit einem Glasstabe, dessen Ende man vor dem Gebläse zum Schmelzen erhitzt hat. Geht der hierdurch hervorgerufene Sprung nicht sofort um das ganze Rohr, so berührt man das Ende desselben nochmals mit einem heißen Glasstabe, worauf jener sich verlängert, so daß man die konische Spitze abheben kann. Anstatt eines Glasstabes kann man sich auch eines dicken, eisernen Drahtes bedienen, dessen eines Ende in der äußeren Weite der Bombenröhre halbkreisförmig gebogen ist. Macht man diesen glühend und berührt den Feilstrich unter Drehen des Drahtes damit, so springt die Spitze glatt ab. Auch kann man, wenn man vermeiden will, daß Glassplitter in das Rohr fallen (bei quantitativen Bestimmungen), so verfahren: man macht wie vorher einen scharfen Feilstrich und legt $^1/_2$ cm oberhalb und unterhalb desselben je einen 1 cm breiten Streifen von Filtrierpapier, welches man befeuchtet, in mehrfacher Lage um das Rohr. Man erhitzt dann den zwischen den Streifen befindlichen Teil der Röhre unter fortwährendem Drehen über einer kleinen Flamme, wobei der obere Teil glatt ohne Splitterbildung abspringt. Erfolgt dies nicht sogleich, so befeuchtet man den erhitzten Teil mit einem Tropfen Wasser, worauf das Abspringen sicher eintritt.

VOLHARDsche Röhren: Um größere Substanzmengen in einer einzigen Röhre erhitzen zu können, wendet man mit Vorteil die von VOLHARD beschriebenen Bombenröhren an (Fig. 46). Diese bestehen aus einem weiteren Rohr, an welches ein engeres angesetzt ist. Bei einer Länge des weiten Teiles von 45 cm und einem Durchmesser von 35 mm faßt eine solche Röhre ca. $^1/_4$ Liter. Sie besitzt den Vorteil, sich leicht zuschmelzen zu lassen. Schneidet man nach der Benutzung von dem engen Rohr nur einen möglichst kleinen Teil ab, so läßt sich eine solche Röhre häufiger von neuem benutzen. Ist das enge Rohr durch häufigen Gebrauch zu sehr verkürzt, so kann man von der gleichen Glassorte ein neues Stück ansetzen.

Fig. 46.

Druckflaschen. Autoklaven: Um Substanzen, welche aufeinander ohne Bildung eines Gases reagieren, so daß durch die Reaktion selbst kein Druck entsteht, unter Druck auf mäßige Temperaturen zu erhitzen, schließt man sie bisweilen in starkwandige Flaschen (Druckflaschen) ein, welche man in ein Tuch eingehüllt in einem Wasserbade erhitzt.

Sehr gut eignen sich zu diesem Zwecke Sodawasserflaschen von der in Fig. 47 dargestellten Art. Bei Anwendung derselben stelle man diese nicht in das bereits erhitzte Wasser, sondern man wärme sie mit dem Wasser an. Das Wasserbad verschließe man mit einem lose aufliegenden Deckel, damit man im Falle des Springens nicht durch das heiße Wasser verbrannt werde. Auch diese Flaschen öffne man erst nach dem vollständigen Erkalten.

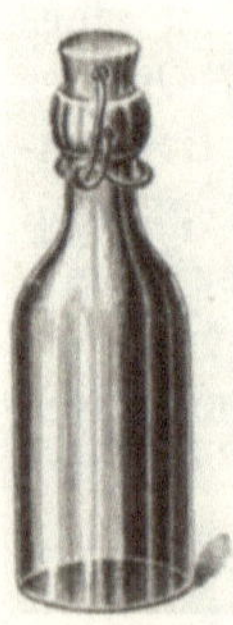

Fig. 47.

Größere Mengen von Substanzen kann man auch, falls sie Metall nicht angreifen, in geschlossenen Gefäßen, welche meistens aus Eisen, Bronze oder Kupfer hergestellt sind (Autoklaven), unter Druck erhitzen. Für sauer reagierende Substanzen eignen sich metallene Gefäße nicht gut, wohl aber für neutrale oder alkalisch reagierende. So sind im hiesigen Laboratorium Mannesmann-Röhren im Gebrauch, welche an einem Ende zugeschweißt, an dem anderen mit einem Gewinde versehen sind. Die Wandung des offenen Endes ist keilförmig abgedreht. Auf diese Röhre paßt ein ebenfalls mit einem Gewinde versehener Deckel, welcher eine im Querschnitt keilförmige Vertiefung besitzt, die mit Blei ausgegossen wird. Nachdem man die Substanz eingefüllt, schraubt man den Deckel mit der Hand so weit wie möglich auf, spannt dann das Rohr in einen Schraubstock ein und zieht den Deckel mit einem Schraubenschlüssel fest an. Das keilförmige Ende des Rohres preßt sich hierbei in das weiche Blei ein, und man erzielt so einen vorzüglichen Verschluß. Das Erhitzen kann man entweder in einem Ölbade oder direkt im Bombenofen vornehmen. Erhitzt man auf höhere Temperaturen, so daß zu befürchten ist, daß die Bleidichtung infolge Erweichens nicht mehr hält, so kann man auf den Gewindeteil einen kurzen, metallenen Kühler von nur 10 cm Länge, durch den man einen schwachen Wasserstrom laufen läßt, schrauben. Derartige Röhren haben sich in vielen Fällen, so z. B. zur Darstellung von Phenoläthern, vorzüglich bewährt.

Eine andere Form des Autoklaven ist in Fig. 48 dargestellt. Die Dichtung erfolgt hier durch einen Blei- oder Asbestring. Der ins Innere führende Tubus dient zum Ablesen der Temperatur und wird in seinem unteren Teile mit Öl gefüllt, in welches man das Thermometer eintaucht.

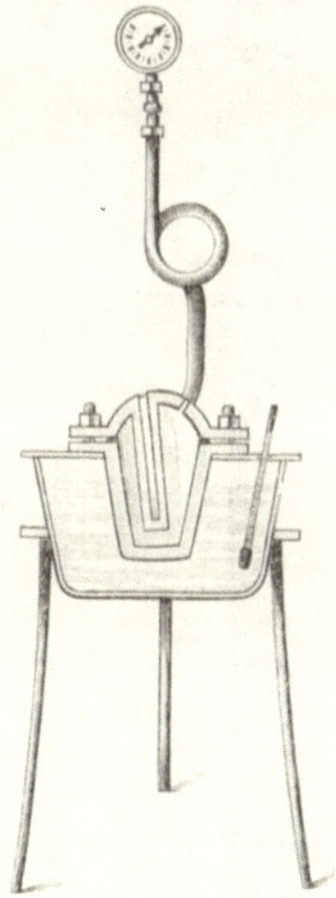

Fig. 48.

Schmelzpunkt.

Die bei organischen Arbeiten zur Prüfung der Reinheit, zur Charakterisierung sowie zur Erkennung fester Körper am häufigsten ausgeführte Operation ist die Bestimmung des Schmelzpunktes. Der hierzu meistens verwandte Apparat ist in Fig. 49 und 50 dargestellt. In die Öffnung eines langhalsigen Kolbens setzt man mit Hilfe eines durchbohrten Korkes, welcher überdies zum Entweichen der beim Erwärmen sich ausdehnenden Luft einen seitlichen Einschnitt besitzt, ein Thermometer ein. Die Kugel des Glaskolbens wird zu drei Vierteln mit reiner konzentrierter Schwefelsäure angefüllt, in welche man, um das Dunkelwerden zu verhindern, ein Körnchen Salpeter wirft. Die Substanz wird in kleine, enge Röhren (Schmelzpunktröhrchen) eingefüllt, welche in der folgenden Weise hergestellt werden: ein 4 bis 5 mm weites Glasrohr wird an einer Stelle unter fortwährendem Drehen in einer kleinen Gebläseflamme bis zum Weichwerden erhitzt, aus der Flamme genommen und dann unter fortdauerndem Drehen durch Ziehen nach beiden Seiten zu einem 1 mm weiten Röhrchen ausgezogen. Man schmilzt dann die erzeugte enge Röhre in der Mitte ab, erhitzt den der engen Röhre benachbarten Teil des nicht ausgezogenen Rohres wie vorher und zieht diesen wiederum aus usf. Man erhält hierbei Gebilde der in Fig. 51*a* dargestellten Art. Um daraus Schmelzpunktröhrchen herzustellen, macht man an den mit einem Striche bezeichneten Stellen Feilstriche, bricht die Röhrchen dort ab und schmilzt sie, wobei man die zuzuschmelzende Öffnung nach oben gerichtet hält, an dem engeren Ende in einer Bunsenflamme zu, wodurch die in Fig. 51*b* in natürlicher Größe dargestellten Schmelzpunktröhrchenen entstehen. Man stelle sich von diesen einen Vorrat von einigen Dutzend her und bewahre sie in einem verschlossenen Glase auf. Um in diese Röhrchen die Substanz, deren Schmelzpunkt man bestimmen will, einzufüllen, pulverisiert man eine kleine Probe derselben sehr fein, taucht in das Pulver das offene Ende des Röhrchens ein und bewirkt durch vorsichtiges Klopfen, daß die in dem oberen Teile befindliche Substanz auf den Boden fällt. Damit sie hier nicht eine lockere Schicht bildet, stopft man sie mit Hilfe eines dünnen Glasfadens zusammen. Die Höhe der Substanzschicht betrage 1 bis höchstens 2 mm. Zur Befestigung des Röhrchens an dem Thermometer kann man verschiedene Methoden benutzen: So kann man das Röhrchen an seinem oberen Teile mit einem Tropfen Schwefel-

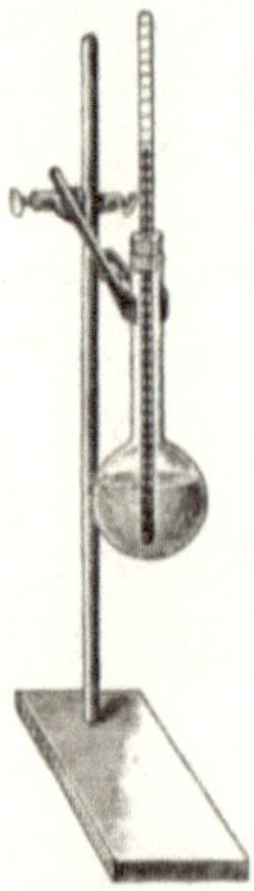

Fig. 49.

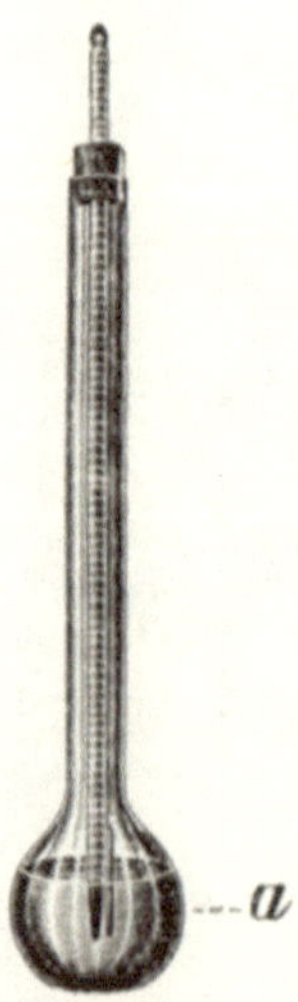

Fig. 50.

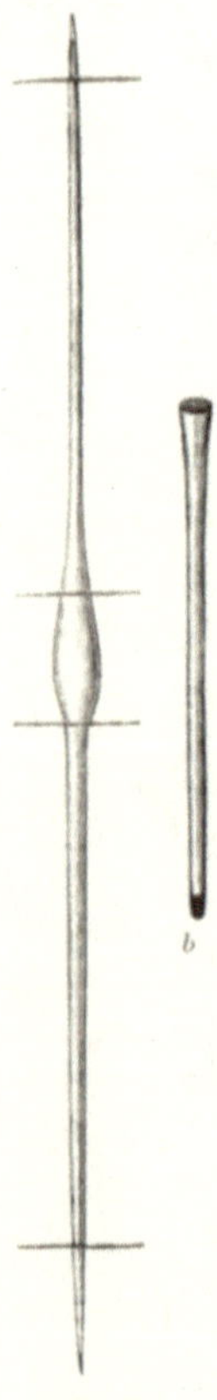

Fig. 51.

säure betupfen; es haftet dann durch Adhäsion an dem Thermometer. Sicherer ist es, das Röhrchen dicht unter der Öffnung mit einem dünnen Platindraht oder einem 1 mm breiten Stückchen eines Kautschukschlauches dicht an dem Thermometer zu befestigen. Die Substanz befinde sich an der Mitte des Thermometergefäßes. Man taucht nun das Thermometer in die Schwefelsäure so weit ein, daß das Gefäß bis in die Mitte der Schwefelsäure reicht, und erhitzt dann den Kolben mit freier Flamme, indem man diese wie bei der Destillation fortwährend gleichmäßig bewegt. Man halte hierbei den Brenner schräg, damit im Falle des Springens die Hand sich nicht gerade unter dem Kolben befindet. Ist die Schmelzpunktstemperatur erreicht, so beobachtet man, daß die vorher undurchsichtige, ungeschmolzene Substanz plötzlich durchsichtig wird, und daß sich an ihrer Oberfläche ein Meniskus bildet. Weiß man im voraus, wo ungefähr der Schmelzpunkt liegen muß, so kann man bis etwa 10° unter diesen Punkt schnell erhitzen, von dann aber nur langsam mit kleiner Flamme, so daß man von Grad zu Grad die Veränderung der Substanz beobachten kann. Weiß man nicht, wo der zu bestimmende Schmelzpunkt liegt, so kann es leicht vorkommen, daß man infolge zu schnellen Erhitzens einen zu hohen Schmelzpunkt findet. In diesem Falle wiederhole man die Bestimmung noch einmal und erhitze in der Nähe der zuerst beobachteten Temperatur sehr allmählich. In manchen Fällen zeigt sich die Nähe des Schmelzpunktes dadurch an, daß die Substanz vor dem Schmelzen erweicht; sie zieht sich dann, indem sie sich von den Wandungen der Röhre loslöst, nach der Mitte zusammen. Tritt diese Erscheinung ein, so erhitze man langsam von Grad zu Grad. Bisweilen gibt sich auch die Nähe des Schmelzpunktes dadurch zu erkennen, daß die beim Einfüllen der Substanz an den oberen Teilen des Röhrchens haften gebliebenen Partikelchen vor der Hauptmenge der Substanz schmelzen, indem durch das Hochsteigen der heißeren und damit spezifisch leichteren Schwefelsäure die oberen Schichten des Bades etwas höher erhitzt sind als die unteren.

Anstatt des soeben beschriebenen Apparates bedient man sich auch wohl des in Fig. 52 dargestellten. Die Flüssigkeit, welche je nach der Höhe des Schmelzpunktes Wasser oder Schwefelsäure, oder für sehr hoch schmelzende Körper Vaseline oder Paraffin sein kann, befindet sich in einem Becherglase, welches auf einem Drahtnetze steht. Um in allen Schichten der Flüssigkeit die gleiche Temperatur zu haben, rührt man von Zeit zu Zeit durch

Hoch- und Niederbewegen des aus einem Glasstabe hergestellten Rührers *a* um.

Eine Substanz ist in den meisten Fällen als rein anzusehen, wenn dieselbe scharf innerhalb eines halben oder ganzen Grades schmilzt, und wenn nach wiederholter Kristallisation der Schmelzpunkt sich nicht mehr ändert. Bei bislang noch unbekannten Substanzen begnüge man sich nicht damit, nur einmal den Schmelzpunkt zu bestimmen. Auch wenn er scharf ist, so kristallisiere man zum mindesten eine Probe der Substanz nochmals um und beobachte, ob diese wieder den gleichen Schmelzpunkt zeigt. — Manche Substanzen zersetzen sich beim Schmelzen; erfolgt dies plötzlich bei einer bestimmten Temperatur, so kann auch diese als Charakteristikum für die Substanz angesehen werden.

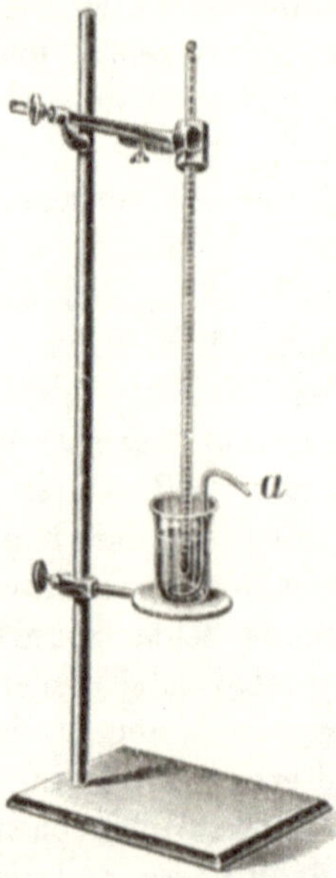

Fig. 52.

Da manche Substanzen beim Erhitzen sich explosionsfähig zersetzen, und es mehrfach vorgekommen ist, daß durch die Explosion der im Schmelzpunktröhrchen befindlichen winzigen Substanzmenge der Schmelzpunktapparat zertrümmert wurde, wobei durch die heiße Schwefelsäure schwere Verletzungen hervorgerufen wurden, so sollte man sich stets die geringe Mühe nehmen, ehe man den Schmelzpunkt einer noch unbekannten Substanz in dem oben beschriebenen Apparate bestimmt, ein mit Substanz beschicktes Röhrchen zuvor direkt über einer kleinen Flamme bis zum Schmelzen der Substanz zu erhitzen, um sich zu überzeugen, daß die Substanz nicht etwa explodiert.

Kontrolle der Thermometer: An dieser Stelle seien noch einige Bemerkungen bezüglich der Kontrolle und Justierung der Thermometer angefügt. Da die käuflichen Thermometer, wenigstenz die billigeren Sorten, niemals genau sind, so muß man sie vor dem Gebrauche justieren. Hat man ein Normal-Thermometer zur Verfügung, so kann die Justierung in der Weise erfolgen, daß man das zu prüfende Thermometer dicht neben jenem in einem gemeinsamen Bade von Schwefelsäure, Glycerin oder Vaseline sehr langsam erwärmt und sich von 10 zu 10 Graden den gleichzeitigen Stand beider Thermometer notiert. Man erhält so direkt eine Tabelle, aus der sich die Korrekturen ergeben. — Für viele Zwecke genügt es, die Abweichungen nur an wenigen Punkten zu ermitteln und für die dazwischen liegenden Grade die Korrekturen durch Interpolation zu berechnen. So kann man z. B. den Punkt, welcher als wahrer Nullpunkt anzusehen ist, in folgender Weise ermitteln: Ein dickwandiges Reagenzrohr von ca. $2^1/_2$ cm Durchmesser und 12 cm Länge wird zu $^1/_3$ mit destilliertem Wasser gefüllt. In der Öffnung desselben befindet sich ein in der Mitte durchbohrter Kork, welcher das in das Wasser eintauchende Thermometer trägt. Durch einen seitlichen Einschnitt führt ein Rührer, welchen man sich dadurch herstellt, daß man einen dicken Kupferdraht an einem Ende senkrecht zu dessen Längsrichtung kreisförmig umbiegt. Man taucht nun das Reagenzrohr in eine Kältemischung von Eis und Kochsalz ein, rührt mit dem Rührer häufiger um und beobachtet, bei welcher Temperatur das Wasser Kristalle abzuscheiden beginnt.

Den wahren Grad 100 findet man, indem man in einem nicht zu kleinen Fraktionierkolben den Siedepunkt des Wassers bestimmt, wobei sich der gesamte Quecksilberfaden im Dampfe befinden muß. In analoger Weise kann man den Siedepunkt des Naphtalins (218° bei 760 mm Druck) sowie des Benzophenons (306° bei 760 mm Druck) zur Korrektur der höheren Grade benutzen. Da der Siedepunkt durch den Druck beeinflußt wird, so muß man in diesen Fällen gleichzeitig auf den Barometerstand Rücksicht nehmen und eine Korrektur anbringen, die aus der folgenden Tabelle zu entnehmen ist.

Druck	Wasser	Naphtalin	Benzophenon
720 mm	98·5°	215·7°	303·5°
725	98·7	216·0	303·8
730	98·9	216·3	304·2
735	99·1	216·6	304·5
740	99·3	216·9	304·8
745	99·4	217·2	305·2
750	99·6	217·5	305·5
755	99·8	217·8	305·8
760	100·0	218·1	306·1
765	100·2	218·4	306·4
770	100·4	218·7	306·7

Trocknen und Reinigen der Gefäße.

Während man es beim analytischen Arbeiten meistens mit wässerigen Flüssigkeiten zu tun hat und die gereinigten Gefäße demnach in feuchtem Zustande benutzen kann, kommt es beim organischen Arbeiten häufig vor, daß man beim Experimentieren mit Flüssigkeiten, die sich mit Wasser nicht mischen, trockene Gefäße verwenden muß. Um kleinere Gefäße schnell zu trocknen, kann man sie zunächst mit Alkohol und dann mit Äther ausspülen. Um die letzten Anteile des leicht flüchtigen Äthers zu entfernen, bläst man entweder mit dem Gebläse kurze Zeit Luft durch das Gefäß, oder man saugt mit der Saugpumpe die Ätherdämpfe ab. Den hierfür verwandten Alkohol und Äther kann man öfters wieder von neuem benutzen; es ist zweckmäßig, daß man sich zwei besondere Gefäße für Spülalkohol und Spüläther herrichtet, in die man die hierfür verwandten Substanzen immer wieder zurückgießt.

Zum schnellen Trocknen größerer Gefäße ist diese Methode zu kostspielig. Man verfährt in diesem Falle derart, daß man zunächst das feuchte Gefäß möglichst abtropfen läßt, es dann in einer großen leuchtenden Gebläseflamme unter fortwährendem Drehen erwärmt und durch Hineinblasen von Luft mit Hilfe des Blasebalges die Wasserdämpfe verjagt. Auch durch Absaugen mit der Saugpumpe unter gleichzeitiger vorsichtiger Erwärmung lassen sich die Wasserdämpfe entfernen. Dickwandige Gefäße, wie Saugflaschen, erhitze man nicht über der Flamme, sondern man trockne sie nach der ersten Methode.

Das Reinigen der Gefäße kann zum Teil in der bekannten Weise durch Ausspülen mit Wasser unter Benutzung einer Feder oder Flaschenbürste erfolgen. Sind aus einem Gefäße die letzten Anteile der Lösung eines festen Körpers, z. B. in Alkohol, zu entfernen, so spüle man nicht sofort mit Wasser, sondern zunächst mit einer geringen Menge des gleichen Lösungsmittels nach und dann erst mit Wasser. War in einem Gefäße eine mit Wasser nicht mischbare Flüssigkeit, so spüle man zunächst mit Alkohol und dann mit Wasser aus. Harzige, an den Wandungen fest haftende Verunreinigungen kann man durch rohe konz. Schwefelsäure entfernen. Die Wirkung dieser kann man verstärken, wenn man ihr ein wenig Wasser hinzufügt, wodurch

Erwärmung eintritt. Auch der Zusatz von einigen Körnchen chromsauren Kalis erhöht die Wirkung der Schwefelsäure. Bisweilen haften die Verunreinigungen so fest, daß man das Gefäß längere Zeit mit der Schwefelsäure in Berührung lassen muß. Auch rohe konz. Salpetersäure oder eine Mischung dieser mit Schwefelsäure wendet man zuweilen zum Reinigen an. Verunreinigungen saurer Natur kann man unter Umständen auch durch Natron- oder Kalilauge beseitigen.

Schließlich sei noch erwähnt, in welcher Weise man die Hände reinigen kann, wenn dieselben durch Farbstoffe, die mit Wasser nicht entfernt werden können, gefärbt sind. Enthält der Farbstoff, wie z. B. das Fuchsin, NH_2-Gruppen, so tauche man die Hände in eine verdünnte, schwach angesäuerte Lösung von Natriumnitrit ein. Der Farbstoff wird dann diazotiert und läßt sich durch Waschen mit Wasser entfernen. Auf alle Farbstoffe sind die folgenden zwei Methoden anwendbar: Man tauche die Hände in eine mit etwas Schwefelsäure versetzte verdünnte Lösung von Kaliumpermanganat ein und lasse sie einige Zeit darin, wodurch der Farbstoff oxydiert und damit zerstört wird. Nachdem man das Permanganat mit Wasser abgewaschen, sind häufig die Hände, vor allem die Nägel, durch Braunstein braun gefärbt. Um diesen zu entfernen, gieße man etwas wässerige schweflige Säure in die hohle Hand und wasche sich hiermit. Die zweite Methode besteht darin, daß man aus Chlorkalkpulver und Sodalösung einen dicken Brei herstellt, mit dem man die Hände einreibt. Auch hierdurch findet wie oben eine Oxydation und damit Zerstörung des Farbstoffes statt. Um den Händen den unangenehmen Chlorkalkgeruch zu benehmen, entferne man mit Hilfe einer Bürste vor allem die unter und an den Nägeln haftenden Teile und wasche sich dann, wie soeben beschrieben, mit schwefliger Säure.

Organisch-analytische Methoden.

Qualitativer Nachweis des Kohlenstoffs, Wasserstoffs, Stickstoffs, Schwefels und der Halogene.

Prüfung auf Kohlenstoff und Wasserstoff: Verbrennt eine Substanz beim Erhitzen auf dem Platinblech mit Flamme, oder zersetzt sie sich unter Abscheidung von schwarzer Kohle, so ist sie als organisch anzusprechen. Gleichzeitig auf Kohlenstoff und Wasserstoff kann man prüfen, indem man eine Probe der trockenen Substanz in einem kleinen Reagenzrohr mit ihrem mehrfachen Volumen ausgeglühten feinen Kupferoxydes mischt, über die Mischung noch etwas Kupferoxyd schichtet, das Rohr durch einen Kork mit einem rechtwinklig gebogenen Entbindungsrohre verbindet und nun stark erhitzt. Trüben die entweichenden Gase klares Barytwasser (CO_2), so enthält die Substanz Kohlenstoff, während der Wasserstoffgehalt sich dadurch zu erkennen gibt, daß sich in dem oberen, kalten Teile des Reagenzrohres Wassertröpfchen ansetzen.

Prüfung auf Stickstoff: Um eine organische Substanz auf Stickstoff zu prüfen, erhitzt man eine kleine Probe in einem trockenen Röhrchen aus schwer schmelzbarem Glase von ca. 5 mm Weite und 6 cm Länge so lange in einer Bunsenflamme mit einem linsengroßen Stückchen blanken Kaliums, welches man zwischen Filtrierpapier abgepreßt hat, bis meistens unter schwacher Verpuffung und Dunkelfärbung Zersetzung eintritt. Das schließlich bis zur Rotglut erhitzte Röhrchen taucht man noch heiß in ein kleines Becherglas ein, welches 10 ccm Wasser enthält, wobei das Röhrchen unter eventueller Entzündung des unverbrauchten Kaliums zerspringt. Man filtriert dann die wässerige Lösung, welche bei Anwesenheit von Stickstoff Cyankalium enthält, von der Kohle und den Glassplittern ab, versetzt das Filtrat mit einigen Tropfen Kali- oder Natronlauge, darauf mit wenig Eisenvitriol- und Eisenchloridlösung, prüft, ob die Flüssigkeit alkalisch reagiert, und kocht, wenn dies der Fall ist, 1—2 Minuten, wobei sich bei Anwesenheit von Cyankalium Ferrocyankalium bildet. Säuert man nun die alkalische Lösung nach dem Erkalten mit Salzsäure an, so lösen sich das abgeschiedene Eisenoxyd und Eisenoxydul auf, und das Ferrocyankalium reagiert mit dem Eisenchlorid in bekannter Weise unter Bildung von Berlinerblau. Bei Anwesenheit von Stickstoff erhält man demnach einen blauen

Niederschlag, während bei Abwesenheit desselben nur eine gelbe Lösung entsteht. Ist nur wenig Stickstoff in der Substanz vorhanden, so erhält man bisweilen im Anfang keinen Niederschlag, sondern nur eine blaugrüne Lösung. Läßt man diese längere Zeit, unter Umständen über Nacht, stehen, so scheidet sich ein Niederschlag ab. Bei der Prüfung leicht flüchtiger Substanzen auf Stickstoff wende man ein längeres Rohr an und lasse die sich in dem kalten Teile kondensierende Substanz mehrfach auf das heiße Kalium zurückfließen. An Stelle des Kaliums kann man in den meisten Fällen auch Natrium anwenden; jedoch wirkt ersteres sicherer. Bei der Prüfung schwefelhaltiger Substanzen auf Stickstoff wende man eine größere Menge Kalium oder Natrium an (auf 0·02 g Substanz etwa 0·2 g Kalium), um die Bildung von Rhodanalkali zu vermeiden. Ein Zusatz von Eisen ist zu verwerfen, da bei Gegenwart von diesem Stickstoff aus der Luft aufgenommen werden kann, so daß man auch bei stickstofffreien Substanzen die Berlinerblaureaktion erhält. Bei Substanzen, welche ihren Stickstoff schon bei mäßiger Temperatur abgeben, wie z. B. Diazoverbindungen, kann dieser nicht in der beschriebenen Weise erkannt werden. Man muß in derartigen Fällen prüfen, ob bei der Verbrennung der Substanz mit Kupferoxyd in einer mit Kohlensäure gefüllten Röhre sich Gase bilden, welche von Kali nicht absorbiert werden (vgl. quantitative Bestimmung des Stickstoffs).

Bei einer beschränkten Zahl stickstoffhaltiger Substanzen kann man den Stickstoff dadurch nachweisen, daß man eine kleine Probe der Substanz mit einem Überschuß von pulverisiertem Natronkalk in einem Reagenzrohre über der Bunsenflamme glüht, wobei jene unter Entwickelung von Ammoniak zersetzt wird, welches an seinem Geruche oder durch die Schwarzfärbung eines mit Quecksilberoxydulnitrat befeuchteten Filtrierpapieres erkannt werden kann. Nitroverbindungen z. B. zeigen diese Reaktion jedoch nicht.

Prüfung auf Schwefel: Die qualitative Prüfung auf Schwefel wird in der gleichen Weise wie die auf Stickstoff ausgeführt. Man glüht die Substanz in einem Röhrchen mit Natrium und versetzt die eine Hälfte der mit Wasser aufgenommenen und erkalteten Schmelze mit einigen Tropfen einer Nitroprussidnatriumlösung, welche man durch Schütteln einiger Körnchen des festen Salzes mit Wasser in der Kälte sich kurz zuvor darstellt. Eine violette Färbung zeigt die Anwesenheit von Schwefel an. Da die Nitroprussidreaktion äußerst empfindlich ist und keinen Schluß auf die Menge des Schwefels zu ziehen gestattet, so versetzt man die zweite Hälfte der Flüssigkeit nach dem Filtrieren mit Bleiacetatlösung und säuert darauf mit Essigsäure an. Je nachdem hierbei nur eine dunkle Trübung oder ein mehr oder minder starker Niederschlag von Schwefelblei sich bildet, ist die Menge des Schwefels nur eine geringere oder größere.

Leichtflüchtige Substanzen kann man meistens in dieser Weise nicht prüfen. Diese erhitzt man, wie unten bei der quantitativen Bestimmung des Schwefels angegeben, mit rauchender Salpetersäure in einem Bombenrohr auf ca. 200—300° und prüft die Lösung nach dem Verdünnen mit Wasser mit Chlorbarium auf Schwefelsäure.

Prüfung auf die Halogene: Chlor, Brom und Jod kann man in organischen Verbindungen nur in seltenen Fällen direkt durch Fällen mit Silbernitrat nachweisen. Es erklärt sich dies daraus, daß die meisten organischen Verbindungen Nichtelektrolyte sind, d. h. daß die Lösungen derselben keine freien Halogenionen, wie dies bei den anorganischen Salzen der Halogenwasserstoffsäuren der Fall ist, enthalten.

Um in derartigen Fällen die Halogene zu erkennen, glüht man die zu prüfende Substanz in einem nicht zu engen Reagenzrohre über einer Bunsenflamme mit einem Überschusse von chemisch reinem Kalk, taucht das noch heiße Rohr in wenig Wasser ein, wobei es zerspringt, säuert mit chemisch reiner Salpetersäure an, filtriert ab und versetzt mit Silbernitrat.

In Verbindungen, welche keinen Stickstoff enthalten, kann man, wie dies bei der Prüfung auf Stickstoff beschrieben ist, die Halogene durch Glühen mit Natrium nachweisen. In diesem Falle säuert man die von den Glasscherben und Zersetzungsprodukten abfiltrierte Lösung mit reiner Salpetersäure an und fügt Silbernitrat hinzu. — Stickstoffhaltige Substanzen kann man in dieser Weise nicht auf Halogen prüfen, da, wie oben angeführt, diese beim Schmelzen mit Natrium Cyannatrium liefern, welches wie die Halogenmetalle mit Silbernitrat reagiert.

Sehr schnell und bequem lassen sich die Halogene durch die Beilsteinsche Probe erkennen. Ein Stückchen Kupferoxyd von der Größe einer Linse oder ein Stäbchen des Oxydes von $^1/_2$ cm Länge wird mit einem dünnen Platindraht, der an ein

Glasrohr angeschmolzen ist, umwickelt und in der Bunsenflamme so lange ausgeglüht, bis die Flamme farblos erscheint. Bringt man nach dem Erkalten des Kupferoxyds eine winzige Menge einer halogenhaltigen Substanz darauf und erhitzt in dem äußeren Teile einer Bunsenflamme, so verbrennt zunächst der Kohlenstoff und man beobachtet eine leuchtende Flamme. Diese verschwindet bald und macht einer grünen oder blaugrünen Platz, welche durch verdampfendes Halogenkupfer hervorgerufen wird. Aus der Dauer der Färbung läßt sich darauf schließen, ob die Substanz nur Spuren oder mehr Halogen enthält.

Quantitative Bestimmung der Halogene nach Carius.

Die Methode beruht darauf, daß eine abgewogene Menge der zu analysierenden Substanz in einem beiderseitig zugeschmolzenen Glasrohr mit rauchender Salpetersäure bei Gegenwart von Silbernitrat bis zur vollkommenen Zerstörung (Oxydation) erhitzt wird, und daß man die Menge des sich hierbei bildenden Halogensilbers bestimmt.

Zur Ausführung der Analyse sind erforderlich:

1. ein auf der einen Seite zugeschmolzenes schwer schmelzbares Glasrohr (Länge ca. 50 cm; äußerer Durchmesser 18—20 mm; Wandstärke ca. 2 mm) (Einschmelzrohr, Bombenrohr);
2. ein Trichterrohr von ca. 40 cm Länge zum Einfüllen des Silbernitrates und der Salpetersäure;
3. ein Wägerohr aus schwer schmelzbarem Glase (Länge 7 cm; äußerer Durchmesser ca. 6—8 mm);
4. festes Silbernitrat und reine rauchende Salpetersäure.

Letztere prüft man auf ihre Reinheit, indem man 2 ccm mit 50 ccm Wasser verdünnt und dann einige Tropfen Silbernitratlösung hinzufügt, wobei weder eine Trübung noch ein Niederschlag entstehen darf.

Füllen und Zuschmelzen der Röhre: Nachdem man das Einschmelzrohr, Wägerohr sowie das Trichterrohr mit destilliertem Wasser gereinigt und durch Erhitzen über der Flamme (vgl. S. 70 Trocknen), nicht jedoch mit Alkohol und Äther, getrocknet hat, bestimmt man zunächst das genaue Gewicht des Wägerohres, füllt dann in dieses mit Hilfe eines schmalen Spatels 0·15 bis 0·2 g der zu analysierenden, feingepulverten Substanz ein und bestimmt nun, nachdem man das Röhrchen an seinem offenen

Ende mit einem Tuche abgeputzt hat, das genaue Gewicht des Röhrchens + Substanz. Mit Hilfe des Trichterrohres füllt man dann in das Einschmelzrohr ca. 0·5 g festes Silbernitrat ein (bei sehr halogenreichen Verbindungen entsprechend mehr bis zu einem Gramm) und darauf $1\,{}^1/_2$—2 ccm rauchende Salpetersäure. Hat man häufiger Halogenbestimmungen auszuführen, so messe man sich in einem engen Reagenzrohre 2 ccm Wasser ab und markiere sich dies Volumen durch einen Feilstrich. Nachdem man dann das Trichterrohr entfernt hat, wobei darauf zu achten ist, daß man mit ihm nicht die Wandungen der Röhre berührt, läßt man unter schwacher Neigung des Bombenrohres das Wägerohr bis auf den Boden des ersteren gleiten, wobei die Substanz jedoch noch nicht mit der Salpetersäure in Berührung kommen darf, und schmilzt nun die Röhre in der auf Seite 59 beschriebenen Weise zu, wobei man wiederum sorgfältig verhüte, daß Salpetersäure und Substanz miteinander in Berührung kommen. Auch nach dem Zuschmelzen veranlasse man dieses nicht absichtlich, etwa durch heftiges Schütteln der Röhre.

Ist die zu analysierende Substanz flüssig, so füllt man sie mit Hilfe einer Kapillarpipette in das Wägerohr ein und verfährt sonst wie soeben. Bei leichtflüchtigen Substanzen verschließt man das Wägerohr durch einen Glasstöpsel, welchen man sich herstellt, indem man ein kurzes Stückchen eines Glasstabes vor dem Gebläse an dem einen Ende bis zum Erweichen erhitzt und dieses dann auf einem Blech zu einem flachen Knopfe ausdrückt (Fig. 53).

Fig. 53.

Erhitzen der Röhre: Nach dem Erkalten wird die Röhre in einen eisernen Schutzmantel gelegt und in der auf Seite 61 beschriebenen Weise in einem Bombenofen erhitzt. Die Höhe der Temperatur sowie die Dauer des Erhitzens ist abhängig von der leichteren oder schwereren Zersetzlichkeit der Substanz. Bei aliphatischen Körpern genügt es in vielen Fällen, 2—4 Stunden auf 150—250° zu erhitzen, während man aromatische Substanzen 8—10 Stunden bis schließlich auf 250—300° erhitzen muß. Im letzteren Falle richtet man die Analyse zweckmäßig so ein, daß man abends die Bombe zuschmilzt, um gleich zu Beginn des nächsten Tages mit dem Erhitzen anfangen zu können. Über Nacht bewahrt man die zugeschmolzene Bombe in einem eisernen Mantel auf, welchen man in eine Klammer, die Öffnung vertikal nach oben gerichtet, einspannt und unter einem Abzuge oder im Bombenraume, nicht aber auf dem Arbeitsplatze stehen läßt. Ist ein Bombenofen disponibel, so bewahrt man natürlich am zweckmäßigsten gleich in diesem das Bombenrohr auf. Da manchmal die Oxydation bereits in der Kälte beginnt und demnach Druck in der Röhre entsteht, so nehme man diese nach dem Stehen über Nacht nicht etwa zur näheren Betrachtung aus dem Schutzmantel heraus. Das Erhitzen erfolgt allmählich, indem man zunächst bei tiefgestelltem Brennerrohr mit kleinen Flammen erhitzt, dann allmählich den Trieb höher heraufzieht und die Flammen vergrößert. Aus der nachfolgenden Tabelle ist ungefähr zu ersehen, wie man das Erhitzen einer mittelschwer zersetzbaren Substanz regelt:

Beginn des Erhitzens: morgens 9 Uhr,

von	9—10	Uhr	erhitzen	auf	ca.	100°,
	10—11	„	„	„	„	150°,
	11—12	„	„	„	„	200°,
	12— 3	„	„	„	„	250°,
	3— 6	„	„	„	„	300°.

Entsteht bei der Zersetzung einer Substanz ein besonders hoher Druck, so kann man die Gefahr des Springens der Röhre dadurch vermindern, daß man mittags vor dem Verlassen des Laboratoriums die Flamme abdreht, nachmittags durch Öffnen der Kapillare den Druck herausläßt, die Kapillare wieder zuschmilzt und nun von neuem gleich auf höhere Temperatur erhitzt. In der gleichen Weise verfährt man, wenn eine Substanz so schwer zersetzlich ist, daß man sie mehrere Tage erhitzen muß; in diesem Falle läßt man zu Beginn des zweiten Tages den Druck ab.

Erhitzt man in einem Bombenofen zwei Röhren gleichzeitig, so merke man sich in dem Analysenbuche an, welche Röhre links bezw. rechts liegt. Hat man dies versäumt und ist man über die Identität der Röhren im Zweifel, so kann man das Versäumte durch Wägen der entsprechenden Wägeröhrchen wieder gut machen.

Öffnen und Entleeren der Röhre: Die vollkommen erkaltete Röhre wird in der auf Seite 62 beschriebenen Weise geöffnet. Man achte in diesem Falle ganz besonders darauf, daß, ehe man die Kapillare in einer Flamme zum Erweichen erhitzt, man durch schwaches Erwärmen über einer kleinen Flamme die in der Kapillare befindliche Flüssigkeit in das Rohr zurücktreibt. Bevor man den konischen Teil absprengt, sehe man, ob nicht etwa in der Röhre noch Kristalle oder Öltröpfchen von unzersetzter Substanz vorhanden sind, in welchem Falle man die Kapillare wieder zuschmilzt und die Röhre nochmals erhitzt. Ist dies nicht der Fall, so sprengt man den konischen Teil der Röhre in der auf Seite 63 angegebenen Weise ab. Man spült nun zunächst die in dem oberen abgesprengten Teile befindliche Flüssigkeit sowie möglicherweise darin vorhandenen Niederschlag mit destilliertem Wasser in ein Becherglas, verdünnt dann die in der Röhre befindliche Hauptmenge mit Wasser, wobei man meistens eine durch salpetrige Säure blaugrün gefärbte Lösung erhält, und gießt diese durch Umkehren der Röhre samt dem Wägeröhrchen in das gleiche Becherglas, wobei zu beachteu ist, daß der Boden des letzteren durch plötzliches Herabfallen des Wägeröhrchens nicht zerschlagen werde. Beim Ausgießen der Flüssigkeit richte man sein Augenmerk auf die vordere Öffnung der Röhre und nicht etwa auf die in letzterer befindliche Flüssigkeit. Im anderen Falle könnte man sonst leicht etwas Flüssigkeit verschütten. Nachdem man den äußeren, offenen Teil des Rohres mit Wasser abgespült, dreht man dieses wieder um und spült den darin befindlichen Niederschlag nochmals mit einer neuen Menge Wasser heraus, was je nach Bedürfnis mehrfach wiederholt wird. Sollte sich ein Teil des Halogensilbers an den Wandungen der Röhre fest angesetzt haben, so kann man dieses durch Reiben mit einem langen Glasstabe, über den man wie bei der quantitativen anorganischen Analyse ein Stückchen Kautschukschlauch gezogen hat, lockern und dann mit Wasser herausspülen. Das auf dem Boden liegende Wägerohr richtet man mit Hilfe eines Glasstabes oder dicken Platindrahtes hoch, so daß es an der seitlichen Wandung des Becherglases anliegt, spült es an dem aus der Flüssigkeit herausragenden Teil mit Wasser ab, hebt es mit den Fingern heraus und spült es mehrfach mit Wasser nach. Das Wägerohr hat nach dem Erhitzen zuweilen eine gelbliche bis tiefbraune Farbe angenommen. Es rührt dies daher, daß sich Silbersilikat gebildet hat. Die Analyse wird dadurch nicht beeinträchtigt.

Abfiltrieren und Wägen des Halogensilbers: Man erhitzt nun das Becherglas so lange auf einem Drahtnetz oder Wasserbade, bis das Halogensilber sich am Boden abgesetzt hat und die darüber befindliche Flüssigkeit klar geworden ist. Da das überschüssige Silbernitrat sich zuweilen mit dem Halogensilber zu dicken, festen Klumpen zusammenballt, so tut man gut, den Niederschlag von Zeit zu Zeit mit einem Glasstabe, dessen unteres Ende in einen breiten Knopf ausläuft, zu zerdrücken. Nach dem Erkalten wird das Halogensilber auf einem Filter von bekanntem Aschengehalte gesammelt, mit heißem Wasser so lange nachgewaschen, bis eine Probe des Filtrates mit Salzsäure keine Trübung mehr gibt und dann samt Filter und Trichter im Trockenschrank bei 100—110° getrocknet, wobei man den Trichter mit einem Stück Filtrierpapier bedeckt. Um das getrocknete Halogensilber zu wägen, bringt man durch vorsichtiges Reiben eine möglichst große Menge desselben auf ein Uhrglas, welches sich auf einem Stücke schwarzen Glanzpapieres befindet. Neben das Uhrglas fallende Teile fegt man mit Hilfe einer kleinen Feder auf jenes. Das Filter rollt man dann dicht zusammen, umwickelt es mit einem Platindraht und verascht es in der bekannten Weise über einem gewogenen Porzellantiegel, wobei man das Erhitzen nur mit dem äußeren Teil der Flamme, nicht aber mit dem inneren, reduzierenden Teile vornehme. Auch kann man das zusammengefaltete Filter direkt im Porzellantiegel zunächst über einer kleinen Flamme, später bei höherer Temperatur veraschen, wobei das Erhitzen so lange fortzusetzen ist, bis die Filterasche vollkommen hell erscheint. Um das beim Veraschen zum Teil zu Silber reduzierte Halogensilber wieder in letzteres zu verwandeln, befeuchtet man den Glührückstand mit Hilfe eines Glasstabes mit wenigen Tropfen Salpetersäure — hat man nach der zuletzt beschriebenen Methode verascht, erst nach vollständigem Erkalten des Tiegels — und dampft nun auf dem Wasserbade zur Trockne ein. Man versetzt dann mit Hilfe eines Glasstabes mit wenigen Tropfen der entsprechenden Halogenwasserstoffsäure und dampft wiederum auf dem Wasserbade ein. Nun bringt man in den Tiegel mit Hilfe einer kleinen Feder die auf dem Uhrglase befindliche Hauptmenge des Halogensilbers, wärmt direkt über einer kleinen Flamme vor und erhitzt bis eben zum beginnenden Schmelzen des Halogensilbers, worauf man den Tiegel im Exsikkator erkalten läßt. Will man bei der Analyse ein Äußerstes tun, so kann man auch die Hauptmenge des Halogensilbers vor dem Schmelzen mit einigen Tropfen Salpetersäure und darauf mit Halogenwasserstoffsäure auf dem Wasserbade eindampfen.

Selbst bei vorsichtigem Arbeiten kommt es häufig vor, daß dem Halogensilber Glassplitter beigemengt sind, wodurch natürlich der Halogengehalt zu hoch gefunden wird. Handelt es sich um Chlorsilber, und bemerkt man bereits im Becherglase bezw. beim Filtrieren jene Verunreinigung, so kann man den Fehler dadurch beseitigen, daß man das vollkommen ausgewaschene feuchte Chlorsilber auf dem Filter mehrfach mit schwach erwärmtem, verdünntem Ammoniak übergießt, dann das Filter mit Wasser auswäscht und nun im Filtrat das reine Chlorsilber durch Ansäuern mit Salzsäure fällt. Handelt es sich um Brom- oder Jodsilber, so führe man, auch wenn man zuvor Glassplitter beobachtet hat, die Analyse in normaler Weise bis zur Schlußwägung zu Ende. Um die Menge der Glassplitter zu bestimmen, übergieße man das Halogensilber im Tiegel mit sehr verdünnter reiner Schwefelsäure und füge dann einige Stückchen chemisch reinen Zinks hinzu. Im Verlaufe von mehreren Stunden ist dann das Halogensilber zu schwammigem, metallischem Silber reduziert. Durch vorsichtiges Dekantieren trenne man dann die Flüssigkeit von dem Silber, füge Wasser hinzu, dekantiere nochmals und wiederhole dies einige Male. Darauf versetze man mit verdünnter Salpetersäure und erwärme auf dem Wasserbade, bis das Silber gelöst ist. Nach dem Verdünnen mit Wasser filtriere man durch ein quantitatives Filter ab, spüle die ungelöst gebliebenen Glassplitter auf das Filter, wasche gut aus und verasche das Filter. Aus der Wägung ergibt sich dann das Gewicht der Glassplitter, welches von dem zuvor gefundenen subtrahiert wird. Selbstverständlich kann man in dieser Weise auch geschmolzenes Chlorsilber auf seine Reinheit prüfen.

Zum Schluß mögen hier die Atomgewichte der Halogene sowie die Molekulargewichte der entsprechenden Silberverbindungen Platz finden:

I. abgerundet:

$Cl = 35{\cdot}5$; $AgCl = 143{\cdot}5$; $\log \frac{Cl}{AgCl} = 0{\cdot}39338-1$

$Br = 80$; $AgBr = 188$; $\log \frac{Br}{AgBr} = 0{\cdot}62893-1$

$J = 127$; $AgJ = 235$; $\log \frac{J}{AgJ} = 0{\cdot}73273-1$

II. genau:

$$Cl = 35.45; \quad AgCl = 143.38; \quad \log\frac{Cl}{AgCl} = 0.39313-1$$

$$Br = 79.96; \quad AgBr = 187.89; \quad \log\frac{Br}{AgBr} = 0.62897-1$$

$$J = 126.85; \quad AgJ = 234.78; \quad \log\frac{J}{AgJ} = 0.73263-1$$

Küsters Modifikation der Halogenbestimmung:[1] Nach Küsters Beobachtungen kann man eine Halogenbestimmung dadurch wesentlich beschleunigen, daß man nicht wie oben $1^1/_2$—2 ccm rauchende Salpetersäure, sondern nur 16—20 Tropfen verwendet. Man kann in diesem Falle das Rohr, ohne es allmählich anzuwärmen, direkt auf 320—340° erhitzen, ohne daß es springt. Mit sehr seltenen Ausnahmen soll dann nach zweistündigem Erhitzen die Substanz zersetzt sein. Da bei Anwendung eines gewöhnlichen Thermometers der Quecksilberfaden beim Erhitzen über 300° sehr häufig reißt, so hat die Firma C. Desaga in Heidelberg zur Vermeidung dieses Übelstandes auf Veranlassung des Verfassers sehr preiswerte Bomben-Thermometer konstruieren lassen, die über dem Quecksilber Stickstoff enthalten und nur zwei Teilstriche, den Graden 320 und 340 entsprechend, besitzen.

Quantitative Bestimmung des Schwefels nach Carius.

Die Methode beruht wie die vorige darauf, daß eine abgewogene Substanzmenge mit rauchender Salpetersäure im Bombenrohre bis zur vollkommenen Oxydation erhitzt wird, und daß man die sich hierbei bildende Schwefelsäure in Form von Bariumsulfat zur Wägung bringt. Das Füllen, Zuschmelzen, Erhitzen, Öffnen und Entleeren des Rohres erfolgt in genau der gleichen Weise wie bei der Halogenbestimmung; nur ist in diesem Falle natürlich das Silbernitrat überflüssig. Vor dem Absprengen des konischen Teiles überzeuge man sich, daß in der Flüssigkeit nicht etwa noch unzersetzte Anteile der Substanz vorhanden sind, in welchem Falle man die Kapillare wieder zuschmilzt und die Röhre nochmals erhitzt. Ehe man ferner die Schwefelsäure mit Chlorbarium fällt, achte man darauf, ob am Boden des Becherglases nicht etwa

[1] A. **285**. 340.

Glassplitter liegen, welche zuvor durch ein kleines Filter abzufiltrieren sind.

Fällen des Bariumsulfates: Der mit Wasser auf ein Volumen von etwa 400 ccm verdünnte Bombeninhalt wird über einem Drahtnetze bis fast zum Sieden erhitzt, mit wenig Salzsäure angesäuert und dann allmählich so lange mit einer in einem Reagenzrohre ebenfalls zum Sieden erhitzten Chlorbariumlösung versetzt, bis kein weiterer Niederschlag mehr entsteht. Man kann dies sehr wohl beobachten, wenn man vor erneutem Zusatz den Niederschlag sich etwas absetzen läßt. Die Flüssigkeit wird dann über einer kleinen Flamme oder auf dem Wasserbade so lange erhitzt, bis das Bariumsulfat sich schwer zu Boden gesetzt hat, und die darüber befindliche Flüssigkeit vollkommen klar geworden ist, was bisweilen ein 1—2 stündiges Erhitzen erfordert. Man läßt dann erkalten, filtriert die Flüssigkeit, ohne dabei den Niederschlag aufzurühren, durch ein Filter von bekanntem Aschengehalt ab, kocht den im Becherglase verbleibenden Niederschlag mit 100 ccm Wasser einige Minuten auf und filtriert ihn auf dem gleichen Filter ab. Da er zuweilen im Beginne durch das Filter geht, so stelle man unter den Trichter ein neues Becherglas, damit man eventuell nicht die gesamte Flüssigkeit nochmals zu filtrieren braucht. Der Niederschlag wird dann auf dem Filter so lange mit heißem Wasser gewaschen, bis eine Probe des Filtrates durch verdünnte Schwefelsäure nicht mehr getrübt wird. Ehe man die Filtrate fortgießt, füge man zu diesen etwas Chlorbariumlösung, um sich zu überzeugen, daß man von dieser eine genügende Menge angewandt hat. Entsteht noch ein Niederschlag, so verfahre man nochmals wie vorher und sammle die zweite Fällung auf dem gleichen Filter, welches bereits die erste enthält.

Die soeben beschriebene Methode hat den Nachteil, daß, wenn man den Bombeninhalt mit weniger Wasser, als oben angegeben, verdünnt, das Bariumsulfat leicht etwas Bariumnitrat mitreißt, welches durch Nachwaschen mit Wasser nur schwer entfernt werden kann. Da man infolgedessen zu viel Schwefel findet, so wird es von mancher Seite vorgezogen, den Bombeninhalt nicht in ein Becherglas, sondern in eine Porzellanschale zu spülen, und vor dem Fällen mit Chlorbarium die Flüssigkeit auf dem Wasserbade bis zum Verschwinden der sauren Dämpfe einzudampfen, wodurch die Salpetersäure beseitigt wird. Nach dem Eindampfen verdünnt man den Rückstand mit Wasser, filtriert eventuell von Glassplittern ab und verfährt sonst wie oben beschrieben. Auch in diesem Falle vermeide man einen zu großen Überschuß von Chlorbarium.

Glühen und Wägen des Bariumsulfates: Um das Bariumsulfat zur Wägung zu bringen, ist es nicht erforderlich, es zuvor zu trocknen, vielmehr kann man es nach Bunsens Methode in feuchtem Zustande veraschen. Mit Hilfe eines kleinen Spatels oder Messers zieht man das feuchte Filter an der Trichterwandung hoch und klappt es in Form eines Quadranten zusammen. Sollte an den Trichterwandungen etwas Bariumsulfat haften geblieben sein, so reibt man jene mit einem kleinen Stückchen Filtrierpapier nach, welches man gemeinsam mit der Hauptmenge verascht. Nachdem man das Filter vorsichtig nach der Mitte zu zusammengefaltet hat, preßt man es auf den Boden eines gewogenen Platintiegels, welchen man auf einem Drahtdreieck derart aufstellt, daß seine Achse gegen die Horizontale um etwa 20—30° geneigt ist. Vor die Öffnung des Tiegels legt man nun den Deckel, ebenfalls unter 20—30° geneigt, jedoch nach der entgegengesetzten Seite, so daß die obere Hälfte der Tiegelöffnung frei bleibt. Unter dem Tiegel stellt man dann einen Brenner so auf, daß die im Anfang nicht zu große Flamme sich in dem von Tiegel und Deckel gebildeten Winkel befindet. Das Filter wird auf diese Weise bei so niedriger Temperatur verascht, daß eine Reduktion des Bariumsulfates nicht zu befürchten ist. Es kommt hierbei zuweilen vor, daß die beim Erhitzen des Filters sich bildenden Gase an der Tiegelöffnung sich entzünden, was jedoch nicht von Schaden ist. Nach einiger Zeit stellt man den Brenner mit voller Flamme unter den Boden des Tiegels und erhitzt so lange, bis der Tiegelinhalt weiß geworden ist. Nachdem man dann den Tiegel aufgerichtet hat, erhitzt man ihn noch kurze Zeit mit voller Flamme und läßt ihn dann im Exsikkator erkalten. Ein Abrauchen des geglühten Bariumsulfates mit Schwefelsäure ist vollkommen überflüssig.

Findet man einen zu hohen Schwefelgehalt, so kann dies unter Umständen dadurch veranlaßt sein, daß man beim Fällen einen zu großen Überschuß von Chlorbarium angewandt, und daß das Bariumsulfat dieses mitgerissen hat. Diesen Fehler kann man dadurch wieder gut machen, daß man das geglühte Bariumsulfat mit Wasser versetzt, so daß der Platintiegel etwa zur Hälfte gefüllt ist, dann wenige Tropfen konz. Salzsäure hinzufügt und nun $^1/_4$ Stunde auf dem Wasserbade erhitzt. Man filtriert dann die über dem Niederschlage befindliche Flüssigkeit durch ein quantitatives Filter ab, behandelt den zum größten Teil im Tiegel bleibenden Niederschlag nochmals mit Wasser und Salzsäure und filtriert nun alles auf dem schon vorher benutzten Filter ab. Nachdem man noch öfters mit Wasser ausgewaschen, glüht man Filter und Niederschlag wiederum wie vorher. Diese Operationen haben selbstverständlich nur dann Zweck, wenn man das Bariumsulfat nicht mit Schwefelsäure abgeraucht hat. Schließlich möge für die Berechnung der Analyse das Atom- bezw. Molekulargewicht des Schwefels bezw. Bariumsulfates folgen:

I. abgerundet:

$$S = 32; \ BaSO_4 = 233; \ \log \frac{S}{BaSO_4} = 0{\cdot}13779-1$$

II. genau:

$$S = 32{\cdot}06; \ BaSO_4 = 233{\cdot}46; \ \log \frac{S}{BaSO_4} = 0{\cdot}13775-1$$

Gleichzeitige Bestimmung von Halogen und Schwefel: Enthält eine Substanz gleichzeitig Schwefel und Halogen, so kann man beide in der folgenden Weise durch eine einzige Analyse bestimmen: wie bei der Halogenbestimmung beschickt man die Röhre mit Silbernitrat und Salpetersäure und filtriert nach dem Erhitzen das Halogensilber wie oben beschrieben ab. Das hierbei erhaltene Filtrat enthält neben überschüssigem Silbernitrat die bei der Oxydation gebildete Schwefelsäure. Man kann diese nun nicht wie vorher mit Chlorbarium fällen, da hierbei auch das Silber als Chlorsilber niederfiele. Man bedient sich deshalb zu diesem Zwecke einer wässerigen Bariumnitratlösung, welche man zuvor darauf geprüft hat, daß sie mit Silbernitrat keinen Niederschlag gibt. Die Fällung geschieht wie oben beschrieben in der Hitze, wobei man eine möglichst verdünnte Lösung, deren Volumen mindestens 500 ccm beträgt, anwendet. Ein großer Überschuß von Bariumnitrat ist hier ganz besonders zu vermeiden. Verfügt man nicht über halogenfreies Bariumnitrat, so versetzt man die Lösung des halogenhaltigen Salzes in der Hitze so lange mit Silbernitrat, bis noch ein Niederschlag entsteht, filtriert vom Halogensilber ab und benutzt das jetzt halogenfreie Filtrat zum Fällen.

Quantitative Bestimmung des Stickstoffs nach Dumas.

Die im wissenschaftlichen Laboratorium zur quantitativen Bestimmung des Stickstoffs fast ausschließlich angewandte Methode ist die von Dumas. Ihr Wesen besteht darin, daß die Substanz in einer mit Kohlensäure gefüllten Röhre durch Kupferoxyd vollkommen verbrannt wird, wobei der Stickstoff als solcher entweicht und dem Volumen nach gemessen wird, während Kohlenstoff und Wasserstoff zu Kohlensäure und Wasser oxydiert werden. Zur Stickstoffanalyse sind erforderlich:

1. ein Verbrennungsrohr aus schwer schmelzbarem Glase. Länge 80—85 cm, äußerer Durchmesser ca. 15 mm;
2. ein Einfülltrichter aus Glas mit weitem Abflußrohr (von mindestens 10 mm Durchmesser);
3. 400 g grobes und 100 g feines Kupferoxyd. Man bewahrt es in einem größeren und einem kleineren Glaskolben auf, welche durch mit Stanniol umwickelte Korke verschlossen werden;
4. 500 g Magnesit in erbsengroßen Stücken. Man siebt mit Hilfe eines Drahtnetzes das unbrauchbare feine Pulver ab und scheidet die durch Verunreinigungen dunkel gefärbten Stücke aus;
5. ein Fläschchen mit reinem Methylalkohol (50 g) zum Reduzieren der Kupferspiralen;
6. eine Kupferspirale von 10—12 cm Länge. Diese wird hergestellt, indem man ein viereckiges Stück Kupferdrahtnetz über einem dünnen Glasstabe spiralig aufrollt. Die Spirale sei so weit, daß sie an den Wandungen der Verbrennungsröhre anliegt; ein Zwischenraum zwischen Spirale und Rohr wirkt schädlich. Ferner einige kurze Kupferspiralen von 1—2 cm Länge;
7. eine Lösung von 150 g Kali in 150 g Wasser. Man bereite sich diese in einer Porzellanschale und nicht in einem Becherglase oder Kolben, da diese oftmals infolge der beim Lösen eintretenden lebhaften Erwärmung springen. Nach dem Erkalten bewahre man die Lösung in einem verschlossenen Kolben auf;
8. ein Nickeltiegel zum Ausglühen des groben Kupferoxydes. Höhe 6 cm, oberer Durchmesser 7 cm;

9. ein mittelgroßer Porzellantiegel zum Ausglühen des feinen Kupferoxydes;
10. eine kleine Reibschale mit glasiertem Boden.

Außerdem noch: ein Wägeröhrchen, ein einfach durchbohrter Kautschukstopfen, welcher in die Verbrennungsröhre paßt, ein Sieb zum Absieben des Kupferoxydes, eine kleine Feder, Thermometer, Absorptionsapparat und Meßröhre.

Vorbereitungen zur Analyse: Die Analyse beginnt man zweckmäßig damit, daß man das gesamte grobe Kupferoxyd im Nickeltiegel über einer möglichst großen Flamme (Fletcherbrenner) und das feine Kupferoxyd im Porzellantiegel über einem Bunsenbrenner längere Zeit ausglüht, wobei die Tiegel in Drahtdreiecken hängen. Die Deckel lege man nur lose auf die Tiegel und rühre das Kupferoxyd einige Male mit einem dicken Drahte um. — Während das Kupferoxyd ausgeglüht wird, schmilzt man das Verbrennungsrohr an seinem einen Ende zu einer soliden Kuppe zu, und zwar falls das Rohr nicht vollkommen zylindrisch ist, an dem engeren Ende. Das Zuschmelzen erfolgt in der Weise, daß man zunächst das Rohrende unter fortwährendem Drehen in einer leuchtenden Flamme erwärmt, es dann in einer Stichflamme zum Erweichen erhitzt, einen Glasstab daran schmilzt und nun plötzlich den erhitzten Teil zu einer engen Röhre auszieht. Man schmilzt dann den Glasstab ab, erhitzt den Übergang der Röhre in das enge Rohr und zieht letzteres ab. Dann erhitzt man die so erzeugte Kuppe noch einige Zeit in einer möglichst heißen Flamme, damit sie nach der Mitte zusammenfällt, und läßt schließlich allmählich über einer kleinen leuchtenden Flamme erkalten. — Ist diese Operation beendet, so wärmt man auch das offene Ende der Röhre in einer leuchtenden Flamme vor, schmilzt dann unter fortwährendem Drehen in einer Stichflamme die scharfen Ränder rund und läßt wiederum in der leuchtenden Flamme erkalten. Nach dem vollkommenen Erkalten reinigt man das Rohr von Ruß, spült es mehrmals mit Wasser aus, läßt die Hauptmenge des Wassers abtropfen und trocknet schließlich in einer der beiden folgenden Weisen: entweder erhitzt man das Rohr, nachdem man ein Glasrohr, welches 10 cm länger als das Verbrennungsrohr ist, eingeführt hat, seiner ganzen Länge nach, indem man es mehrfach unter Drehen durch eine große leuchtende Gebläseflamme zieht, und bläst dann mit Hilfe des Gebläses Luft durch die innere Röhre; eine Operation, die man so oft wiederholt, bis das Rohr trocken ist. Oder man spannt dieses an dem offenen Ende horizontal in eine Klammer ein, führt ein engeres, mit der Saugpumpe verbundenes Rohr ein, welches bis auf den Boden der Röhre reicht, und erhitzt die Röhre gleichmäßig der ganzen Länge nach mit einer Bunsenflamme, während man die Wasserdämpfe durch die Saugpumpe absaugt. — Um die lange Kupferspirale, welche zur Reduktion sich etwa bildender Oxyde des Stickstoffs dient, zu reduzieren, füllt man in ein Reagenzrohr, in welches die Spirale hineinpaßt, einen Kubikzentimeter Methylalkohol, erhitzt dann die Spirale, welche man mit einer Tiegelzange hält, in einer großen, etwas rauschenden Gebläseflamme zum Glühen und wirft sie möglichst schnell in das Reagenzrohr hinein. Da dieses sich hierbei an seinem oberen Teile stark erwärmt, so hat man es zuvor in einen Reagenzrohrhalter eingeklemmt oder mit einem Tuche oder Papierstreifen umwickelt. Unter Bildung stechend riechender Dämpfe (Oxydationsprodukte des Methylalkohols, wie Formaldehyd, Ameisensäure), die sich manchmal entzünden, wird die anfangs dunkle Spirale metallisch glänzend, worauf man sie im Rohre, das man nach einigen Minuten locker verkorken kann, abkühlen läßt. Nachdem diese Operationen beendet, ist auch das Kupferoxyd genügend erhitzt, so daß man jetzt die Flammen unter ihm ausdreht. Während des Erkaltens wägt man die Substanz ab, wobei man zweckmäßig so verfährt, daß man zunächst das Gewicht des leeren Wägegläschens annähernd auf Zentigramme genau bestimmt. Das gefundene Gewicht notiert man sich auch für spätere Fälle an einer stets leicht auffindbaren Stelle des Analysenheftes. Man füllt nun die zu analysierende Substanz in das Röhrchen ein und wägt Röhrchen + Substanz auf Zehntelmilligramme genau ab. Inzwischen ist das Kupferoxyd so weit erkaltet, daß man es in die dafür bestimmten Kölbchen einfüllen kann, worauf man zum Füllen der Röhre schreitet.

Füllen der Röhre: An den Rand des Arbeitstisches stellt man ein Stativ, befestigt tief unten an diesem eine Klammer derart, daß sie über den Rand des Tisches hervorragt und spannt in diese das Verbrennungsrohr vertikal so ein, daß die Öffnung desselben sich etwas über Tischplattenhöhe befindet. Man füllt dann direkt in die Röhre so lange Magnesit ein, bis die Schicht eine Höhe von 10—12 cm besitzt (Fig. 54). Darauf erhitzt man ein kurzes 1—2 cm langes Kupferröllchen mit Hilfe einer Pinzette oder Tiegelzange kurze Zeit in einer Bunsenflamme (es braucht nicht reduziert zu sein) und wirft es auf den Magnesit. Nun setzt man den Einfülltrichter in das Rohr ein und füllt aus dem Kölbchen eine 8 cm lange Schicht von grobem Kupferoxyd, und auf diese eine 2 cm lange Schicht von feinem Kupferoxyd ein. Auf die nun folgende Operation der Mischung der Substanz mit Kupferoxyd und Einfüllen des Gemisches muß ganz besondere Sorgfalt verwandt werden. Auf den Boden einer kleinen Reibschale, welche auf einem Stück schwarzen Glanzpapieres steht, bringt man eine ca. $^1/_2$ cm hohe Schicht von feinem, vollkommen erkaltetem Kupferoxyd und fügt zu diesem aus dem Wägegläschen die zu analysierende Substanz, deren Menge im Mittel etwa 0·15 bis 0·2 g betrage. Bei N-armen Substanzen nehme man entsprechend mehr, bei N-reichen entsprechend weniger. Da man das Gewicht des leeren Wägegläschens und somit auch die Menge der darin enthaltenen Substanz kennt, so kann man leicht durch Augenmaß abschätzen, wieviel von der Substanz in dem Wägerohr zurückzulassen ist. Man überschichtet nun die Substanz in der Reibschale mit so viel feinem Kupferoxyd, daß jene von diesem ganz bedeckt ist, und mischt dann beide durch vorsichtiges Rühren mit dem Pistill (nicht drücken) gut durcheinander, wobei man darauf achte, daß nicht etwa infolge zu energischen Rührens Substanz verstäubt. Mit Hilfe einer abgestutzten sauberen Feder, wie man solche auch bei der quantitativen anorganischen Analyse benutzt, oder eines kleinen Pinsels füllt man dann den Inhalt der Reibschale durch den Einfülltrichter in das Rohr ein, wobei man wiederum zur Vermeidung des Verstäubens

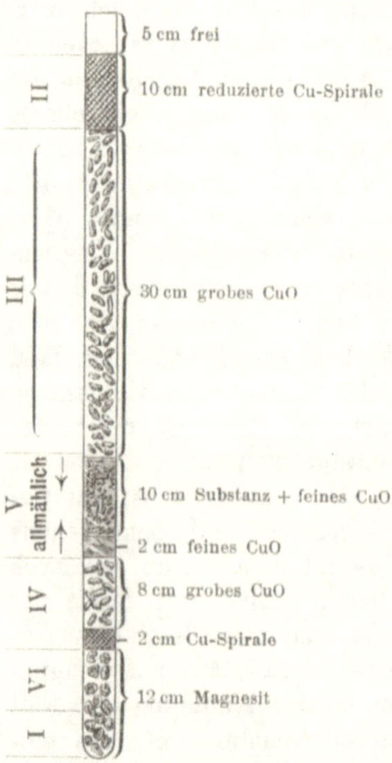

Fig. 54.

sehr vorsichtig operiere. Man spült dann die Reibschale sowie das Pistill mit neuem Kupferoxyd nach und bringt dieses ebenfalls mit Hilfe der Feder in das Rohr. Die aus Substanz + feinem Kupferoxyd bestehende Schicht besitze eine Länge von ca. 10 cm. Es folgt dann eine 30 cm lange Schicht von grobem Kupferoxyd und schließlich die reduzierte Kupferspirale.

Die Länge des Rohres sowie der einzelnen Schichten richtet sich nach der Größe des Verbrennungsofens; die angegebenen Zahlen beziehen sich auf einen solchen, welcher eine Flammenlänge von 75 cm besitzt. Allgemein sei das Rohr 5 cm länger als der Ofen; die Füllung besitze eine Länge gleich der Flammenlänge.

Erhitzen der Röhre: Nachdem die Röhre gefüllt ist, klopft man sie in horizontaler Lage vorsichtig auf einem Tische auf, damit sich oberhalb des feinen Kupferoxydes ein Kanal bildet, verbindet sie dann mit Hilfe eines Kautschukpfropfens mit dem Absorptionsapparat, welcher zuvor mit Kalilauge beschickt ist, und legt sie auf einen Verbrennungsofen, dessen hinterer Teil (unter dem Magnesit) durch Darunterstellen eines Klotzes etwas erhöht ist (Fig. 55). Man beachte hierbei die folgenden Punkte: In dem unteren Teile des Absorptionsapparates muß sich so viel Quecksilber befinden, daß dieses bis fast an das obere, seitliche Ansatzrohr reicht. Ist dies nicht der Fall, so gieße man etwas nach. Ferner muß das im Kautschukpfropfen befindliche Glasrohr im Innern der Röhre dicht hinter dem Korke endigen. Um diesen vor dem Anbrennen zu schützen, kann man über den aus dem Ofen herausragenden Teil der Röhre eine Asbestplatte, welche einen runden Ausschnitt besitzt, schieben. Nachdem man den am Absorptionsapparat befindlichen Quetschhahn geöffnet hat, zündet man unter der letzten Hälfte des Magnesits zunächst kleine Flammen an, welche man, sobald das Rohr angewärmt ist, vergrößert, jedoch nicht so weit, daß die Flammen über dem Rohre zusammenschlagen. Ferner bedeckt man zur Erhöhung der Temperatur den erhitzten Teil der Röhre von beiden Seiten mit Kacheln. Nach etwa zehn Minuten beginnt ein lebhafter Kohlensäurestrom sich zu entwickeln, indem der Magnesit beim Erhitzen in folgender Weise zerlegt wird:

$$MgCO_3 = MgO + CO_2.$$

Während dieser Operation ist der Glashahn des Absorptionsapparates geöffnet; die Birne ist möglichst tief gestellt, so daß sich die Hauptmenge der Kalilauge in ihr befindet. Nachdem

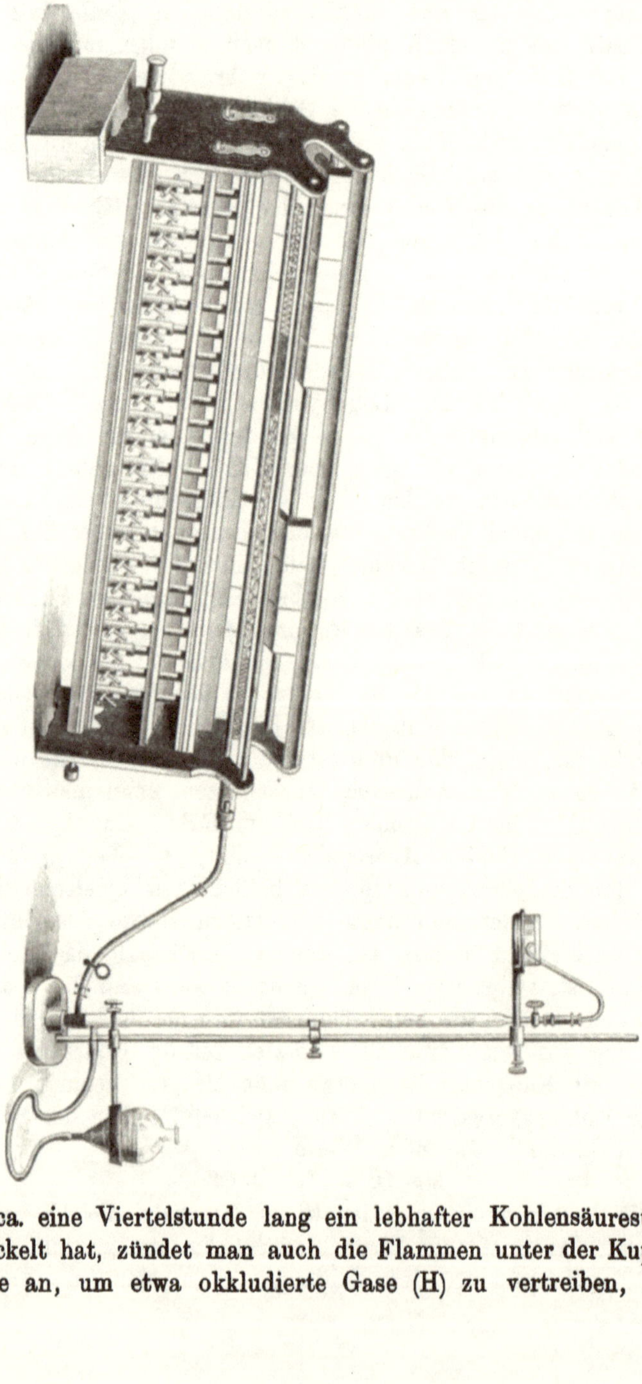

Fig. 55.

sich ca. eine Viertelstunde lang ein lebhafter Kohlensäurestrom entwickelt hat, zündet man auch die Flammen unter der Kupferspirale an, um etwa okkludierte Gase (H) zu vertreiben, hebt dann die Birne so hoch, daß die Kalilauge bis etwas über die Durchbohrung des Glashahnes steigt, schließt darauf letzteren und stellt die Birne wieder möglichst tief. Ist die Luft aus der Röhre durch die Kohlensäure vollkommen verdrängt, so darf sich im Laufe von zwei Minuten über der Kalilauge nur eine minimale Menge eines leichten Schaumes ansammeln. Ist dies nicht der Fall, hat sich vielmehr ein größeres Luftvolumen angesammelt, so öffnet man den Glashahn, wodurch die Kalilauge in die tief gestellte Birne fließt, und läßt weitere fünf Minuten Kohlensäure durch die Röhre streichen. Man hebt nun wieder die Birne so hoch wie das erste Mal, schließt den Glashahn, senkt die Birne wieder und beobachtet, ob jetzt die Luft verdrängt ist, was normalerweise der Fall sein sollte. Hat sich jetzt nach zwei Minuten nur eine Spur eines Schaumes angesammelt, so taucht man zunächst in der aus Fig. 55 ersichtlichen Weise das Ende des Überleitungsrohres in eine mit Wasser gefüllte Schale, hebt dann die Birne über den höchsten Punkt des Überleitungsrohres, öffnet den Glashahn, so daß die Kalilauge die Luft aus dem Überleitungsrohre verdrängt, schließt, sobald dies der Fall, den Glashahn und stellt die Birne wieder möglichst tief. Es werden nun die unter dem Magnesit entzündeten Flammen bis auf eine ausgedreht oder entsprechend verkleinert, und dafür gleichzeitig unter den vorderen vier Fünfteln der langen Schicht von grobem Kupferoxyd zunächst kleine Flammen angezündet, welche man, nachdem das Rohr vorgewärmt, allmählich vergrößert, bis das Kupferoxyd auf dunkle Rotglut erhitzt ist. Bezüglich des stufenweisen Erhitzens der Röhre vgl. Fig. 54, in welcher die auf der linken Seite der Röhre befindlichen Zahlen die Reihenfolge der erhitzten Teile bedeuten. Auch hier achte man darauf, daß die Flammen nicht so groß brennen, daß sie über dem Rohre zusammenschlagen. Wie vorher beim Erhitzen des Magnesits bedeckt man nach dem Vorwärmen die erhitzten Teile der Röhre beiderseitig mit Kacheln. Sobald die vordere Schicht des groben Kupferoxydes auf dunkle Rotglut erhitzt ist, zündet man unter der dem Magnesit benachbarten hinteren Schicht von grobem Kupferoxyd zunächst kleine Flammen an, welche man nach einiger Zeit vergrößert, während man gleichzeitig mit Kacheln zudeckt. Man achte hier darauf, daß die der Mischung von Substanz + feinem Kupferoxyd benachbarte Flamme nicht zu groß sei, damit nicht schon Substanz verbrannt wird. Von der nun folgenden Operation, dem allmählichen Erhitzen des feinen Kupferoxydes, welches die Substanz enthält, hängt wesentlich das Gelingen der Analyse ab; auf ihre richtige Ausführung ist ganz besonders zu achten. Als Regel gelte, daß man lieber etwas zu langsam als zu schnell erhitze. Man zünde zunächst an der Stelle, welche der kurzen Schicht des groben Kupferoxydes benachbart ist, eine kleine Flamme an und beobachte, ob sich nach einiger Zeit im Absorptionsapparate unabsorbiertes Gas ansammelt. Ist dies der Fall, so warte man mit dem Entzünden einer weiteren Flamme bis die Gasentwickelung aufgehört hat. Hat sich kein Gas angesammelt, so zünde man auf der entgegengesetzten Seite des feinen Kupferoxydes eine weitere Flamme an. Indem man in dieser Weise allmählich von den beiden Seiten des feinen Kupferoxydes aus nach der Mitte zu immer weitere Flammen zunächst klein entzündet und sie nach dem Aufhören der Gasentwickelung allmählich vergrößert, bis man schließlich bei bedeckten Kacheln mit vollen Flammen erhitzt, kann man die Substanz vollkommen regelmäßig und ruhig verbrennen. Die Verbrennung muß so geleitet werden, daß Blase für Blase in langsamem Tempo in dem Absorptionsapparat emporsteigt. Kann man die einzelnen Blasen nicht mehr zählen, oder sind sie gar so groß, daß sie fast den ganzen Querschnitt der Absorptionsröhre einnehmen, so erhitzt man zu kräftig; man drehe in diesem Falle, eventuell unter Zurücklegen der Kacheln, die zuletzt entzündeten Flammen aus oder verkleinere sie, bis die Gasentwickelung nachläßt. Ist diese beendet, so zündet man unter dem gesamten Magnesit zunächst kleine Flammen an, welche man nach einiger Zeit vergrößert. Sobald die Entwickelung von Kohlensäure lebhaft geworden ist, dreht man die hintere Hälfte der Magnesitflammen, welche zu Beginn der Analyse entzündet waren, aus. Nachdem man etwa zehn Minuten lang einen lebhaften Kohlensäurestrom durch das Rohr geleitet hat, ist aller Stickstoff in das Absorptionsrohr übergeführt, was man daran erkennt, daß die Gasblasen von der Kalilauge wie zu Beginn der Analyse bis auf einen minimalen, schaumartigen Rest absorbiert werden. Man verschließt dann den Absorptionsapparat durch den Quetschhahn und zieht sofort das Verbindungsrohr samt Kautschukpfropfen aus der Röhre heraus. Das Gas wird nicht sofort in eine Meßröhre überfüllt; vielmehr stellt man zunächst die Birne des Absorptionsapparates so hoch, daß die Niveaus in dem Rohr und in der Birne sich in gleicher Höhe befinden, und überläßt den Apparat etwa eine halbe Stunde lang sich selbst. Die Flammen unter der Verbrennungsröhre drehe man nicht alle gleichzeitig aus, sondern zunächst nur eine um die andere. Nach einiger Zeit lösche man wiederum einige aus usf. Während des vollkommenen Erkaltens der Röhre wäge man das Wägeröhrchen zurück.

Überfüllen des Stickstoffs: Nachdem der Stickstoff zur Absorption der letzten Anteile von Kohlensäure etwa eine halbe Stunde lang mit der Kalilauge in Berührung geblieben ist, taucht man in der aus Fig. 56 ersichtlichen Weise das Überleitungsrohr in einen mit Wasser gefüllten Kropfzylinder ein, wobei man darauf achte, daß keine Luftblase in den unteren gebogenen Teil des Rohres gelangt. Ist dies doch geschehen, so kann man diese mit Hilfe einer Kapillarpipette absaugen. Man füllt dann ein Meßrohr mit Wasser, verschließt es mit dem Daumen, kehrt es um, taucht es unter die Oberfläche des Wassers, zieht den Daumen fort und klemmt das Rohr in schräger Lage in die weitere Klammer des Zylinders derart ein, daß das Überleitungsrohr unter ihm mündet. Die Birne wird dann mit Hilfe des Ringes so hoch wie möglich über dem Überleitungsrohre eingespannt, worauf man den Glashahn allmählich öffnet. Durch den Druck der Kalilauge wird so der Stickstoff in das Meßgefäß gedrängt; man läßt den Hahn so lange geöffnet, bis auch das Überleitungsrohr ganz mit Kalilauge gefüllt ist. Man entfernt dann den Absorptionsapparat, taucht das Meßrohr ganz in das Wasser ein und spannt zur Bestimmung der Temperatur in die Klammer, welche beim Überfüllen das Überleitungsrohr hielt, ein Thermometer ein, welches möglichst weit in das Wasser taucht. Nach ca. zehn Minuten hat der Stickstoff die Temperatur des Wassers angenommen, worauf man das Meßrohr mit einer besonders zu diesem Zwecke konstruierten Klammer oder mit einer Tiegelzange, nicht jedoch

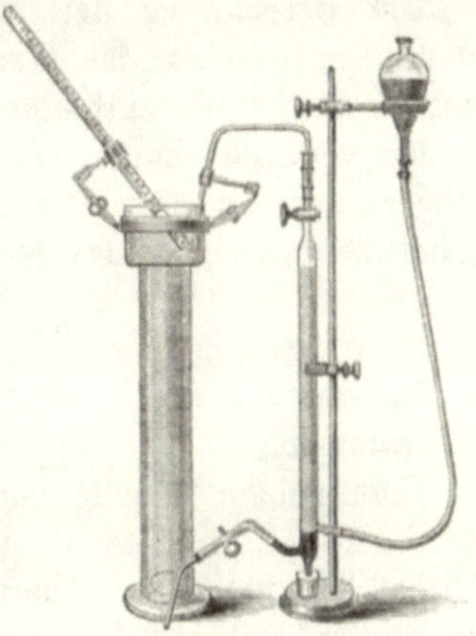

Fig. 56.

mit der Hand, faßt und es so weit aus dem Wasser herauszieht, bis das Niveau des Wassers in der Röhre mit dem des im Zylinder enthaltenen sich in einer Ebene befindet. Das so abgelesene Volumen entspricht dem herrschenden Barometerstande, welchen man an einem Barometer abliest.

Berechnung der Analyse: Ist s die angewandte Substanzmenge in Grammen, v das bei t^0 Temperatur und b mm Barometerstand abgelesene Stickstoffvolumen, fernerhin w die Tension des Wasserdampfes in Millimetern bei t^0, so ist der Prozentgehalt an Stickstoff p:

$$p = \frac{v \,.\, (b - w) \,.\, 0{\cdot}12505}{760 \,.\, (1 + 0{\cdot}00367 \,.\, t) \,.\, s}.$$

Die Berechnung der Analyse wird erleichtert durch eine Tabelle, in welcher das Gewicht des in einem Kubikzentimeter feuchten Stickstoffs enthaltenen reinen, d. h. trockenen Stickstoffs bei den verschiedensten Temperaturen und Barometerständen in Milligrammen angegeben ist. Ist dasselbe unter den beobachteten Verhältnissen $= g$, so ist der Prozentgehalt an Stickstoff:

$$p = \frac{100 \,.\, v \,.\, g}{s}.$$

In dieser Formel bedeutet s das Gewicht der Substanz in Milligrammen.

Eine solche Tabelle befindet sich am Ende dieses Buches. Für ungerade Barometerstände interpoliere man die benachbarten Werte. Bruchteile von Thermometergraden oder von Millimetern Quecksilberdruck abzulesen, hat für die üblichen Analysen keinen Wert, da die hierdurch bedingten Differenzen im analytischen Befunde weit innerhalb der Fehlergrenze liegen.

Die obere, in jedem Felde der Tabelle stehende Zahl bedeutet das Gewicht des in 1 ccm über Wasser gemessenen Stickstoffs enthaltenen reinen Stickstoffs in Milligrammen, die untere ist die Mantisse des dekadischen Logarithmus des Stickstoffgewichtes.

Dauer einer Analyse: Die folgende Übersicht gibt ein ungefähres Bild von der Dauer der einzelnen Operationen der eigentlichen Verbrennung:

Vom Beginn des Anwärmens des Magnesits bis zum Eintritt einer lebhaften Kohlensäureentwickelung vergehen 10 Minuten. Die erste Prüfung darauf, ob noch Luft im Rohre vorhanden, erfolgt nach weiteren 15 Minuten; Dauer der verschiedenen Prüfungen 5 Minuten. Vom Anwärmen der vorderen CuO-Schicht und der hinteren CuO-Schicht bis zum Erhitzen auf dunkle Rotglut vergehen 15 Minuten. Die eigentliche Verbrennung der Substanz erfordert 30 Minuten. Zur Verdrängung des letzten Stickstoffrestes aus der Röhre durch Erhitzen des Magnesits sind 10 Minuten erforderlich. In Summa: 1 Stunde 25 Minuten.

Diese Zeitangaben sind natürlich nur als annähernde anzusehen, indem sie von der Güte des Ofens, von der Natur der zu verbrennenden Substanz, vom Geschick des Experimentators und noch von anderen Faktoren abhängig sind.

Nachträgliche Operationen: Nachdem die Röhre erkaltet ist, nimmt man die Kupferspirale heraus und schüttet das gesamte Kupferoxyd in ein Sieb, mit Hilfe dessen man das grobe vom feinen trennt. Das Kupferoxyd kann beliebig oft zu weiteren Analysen benutzt werden, nachdem man es durch Glühen im Nickeltiegel wieder oxydiert hat. Ebenfalls ist das Rohr, wenn es sich nicht etwa infolge zu starken Erhitzens gekrümmt hat, noch mehrfach zu verwenden. Der geglühte Magnesit hingegen ist unbrauchbar geworden.

Die im Absorptionsapparat befindliche Kalilauge, welche noch ein zweites Mal benutzt werden kann, gieße man in ein Gefäß, welches man verschließt, und spüle dann den ersteren mehrfach mit Wasser aus, damit die Kalilauge die Kautschukschläuche nicht zerfrißt.

Allgemeine Bemerkungen: Die im obigen beschriebene Art einer Stickstoffanalyse nach Dumas ist verschiedener Modifika-

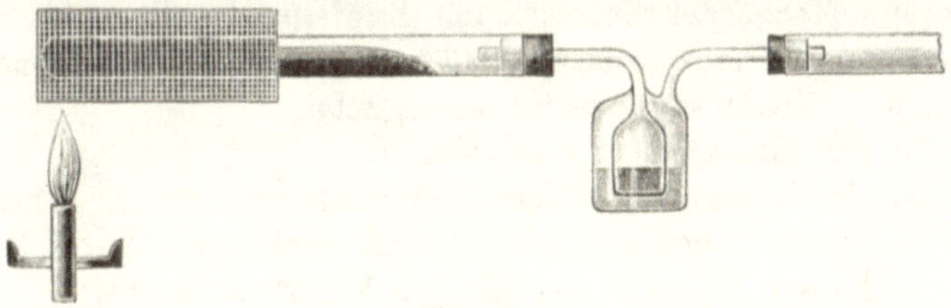

Fig. 57.

tionen fähig, die jedoch nicht den Kern der Methode treffen. So wird es von manchen Seiten vorgezogen, die Kohlensäure nicht durch Erhitzen von Magnesit, sondern von doppeltkohlensaurem Natron oder Mangankarbonat darzustellen. Hat man häufiger Stickstoffbestimmungen auszuführen, so bedient man sich eines beiderseitig offenen Rohres, welches in der in Fig. 60 (S. 101) dargestellten Weise beschickt wird. Die Substanz befindet sich entweder in einem Porzellan- oder Kupferschiffchen. Um die Luft durch Kohlensäure zu verdrängen, verbindet man den hinteren Teil des Rohres mit einer schwer schmelzbaren Glasröhre (ca. 25 bis 30 cm lang und 15—20 mm weit), die bis zu $^3/_4$ ihres Querschnittes mit Natriumbikarbonat gefüllt ist. Um das beim Erhitzen aus diesem entweichende Wasser zu absorbieren, schalte man eine kleine mit Schwefelsäure gefüllte Waschflasche ein. Das Erhitzen des Bikarbonates erfolgt mit einem einzelnen Bunsenbrenner von dem zugeschmolzenen Ende aus. Das mit Bikarbonat gefüllte Rohr wird vor der direkten Flamme geschützt, indem man ein grobmaschiges Eisendrahtnetz darüber schiebt (Fig. 57).

Statt durch Erhitzen von Bikarbonat kann man die Kohlensäure auch aus einem guten Kippschen Apparate entwickeln. Ferner kann man das Mischen der Substanz mit feinem Kupferoxyd in der Röhre selbst oder in einem Mischrohre vornehmen. Anstatt den oben benutzten ungeteilten Schiffschen Absorptionsapparat zu verwenden, bedient man sich eines solchen mit geteiltem Rohr, in dem man sofort ohne Überfüllen das Gasvolumen ablesen kann; eine Modifikation, die an dem Übelstande leidet, daß man die Tension der Kalilauge nicht genau kennt und demnach etwas willkürliche Korrekturen anbringen muß. Wie erwähnt, berühren alle diese Abänderungen jedoch nicht das Wesen des Verfahrens.

Quantitative Bestimmung von C und H nach Liebig.

Das Wesen der Methode besteht darin, daß man eine abgewogene Menge der Substanz mit Kupferoxyd vollkommen verbrennt und die Verbrennungsprodukte des Kohlenstoffs und Wasserstoffs, d. i. Kohlensäure und Wasser, wägt.

Zu den Analysen sind erforderlich:

1. ein beiderseitig offenes Glasrohr aus schwer schmelzbarem Glase von 12—15 mm äußerem Durchmesser. Es sei 10 cm länger als der Verbrennungsofen;
2. 400 g grobes und 50 g feines Kupferoxyd, welches, wie bei der Stickstoffbestimmung angegeben, aufbewahrt wird. Man halte das einerseits für die N-Bestimmung, anderseits für die C- und H-Bestimmung verwandte Kupferoxyd stets gesondert voneinander;
3. ein **U**-förmig gebogenes und ein gerades Chlorcalciumrohr;
4. ein Kaliapparat (event. nach Geissler);

5. ein Trockenapparat für Luft und Sauerstoff;
6. zwei einfach durchbohrte Kautschukstopfen, welche in die Öffnungen des Verbrennungsrohres passen;
7. ein Glasrohr mit Hahn;
8. zwei Kupferspiralen von 10 und 12—15 cm Länge, sowie zwei kurze von 1—2 cm Länge;
9. ein guter Gummischlauch von 20 cm Länge, sowie 6 Stück 2 cm lange Gummischlauchstückchen (dickwandig und ohne Naht);
10. ein Porzellan- und ein Kupferschiffchen;
11. ein Schraubenquetschhahn;
12. zwei Asbestplatten zum Schutze der Pfropfen.

Vorbereitungen zur Analyse: Man rundet zunächst durch vorsichtiges Erhitzen in einer Gebläseflamme die scharfen Kanten der Verbrennungsröhre ab, spült nach dem Erkalten das Rohr mehrfach mit Wasser aus, läßt abtropfen und trocknet dann nach einer der auf Seite 86 u. f. angegebenen Methoden.

Das grobe Kupferoxyd braucht nicht wie bei der N-Bestimmung zuvor im Nickeltiegel ausgeglüht zu werden; vielmehr geschieht dies später in der Röhre selbst. Erfordert es die Natur der zu verbrennenden Substanz, daß man diese mit feinem Kupferoxyd mischt, so glüht man letzteres in einem Porzellantiegel über einer Bunsenflamme eine Viertelstunde lang aus und läßt es im Exsikkator erkalten.

Das zur Absorption des Wassers dienende **U**-förmige Chlorcalciumrohr (Fig. 61) wird mit **gekörntem** (kein geschmolzenes nehmen) Chlorcalcium, welches man durch Absieben von feinem Pulver befreit hat, gefüllt. Um das Herausfallen desselben zu verhüten, schließt man das Rohr auf beiden Seiten durch einen lockeren Wattepfropfen ab. Der offene Schenkel wird durch einen Kautschukstopfen oder einen guten Kork, in welchem sich ein rechtwinklig gebogenes Rohr befindet, verschlossen. Den Korkstopfen überzieht man mit einer dünnen Schicht von Siegellack. Sehr zweckmäßig sind auch Chlorcalciumröhren, bei denen der offene Schenkel länger als der andere ist, und bei denen man jenen nach dem Füllen der Röhre vor dem Gebläse abschmelzen kann. In diesem Falle schließe man das Chlorcalcium im offenen Schenkel nicht durch einen Pfropfen aus Watte, sondern aus Asbest oder Glaswolle ab. Damit man das Rohr beim Wägen aufhängen kann, versieht man es mit einem Platindraht, der ein Öhr besitzt. Da das Chlorcalcium oft basische Chloride enthält und infolgedessen nicht nur Wasser sondern auch Kohlensäure absorbiert, wodurch natürlich Analysenfehler bedingt werden, so leitet man vor der erstmaligen Benutzung ca. 2 Stunden einen Strom von trockener Kohlensäure durch das Rohr und verdrängt diese dann wieder dadurch, daß man mit Hilfe der Saugpumpe $^1/_2$ Stunde lang trockene Luft hindurchsaugt. Das Chlorcalciumrohr wird beiderseitig durch 2 cm lange dickwandige Gummischlauchstückchen, in denen 1 $^1/_2$ cm lange, an den Enden rundgeschmolzene Glasstäbchen sich befinden, verschlossen. Es kann bei weiteren Analysen so oft benutzt werden, bis das Chlorcalcium zu zerfließen anfängt. Das gerade Chlorcalciumrohr wird in der gleichen Weise gefüllt. Das Durchleiten von Kohlensäure ist jedoch bei diesem nicht erforderlich.

Der in Fig. 58 abgebildete Kaliapparat wird in seinen unteren drei Gefäßen zu drei Vierteln mit Kalilauge (2 Teile festes KOH auf 3 Teile Wasser) gefüllt. Das Füllen geschieht in der folgenden Weise: Man entfernt von dem Apparat das zur Aufnahme des festen Kalis bestimmte horizontale Rohr und verbindet das hierdurch freigelegte Glasrohr mit einem Kautschukschlauche. Man taucht dann die in der Zeichnung auf der linken Seite befindliche Zuleitungsröhre in die Kalilauge ein, welche sich in einer flachen Schale befindet, und saugt nun mit Hilfe des Schlauches die drei unteren Kugeln zu drei Vierteln mit jener voll. Es ist hierbei darauf acht zu geben, daß man die Lauge nicht etwa durch zu heftiges Saugen in den Mund bekommt. Man kann dies dadurch verhindern, daß man zwischen Mund und Kaliapparat eine leere Waschflasche schaltet oder daß man das Saugen mit Hilfe der Saugpumpe ausführt, wobei der Wasserhahn jedoch nur ein wenig zu öffnen ist. Nach dem Füllen reinigt man das Rohr, welches in die Kalilauge eintauchte, indem man es mehrfach mit Stückchen zusammengerollten Filtrier-

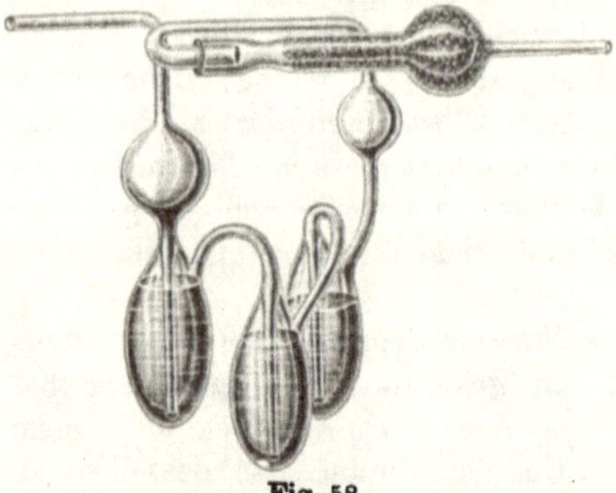

Fig. 58.

papieres auswischt. Das vor dem Füllen abgenommene horizontale Kalirohr wird, nachdem man zuvor etwas Glaswolle oder Asbest vor die Öffnung gelegt hat, zur Hälfte (nach außen [rechts] zu) mit groben Stücken von Natronkalk, zur anderen Hälfte (nach innen zu) mit erbsengroßen Stücken festen Kalis gefüllt, welche man wiederum durch etwas Glaswolle oder Asbest abschließt. Beim Arbeiten mit dem Geisslerschen Kaliapparate denke man stets an dessen leichte Zerbrechlichkeit und beachte die Regel, bei allen Operationen möglichst kurze Hebelarme zu machen. Verschließt man den Apparat z. B. durch einen Kautschukschlauch, so fasse man ihn nicht etwa bei den Kugeln an, sondern dicht hinter der Stelle, über welche man den Schlauch ziehen will. Ist der Kaliapparat bei zwei Analysen benutzt worden, so fülle man ihn von neuem mit Kalilauge.

Die längere der beiden Spiralen, die sogen. Kupferoxydspirale, braucht vor der Verbrennung nicht reduziert zu werden, vielmehr unterwirft man sie, wie später gezeigt werden wird, im Rohre selbst einer Oxydation. Um sie bequem aus der Röhre herausziehen zu können, bringt man entweder an dem einen Ende ein Öhr aus Kupferdraht an, welchen man in den Maschen des Netzes befestigt, oder man schiebt durch die ganze Spirale einen nicht zu dünnen Kupferdraht, welcher auf der einen Seite in ein Öhr ausläuft, während man das andere Ende nach dem Durchstechen rechtwinklig umbiegt. Die kürzere Spirale, welche bei der Verbrennung N-haltiger Substanzen zur Reduktion der Oxyde des Stickstoffs dient, wird zunächst, wie auf Seite 87 beschrieben, reduziert. Um die der Spirale anhaftenden organischen Substanzen, wie Methylalkohol oder Oxydationsprodukte desselben, zu entfernen, bringt man die Spirale nach dem Erkalten in eine 20 cm lange Glasröhre, deren eines Ende verengt ist, leitet trockene Kohlensäure hindurch, erhitzt, sobald die Luft verdrängt ist, einige Minuten mit einem Bunsenbrenner und läßt im Kohlensäurestrome erkalten. Zur Entfernung mechanisch anhaftender Kohlensäure legt man die Spirale in einen Vakuumexsikkator, welchen man evakuiert. Ist man nicht im Besitze eines solchen, so wendet man einen gewöhnlichen Exsikkator an, in den man eine kleine Schale mit Stücken festen Kalis oder mit ungelöschtem Kalk stellt. Auch kann man die Spirale ca. $^1/_2$ Stunde in einem Trockenschranke auf 100 bis 110° erwärmen.

Zum Trocknen des Sauerstoffs oder der Luft wendet man

einen Apparat an, welcher aus zwei Waschflaschen und zwei U-förmigen Glasröhren besteht, die auf einem Holzgestell montiert sind. Die Gase passieren zunächst eine Waschflasche, welche mit Kalilauge (1 : 1) beschickt ist, dann ein mit Natronkalk gefülltes Rohr, darauf eine mit gekörntem Chlorcalcium gefüllte Röhre und schließlich eine mit Schwefelsäure beschickte Waschflasche (Fig. 59).

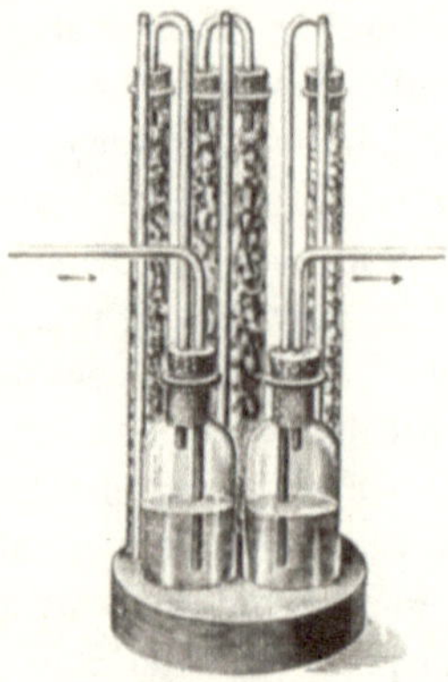

Fig. 59.

Die Schenkel der Hahnröhre schmelze man vor dem Gebläse unter schwacher Verengung der Enden derart ab, daß auf jeder Seite des Hahnes ein 5 cm langes Glasrohr sich befindet.

Füllen der Röhre: Handelt es sich im einfachsten Falle um die Verbrennung einer N-freien Substanz, so wird die Röhre unter der Annahme, daß der Verbrennungsofen eine Flammenlänge von 75 cm besitzt, in der folgenden Weise gefüllt: Man schiebt ein kurzes Kupferröllchen (1—2 cm lang), welches im Rohr nicht leicht beweglich sein darf, sondern etwas federn muß, 5 cm tief in die Röhre hinein und füllt dann von der entgegengesetzten Seite des Rohres eine 45 cm lange Schicht von grobem Kupferoxyd ein, welche auch auf ihrem oberen Ende wiederum durch eine kleine federnde Kupferspirale abgeschlossen wird. In das darauf horizontal gelegte Rohr schiebt man dann die Kupferoxydspirale so weit hinein, daß das der Öffnung des Rohres benachbarte Öhr von der Mündung 5 cm entfernt ist (Fig. 60).

Ausglühen des Kupferoxydes: Die gefüllte Röhre wird nun auf den Verbrennungsofen gelegt, die der Kupferoxydspirale benachbarte Öffnung durch einen Kautschukpfropfen, in welchem sich das Hahnrohr befindet, geschlossen und letzteres durch einen Schlauch, über den man einen Schraubenquetschhahn geschoben hat, mit dem Gastrockenapparat verbunden. Das andere Ende der Röhre bleibt zunächst noch geöffnet. Während man nun durch das Rohr einen langsamen Sauerstoffstrom, dessen einzelne Blasen man zählen kann, hindurchleitet (man öffne den Glashahn ganz und reguliere den Strom mit Hilfe des Quetschhahnes), erhitzt man das Rohr gleichzeitig seiner ganzen Länge nach zunächst mit möglichst kleinen Flammen, welche man allmählich vergrößert, bis schließlich bei bedeckten Kacheln das Kupferoxyd eben auf beginnende dunkle Rotglut erhitzt ist. Es pflegt sich hierbei zu Beginn des Erhitzens in dem vorderen kalten Teile der Röhre Wasser niederzuschlagen, welches mit Hilfe eines mit Filtrierpapier umwickelten Glasstabes entfernt wird. Ist dies nicht mehr der Fall, so verschließt man die Öffnung durch einen Kautschukpfropfen, in dem sich das gerade Chlorcalciumrohr befindet. Nachdem man ca. 20—30 Minuten erhitzt hat, dreht man die Flammen unter der Kupferoxydspirale, unter dem darauf folgenden leeren Teil der Röhre sowie unter einer auf diesen folgenden 5 cm langen Schicht des Kupferoxydes aus, indem man gleichzeitig den Gasstrom abstellt.

Fig. 60.

Wägen der Absorptionsapparate und der Substanz: Während der hintere Teil der Röhre erkaltet, wägt man das Chlorcalciumrohr, den Kaliapparat sowie die Substanz. Die Absorptionsapparate werden, nachdem man sie mit einem sauberen, nicht fasernden Tuche abgewischt hat, ohne die Verschlüsse, d. h. ohne Kautschukschlauch und Glasstab gewogen. Nach beendeter Wägung verschließt man sie sofort wieder. Die Substanz wird, falls sie fest ist, in einem Porzellanschiffchen, welches man zuvor ausgeglüht hat und welches im Exsikkator erkaltet ist, abgewogen. Man wägt das Schiffchen zunächst leer, füllt dann 0·15—0·2 g Substanz ein, wägt von neuem und stellt es auf einen entsprechend ausgeschnittenen Kork, den man mit Stanniol überzogen hat, in den Exsikkator.

Verbrennung: Ist der hintere Teil des Verbrennungsrohres erkaltet, so zieht man mit Hilfe eines hakenförmig umgebogenen Glasstabes oder Drahtes die Kupferoxydspirale aus dem Rohr heraus, schiebt dann vorsichtig das Porzellanschiffchen in letzteres bis an das grobe Kupferoxyd hinein, wobei man darauf achte, daß das Schiffchen nicht umfällt, und läßt schließlich wieder die Kupferoxydspirale folgen. Man verschließt dann durch das Hahnrohr, dessen Hahn geschlossen sei. An Stelle des geraden Chlorcalciumrohrs verbindet man jetzt das gewogene U-förmige Rohr

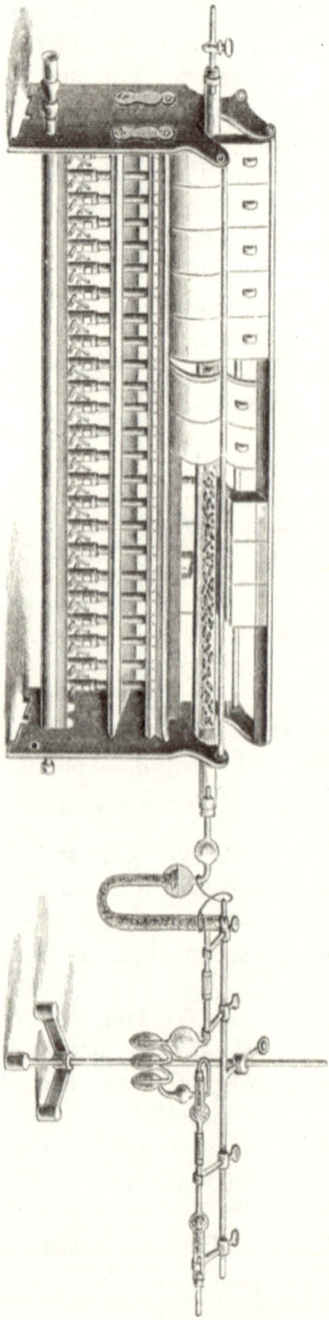

Fig. 61.

mit der Röhre, wobei die leere Kugel desselben, welche zur Kondensation der Hauptmenge des Wassers bestimmt ist, der Verbrennungsröhre am nächsten sei; das Chlorcalciumrohr verbindet man dann mit Hilfe eines kurzen Kautschukschlauches mit dem Kaliapparate und die Kaliröhre des letzteren in der gleichen Weise mit dem geraden Chlorcalciumrohr (Fig. 61). Das Verbinden der Apparate kann man sich dadurch erleichtern, daß man durch die Verbindungsschläuche einige Male mit dem Munde hindurchbläst. Man achte besonders darauf, daß die Verbindung zwischen Chlorcalciumrohr und Kaliapparat gut ist, da hier sehr häufig die Fehlerquelle bei nicht stimmenden Analysen liegt. Man nehme einen dickwandigen, vor allem nahtlosen Schlauch und lasse in ihm Glas an Glas stoßen. Will man ganz sicher gehen, so lege man um ihn zwei Ligaturen aus dünnem Kupferdraht. Eine Prüfung des Apparates auf seine Dichtigkeit hin ist bei der Verbrennung im offenen Rohre nicht sicher auszuführen, da einerseits die Erhitzung keine konstante ist, und andererseits infolge der Reibung der Flüssigkeit in den engen Röhren des Kaliapparates Undichtigkeiten zuweilen unerkannt bleiben. Die die Röhre verschließenden Kautschukpfropfen kann man vor dem Anbrennen schützen, indem man dicht am Ofen über die herausragenden Enden des Rohres Asbestplatten, welche entsprechend ausgeschnitten sind, schiebt. Nachdem man den Schraubenquetschhahn geschlossen, den Glashahn dagegen geöffnet hat, bewirkt man durch gelindes Wiederöffnen des ersteren, daß ein schwacher Sauerstoffstrom (in der Sekunde zwei Blasen) in das Rohr tritt. Man zündet dann zunächst unter der Kupferoxydspirale kleine Flammen an, die man nach einiger Zeit allmählich vergrößert, bis schließlich die Spirale auf dunkle Rotglut erhitzt ist. Ist dies der Fall, so zündet man auch allmählich die unter dem nichterhitzten Teile des Kupferoxydes befindlichen Flammen an, wobei jedoch ebenso wie vorher darauf zu achten ist, daß die in der Nähe des Schiffchens befindlichen Flammen nicht zu groß brennen. Jetzt folgt der schwierigste Teil der Analyse, von dem das Gelingen im wesentlichen abhängig ist, nämlich das allmähliche Erhitzen der Substanz, welches in der gleichen Weise wie bei der N-Bestimmung angegeben ausgeführt wird. Man erhitze zunächst mit einer einzigen kleinen Flamme, vergrößere diese allmählich oder zünde weitere Flammen an, dann bedecke man von einer Seite und schließlich von beiden Seiten mit Kacheln, bis man schließlich mit vollen Flammen erhitzt. Bei leicht flüchtigen Substanzen erhitze man zu Beginn nicht gleich durch eine Flamme, sondern bedecke den Teil der Röhre, in dem sich das Schiffchen befindet, allmählich mit heißen Kacheln, die man dem vorderen, hoch erhitzten Teil des Ofens entnimmt. Gerade dieser schwierigste Teil der Analyse ist so zahlreicher Modifikationen fähig, daß man keine allgemein gültigen Anweisungen darüber geben kann. Als Regel gelte nur, daß die den Kaliapparat passierenden Gasblasen in möglichst langsamem Tempo einander folgen. Wird es zu lebhaft, so mäßige man das Erhitzen der Substanz. — Sollte sich während der Verbrennung im hinteren, kalten Teile der Röhre oder in dem Hahnrohr Wasser kondensieren, wie dies stets im vorderen Teile der Fall ist, so entfernt man dies durch Darunterhalten einer heißen Kachel, oder durch Erhitzen mit einer kleinen Flamme. — Ist auch das Schiffchen einige Zeit mit vollen Flammen erhitzt worden, so ist die Verbrennung als beendet anzusehen. Um die in der Röhre noch vorhandenen letzten Anteile von Kohlensäure und Wasser in die Absorptionsapparate überzutreiben, leitet man noch so lange einen etwas lebhafteren Sauerstoffstrom durch das Rohr, bis ein vor die Öffnung des geraden Chlorcalciumrohres gehaltener glimmender Holzspan sich entzündet. Während dieser Zeit treibt man auch das meistens im vorderen, kalten Teil der Röhre kondensierte Wasser, wie soeben beschrieben, in das Chlorcalciumrohr über. Ist dies beendet, so zieht man den vorderen Kautschukpfropfen aus dem Verbrennungsrohr heraus, wobei man beachte, daß das in dem Chlorcalciumrohr befindliche Wasser nicht ausfließt, und saugt nun zur Verdrängung des Sauerstoffes mit Hilfe des Mundes oder der Saugpumpe 1—2 Minuten einen langsamen Luftstrom, den man nicht zu trocknen braucht, durch die Absorptionsapparate. Man nimmt dann die Apparate auseinander, verschließt sie wie oben, läßt sie $^1/_2$ Stunde im Wägezimmer stehen und wägt sie dann. Aus der Differenz läßt sich der Prozentgehalt an C und H nach folgenden Gleichungen berechnen:

I. abgerundet:

$$\%\,C = \frac{\text{gefundene } CO_2 \times 300}{\text{Substanz} \times 11}; \qquad \log \frac{C}{CO_2} = 0{\cdot}43573-1$$

$$\%\,H = \frac{\text{gefundenes } H_2O \times 100}{\text{Substanz} \times 9}; \qquad \log \frac{H_2}{H_2O} = 0{\cdot}04576-1$$

II. genau:

$$\%\,C = \frac{\text{gefundene } CO_2 \times 300}{\text{Substanz} \times 11}; \qquad \log \frac{C}{CO_2} = 0{\cdot}43573-1$$

$$\%\,H = \frac{\text{gefundenes } H_2O \times 201{,}6}{\text{Substanz} \times 18{\cdot}016}; \qquad \log \frac{H_2}{H_2O} = 0{\cdot}04884-1$$

Modifikationen der Methode: Statt im Sauerstoffstrome kann man in vielen Fällen mit gleichem Erfolge das Ausglühen des Kupferoxydes sowie die Verbrennung im Luftstrome ausführen; bei schwer verbrennlichen Substanzen ist es dann jedoch erforderlich, daß man gegen Ende der Verbrennung wenigstens einige Zeit Sauerstoff durch die Röhre leitet. Sobald dieser sich bei seinem Austritt aus dem geraden Chlorcalciumrohr durch die Entflammung eines glimmenden Hölzchens zu erkennen gibt, ist die Verbrennung beendet. Man kann die Verbrennung ferner, ohne daß gleich von Beginn an ein Luft- oder Sauerstoffstrom durch das Rohr geleitet wird, bei geschlossenem Glashahne ausführen. Sobald die Substanz in diesem Falle einige Zeit mit vollen Flammen erhitzt ist, leitet man unter Öffnen des Glashahnes zum Schluß noch einige Zeit Luft oder Sauerstoff durch die Röhre. Sehr schwer verbrennliche Substanzen kann man auch im Kupferschiffchen mit feinem Kupferoxyd mischen (siehe unten) und dann in der gleichen Weise im Sauerstoffstrome verbrennen.

Verbrennung stickstoffhaltiger Substanzen: Da man bei der Verbrennung stickstoffhaltiger Substanzen zur Reduktion der Oxyde des Stickstoffs eine reduzierte Kupferspirale anwenden muß, so wird das Verbrennungsrohr in diesem Falle etwas anders beschickt. Das erste Kupferröllchen schiebt man nicht 5 cm, sondern 15 cm tief in die Röhre hinein, damit vorn Platz für die reduzierte Spirale vorhanden ist. Man füllt infolgedessen auch nicht eine Schicht von 45 cm, sondern nur von 35 cm grobem Kupferoxyd in die Röhre ein. Bezüglich der Kupferoxydspirale tritt keine Veränderung ein. Auch das Ausglühen des Kupferoxydes erfolgt genau wie oben, in diesem Falle jedoch im Luftstrome. Will man das Ausglühen lieber im Sauerstoffstrome vornehmen, so verdränge man nach Beendigung den Sauerstoff durch Luft. Die ferneren Operationen sind ebenfalls die gleichen wie oben, nur schiebe man, ehe man die Absorptionsapparate mit der Röhre verbindet, die reduzierte Kupferspirale in letztere. Damit das Kupfer sich nicht oxydiert, führt man die eigentliche Verbrennung bei geschlossenem Glashahne aus und leitet erst am Ende Sauerstoff durch die Röhre. Sobald man mit dem Einleiten des Sauerstoffes beginnt, dreht man die Flammen unter der reduzierten Kupferspirale aus. Das Durchleiten erfolgt so lange, bis sich der Sauerstoff, wie vorher beschrieben, am Ende des Apparates zu erkennen gibt. — Bei der Verbrennung von stickstoffhaltigen Substanzen, welche beim Erhitzen schwer verbrennliche stickstoffhaltige Kohle hinterlassen, ist es erforderlich, jene mit feinem Kupferoxyd gemischt zu verbrennen. Da die Porzellanschiffchen meistens nicht die genügende Menge von diesem zu fassen vermögen, so bedient man sich in diesem Falle eines 8 cm langen, aus Kupferblech hergestellten Schiffchens, welches so breit sein muß, daß es eben noch in das Verbrennungsrohr hineinpaßt. Es wird in folgender Weise gefüllt: Nachdem man es zuvor ausgeglüht hat, stellt man es auf ein Stück schwarzes Glanzpapier und füllt es zur Hälfte mit ausgeglühtem und im Exsikkator erkaltetem feinem Kupferoxyd an. Man schüttet dann vorsichtig die wie bei der N-Bestimmung in einem Wägegläschen abgewogene Substanz darauf, überschichtet wieder mit feinem Kupferoxyd, bis das Schiffchen zu drei Vierteln gefüllt ist und mischt nun durch vorsichtiges Rühren mit einem dicken Platindrahte beide gut durcheinander. Sollte etwas von der Mischung auf das Glanzpapier fallen, so bringt man das Verschüttete mit Hilfe einer Feder oder eines Pinsels in das Schiffchen zurück. Die Verbrennung erfolgt bei geschlossenem Hahn. Erst am Ende leitet man Sauerstoff durch das Rohr.

Verbrennung schwefel- und halogenhaltiger Substanzen: Schwefelhaltige Substanzen kann man nicht in der beschriebenen Weise mit Kupferoxyd verbrennen, da das sich bildende Kupfersulfat bei Glühhitze schweflige Säure abgibt, welche gleichzeitig mit der Kohlensäure in dem Kaliapparat absorbiert werden würde, wodurch dann ein zu hoher C-Gehalt sich ergäbe. Man führt in diesem Falle die Oxydation durch gekörntes Bleichromat aus. Die Füllung der beiderseitig offenen Röhre ist die gleiche wie oben beschrieben: Kupferoxydspirale, leerer Raum für das Schiffchen, lange Schicht von Bleichromat. Auch das Ausglühen im Sauerstoffstrome usw. erfolgt wie oben. Nur zwei Punkte sind hier zu beachten: 1. erhitze man das Bleichromat nicht so stark wie das Kupferoxyd, da es sonst am Glase anschmilzt, und 2. erhitze man den vordersten Teil des Bleichromates (etwa eine Schicht von drei Flammen), welcher dem Chlorcalciumrohr benachbart ist, nur schwach, da auch Bleisulfat nicht vollkommen glühbeständig ist. Die Substanz vermische man im Kupferschiffchen mit gepulvertem, ausgeglühtem Bleichromat.

Halogenhaltige Substanzen kann man in normaler Weise mit Kupferoxyd verbrennen; da die Halogenkupferverbindungen jedoch zum Teil flüchtig sind, zum Teil beim Glühen ihr Halogen abgeben, so muß man in diesem Falle eine Silberspirale einschieben, welche die Halogene zurückhält. Das Füllen der Röhre geschieht in der gleichen Weise wie bei der Verbrennung N-haltiger Körper; nur wendet man an Stelle der reduzierten Kupferspirale eine solche von Silber an. Zweckmäßiger ist es jedoch, die Verbrennung mit Bleichromat auszuführen, in welchem Falle man keiner Silberspirale bedarf. Da die Halogenbleiverbindungen bei Glühhitze etwas flüchtig sind, so erhitze man auch hier wie oben den vorderen Teil des Bleichromates nur schwach.

Verbrennung von Flüssigkeiten: Handelt es sich um die Verbrennung einer Flüssigkeit, so kann man diese, falls sie sehr schwer flüchtig ist, wie einen festen Körper direkt im Porzellanschiffchen abwägen. Mittelschwer flüchtige Substanzen wägt man in einem Glasröhrchen, welches durch einen Glasstpösel lose verschlossen ist, ab (vgl. Fig. 53). Um dieses in die Röhre einzuführen, legt man es in das Porzellanschiffchen, wobei die Öffnung des Röhrchens nach oben gerichtet sein muß. Man prüfe zuvor, ob das mit dem leeren Röhrchen beschickte Schiffchen in das Verbrennungsrohr hineinpaßt. Sehr leicht flüchtige Substanzen werden in kleinen Kugelröhrchen (Fig. 62), welche man nach dem Füllen zuschmilzt, abgewogen. Das Füllen geschieht in der Weise, daß man das zuvor leer gewogene Gefäß über einer Flamme schwach erwärmt und dann mit der offenen Spitze in die zu analysierende Flüssigkeit eintaucht. Beim Abkühlen wird dann Flüssigkeit in die Kugel gesogen. Genügt die beim ersten Male eingetretene Menge nicht, so wiederholt man die Operation noch ein zweites Mal. Ehe man zuschmilzt, achte man darauf, daß in der Kapillare sich keine Flüssigkeit befindet; ist dies der Fall, so entferne man sie durch Erhitzen. Man schmilzt dann zu und wägt Röhrchen + Substanz, wobei wiederum darauf acht zu geben ist, daß nicht infolge zu heftiger Bewegung Flüssigkeit in die Kapillare tritt. Will man zur Verbrennung schreiten, so schneidet man durch einen Feilstrich das äußerste Ende der Kapillare ab, wobei man das Kugelröhrchen nicht an der Kugel, sondern an der Kapillare anfaßt, und legt es dann in ein Schiffchen, wobei das offene Ende wie vorher gegen die Kugel erhöht und nach dem vorderen Teil der Röhre zu gerichtet sein muß. Auch in diesem Falle prüfe man vor dem Füllen, ob das mit dem Kugelrohr beschickte Schiffchen in das Verbrennungsrohr hineingeht; eventuell verkürze man die Kapillare.

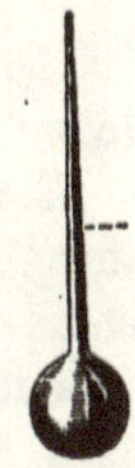

Fig. 62.

Berechnung der atomistischen Formel: Um aus den gefundenen Prozentzahlen eine atomistische Formel zu berechnen, verfährt man in folgender Weise: enthält eine Substanz z. B.

$$\begin{array}{rl} 48{\cdot}98\,\% & C, \\ 2{\cdot}72\ „ & H, \\ 48{\cdot}3\ „ & Cl, \end{array}$$

so dividiert man die gefundenen Prozentzahlen durch die entsprechenden Atomgewichte. Man erhält dann:

$$\begin{array}{l} 48{\cdot}98:12 \quad = 4{\cdot}08\ C, \\ 2{\cdot}72:\ 1 \quad = 2{\cdot}72\ H, \\ 48{\cdot}3\ :35{\cdot}5 = 1{\cdot}36\ Cl. \end{array}$$

Die so gefundenen Zahlen dividiert man dann durch die kleinste derselben, in dem gewählten Beispiele also durch 1·36:

$$4{\cdot}08 : 1{\cdot}36 = 3\ \mathrm{C},$$
$$2{\cdot}72 : 1{\cdot}36 = 2\ \mathrm{H},$$
$$1{\cdot}36 : 1{\cdot}36 = 1\ \mathrm{Cl}.$$

Die einfachste atomistische Formel ist demnach C_3H_2Cl.

Sind die bei der letzten Division erhaltenen Ziffern keine ganzen Zahlen, so multipliziert man sie mit der kleinsten Zahl, welche die Brüche in Ganze verwandelt. Hat man z. B. die folgenden Zahlen gefunden: 1·25, 1·75, 0·5, so multipliziert man mit 4, wodurch man erhält 5 : 7 : 2.

Die genauen Atomgewichte der in analytischer Beziehung oben berücksichtigten Elemente sind die folgenden (nach den Vorschlägen der von der Deutschen chemischen Gesellschaft für die Festsetzung der Atomgewichte ernannten Kommission):

H = 1·008
C = 12·00
N = 14·04
S = 32·06
Cl = 35·45
Br = 79·96
J = 126·85
O = 16·00

Die aus den analytischen Daten sich ergebende einfachste Formel entspricht nicht immer dem wirklichen Molekulargewichte. Vielmehr muß dieses durch eine der bekannten Methoden ermittelt werden, falls sich nicht schon aus der Natur der Reaktion, nach welcher die analysierte Substanz erhalten wurde, die Molekulargröße ergibt.

Spezieller Teil.

I. Aliphatische Reihe.

I. Reaktion: Ersatz alkoholischer Hydroxylgruppen durch Halogen.

1. Beispiel: Bromäthyl aus Äthylalkohol.

Zu 200 g (110 ccm) konzentrierter Schwefelsäure, die sich in einem Rundkolben von ca. 1 Liter Inhalt befindet, läßt man unter fortwährendem Umschütteln, ohne zu kühlen, schnell 90 g (110 ccm) Alkohol (ca. 95 proz.) hinzufließen, kühlt dann die warme Mischung auf Zimmertemperatur ab, fügt unter dauernder Kühlung 75 g Eiswasser vorsichtig hinzu und versetzt schließlich mit 100 g fein pulverisiertem Bromkalium (vgl. Bromwasserstoff). Man unterwirft dann das Reaktionsgemisch unter Anwendung eines kleinen Sandbades, welches man durch eine möglichst große Flamme erhitzt, einer nicht zu langsamen Destillation (Fig. 63). Da das Bromäthyl einen niedrigen Siedepunkt besitzt, so wende man hierbei einen möglichst langen Kühler an und lasse einen recht lebhaften Wasserstrom durch ihn laufen. Durch Benutzung eines aufrechtstehenden Schlangenkühlers gestaltet sich der Apparat noch kompendiöser (vgl. Fig. 28 auf S. 33). Die Vor-

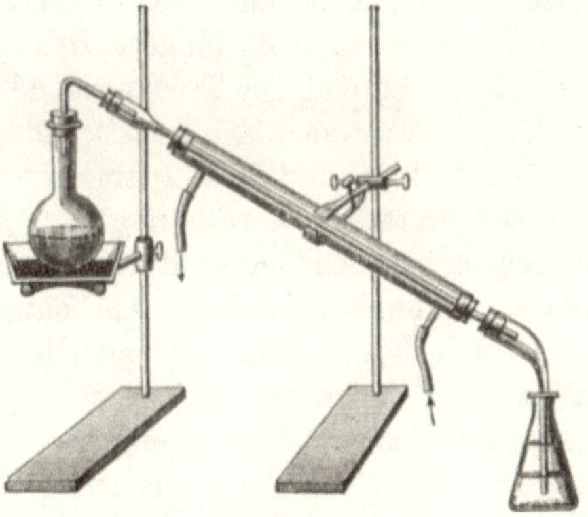

Fig. 63.

lage füllt man vor Beginn der Destillation mit soviel Wasser, in welches man einige Eisstücke wirft, daß das Ende des Vorstoßes in dieses eintaucht. Die Reaktion ist beendet, sobald keine in Wasser untersinkenden Öltropfen mehr übergehen. Sollte bei der Destillation ein Zurücksteigen des Destillates in den Kühler eintreten, so hilft man diesem Übelstande dadurch ab, daß man die Vorlage so tief stellt, daß das Ende des Vorstoßes nur ein wenig in die Flüssigkeit eintaucht, was auch durch seitliches Drehen des Vorstoßes erreicht werden kann. Das Destillat, dessen untere Schicht aus Bromäthyl besteht, wird nun in der Vorlage mehrfach mit möglichst kaltem Wasser und schließlich mit verdünnter Sodalösung gewaschen, wobei man den Kolben nicht durch einen Kork verschließe; dann wird die untere Schicht im Scheidetrichter abgelassen, mit Chlorcalcium getrocknet und schließlich einer Rektifikation unterworfen, wobei wiederum für gute Kühlung zu sorgen ist. Die Erhitzung nimmt man hierbei nicht mit freier Flamme vor, sondern man taucht die Kugel des Fraktionierkolbens in eine mit Wasser von 60—70° gefüllte Schale ein (vgl. Seite 21). Zwischen 34—40° geht das Bromäthyl über, und zwar der Hauptanteil bei 38—39°. — Infolge des niedrigen Siedepunktes muß man bei der Darstellung Sorge tragen, daß das Präparat niemals längere Zeit in einem offenen Gefäß sich befindet; während des Trocknens mit Chlorcalcium z. B. muß das Gefäß durch einen gut schließenden Kork verschlossen sein. Ferner darf das fertige Präparat vor allem bei Sommertemperatur bis zur weiteren Verarbeitung (vgl. Äthylbenzol) nicht in einem dünnwandigen Kolben, sondern in einem dickwandigen Präparatenglase aufbewahrt werden. Ausbeute: 70—80 g.

Nach Beendigung des Versuches berechne man hier wie bei allen noch folgenden Präparaten, wieviel Prozente der theoretischen Ausbeute man erhalten hat, wobei folgendes zu beachten ist. Nach der chemischen Gleichung sollte man auf ein Molekulargewicht Bromkalium (119) ein Molekulargewicht Alkohol (46) anwenden. In Wirklichkeit verwendet man jedoch meistens bei organischen Reaktionen, die nicht quantitativ verlaufen, auf Grund des Massenwirkungsgesetzes das eine der Reaktive im Überschuß an, wobei häufig ökonomische Erwägungen maßgebend sind. So kostet z. B. 1 kg Bromkalium ca. 4 Mark, 1 kg Alkohol versteuert ca. 1·80 Mark, unversteuert 0·90 Mark. Der Preis eines Moleküls Bromkalium (119 × 4) verhält sich demnach zu dem eines Alkoholmoleküls (46 × 1·80, wenn versteuert, oder 46 × 0·90, wenn unversteuert) annähernd wie 6:1 oder 12:1. Vom ökonomischen Standpunkte aus ist es also rationeller, den billigeren Alkohol im Überschuß anzuwenden, damit möglichst viel der teureren Bromverbindung in Bromäthyl verwandelt wird. Dieser Erwägung sind auch die oben angewandten Mengenverhältnisse angepaßt. Auf 100 g Bromkalium berechnen sich theoretisch 39 g Alkohol, während in Wirklichkeit 86 g (90 g von 95 %) verwendet sind, d. h. mehr als das Doppelte der Theorie. Bei der Berechnung der theoretisch möglichen Ausbeute muß demnach die Menge des angewandten Bromkaliums zugrunde gelegt werden, da die Umwandlung der gesamten Alkoholmenge in Bromäthyl ja unmöglich ist. Wollte man einen Alkohol, der wertvoller als Bromkalium ist, in sein Bromid verwandeln, so wäre natürlich Bromkalium im Überschuß zu verwenden (vgl. die Betrachtungen über das Massenwirkungsgesetz bei Essigsäureäthylester).

Das so erhaltene Bromäthyl ist durch geringe Mengen von Äthyläther verunreinigt. Will man es von diesen trennen, so fügt man vor dem Trocknen mit Chlorcalcium zu dem in einer Kältemischung aus Eis und Kochsalz gut abgekühlten rohen Bromäthyl so lange tropfenweise unter öfterem Umschütteln konzentrierte Schwefelsäure, bis diese sich unter dem Bromäthyl abscheidet. Man trennt dann im Scheidetrichter das Bromäthyl von der den Äther gelöst enthaltenden Schwefelsäure, schüttelt ersteres mehrfach mit Eiswasser durch, trocknet dann mit Chlorcalcium und verfährt sonst wie vorher. Für die Darstellung von Äthylbenzol (vgl. dieses Präparat) braucht das Bromäthyl nicht auf diese Weise gereinigt zu werden.

2. Beispiel: Jodäthyl aus Äthylalkohol.[1]

In einem Kölbchen von etwa 200 ccm Inhalt übergießt man 5 g roten Phosphor mit 40 g absolutem Alkohol und fügt dann unter öfterem Umschütteln im Laufe einer Viertelstunde 50 g fein pulverisiertes Jod allmählich hinzu, wobei man von Zeit zu Zeit den Kolben durch Eintauchen in kaltes Wasser abkühlt. Man setzt dann ein Steigrohr auf den Kolben und überläßt das Reaktionsgemisch, falls man den Versuch am Morgen begonnen hat, bis

[1] A. **126**, 250.

zum Nachmittag (mindestens vier Stunden), falls man ihn am Nachmittag angestellt, bis zum anderen Tage sich selbst. Zur Vollendung der Reaktion erhitzt man dann noch zwei Stunden auf dem Wasserbade am Rückflußkühler und destilliert darauf das Jodäthyl am absteigenden Kühler ab, wobei man zweckmäßig den Kolben in das lebhaft siedende Wasser eintaucht und die Destillation durch Anwendung eines Siedefadens erleichtert. Sollten die letzten Anteile nur schwierig übergehen, so entfernt man das Wasserbad, trocknet den Kolben ab und erhitzt ihn noch kurze Zeit mit leuchtender Flamme, die man fortwährend bewegt. Das durch Jod braun gefärbte Destillat wird zur Entfernung des Alkohols mehrfach im Scheidetrichter mit Wasser, dem man schließlich zur Entfernung des Jods wenige Tropfen Natronlauge hinzufügt, gewaschen; das so farblos erhaltene Öl wird im Scheidetrichter abgelassen, mit wenig gekörntem Chlorcalcium getrocknet und dann direkt über einer kleinen Flamme rektifiziert. Sollte das Chlorcalcium auf dem Jodäthyl schwimmen, so gießt man letzteres durch einen Trichter, in dessen Spitze sich etwas Asbest oder Glaswolle befindet, in den Fraktionierkolben hinein. Der Siedepunkt des Jodäthyls liegt bei 72°. Ausbeute: ca. 50 g.

Man beantworte an dieser Stelle folgende Fragen: Welche der Reaktive sind im Überschuß angewandt? Aus welchen Gründen? Wieviel Prozente der theoretischen Ausbeute an Jodäthyl sind erhalten?

Die beiden Reaktionen sind Spezialfälle einer allgemein gültigen Reaktion, nämlich des Ersatzes einer alkoholischen Hydroxylgruppe durch ein Halogenatom. Ein solcher läßt sich in zweierlei Weise ausführen, indem man, wie bei der Darstellung des Bromäthyls 1. auf Alkohole Halogenwasserstoffsäuren einwirken läßt; z. B.

$$C_2H_5\cdot\boxed{OH + H}\,Br = H_2O + C_2H_5\cdot Br,$$
$$(HCl,\ HJ)$$

oder indem man, wie bei der Gewinnung des Jodäthyls 2. auf Alkohole die Halogenverbindungen des Phosphors einwirken läßt, z. B.:

$$3\,C_2H_5\cdot OH + PJ_3 = 3\,C_2H_5\cdot J + PH_3O_3$$
$$(PCl_3,\ PBr_3).$$

1. Die erste Reaktion gelingt am leichtesten mit Jodwasserstoff, indem in vielen Fällen bloßes Sättigen mit der gasförmigen Säure zur Herbeiführung der Reaktion genügt. Bromwasserstoff reagiert schwieriger, und es ist hier vielfach ein Erhitzen des mit dieser Säure gesättigten

Alkohols im zugeschmolzenen Rohr erforderlich. Die oben ausgeführte Darstellung des Bromäthyls stellt einen sehr leicht verlaufenden Fall dieser Reaktion dar. An Stelle des fertigen Bromwasserstoffes kann man in manchen Fällen, wie oben beim Bromäthyl, eine Mischung von Bromkalium und Schwefelsäure, welche beim Erwärmen Bromwasserstoff liefert, anwenden:

$$KBr + H_2SO_4 = HBr + SO_4HK.$$

Salzsäure reagiert am schwierigsten, und es ist hier erforderlich, wie z. B. bei der Gewinnung des Chlormethyls und Chloräthyls, ein wasserentziehendes Mittel, am besten Chlorzink, anzuwenden, oder wie bei den höher molekularen Alkoholen im geschlossenen Gefäß unter Druck zu erhitzen.

Nicht nur aliphatische, sondern auch aromatische Alkohle sind dieser Reaktion zugänglich; z. B.:

$$\underset{\text{Benzylalkohol}}{C_6H_5\cdot CH_2\cdot OH} + HCl = \underset{\text{Benzylchlorid}}{C_6H_5\cdot CH_2\cdot Cl} + H_2O.$$

Es gelingt jedoch nicht, Phenolhydroxylgruppen durch Einwirkung von Halogenwasserstoff gegen Halogen auszutauschen.

Auch mit zwei- und mehrwertigen Alkoholen läßt sich die Reaktion, wenigstens unter Anwendung von HCl und HBr, ausführen, nur hängt es in diesen Fällen von den Versuchsbedingungen, wie Quantität des Halogenwasserstoffes, Temperatur usw. ab, wie viele Hydroxylgruppen durch Halogen ersetzt werden; z. B.:

$$\begin{array}{l} CH_2\cdot OH \\ | \\ CH_2\cdot OH \end{array} + HBr = \begin{array}{l} CH_2\cdot Br \\ | \\ CH_2\cdot OH \end{array} + H_2O,$$

Äthylenglykol — Äthylenbromhydrin

$$\begin{array}{l} CH_2\cdot OH \\ | \\ CH\cdot OH \\ | \\ CH_2\cdot OH \end{array} + 2\,HCl = \begin{array}{l} CH_2\cdot OH \\ | \\ CH\cdot Cl \\ | \\ CH_2\cdot Cl \end{array} + 2\,H_2O,$$

Glycerin — Dichlorhydrin

$$\begin{array}{l} CH_2\cdot OH \\ | \\ CH_2 \\ | \\ CH_2\cdot OH \end{array} + 2\,HBr = \begin{array}{l} CH_2\cdot Br \\ | \\ CH_2 \\ | \\ CH_2\cdot Br \end{array} + 2\,H_2O.$$

Trimethylenglykol — Trimethylenbromid

Jodwasserstoff wirkt infolge seiner reduzierenden Eigenschaften in anderer Weise auf mehrwertige Alkohole ein. Es wird nämlich nur eine einzige, und zwar mittelständige Hydroxylgruppe durch Jod ersetzt, während an Stelle der übrigen OH-Gruppen Wasserstoffatome treten, z. B.:

$$\begin{array}{ll} CH_2OH & CH_3 \\ | & | \\ CH\cdot OH + 5\,HJ = & CH\cdot J + 3\,H_2O + 4\,J, \\ | & | \\ CH_2\cdot OH & CH_3 \\ \text{Glycerin} & \text{Isopropyljodid} \end{array}$$

$$\underset{\text{Erythrit}}{CH_2(OH)\cdot CH(OH)\cdot CH(OH\cdot)CH_2(OH)} + 7\,HJ = \underset{\text{n-sek. Butyljodid}}{CH_3\cdot CH_2\cdot CHJ\cdot CH_3} + 4\,H_2O + 6\,J.$$

$$\underset{\text{Mannit}}{CH_2(OH)\cdot CH(OH)\cdot CH(OH)\cdot CH(OH)\cdot CH(OH)\cdot CH_2(OH)} + 11\,HJ =$$

$$6\,H_2O + 10\,J + \underset{\text{n-sek. Hexyljodid}}{CH_3\cdot CHJ\cdot CH_2\cdot CH_2\cdot CH_2\cdot CH_3}.$$

Auch mit Derivaten von Alkoholen, z. B. Alkoholsäuren, läßt sich die erste Reaktion ausführen:

$$\underset{\beta\text{-Milchsäure}}{CH_2(OH)\cdot CH_2\cdot COOH} + HJ = \underset{\beta\text{-Jodpropionsäure}}{CH_2J\cdot CH_2\cdot COOH} + H_2O,$$

$$\underset{\text{Glycerinsäure}}{CH_2(OH)\cdot CH(OH)\cdot COOH} + 2\,HCl = \underset{\alpha\text{-}\beta\text{-Dichlorpropionsäure}}{CH_2Cl\cdot CHCl\cdot COOH} + 2\,H_2O.$$

2. Die zweite Reaktion verläuft bei weitem energischer als die erste, besonders wenn man fertigen Halogenphosphor anwendet. Dies ist jedoch, wenigstens beim Ersatz durch Brom und Jod, nicht immer erforderlich; vielmehr verfährt man in vielen Fällen so, daß man jenen erst in der Reaktion erzeugt, indem man zu der Mischung von Alkohol und rotem Phosphor entweder aus einem Scheidetrichter Brom tropfen läßt oder wie oben fein pulverisiertes Jod hinzufügt. Auch diese Reaktion läßt sich wie die erste auf mehrwertige, sowie substituierte Alkohole anwenden, z. B.:

$$\text{a) } \underset{\text{Äthylenglykol}}{CH_2(OH)\cdot CH_2(OH)} + 2\,PCl_5 = \underset{\text{Äthylenchlorid}}{CH_2Cl\cdot CH_2Cl} + 2\,POCl_3 + 2\,HCl,$$

$$\text{b) } \underset{\text{Dichlorhydrin}}{CH_2(OH)\cdot CHCl\cdot CH_2\cdot Cl} + PCl_5 = \underset{\text{Trichlorhydrin}}{CH_2Cl\cdot CHCl\cdot CH_2Cl} + POCl_3 + HCl.$$

Dieses Beispiel illustriert die energischere Wirkung des Halogenphosphors gegenüber den Halogenwasserstoffsäuren, indem es so gelingt, auch die dritte Hydroxylgruppe des Glycerins durch Chlor zu ersetzen, was durch Einwirkung von Salzsäure nicht zu ermöglichen ist.

$$\text{c) } \underset{\alpha\text{-Milchsäure}}{CH_3\cdot CH(OH)\cdot COOH} + \underset{(J)}{PCl_5} = \underset{\substack{(J)\\ \alpha\text{-Chlorpropionsäure}}}{CH_3\cdot CHCl\cdot COOH} + POCl_3 + HCl.$$

In derartigen Fällen tritt jedoch dadurch, daß der Halogenphosphor auch auf die Carboxylgruppe unter Bildung eines Säurechlorids einwirkt, eine Komplikation ein:

$$CH_3\cdot CHCl\cdot COOH + PCl_5 = CH_3\cdot CHCl\cdot COCl + POCl_3 + HCl.$$

Erst durch Zersetzung des letzteren mit Wasser wird die Säure selbst erhalten:

$$CH_3\cdot CHCl\cdot COCl + HOH = CH_3\cdot CHCl\cdot COOH + HCl.$$

Bezüglich der Einwirkung des Jodphosphors auf mehrwertige Alkohole gilt das gleiche, was oben bei Reaktion 1) vom Jodwasserstoff gesagt ist.

Die energischere Wirkung des Halogenphosphors gibt sich ferner darin zu erkennen, daß auch die Hydroxylgruppen der Phenole nach dieser Reaktion durch Halogen ersetzt werden können, was, wie oben erwähnt, durch Einwirkung der Halogenwasserstoffsäuren nicht gelingt, z. B.:

$$\underset{\text{Phenol}}{C_6H_5\cdot OH} + \underset{(Br)}{PCl_5} = \underset{(Br)}{C_6H_5\cdot Cl} + \underset{(Br)}{POCl_3} + \underset{(Br)}{HCl},$$

$$C_6H_4\left\langle\begin{matrix}OH\\ NO_2\end{matrix}\right. + PCl_5 = C_6H_4\left\langle\begin{matrix}Cl\\ NO_2\end{matrix}\right. + POCl_3 + HCl,$$

$$\underset{\text{Pikrinsäure}}{C_6H_2\left\langle\begin{matrix}OH\\ (NO_2)_3\end{matrix}\right.} + PCl_5 = \underset{\text{Pikrylchlorid}}{C_6H_2\left\langle\begin{matrix}Cl\\ (NO_2)_3\end{matrix}\right.} + POCl_3 + HCl.$$

Die Ausbeuten sind in derartigen Fällen jedoch vielfach wenig befriedigend. Es hat dies seinen Grund darin, daß das Phosphoroxychlorid auf das noch nicht umgesetzte Phenol unter Bildung von Phosphorsäureestern einwirkt, z. B.:

$$POCl_3 + 3\,C_6H_5\cdot OH = PO\cdot(OC_6H_5)_3 + 3\,HCl,$$

wodurch ein großer Teil des Phenols der eigentlichen Reaktion entzogen wird.

Die Monohalogenalkyle $C_nH_{(2n+1)}Cl(Br,J)$ sind farblos und in den meisten Fällen Flüssigkeiten; Ausnahmen bilden das Chlor- und Brommethyl sowie das Chloräthyl, welche bei gewöhnlicher Temperatur gasförmig sind, ferner die höchstmolekularen Glieder, wie z. B. das Cetyljodid $C_{16}H_{33}J$, welche halbfeste salbenähnliche Massen darstellen. Die Jodide sind jedoch nur in frisch bereitetem Zustande farblos; bei längerem Aufbewahren, besonders unter dem Einflusse des Lichtes, tritt eine geringe Zersetzung unter Abscheidung von Jod ein, wodurch sie sich anfangs schwach rötlich, nach längerer Zeit braunrot färben. Diese Zersetzung kann man verhindern, wenn man dem Jodid etwas fein verteiltes sogen. molekulares Silber hinzufügt. Ein gefärbtes Jodid kann durch Schütteln mit etwas Natronlauge wieder farblos erhalten werden. Die Halogenalkyle mischen sich **nicht** mit Wasser, wohl aber mit den organischen Lösungsmitteln, wie Alkohol, Äther, Schwefelkohlenstoff, Benzol u. a. Die Chloride sind leichter als Wasser, die Bromide und Jodide schwerer: letztere haben das höchste spez. Gewicht, und zwar nimmt dasselbe bei allen dreien mit dem Halogengehalte von den niedrigeren Gliedern nach den höheren zu ab. Die

Chloride haben den niedrigsten Siedepunkt; die entsprechenden Bromide sieden um ca. 25°, die Jodide um ca. 50° höher als die ersteren.

Die Monohalogenalkyle sind äußerst wichtige Reaktive, welche in erster Linie dazu benutzt werden, um Alkylgruppen in andere Moleküle einzuführen, d. h. um Wasserstoffatome durch Alkylgruppen zu ersetzen. Will man z. B. in einem Alkohol, Merkaptan, Phenol oder in einer Säure das Wasserstoffatom der (OH)-, (SH)-, oder (COOH)-Gruppe durch einen Alkylrest ersetzen, d. h. einen Äther oder Ester jener Körper darstellen, so läßt man auf die Natriumverbindungen derselben, bei den Säuren zweckmäßiger auf die Silbersalze, Halogenalkyle einwirken, z. B.:

$$\underset{\text{Natriumalkoholat}}{C_2H_5\cdot ONa} + JC_2H_5 = \underset{\text{Äthyläther}}{C_2H_5\cdot O\cdot C_2H_5} + NaJ\,,$$

$$\underset{\text{Äthylmerkaptan}}{C_2H_5\cdot SNa} + JC_2H_5 = \underset{\text{Äthylsulfid}}{C_2H_5\cdot S\cdot C_2H_5} + NaJ\,,$$

$$\underset{\text{Phenolnatrium}}{C_6H_5\cdot ONa} + JCH_3 = \underset{\text{Phenylmethyläther}}{C_6H_5\cdot OCH_3} + NaJ\,,$$

$$\underset{\text{Essigsaures Silber}}{CH_3\cdot COOAg} + JC_2H_5 = \underset{\text{Essigsäureäthylester}}{CH_3\cdot COOC_2H_5} + AgJ\,.$$

Auch in das Ammoniak, sowie in organische Amine kann man mit Hilfe der Halogenalkyle Alkylreste einführen, z. B.:

$$NH_3 + JCH_3 = \underset{\text{Methylamin}}{NH_2\cdot CH_3} + HJ\,.$$

Gleichzeitig bilden sich Di- und Trimethylamin.

$$\underset{\text{Anilin}}{C_6H_5\cdot NH_2} + 2\,ClCH_3 = \underset{\text{Dimethylanilin}}{C_6H_5\cdot N(CH_3)_2} + 2\,HCl\,.$$

Schließlich kann man auch mit Hilfe der Halogenalkyle Wasserstoff, welcher mit Kohlenstoff verbunden ist, durch Alkylreste ersetzen. Da hierbei neue Kohlenstoffbindungen gebildet werden, so kann man auf diese Weise von niederen Kohlenstoffreihen zu höheren gelangen. Verschiedene Beispiele dieser Art werden später noch praktisch ausgeführt werden, so daß an dieser Stelle nur einige Gleichungen angeführt sein mögen, z. B.:

$$\underset{\text{Na — Acetessigester}}{CH_3\cdot CO\cdot CHNa\cdot COOC_2H_5} + JCH_3 = \underset{\text{Methylacetessigester}}{CH_3\cdot CO\cdot \underset{\displaystyle CH_3}{\underset{|}{CH}}\cdot COOC_2H_5} + NaJ$$

$$\underset{\text{Na — Malonsäureester}}{\begin{array}{l}COOC_2H_5\\ |\\ CHNa\\ |\\ COOC_2H_5\end{array}} + JC_2H_5 = \underset{\text{Äthylmalonsäureester}}{\begin{array}{l}COOC_2H_5\\ |\\ CH\cdot C_2H_5\\ |\\ COOC_2H_5\end{array}} + NaJ$$

$$\underset{\text{Benzol}}{C_6H_6} + Cl\cdot C_2H_5 = \underset{\text{Äthylbenzol}}{C_6H_5\cdot C_2H_5} + HCl\,.$$

(bei Gegenwart von $AlCl_3$)

Hierher gehört auch die später noch zu behandelnde FITTIGsche Synthese, bei welcher allerdings ein Halogenatom durch einen Alkylrest ersetzt wird:

$$\underset{\text{Brombenzol}}{C_6H_5\cdot Br} + BrC_2H_5 + 2\,Na = \underset{\text{Äthylbenzol}}{C_6H_5\cdot C_2H_5} + 2\,NaBr\,.$$

Ferner dienen die Halogenalkyle zur Darstellung von ungesättigten Kohlenwasserstoffen der Äthylenreihe:

$$\underset{\text{Isopropyljodid}}{CH_3\cdot CHJ\cdot CH_3} = \underbrace{CH_3\cdot CH = CH_2}_{\text{Propylen}} + HJ\,.$$

In manchen Fällen stellt man auch Alkohole aus den Halogenalkylen dar, z. B.:

$$CH_3\cdot CHJ\cdot CH_3 + HOH = \underset{\text{Isopropylalkohol}}{CH_3\cdot CH(OH)\cdot CH_3} + HJ\,.$$

Diese Reaktion hat natürlich nur da Bedeutung, wo das Halogenalkyl nicht aus dem ihm entsprechenden Alkohol gewonnen wird, wie dies z. B. in dem angeführten Beispiel der Fall ist. Wie oben erwähnt, erhält man ja das Isopropyljodid am einfachsten aus Glycerin und HJ, so daß man auf diese Weise das Glycerin in Isopropylalkohol überführen kann (vgl. Reaktion 13).

Halogenalkyle lagern sich schließlich an andere Körper, wie Sulfide und tertiäre Amine, an:

$$\underset{\text{Äthylsulfid}}{C_2H_5\cdot S\cdot C_2H_5} + JC_2H_5 = \underset{\text{Triäthylsulfinjodür}}{S\begin{cases}C_2H_5\\C_2H_5\\C_2H_5\\J\end{cases}}$$

$$\underset{\text{Trimethylamin}}{N(CH_3)_3} + ClCH_3 = \underset{\text{Tetramethylammoniumchlorid}}{N(CH_3)_4Cl}$$

$$\underset{\text{Pyridin}}{C_5H_5N} + JCH_3 = \underset{\text{Methylpyridinjodid.}}{C_5H_5N\cdot JCH_3}$$

Damit sind die vielseitigen Reaktionen der Halogenalkyle jedoch noch nicht erschöpft; es sei nur noch kurz darauf hingewiesen, daß sie auch zur Darstellung der Metallalkyle, z. B. der Zinkalkyle, zur Darstellung der Phosphine und noch vieler anderer Verbindungen angewandt werden. Durch die so vielseitig verwendbare GRIGNARDsche Reaktion (s. unten) haben die Halogenalkyle neuerdings erhöhte Bedeutung erlangt.

Schließlich sei noch auf einen charakteristischen Unterschied der organischen Halogenverbindungen gegenüber den Halogenmetallen der anorganischen Chemie verwiesen. Während z. B. Chlor-, Brom- und Jodkalium mit Silbernitrat momentan derart reagieren, daß ein quantitativer Niederschlag von Chlor-, Brom- oder Jodsilber ausfällt, wirkt Silbernitrat in wässeriger Lösung auf die meisten organischen Halogenverbindungen nicht ein, so daß man bei diesen das Halogen nicht in der üblichen Weise nachweisen kann.

Versuch: Man versetze wässerige Silbernitratlösung mit einigen Tropfen reinen Bromäthyls. Es findet nicht die mindeste Abscheidung von Bromsilber statt.[1]

Man pflegt zu sagen: die Halogenatome haften an einem Kohlenstoffatom fester als an einem Metallatom. Nach den neueren Ansichten erklärt sich dieser Unterschied jedoch in der folgenden Weise: Die Halogenmetalle gehören zu den sogenannten Elektrolyten, d. h. zu den Körpern, welche in wässeriger Lösung nicht mehr die ursprünglichen Moleküle, z. B. (KCl) enthalten, sondern welche unter diesen Verhältnissen in ihre Ionen $K^{\cdot}$ und Cl' dissoziiert sind. Die organischen Halogenverbindungen, wie z. B. das Bromäthyl, sind Nichtelektrolyte, d. h. ihre Lösungen enthalten noch die ursprünglichen Moleküle. Das Chlorkalium reagiert nach diesen Anschauungen daher mit Silbernitrat, weil keine Trennung des Chlors vom Kalium mehr erforderlich ist, während im Falle des Bromalkyls die Brom-Kohlenstoffbindung erst gelöst werden müßte. Nur Halogenionen reagieren sofort quantitativ mit den Silberionen des Silbernitrates.

2. Reaktion: Darstellung eines Säurechlorides aus der Säure.

Beispiel: Acetylchlorid aus Essigsäure.[2]

Zu 100 g Eisessig, welcher sich in einem mit absteigendem Kühler (zweckmäßig Schlangenkühler) verbundenen Fraktionierkolben befindet, läßt man unter Kühlung mit kaltem Wasser aus einem Tropftrichter 80 g Phosphortrichlorid fließen. Man taucht dann die Kugel des Kolbens in eine nicht zu kleine mit Wasser von 40—50° gefüllte Porzellanschale ein und setzt die Erwärmung so lange fort, bis die im Anfang lebhafte Salzsäureentwickelung nachgelassen und die vor dem Erwärmen homogene Flüssigkeit sich in zwei Schichten getrennt hat. Um das Acetylchlorid, welches in der oberen, leichten Schicht enthalten ist, von der schwereren phosphorigen Säure zu trennen, erhitzt man so lange auf einem lebhaft siedenden Wasserbade, bis nichts mehr überdestilliert. Da das

[1] Eine merkwürdige Ausnahme bildet das Jodäthyl, welches mit wässerigem Silbernitrat einen reichlichen Niederschlag beim Umschütteln gibt. Jodmethyl reagiert jedoch nicht mit Silbernitrat.

[2] A. 87, 63.

Acetylchlorid durch die Feuchtigkeit der Luft sehr leicht zersetzt wird, so darf man in diesem Falle das Destillat nicht in einer offenen Vorlage aufsammeln, sondern man muß, wie aus Fig. 64 ersichtlich, das Kühlrohr luftdicht mit einer tubulierten Flasche

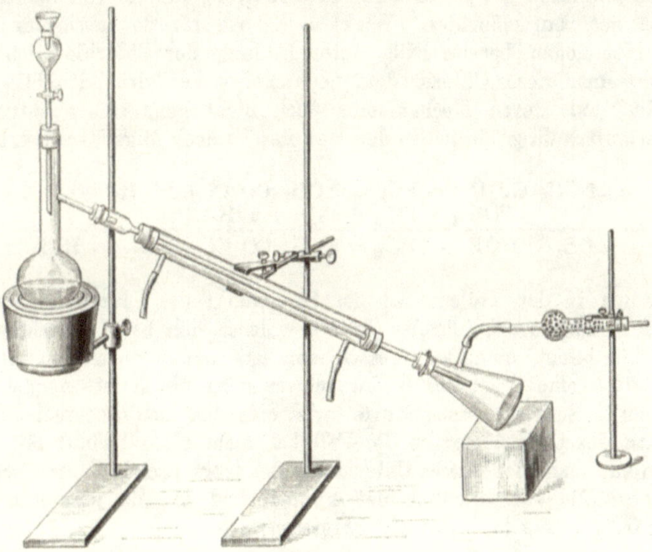

Fig. 64.

(Saugflasche) und den Tubus der letzteren mit einem Chlorcalciumrohr verbinden. Zur vollkommenen Reinigung wird das Destillat in dem gleichen Apparate, an dem man nur den jetzt überflüssigen Tropftrichter durch ein Thermometer ersetzt (oder im Apparat Fig. 17), der Rektifikation unterworfen, wobei man den zwischen 50—56° übergehenden Anteil gesondert auffängt. (Siedepunkt des reinen Acetylchlorides 51°). Ausbeute 80—90 g.

Um das Hydroxyl einer COOH-Gruppe durch Chlor zu ersetzen, kann man die gleichen Reaktionen benutzen, welche oben für den Ersatz von alkoholischen Hydroxylgruppen durch Halogen beschrieben wurden. Läßt man z. B. auf ein Gemisch einer Säure mit Phosphorsäureanhydrid eventuell unter Erwärmen gasförmige Salzsäure einwirken, so bildet sich analog der oben ausgeführten Darstellung des Bromäthyls ein Säurechlorid:

$$X \cdot CO \cdot OH + HCl = X \cdot CO \cdot Cl + H_2O\,.$$

Diese Reaktion ist jedoch ohne praktische Bedeutung, da die an zweiter Stelle zu beschreibende Methode bei weitem glatter und leichter verläuft und deshalb ausschließlich angewandt wird.

Praktisch stellt man Säurechloride fast immer durch Einwirkung von PCl_3 oder PCl_5, in selteneren Fällen auch wohl von $POCl_3$, auf die Säuren selbst, in manchen Fällen auch wohl auf deren Alkalisalze, dar. Die Auswahl des Phosphorchlorides hängt ab 1. von der Leichtigkeit, mit welcher die betreffende Säure reagiert, und 2. von dem Siedepunkte des Säurechlorides. Wirkt z. B. wie bei der Essigsäure und ihren Homologen bereits PCl_3 unter Bildung der Chloride leicht ein, so zieht man dieses Chlorid dem noch energischer wirkenden PCl_5 vor. Die Reaktion, deren Mechanismus noch nicht ganz sicher aufgeklärt ist, verläuft wahrscheinlich in der Hauptsache nach folgender Gleichung:

$$3\,CH_3\cdot CO\cdot OH + PCl_3 = 3\,CH_3\cdot CO\cdot Cl + PO_3H_3$$
$$PO_3H_3 + PCl_3 = P_2O_3 + 3\,HCl$$
$$\overline{3\,CH_3\cdot CO\cdot OH + 2\,PCl_3 = 3\,CH_3\cdot CO\cdot Cl + P_2O_3 + 3\,HCl.}$$

Auch in den Fällen, wo der Siedepunkt des Säurechlorides von dem des Phosphoroxychlorides (110°), welches sich bei Anwendung von PCl_5 stets bildet, nicht sehr verschieden ist, so daß durch fraktionierte Destillation eine Trennung beider schwer auszuführen ist, wendet man PCl_3 an. Reagiert eine Säure, wie dies bei den hochmolekularen Gliedern der Essigsäurereihe der Fall ist, nicht allzu lebhaft mit PCl_5, so bedient man sich dieses Chlorides. Bei aromatischen Säuren wendet man ebenfalls ausschließlich das Pentachlorid an, da jene mit PCl_3 und $POCl_3$ nur sehr schwierig reagieren:

$$\underset{\text{Caprylsäure}}{C_7H_{15}\cdot CO\cdot OH} + PCl_5 = C_7H_{15}\cdot CO\cdot Cl + POCl_3 + HCl\,,$$

$$\underset{\text{Benzoesäure}}{C_6H_5\cdot CO\cdot OH} + PCl_5 = \underset{\text{Benzoylchlorid}}{C_6H_5\cdot CO\cdot Cl} + POCl_3 + HCl\,.$$

Man beachte, daß aus einem Molekül PCl_5 nur ein Molekül des Säurechlorides erhalten wird.

Des Phosphoroxychlorides bedient man sich meistens nur dann, wenn man die Salze von Karbonsäuren anwendet, mit welchen es in folgender Weise reagiert:

$$2\,CH_3\cdot CO\cdot ONa + POCl_3 = 2\,CH_3\cdot CO\cdot Cl + NaPO_3 + NaCl\,.$$

Diese Reaktion kann man mit Vorteil verwerten, um das Chlor des PCl_5 vollkommener auszunutzen, als es bei der Einwirkung des letzteren auf die freien Säuren geschieht. Läßt man nämlich das Pentachlorid auf das Natriumsalz der Säure einwirken, so bildet sich auch hier wie oben zunächst $POCl_3$; während dieses aber oben in vielen Fällen auf die freien Säuren nicht mehr einwirkte, führt es hier noch zwei weitere Moleküle des Salzes in das Chlorid über:

$$3\,CH_3\cdot CO\cdot ONa + PCl_5 = 3\,CH_3\cdot CO\cdot Cl + PO_3Na + 2\,NaCl\,.$$

Es werden also auf diese Weise mit Hilfe eines Molekükes PCl_5 drei Moleküle des Säurechlorides erhalten.

Die Säurechloride sind in den niederen Reihen farblose Flüssigkeiten, in den höheren farblose kristallinische Substanzen. Sie sieden meistens unter gewöhnlichem Drucke ohne Zersetzung; nur die hochmolekularen werden zweckmäßig im Vakuum destilliert. Der Siedepunkt der Säurechloride liegt niedriger, als der der Säuren, wie denn überhaupt der Ersatz von Hydroxyl durch Chlor eine Siedepunktserniedrigung zur Folge hat:

$CH_3 \cdot CO \cdot Cl$	Siedepunkt	51°	$C_6H_5 \cdot CO \cdot Cl$	Siedepunkt	198°
$CH_3 \cdot CO \cdot OH$	„	118°	$C_6H_5 \cdot CO \cdot OH$	„	250°

Die Säurechloride besitzen einen stechenden Geruch. An der Luft rauchen sie, indem sie mit der Feuchtigkeit derselben unter Bildung von Säurehydrat und Salzsäure sich zersetzen. Sie sind schwerer als Wasser und mischen sich mit diesem nicht. In indifferenten organischen Lösungsmitteln, wie Äther, Schwefelkohlenstoff, Benzol, sind sie leicht löslich.

Zur Trennung der Chloride von den aus dem Chlorphosphor sich bildenden Produkten kann man wie oben beim Acetylchlorid so verfahren, daß man das flüchtige Chlorid von der nicht flüchtigen phosphorigen Säure entweder aus dem Wasserbade oder mit freier Flamme abdestilliert. Um ein Chlorid von dem bei Anwendung von PCl_5 sich bildenden flüchtigen $POCl_3$ zu trennen, kann man, falls das Säurechlorid unter gewöhnlichem Drucke ohne Zersetzung destilliert, eine fraktionierte Destillation ausführen. Im anderen Falle erhitzt man die Mischung in einem Vakuumapparat auf einem lebhaft siedenden Wasserbade, wobei nur das $POCl_3$ übergeht. Der nichtflüchtige Rückstand kann in vielen Fällen ohne weitere Reinigung zu Reaktionen benutzt werden; vollkommen rein kann man ihn durch Überdestillieren im Vakuum erhalten.

Chemische Reaktionen:

Die Säurechloride werden durch Wasser unter Bildung von Säurehydrat und Salzsäure zersetzt:

$$CH_3 \cdot CO \cdot Cl + H_2O = CH_3 \cdot CO \cdot OH + HCl\,.$$

Diese Umsetzung erfolgt vielfach außerordentlich leicht, da das Chloratom an einem Säurerest viel lockerer als an einem Alkylrest haftet. Während es zur Umwandlung eines Halogenalkyls in einen Alkohol meistens erforderlich ist, jenes lange Zeit mit Wasser, oftmals unter Zusatz von Natron, Kali, einem Karbonat oder Acetat, zu kochen, erfolgt die analoge Umsetzung eines Säurechlorides bei weitem leichter. Bei den niederen Gliedern, wie z. B. dem Acetylchlorid, tritt die Reaktion bereits in der Kälte in äußerst stürmischer Weise fast augenblicklich ein, während es bei den höheren Gliedern, wie z. B. dem später darzustellenden Benzoylchlorid, des Erhitzens bedarf, um die Umsetzung herbeizuführen.

Versuch: Man gieße ca. $^1/_2$ ccm Acetylchlorid allmählich zu 5 ccm Wasser, das sich in einem Reagenzrohr befindet. Ist das Wasser sehr kalt, so kann man kurze Zeit die im Wasser untersinkenden und mit diesem sich nicht mischenden Tropfen des Chlorides beobachten. Schüttelt man das Rohr, so tritt eine lebhafte Reaktion unter Erwärmung ein, wobei das Chlorid in Lösung geht, was sofort eintritt, wenn das Wasser nicht sehr kalt war.

Mit Alkoholen und Phenolen reagieren die Säurechloride unter Bildung von Säureestern:

$$CH_3\cdot CO\cdot Cl + C_2H_5\cdot OH = \underset{\text{Essigsäureäthylester}}{CH_3\cdot CO\cdot OC_2H_5} + HCl,$$

$$CH_3\cdot CO\cdot Cl + \underset{\text{Phenol}}{C_6H_5\cdot OH} = \underset{\text{Essigsäurephenylester}}{CH_3\cdot CO\cdot OC_6H_5} + HCl.$$

Versuch: Zu 1 ccm Alkohol, welcher sich in einem durch Wasser abgekühlten Reagenzrohr befindet, füge man tropfenweise das gleiche Volumen Acetylchlorid, versetze dann, ebenfalls unter Kühlung, mit dem gleichen Volumen Wasser und mache vorsichtig mit Natron schwach alkalisch. Hat sich nicht schon hierbei über der wässerigen Flüssigkeit eine leicht bewegliche Schicht des angenehm riechenden Essigesters abgeschieden, so füge man noch so lange fein pulverisiertes Kochsalz hinzu, bis sich dies nicht mehr löst, wodurch die Abscheidung des Essigesters eintreten wird.

Die Einwirkung eines Säurechlorides benutzt man auch, um zu entscheiden, ob eine vorliegende, noch unbekannte Verbindung eine alkoholische bezw. phenolartige Hydroxylgruppe enthält oder nicht. Reagiert ein Körper lebhaft mit einem Säurechlorid, so ist das erstere der Fall, da alle Körper, die den Sauerstoff in anderer Bindungsform, z. B. ätherartig gebunden, enthalten, nicht reagieren. Durch Zusatz von wasserfreiem Natriumacetat kann die Reaktion oft wesentlich erleichtert werden.

Schließlich wendet man die Einwirkung eines Säurechlorides auf Alkohole und Phenole noch an, um letztere aus Lösungen abzuscheiden oder um sie zu charakterisieren. Man bedient sich zu diesem Zwecke jedoch meistens des Benzoylchlorides; später wird von dieser wichtigen Reaktion nochmals die Rede sein.

Auf die Salze von Karbonsäuren wirken Säurechloride unter Bildung von Säureanhydriden ein.

$$CH_3\cdot CO\cdot Cl + CH_3\cdot CO\cdot ONa = \underset{\text{Essigsäureanhydrid}}{CH_3\cdot CO\cdot O\cdot CO\cdot CH_3} + NaCl.$$

Das nächste Präparat wird diese Reaktion behandeln.

Auch auf Ammoniak, sowie auf primäre und sekundäre organische Basen wirken Säurechloride mit großer Leichtigkeit ein:

$$CH_3\cdot CO\cdot Cl + NH_3 = \underset{\text{Acetamid}}{CH_3\cdot CO\cdot NH_2} + HCl,$$

$$CH_3\cdot CO\cdot Cl + \underset{\text{Anilin}}{C_6H_5\cdot NH_2} = \underset{\text{Acetanilid}}{C_6H_5\cdot NH\cdot CO\cdot CH_3} + HCl.$$

Versuch: Zu 1 ccm Anilin füge man tropfenweise Acetylchlorid, wobei unter lebhaftem Zischen eine heftige Reaktion eintritt, welche jedoch aufhört, sobald etwa das gleiche Volumen des Chlorids hinzugefügt ist. Unter Kühlung mit Wasser versetzt man dann mit dem fünffachen Volumen Wasser, wobei sich ein reichlicher Niederschlag von Acetanilid abscheidet, dessen Menge noch vermehrt werden kann, wenn man die Gefäßwände mit einem Glasstabe reibt. Der Niederschlag wird abfiltriert und aus wenig heißem Wasser umkristallisiert. F.P. 115°.

Auch diese Reaktion wird benutzt, um die organischen Basen durch Überführung in ihre meist kristallisierten Säurederivate zu charakterisieren und um kleine Mengen, vor allem von flüssigen Basen, durch eine Schmelzpunktsbestimmung zu erkennen. Da tertiäre Basen mit Säurechloriden nicht reagieren, indem sie ja kein Ammoniakwasserstoffatom mehr enthalten, so kann man mit Hilfe der Einwirkung eines Säurechlorides auch entscheiden, ob eine Base einerseits primär bezw. sekundär oder anderseits tertiär ist.

Von ganz besonderer Wichtigkeit ist es, daß man auch Wasserstoffatome, welche an Kohlenstoff haften, mit Hilfe eines Säurechlorides durch Säurereste substituieren kann. Hier ist vor allem die Friedel-Craftssche Ketonsynthese zu erwähnen, welche später noch praktisch ausgeführt werden wird, und von der nur die betreffende Gleichung ausgeführt werden möge:

$$\underset{\text{Benzol}}{C_6H_6} + CH_3\cdot CO\cdot Cl \underset{\text{(Bei Gegenwart von } AlCl_3)}{=} \underset{\text{Acetophenon}}{C_6H_5\cdot CO\cdot CH_3} + HCl.$$

Auch für die Synthese von tertiären Alkoholen (Synthese von Butlerow), sowie von Ketonen sind die Säurechloride von Bedeutung. Es seien hier nur die betreffenden Endgleichungen angegeben; bezüglich des näheren Verlaufes der Reaktionen sei auf die Lehrbücher verwiesen:

$$\left\{\begin{array}{l} CH_3\cdot CO\cdot Cl + \underset{\text{Zinkmethyl}}{Zn\begin{smallmatrix}CH_3\\ CH_3\end{smallmatrix}} = CH_3\cdot C\begin{smallmatrix}CH_3\\ CH_3\\ Cl\end{smallmatrix} + ZnO, \\[2ex] CH_3\cdot C\begin{smallmatrix}CH_3\\ CH_3\\ Cl\end{smallmatrix} + H_2O = \underset{\text{Trimethylkarbinol}}{C\begin{smallmatrix}CH_3\\ CH_3\\ CH_3\\ OH\end{smallmatrix}} + HCl, \end{array}\right.$$

$$2\,CH_3\cdot CO\cdot Cl + Zn\begin{smallmatrix}CH_3\\ CH_3\end{smallmatrix} = \underset{\text{Aceton}}{2\,CH_3\cdot CO\cdot CH_3} + ZnCl_2.$$

3. Reaktion: Darstellung eines Säureanhydrides aus dem Säurechlorid und dem Natriumsalz der Säure.

Beispiel: Essigsäureanhydrid aus Acetylchlorid und Natriumacetat.[1]

Zur Darstellung des Essigsäureanhydrides benutzt man den gleichen Apparat wie beim Acetylchlorid, nur ersetzt man den Fraktionierkolben durch eine tubulierte Retorte (Fig. 65).[2]

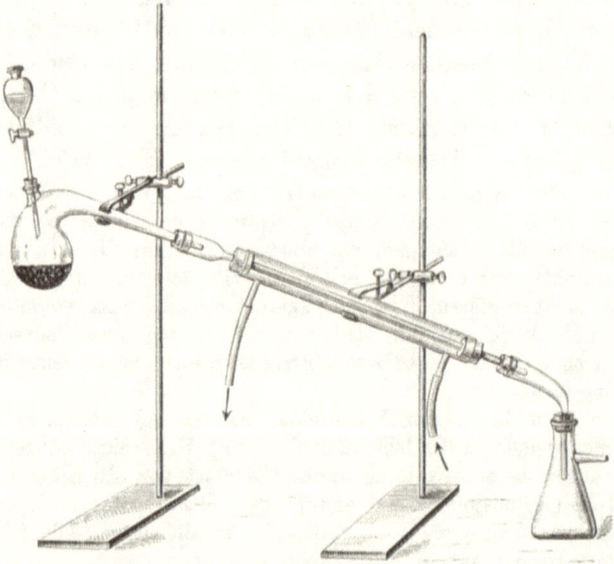

Fig. 65.

Zu 70 g fein pulverisiertem, wasserfreiem Natriumacetat (dessen Darstellung siehe unten), welches sich in der Retorte befindet, läßt man aus einem Tropftrichter tropfenweise 50 g Acetylchlorid fließen. Sobald etwa die erste Hälfte des Chlorides hinzugefügt ist, unterbricht man die Reaktion auf kurze Zeit, um mit Hilfe eines Glasstabes die breiige Masse durcheinander zu rühren, und läßt erst dann den Rest nachfließen. Sollte infolge zu schnellen Hinzufließens etwas unzersetztes Acetylchlorid in die

[1] A. 87, 149.

[2] Der Apparat wird kompendiöser, wenn man einen aufrechten Schlangenkühler anwendet, der ohne Anwendung eines Vorstoßes mit der Vorlage verbunden wird.

Vorlage destilliert sein, so gießt man dies in den Scheidetrichter zurück und läßt es nochmals auf das Natriumacetat einwirken. Man entfernt dann den Scheidetrichter, verschließt den Tubus durch einen Kork und destilliert mit leuchtender Flamme unter fortwährendem Bewegen des Brenners das Anhydrid von dem Salzrückstande ab. Das Destillat wird schließlich in dem gleichen Apparat, wie er bei der Rektifikation des Acetylchlorides angewandt wurde (event. Fig. 17), unter Zusatz von 3 g fein pulverisiertem wasserfreiem Natriumacetat, welches die letzten Anteile unveränderten Acetylchlorides vollends zu Essigsäureanhydrid umsetzt, einer fraktionierten Destillation unterworfen. Siedepunkt des Essigsäureanhydrides 138°. Ausbeute ca. 50 g.

Darstellung des wasserfreien Natriumacetates: Kristallisiertes Natriumacetat enthält 3 Moleküle Kristallwasser. Um es zu entwässern, erhitzt man es in einer flachen Schale aus Eisen oder Nickel direkt über einem Brenner (für obigen Versuch 120 g). Das Salz schmilzt hierbei zunächst in seinem Kristallwasser. Erhitzt man weiter, so entweichen reichliche Mengen von Wasserdampf, die Salzmasse erstarrt jedoch wieder, sobald die Hauptmenge des Wassers verdampft ist, vorausgesetzt, daß die Flamme nicht zu groß war. Um die letzten Anteile des Wassers zu entfernen, erhitzt man nun mit einer großen Flamme unter fortwährendem Bewegen des Brenners so lange, bis die erstarrte Masse zum zweiten Male geschmolzen ist, wobei darauf zu achten ist, daß keine Überhitzung stattfindet, die sich durch Entwickelung brennbarer Gase sowie durch Verkohlung der Salzmasse zu erkennen gibt. Nach dem Erkalten entfernt man das Salz mit Hilfe eines Messers aus der Schale. — Hat man käufliches, wasserfreies Natriumacetat zur Verfügung, so empfieht es sich, auch dieses noch einmal zu schmelzen, da es bei längerem Aufbewahren stets wieder Wasser anzieht.

Die Einwirkung des Acetylchlorides auf das Natriumacetat vollzieht sich nach folgender Gleichung:

$$CH_3\cdot CO\cdot Cl + CH_3\cdot CO\cdot ONa = \begin{matrix} CH_3\cdot CO \\ CH_3\cdot CO \end{matrix}\!\!>\!O + NaCl.$$

Man kann auf diese Weise ganz allgemein aus einem beliebigen Säurechloride und dem Natriumsalz der entsprechenden Säure ein Anhydrid darstellen. Auch sogen. gemischte Anhydride, welche zwei verschiedene Säureradikale enthalten, kann man nach dieser Reaktion erhalten, wenn man Chlorid und Salz zweier verschiedener Säuren anwendet:

$$CH_3\cdot CO\cdot Cl + CH_3\cdot CH_2\cdot COONa = \begin{matrix} CH_3\cdot CO \\ CH_3\cdot CH_2\cdot CO \end{matrix}\!\!>\!O + NaCl.$$

Da, wie oben beim Acetylchlorid ausgeführt, aus dem Alkalisalz einer Säure und $POCl_3$ ein Säurechlorid erhalten werden kann, so ist es für die Darstellung eines Anhydrides nicht erforderlich, das Chlorid zunächst zu isolieren; man kann es vielmehr sofort auf einen Überschuß des Salzes weiter einwirken lassen, so daß aus $POCl_3$ und dem Salz direkt ein Anhydrid erhalten werden kann:

$$2\,CH_3\cdot CO\cdot ONa + POCl_3 = 2\,CH_3\cdot CO\cdot Cl + PO_3Na + NaCl$$

$$2\,CH_3\cdot CO\cdot ONa + 2\,CH_3\cdot CO\cdot Cl = 2\begin{matrix} CH_3\cdot CO \\ CH_3\cdot CO \end{matrix}\!\!>\!O + 2\,NaCl$$

$$4\,CH_3\cdot CO\cdot ONa + POCl_3 = 2\begin{matrix} CH_3\cdot CO \\ CH_3\cdot CO \end{matrix}\!\!>\!O + PO_3Na + 3\,NaCl.$$

Die Säureanhydride sind in den niederen Reihen farblose Flüssigkeiten, in den höheren kristallisierte feste Substanzen. Sie besitzen einen scharfen Geruch, sind in Wasser unlöslich, lösen sich jedoch in indifferenten organischen Lösungsmitteln auf. Ihr spez. Gewicht ist größer als das des Wassers. Der Siedepunkt liegt höher als der des entsprechenden Hydrates:

Essigsäure	118°,
Essigsäureanhydrid	138°.

Die niedrigeren Glieder können unter gewöhnlichem Drucke ohne Zersetzung destilliert werden; in den höheren Reihen muß die Destillation im Vakuum vorgenommen werden.

Das chemische Verhalten der Anhydride Wasser, Alkoholen und Phenolen, sowie Basen gegenüber gleicht vollkommen dem der Chloride; nur reagieren die Anhydride schwieriger als die Chloride. So geben die Anhydride mit Wasser die Säurehydrate:

$$\begin{matrix} CH_3\cdot CO \\ CH_3\cdot CO \end{matrix}\!\!>\!O + H_2O = 2\,CH_3\cdot COOH.$$

Veruch: Man versetze 5 ccm Wasser mit $^1/_2$ ccm Essigsäureanhydrid. Dieses sinkt zu Boden und löst sich selbst nach längerem Schütteln nicht. Man erinnere sich daran, daß das entsprechende Chlorid sich unter stürmischer Reaktion mit dem Wasser momentan zersetzte. Erwärmt man jedoch die Mischung des Anhydrides mit Wasser einige Zeit, so tritt unter Aufnahme von Wasser Lösung ein. —

Bei Gegenwart von Alkalien tritt diese Lösung unter Bildung des Alkalisalzes bei weitem leichter ein:

$$\begin{matrix} CH_3\cdot CO \\ CH_3\cdot CO \end{matrix}\!\!>\!O + 2\,NaOH = 2\,CH_3\cdot COONa + H_2O\,.$$

Versuch: Man mische von neuem 5 ccm Wasser mit $^1/_2$ ccm Essigsäureanhydrid und versetze mit Natronlauge. Beim Umschütteln tritt, auch ohne daß man erwärmt, Lösung ein.

Die hochmolekularen Anhydride reagieren noch schwieriger mit Wasser; es bedarf hier oft eines langen Erhitzens, um die Hydratisierung herbeizuführen.

Mit Alkoholen und Phenolen bilden die Anhydride Säureester, nur bedarf es auch hier des Erhitzens, während die Säurechloride schon in der Kälte reagieren.

$$\begin{matrix} CH_3\cdot CO \\ CH_3\cdot CO \end{matrix}\!\!>\!O + C_2H_5\cdot OH = CH_3\cdot CO\cdot OC_2H_5 + CH_3\cdot COOH\,,$$

$$\begin{matrix} CH_3\cdot CO \\ CH_3\cdot CO \end{matrix}\!\!>\!O + C_6H_5\cdot OH = \underset{\text{Essigsäurephenylester}}{CH_3\cdot CO\cdot OC_6H_5} + CH_3\cdot COOH\,.$$

Man beachte, daß bei Anwendung eines Anhydrides der eine der beiden Säurereste, indem er in das Hydrat übergeht, für die eigentliche Reaktion verloren ist.

Versuch: Man versetze in einem Reagenzrohr 2 ccm Alkohol mit 1 ccm Essigsäureanhydrid und erwärme einige Minuten gelinde. Darauf versetze man mit Wasser und mache vorsichtig schwach alkalisch. Der Essigester gibt sich dann durch seinen charakteristischen angenehmen Geruch zu erkennen. Scheidet er sich aus der Flüssigkeit nicht ab, so kann man ihn wie oben beim Acetylchlorid durch Eintragen von Kochsalz aussalzen.

Mit Ammoniak und primären oder sekundären organischen Basen reagieren Anhydride wie die Chloride:

$$NH_3 + \begin{matrix} CH_3\cdot CO \\ CH_3\cdot CO \end{matrix}\!\!>\!O = CH_3\cdot CO\cdot NH_2 + CH_3\cdot COOH,$$

$$C_6H_5\cdot NH_2 + \begin{matrix} CH_3\cdot CO \\ CH_3\cdot CO \end{matrix}\!\!>\!O = C_6H_5\cdot NH\cdot CO\cdot CH_3 + CH_3\cdot COOH.$$

Versuch: Man versetze 1 ccm Anilin mit 1 ccm Essigsäureanhydrid, erwärme bis zum beginnenden Sieden und füge nach dem Erkalten das doppelte Volumen Wasser hinzu. Besonders leicht beim Reiben der Gefäßwandungen mit einem Glasstabe scheiden sich Kristalle von Acetanilid ab, die abfiltriert und aus wenig heißem Wasser umkristallisiert werden können.

Die Säureanhydride können daher zur Erkennung, Abscheidung, Charakterisierung und Diagnose von Alkoholen, Phenolen und Aminen wie die Chloride benutzt werden, und es sei hier auf das bei diesen Gesagte verwiesen.

Um die Reaktionen der Säureanhydride zu vervollständigen, sei schließlich nur noch kurz erwähnt, daß sie bei der Reduktion mit Natriumamalgam Alkohole und intermediär Aldehyde liefern:

$$\begin{matrix} CH_3\cdot CO \\ CH_3\cdot CO \end{matrix} \Big\rangle O + H_2 = \underset{\text{Aldehyd}}{CH_3\cdot COH} + CH_3\cdot COOH,$$

$$CH_3\cdot CHO + H_2 = CH_3\cdot CH_2\cdot OH.$$

Man kann deshalb über die Säureanhydride von einer Säure zu ihrem Aldehyd oder Alkohol gelangen.

4. Reaktion: Darstellung eines Säureamides aus dem Ammoniumsalz der Säure.

Beispiel: Acetamid aus essigsaurem Ammonium.[1]

In 75 g Eisessig, welchen man auf dem Wasserbade in einer Porzellanschale auf ca. 40—50° erwärmt, trägt man so lange fein pulverisiertes Ammoniumkarbonat ein, bis eine Probe auf einem Uhrglase mit Wasser verdünnt eben eine alkalische Reaktion zeigt, wozu ca. 100 g Ammoniumkarbonat erforderlich sind. Die dickflüssige Masse erwärmt man dann auf dem jetzt lebhaft siedenden Wasserbade so lange auf 80—90°, bis sie eben wieder sauer reagiert (einen Tropfen mit Wasser verdünnen), und füllt sie dann ohne Anwendung eines Trichters noch warm in zwei weite Bombenröhren aus schwer schmelzbarem Glase ein, welche man vor dem Einfüllen über einer Flamme vorgewärmt hat. An Stelle der zwei Bombenröhren läßt sich auch mit Vorteil eine einzige Volhardsche Röhre (vgl. Seite 64) verwenden. Nachdem man die in dem oberen Teile der Röhren haften gebliebene Substanz durch vorsichtiges Erhitzen mit einer Flamme heruntergeschmolzen und die letzten Anteile durch Auswischen mit Filtrierpapier entfernt hat, schmilzt man zu und erhitzt fünf Stunden in einem Bombenofen auf 220—230°. Unterwirft man das flüssige Reaktionsprodukt einer fraktionierten

---

[1] B. 15, 979.

Destillation (Kühler; unter dem Abzuge), so erhält man zunächst eine Fraktion von 100—130°, welche wesentlich aus Wasser und Essigsäure besteht. Das Thermometer steigt dann schnell bis gegen 180° (an Stelle des Kühlers jetzt ein Verlängerungsrohr [S. 21] anwenden), wo das Acetamid überzudestillieren beginnt. Die von 180—230° übergehende Fraktion, welche in einem Becherglase aufgesammelt wird, kühlt man nach beendigter Destillation unter Umrühren mit einem scharfkantigen Glasstabe in Eiswasser ab und preßt die sich abscheidenden Kristalle auf einem Tonteller von flüssigen Verunreinigungen ab. Bei einer nochmaligen Destillation der abgepreßten Kristalle geht fast nur reines Acetamid vom Siedepunkt 223° über. Ausbeute ca. 40 g.

Das so erhaltene Produkt besitzt einen sehr charakteristischen Geruch nach Mäuseexkrementen, welcher jedoch nicht dem Acetamid selbst zukommt, sondern von einer Verunreinigung herrührt. Um diese zu entfernen presse man eine kleine Probe des destillierten Amides nochmals auf einem Tonteller ab und kristallisiere sie aus Äther um. Man erhält so farblose, geruchlose Kristalle vom Schmelzpunkt 82°.

Aus einer Säure kann man ganz allgemein das Amid darstellen, indem man das Ammoniumsalz der ersteren der trockenen Destillation unterwirft oder zweckmäßiger noch, indem man es ca. fünf Stunden unter Druck auf 220—230° erhitzt.

$$CH_3 \cdot COONH_4 = CH_3 \cdot CO \cdot NH_2 + H_2O.$$

Um das Amid rein zu erhalten, kann man entweder wie beim Acetamid das Reaktionsgemisch einer fraktionierten Destillation unterwerfen oder man kann, wenn das Amid sich in festem Zustande abscheidet, es durch Abfiltrieren und Umkristallisieren reinigen. Auch substituierte Säureamide, besonders leicht aromatisch substituierte, wie z. B. Acetanilid, lassen sich nach dieser Methode gewinnen, indem man eine Mischung von Säure und Amin längere Zeit im offenen Gefäß unter Rückfluß erhitzt:

$$\underbrace{CH_3 \cdot COOH_3N \cdot C_6H_5}_{\text{Essigsaures Anilin}} = \underbrace{CH_3 \cdot CO \cdot NH \cdot C_6H_5}_{\text{Acetanilid}} + H_2O.$$

Auch die Ammoniumsalze mehrbasischer Säuren reagieren in der gleichen Weise, z. B.:

$$\underset{\text{Oxalsaures Ammonium}}{\begin{matrix} COONH_4 \\ | \\ COONH_4 \end{matrix}} = \underset{\text{Oxamid}}{\begin{matrix} CO \cdot NH_2 \\ | \\ CO \cdot NH_2 \end{matrix}} + 2H_2O.$$

Bezüglich weiterer Darstellungsmethoden der Säureamide sei nochmals darauf verwiesen, daß Säurechloride oder Anhydride mit Ammoniak und primären oder sekundären Basen sehr leicht jene bilden:

$$CH_3\cdot CO\cdot Cl + NH_3 = CH_3\cdot CO\cdot NH_2 + HCl,$$

$$\begin{matrix} CH_3\cdot CO \\ CH_3\cdot CO \end{matrix}\!\!>\!O + NH_3 = CH_3\cdot CO\cdot NH_2 + CH_3\cdot CO\cdot OH.$$

Schließlich kann man noch Säureamide nach zwei allgemein gültigen Methoden gewinnen, indem man 1. auf Säureester Ammoniak einwirken läßt, oder indem man 2. an die Säurenitrile Wasser anlagert:

$$\underset{\text{Essigsäureäthylester}}{CH_3\cdot CO\cdot OC_2H_5} + NH_3 = CH_3\cdot CO\cdot NH_2 + C_2H_5\cdot OH,$$

$$\underset{\text{Acetonitril}}{CH_3\cdot CN} + H_2O = CH_3\cdot CO\cdot NH_2.$$

Die Säureamide sind mit Ausnahme des niedrigsten Gliedes, des Formamides $HCO\cdot NH_2$, welches flüssig ist, farblose, kristallisierte Substanzen, welche in den niederen Reihen in Wasser sehr leicht löslich sind, wie z. B. das Acetamid, deren Wasserlöslichkeit jedoch mit steigendem Molekulargewicht abnimmt, so daß sie schließlich in Wasser unlöslich werden. Der Siedepunkt der Amide liegt bei weitem höher als der der Säuren:

Essigsäure	Siedepunkt	118°,	Propionsäure	Siedepunkt	141°,
Acetamid	„	223°,	Propionamid	„	213°.

Während beim Eintritt eines Alkylrestes in das Ammoniak der basische Charakter der Verbindung erhalten bleibt, wie unten bei der Besprechung des Methylamins noch näher ausgeführt werden wird, schwächt der Eintritt eines negativen Säurerestes die basischen Reaktionen des Ammoniakrestes derart, daß die Säureamide nur noch äußerst schwach basischen Charakter besitzen. Man kann zwar aus dem Acetamid durch Einwirkung von konzentrierter Salzsäure ein dem Salmiak entsprechendes Salz $CH_3\cdot CO\cdot NH_2$, HCl darstellen, allein dies reagiert stark sauer, ist unbeständig und zerfällt leicht in seine Komponenten. Wenn man den Säureamiden einen bestimmten Charakter zuschreiben will, so kann man sie viel eher als Säuren, denn als Basen ansprechen. Das eine der beiden Amidwasserstoffatome hat nämlich durch den acidifizierenden Einfluß des Säurerestes die Fähigkeit erlangt, durch Metallatome vertreten werden zu können. Besonders leicht bilden sich Quecksilbersalze der Säureamide, welche durch Kochen von Amidlösungen mit Quecksilberoxyd erhalten werden können:

$$2\,CH_3\cdot CO\cdot NH_2 + HgO = (CH_3\cdot CO\cdot NH)_2Hg + H_2O.$$

Versuch: Man löse etwas Acetamid in Wasser auf, versetze mit wenig gelbem Quecksilberoxyd und erwärme. Das letztere geht hierbei in Lösung, indem sich das oben formulierte Salz bildet.

Wie durch positive Metallatome, so können die Amidwasserstoffatome auch durch das negative Chlor und Brom substituiert werden. Man erhält diese Verbindungen, indem man auf die Amide bei Gegenwart von Alkali, Chlor oder Brom einwirken läßt:

$$\underset{\text{Acetchloramid}}{CH_3\cdot CO\cdot NHCl}, \quad \underset{\text{Acetbromamid}}{CH_3\cdot CO\cdot NHBr}, \quad \underset{\text{Acetdibromamid}}{CH_3\cdot CO\cdot NBr_2}.$$

Die einfach halogensubstituierten Amide sind von besonderer Wichtigkeit, da sie beim Erwärmen mit Alkalien primäre Alkylamine geben:

$$CH_3\cdot CO\cdot NHBr + H_2O = CH_3\cdot NH_2 + HBr + CO_2.$$

Auf diese bemerkenswerte Reaktion wird später bei der Darstellung des Methylamins aus Acetamid ausführlich zurückgekommen werden.

Der Säurerest ist mit dem Ammoniakrest in den Säureamiden nur locker verbunden, was sich darin zu erkennen gibt, daß diese beim Kochen mit Wasser, schneller beim Erwärmen mit Alkalien verseift, d. h. in Säure und Ammoniak zerlegt werden:

$$CH_3\cdot CO\cdot NH_2 + H_2O = CH_3\cdot COOH + NH_3.$$

Versuch: In einem Reagenzrohr erwärme man etwas Acetamid mit Natronlauge. Es tritt ein intensiver Ammoniakgeruch auf, während die Lösung essigsaures Natrium enthält.

Behandelt man ein Säureamid mit einem wasserentziehenden Mittel, z. B. mit P_2O_5, so geht es in ein Säurenitril über:

$$CH_3\cdot CO\cdot NH_2 = \underset{\text{Acetonitril}}{CH_3\cdot CN} + H_2O.$$

Zu demselben Endresultat führt auch die Einwirkung von PCl_5 auf Säureamide, nur bilden sich in diesem Falle als Zwischenprodukte die Amidchloride und Imidchloride:

$$CH_3\cdot CO\cdot NH_2 + PCl_5 = \underset{\text{Amidchlorid}}{CH_3\cdot CCl_2\cdot NH_2} + POCl_3.$$

Die sehr unbeständigen Amidchloride gehen dann zunächst unter Verlust von einem Molekül HCl in die beständigeren Imidchloride

$$CH_3\cdot CCl_2\cdot NH_2 = \underset{\text{Imidchlorid}}{CH_3\cdot CCl{=}NH} + HCl,$$

und diese schließlich in die Nitrile über:

$$CH_3\cdot CCl{=}NH = CH_3\cdot CN + HCl.$$

5. Reaktion: Darstellung eines Säurenitriles aus einem Säureamid.

Beispiel: Acetonitril aus Acetamid.[1]

In einen kleinen, trockenen Kolben füllt man 15 g Phosphorsäureanhydrid ein, fügt darauf 10 g trocknes Acetamid

[1] A. **64**, 332.

hinzu, schüttelt beide gut durcheinander, verbindet den Kolben mit einem kurzen absteigenden Kühler und erhitzt dann die Mischung vorsichtig mit einer nicht zu großen leuchtenden Flamme unter fortwährendem Bewegen derselben, wobei unter Schäumen und Aufblähen Reaktion eintritt. Hat man einige Minuten erhitzt, so destilliert man mit einer großen leuchtenden Flamme ebenfalls unter fortdauerndem Bewegen das Acetonitril in die Vorlage (Reagenzrohr) über. Das Destillat wird mit seinem halben Volumen Wasser versetzt, worauf man dann soviel feste Pottasche hinzufügt, bis diese in der unteren Schicht sich nicht mehr auflöst. Man hebt dann die obere Schicht mit einer Kapillarpipette ab und rektifiziert sie, wobei man zur vollkommenen Entwässerung in den Fraktionierkolben ein wenig Phosphorsäureanhydrid einfüllt. Siedepunkt 82°. Ausbeute ca. 5 g.

Erhitzt man ein Säureamid mit einem wasserentziehenden Mittel (P_2O_5, P_2S_5, PCl_5), so verliert es Wasser und geht in ein Nitril über, z. B.:

$$CH_3 \cdot CO \cdot NH_2 = \underset{\text{Acetonitril}}{CH_3 \cdot C \equiv N} + H_2O.$$

Da, wie soeben praktisch ausgeführt, ein Säureamid durch Entziehung von Wasser aus dem Ammoniumsalz einer Säure gewonnen werden kann, so kann man auch in einer einzigen Operation aus dem Ammoniumsalz direkt ein Nitril erhalten, indem man jenes mit kräftig wasserentziehenden Agentien, z. B. essigsaures Ammonium mit P_2O_5, erhitzt:

$$CH_3 \cdot COONH_4 = CH_3 \cdot CN + 2\,H_2O.$$

Säurenitrile können ferner noch gewonnen werden, indem man Alkyljodide (oder Bromide, Chloride mit alkoholischem Cyankalium erhitzt:

$$CH_3\boxed{J + K}CN = CH_3 \cdot CN + KJ,$$

$$\begin{matrix} CH_2Br \\ | \\ CH_2Br \end{matrix} + 2\,KCN = \underset{\text{Äthylencyanid}}{\begin{matrix} CH_2 \cdot CN \\ | \\ CH_2 \cdot CN \end{matrix}} + 2\,KBr,$$

$$\underset{\text{Benzylchlorid}}{C_6H_5 \cdot CH_2 \cdot Cl} + KCN = \underset{\text{Benzylcyanid}}{C_6H_5 \cdot CH_2 \cdot CN} + KCl,$$

oder indem man ätherschwefelsaure Salze mit Cyankalium trocken destilliert:

$$\underset{\text{Äthylschwefelsaures Kalium}}{SO_2\begin{matrix} \diagup O\,\boxed{C_2H_5} \\ \diagdown OK \end{matrix}} + \boxed{CN}K = \underset{\text{Propionitril}}{C_2H_5 \cdot CN} + SO_4K_2,$$

Diese zwei Reaktionen unterscheiden sich von den zuerst aufgeführten dadurch, daß bei ihnen eine neue Kohlenstoffbindung zustande kommt. Sie lassen ferner die Nitrile als Cyanderivate der Alkyle erscheinen, nach welcher Auffassung man diese Körper auch wohl in der folgenden Weise benennt:

$$CH_3 \cdot CN = \text{Acetonitril} = \text{Methylcyanid}$$
$$C_2H_5 \cdot CN = \text{Propionitril} = \text{Äthylcyanid usf.}$$

Die Nitrile sind in den niederen Reihen farblose Flüssigkeiten, in den höheren kristallisierte Körper, deren Wasserlöslichkeit mit steigendem Molekulargewicht immer mehr abnimmt. Erhitzt man sie unter Druck mit Wasser auf 180°, so nehmen sie ein Molekül von diesem auf, indem sie in Säureamide übergehen:

$$CH_3 \cdot CN + H_2O = CH_3 \cdot CO \cdot NH_2.$$

Beim Erwärmen mit Alkalien oder Säuren nehmen sie zwei Moleküle Wasser auf, wobei sich intermediär ein Ammoniumsalz bildet:

$$CH_3 \cdot CN + 2H_2O = CH_3 \cdot COONH_4,$$

welches mit dem Alkali oder der Säure jedoch sofort nach folgenden Gleichungen reagiert:

$$CH_3 \cdot COONH_4 + KOH = CH_3 \cdot COOK + NH_3 + H_2O$$
$$CH_3 \cdot COONH_4 + HCl = CH_3 \cdot COOH + NH_4Cl.$$

Man bezeichnet diesen Prozeß als „Verseifung".

Läßt man naszierenden Wasserstoff (z. B. aus Zink und Schwefelsäure) auf Nitrile einwirken, so bilden sich primäre Amine (Reaktion von Mendius)[1]:

$$CH_3 \cdot CN + 2H_2 = \underset{\text{Äthylamin}}{CH_3 \cdot CH_2 \cdot NH_2}.$$

Weitere, weniger wichtige, jedoch allgemeine Reaktionen seien nur durch die folgenden Gleichungen angedeutet:

$$CH_3 \cdot CN + H_2S = \underset{\text{Thioacetamid}}{CH_3 \cdot CS \cdot NH_2},$$

$$CH_3 \cdot CN + CH_3 \cdot COOH = \begin{matrix} CH_3 \cdot CO \\ CH_3 \cdot CO \end{matrix}\!\!>\!NH = \text{Diacetamid},$$

$$CH_3 \cdot CN + \begin{matrix} CH_3 \cdot CO \\ CH_3 \cdot CO \end{matrix}\!\!>\!O = N(CO \cdot CH_3)_3 = \text{Triacetamid},$$

$$\underset{\text{Hydroxylamin}}{CH_3 \cdot CN + NH_2 \cdot OH} = \underset{\text{Acetamidoxim}}{CH_3 \cdot C{\begin{matrix} \diagup N \cdot OH \\ \diagdown NH_2 \end{matrix}}},$$

$$CH_3 \cdot CN + HCl = \underset{\text{Imidchlorid}}{CH_3 \cdot C{\begin{matrix} \diagup NH \\ \diagdown Cl \end{matrix}}}.$$

[1] A. **121**, 129.

6. Reaktion: Darstellung eines Säureesters aus Säure und Alkohol.

Beispiel: Essigsäureäthylester aus Essigsäure und Äthylalkohol.[1]

Ein Kolben von $^1/_2$ Liter Inhalt wird mit einem doppelt durchbohrten Kork versehen, in dessen einer Bohrung sich ein Tropftrichter befindet, während durch die zweite ein Verbindungsrohr führt, welches anderseits mit einem langen absteigenden Kühler (zweckmäßig Schlangenkühler) verbunden ist. Man füllt in den Kolben eine Mischung von 50 ccm Alkohol und 50 ccm konzentrierter Schwefelsäure, erhitzt im Ölbade auf 140° (Thermometer in das Öl eintauchend) und läßt, sobald diese Temperatur erreicht ist, durch den Tropftrichter allmählich eine Mischung von 400 ccm Alkohol und 400 ccm Eisessig hinzufließen, und zwar in demselben Maße, wie der sich bildende Essigester überdestilliert. Das Destillat wird zur Entfernung der mit übergerissenen Essigsäure in einem offenen Kolben so lange mit nicht zu verdünnter Sodalösung geschüttelt, bis die obere Schicht blaues Lackmuspapier nicht mehr rötet. Man trennt dann in einem Scheidetrichter die beiden Schichten, filtriert die obere durch ein trockenes Faltenfilter und schüttelt sie zur Entfernung des Alkohols mit einer Lösung von 100 g Chlorcalcium in 100 g Wasser durch. Es werden dann wiederum beide Schichten im Scheidetrichter getrennt, worauf die obere mit gekörntem Chlorcalcium getrocknet und dann auf dem Wasserbade rektifiziert wird (vgl. S. 17). Siedepunkt 78°. Ausbeute ca. 80—90% der Theorie.

Die Bildung eines Esters aus Säure und Alkohol entspricht der Salzbildung aus Säure und Metallhydroxyd:

$$NO_3 \cdot H + Na \cdot OH = NO_3 \cdot Na + H_2O$$
$$CH_3 \cdot COOH + C_2H_5OH = CH_3 \cdot COOC_2H_5 + H_2O\,.$$

Beide Prozesse verlaufen jedoch quantitativ in durchaus verschiedener Weise. Während eine starke Säure durch eine äquivalente Menge einer starken Base praktisch quantitativ in ein Salz übergeführt (neutralisiert) werden kann, worauf ja die Alkali- und Acidimetrie beruht, gelingt es nicht, aus äquimolekularen Mengen von Säure und Alkohol die theoretisch berechnete Menge von Ester zu gewinnen. Es bildet sich vielmehr eine gewisse maximale Menge Ester, die stets hinter der theoretischen zurückbleibt, und es gelingt durch noch so lange Fortdauer der Reaktion nicht, die nicht in Reaktion getretene Säure mit

---

[1] Bl. 33, 350.

dem unveränderten Alkohol über jene Grenze hinaus zur Esterbildung zu veranlassen. Lassen wir z. B. äquimolekulare Mengen von Essigsäure und Alkohol aufeinander einwirken, so treten von diesen nur je zwei Drittel in Reaktion, und es ist unmöglich, durch noch so lange Fortdauer der Reaktion auch das letzte Drittel der Essigsäure mit dem des Alkohols zur Reaktion zu veranlassen, so daß die maximale Ausbeute an Ester nur zwei Drittel d. h. 66·7% der theoretischen beträgt. Der verschiedene quantitative Verlauf obiger Reaktionen beruht nun darauf, daß die Esterbildung eine sogen. „umkehrbare Reaktion" ist, d. h. eine solche, bei der die auf der rechten Seite der Gleichung stehenden Reaktionsprodukte (Ester und Wasser) auch wieder im umgekehrten Sinne aufeinander einwirken können:

$$CH_3 \cdot COOC_2H_5 + H_2O = CH_3 \cdot COOH + C_2H_5 \cdot OH\,.$$

Bei derartigen umkehrbaren Reaktionen vereinigt man die beiden Seiten der Gleichung nach dem Vorschlage von VAN'T HOFF nicht durch ein Gleichheitszeichen, sondern durch zwei entgegengesetzt gerichtete Pfeile:

$$CH_3 \cdot COOH + C_2H_5OH \rightleftarrows CH_3 \cdot COOC_2H_5 + H_2O\,.$$

Der Esterbildung gegenüber ist die Neutralisation einer starken Säure mit einer starken Base eine „nicht umkehrbare oder vollständig verlaufende Reaktion", weil das Wasser auf das Salz nicht im Sinne von rechts nach links unter Regeneration von Säure und Base einwirken kann. In Wirklichkeit besteht jedoch ein solcher Unterschied nicht. Alle Reaktionen sind umkehrbar. In den Fällen jedoch, wo ein Reaktionsprodukt schwer löslich ist oder gasförmig entweicht, oder wo wie oben bei der Neutralisation von starken Säuren mit starken Basen aus anderen Gründen die Neigung zum Eintritt der Gegenreaktion sehr gering ist, kann die eine der beiden entgegengesetzten Reaktionen „innerhalb der Meßbarkeit" vollständig verlaufen. Dann sprechen wir von einer „nicht umkehrbaren Reaktion", wobei wir nicht übersehen dürfen, daß dieser Ausdruck nicht im strengsten Sinne des Wortes, sondern nur „im praktischen Sinne" zu verstehen ist. — Während die rein chemischen Gleichungen uns für nicht umkehrbare Reaktionen zu berechnen gestatten, wieviel eines Reaktionsproduktes aus bestimmten Ausgangsstoffen erhalten wird, ist dies ausschließlich mit Hilfe der quantitativen stöchiometrischen Gleichungen für umkehrbare Reaktionen nicht möglich. An die Stelle jener tritt hier das **Massenwirkungsgesetz** (GULDBERG und WAAGE 1867), dessen große Bedeutung demnach darin besteht, daß es für umkehrbare Reaktionen zu berechnen gestattet, wieweit diese sich vollziehen.

Wie oben bereits erwähnt, wirken äquimolekulare Mengen von Essigsäure und Alkohol derart aufeinander ein, daß bei noch so langer Einwirkung nur zwei Drittel der Menge dieser Stoffe unter Bildung von Essigester und Wasser aufeinander reagieren. Es tritt schließlich ein „Gleichgewichtszustand“ ein, indem das Reaktionsgemisch dauernd die folgende Zusammensetzung behält:

$$\tfrac{2}{3}\ \text{Ester} + \tfrac{2}{3}\ \text{Wasser} + \tfrac{1}{3}\ \text{Essigsäure} + \tfrac{1}{3}\ \text{Alkohol}\,.$$

Dasselbe Gleichgewicht tritt schließlich ein, wenn wir nicht von den Stoffen der linken, sondern von denen der rechten Seite ausgehen. Lassen wir nämlich äquimolekulare Mengen von Essigester und Wasser aufeinander einwirken, so findet eine teilweise Verseifung des Esters zu Essigsäure und Alkohol statt, die aber bei noch so langer Einwirkung sich nicht über mehr als $\frac{1}{3}$ des Esters erstreckt, so daß wie oben im Gleichgewicht wiederum je $\frac{2}{3}$ Ester und Wasser und je $\frac{1}{3}$ Essigsäure und Alkohol vorhanden sind.

Ein solches Gleichgewicht ist nicht so aufzufassen, daß die bei seinem Eintritt bestehenden Moleküle der vier Stoffe dauernd unverändert bleiben (statisches Gleichgewicht), sondern derart, daß dauernd aus jeweils vorhandener Essigsäure und aus Alkohol neuer Ester und Wasser gebildet wird, wofür anderseits gleichzeitig vorhandener Ester mit Wasser sich im umgekehrten Sinne zu Essigsäure und Alkohol umsetzt (dynamisches Gleichgewicht). Trotz dieser andauernden Reaktion kann ein Gleichgewicht bestehen, d. h. die Zusammensetzung des Systems kann unverändert bleiben, wenn nämlich in gleichen Zeiten gleich viel Moleküle Ester verseift wie neue Estermoleküle gebildet werden, d. h. wenn die Geschwindigkeiten der beiden entgegengesetzten Reaktionen einander gleich sind.

Für die Bildung von Essigester aus Essigsäure und Alkohol lautet nun die Massenwirkungsgleichung:

$$\frac{C_S \cdot C_A}{C_E \cdot C_W} = K,$$

worin C_S, C_A, C_E, C_W die „Konzentrationen“ der vier Stoffe Essigsäure, Alkohol, Ester und Wasser bedeuten, während K eine Konstante ist. Unter Konzentration oder „aktiver Masse“ (Guldberg und Waage) ist nicht etwa die im Gesamtvolumen oder in der Volumeneinheit enthaltene Gewichtsmenge jener Stoffe zu verstehen, sondern die relative Zahl der Moleküle d. i. Gewicht des Stoffes dividiert durch sein Molekulargewicht (Anzahl der Grammoleküle). Die Gleichung sagt uns somit aus, daß, wenn jene vier Stoffe miteinander im Gleichgewicht sind, das Produkt der Konzentrationen der Essigsäure und des Alkohols dividiert durch das Produkt der Konzentrationen des Esters und Wassers stets gleich einer Konstanten sein muß. Wie läßt sich diese Konstante nun bestimmen? Wir ermitteln einfach für einen konkreten Fall auf analytischem Wege die Gewichtsmengen der vier Stoffe, die im Gleichgewicht nebeneinander vorhanden sind, rechnen diese nach obigen Ausführungen in Konzentrationen um und setzen diese Werte in obige Gleichung ein. Dies ist für unser Beispiel besonders leicht auszuführen, da in ihm ja drei der Stoffe (Alkohol, Ester und Wasser) neutral reagieren, so daß die Menge des vierten, der Essigsäure, durch Titrieren leicht ermittelt werden kann. Nehmen wir z. B. äquimolekulare Mengen von Essigsäure und Alkohol, welche also die gleiche Anzahl von Molekülen enthalten, etwa 60 g Essigsäure und 46 g Alkohol, so werden wir, wenn wir dem Gemisch im ersten Augenblick des Mischens 1 ccm entnehmen, in diesem durch Titrieren noch die entsprechende ganze Menge der Essigsäure vorfinden. Lassen wir nun die beiden Stoffe längere Zeit aufeinander einwirken, und entnehmen wir von Zeit zu Zeit je 1 ccm, so wird die Titration ergeben, daß der saure Titer immer mehr abnimmt, bis er schließlich bei noch so langer Dauer der Einwirkung konstant bleibt, indem jetzt Gleichgewicht eingetreten ist. Vergleichen wir den maximalen Anfangstiter mit dem minimalen Endtiter, so ergibt sich, daß letzterer gleich einem Drittel des ersteren ist, d. h. im Gleichgewicht ist von den ursprünglich vorhanden gewesenen Essigsäuremolekülen nur noch ein Drittel vorhanden, die anderen zwei Drittel sind in Ester verwandelt. Da aus einem Molekül Säure ein Molekül Ester entsteht, so ist die Anzahl der gebildeten Estermoleküle gleich zwei Dritteln der ursprünglich vorhandenen Essigsäuremoleküle. Da fernerhin bei der Bildung e i n e s Estermoleküls auch e i n Wassermolekül entsteht, so ist die Anzahl der gebildeten Moleküle Wasser ebenfalls gleich zwei Dritteln der ursprünglich vorhandenen Essigsäuremoleküle. Indem schließlich auf je ein Molekül Säure bei der Esterbildung ein Molekül Alkohol in Reaktion tritt, sind auch zwei Drittel der Alkoholmoleküle verbraucht, demnach ist im Gleichgewicht nur noch ein Drittel von diesen vorhanden. Durch eine bloße Titrierung haben wir somit die im Gleichgewicht vorhandenen Mengen der vier Stoffe ermittelt. Wir haben demnach in unsere Gleichung die folgenden Werte einzusetzen:

$$C_S = \tfrac{1}{3};\ C_A = \tfrac{1}{3};\ C_E = \tfrac{2}{3};\ C_W = \tfrac{2}{3}.$$

Führen wir diese Werte in die obige Gleichung ein, so erhalten wir:

$$K = \frac{\frac{1}{3} \cdot \frac{1}{3}}{\frac{2}{3} \cdot \frac{2}{3}} = \frac{1}{4}.$$

Haben wir so durch einen e i n z i g e n Versuch K genau ermittelt, so sind wir imstande, für alle Mengenverhältnisse von Essigsäure und Alkohol zu berechnen, wie das schließliche Gleichgewicht quantitativ beschaffen sein wird, d. h. wir können berechnen, wie groß die Ausbeute an Essigester sein wird. Wenden wir z. B. auf **ein** Grammolekül Essigsäure **zwei** Grammoleküle Alkohol an und sei x die Anzahl von Grammolekülen Ester im Gleichgewicht, so sind auch x Grammoleküle Wasser vorhanden. Die unveränderte Essigsäure beläuft sich dann auf $(1 - x)$ Grammoleküle, der unveränderte Alkohol auf $(2 - x)$ Grammoleküle.

Setzen wir diese Werte in unsere Gleichung ein, so erhalten wir:

$$\frac{(1-x)\cdot(2-x)}{x\cdot x} = \frac{1}{4}$$

$$x = 2 \pm 2\sqrt{\tfrac{1}{3}}$$

Da x naturgemäß nicht größer als 1 sein kann, da ja nur 1 Grammolekül Essigsäure verwandt ist, so kommt von den beiden Werten nur der mit negativem Vorzeichen in Frage. x ist also gleich $2 - 2\sqrt{\tfrac{1}{3}} = 0{\cdot}85$, d. h. 0·85 Grammoleküle Ester sind im Gleichgewicht vorhanden, oder 0·85 Grammoleküle d. h. 85 % der angewandten Essigsäure sind in Ester verwandelt. Wendet man also nicht äquimolekulare Mengen von Essigsäure und Alkohol an, sondern von letzterem das Doppelte der theoretischen Menge, so werden statt 66·7 % der Essigsäure von dieser 85 % in Ester verwandelt.

Man löse an dieser Stelle die folgenden Aufgaben:

Wieviel Ester entsteht, wenn auf 1 Grammolekül Essigsäure 3 Grammoleküle Alkohol einwirken? Wieviel Ester entsteht, wenn 30 g Essigsäure und 50 g Alkohol angewandt werden? In welchem Gewichtsverhältnis muß man Essigsäure und Alkohol aufeinander einwirken lassen, um 75 % der ersteren in Ester zu verwandeln?

Wie aus obigen Beispielen folgt, wird bei gleichbleibender Essigsäuremenge die Ausbeute an Ester um so größer, je mehr Alkohol verwandt wird. Es ergibt sich dies auch direkt aus obiger Massenwirkungsgleichung. Wie wir sahen, muß K für alle Mengenverhältnisse der Reaktive den gleichen Wert $\frac{1}{4}$ beibehalten. Wird also C_A, die Konzentration des Alkohols, größer, so müssen die drei übrigen Größen sich so ändern, daß der Quotient den gleichen Wert behält. Dies kann nur geschehen, indem die beiden im Nenner stehenden Größen, die in diesem Falle ja beide miteinander wachsen werden, größer werden, d. h. die Konzentrationen des Esters und des gleichzeitig gebildeten Wassers müssen größer werden. Die Ausgleichung des Quotienten findet jedoch nicht nur vom Nenner, sondern auch vom Zähler her statt; denn wenn sich mehr Ester bildet, so wird hierfür Essigsäure verbraucht. Die Ausgleichung vollzieht sich also auch dadurch, daß die Konzentration der Essigsäure kleiner wird. Will man demnach eine Säure möglichst vollständig esterifizieren, so ist ein großer Überschuß von Alkohol zu verwenden. Soll anderseits ein Alkohol möglichst quantitativ in einen Ester übergeführt werden, so nehme man einen großen Überschuß von Säure. Wie man diese Erwägungen allgemein bei präparativen Arbeiten verwerten kann, ist bereits beim Bromäthyl angedeutet.

Bei der oben ausgeführten Darstellung von Essigester wurde außer Essigsäure und Alkohol noch Schwefelsäure verwandt. Diese wirkt in zweierlei Weise. Wie bekannt, vermag konzentrierte Schwefelsäure Wasser chemisch zu binden. Indem somit das bei der Esterbildung entstehende Wasser ganz oder zum Teil gebunden wird, ist die Gegenreaktion von rechts nach links d. h. die Verseifung des gebildeten Esters unmöglich gemacht oder wenigstens erschwert, so daß die Ausbeute an Ester eine größere wird als bei Abwesenheit von Schwefelsäure. Letztere wirkt aber noch in einer anderen Weise bei der Reaktion mit, nämlich als Katalysator, d. h. sie beschleunigt sowohl die Esterbildung wie die Verseifung und zwar numerisch in gleicher Weise, so daß in dieser Richtung die Zusammensetzung des Gleichgewichtes nicht verändert wird. Auch andere Säuren vermögen in diesem Sinne katalytisch zu wirken. So stellt man z. B. Säureester vielfach in der Weise dar, daß man in das Gemisch von Säure und Alkohol gasförmige Salzsäure einleitet oder die Säure mit alkoholischer Salzsäure (einige Prozent HCl enthaltend) erwärmt (vgl. B. **28**, 3252). Die katalytische Beschleunigung ist proportional der Stärke der Säure (Katalysator). Je stärker die Säure dissoziiert ist, d. h. je größer die Konzentration der Wasserstoffionen in dem vorhandenen Reaktionsgemisch ist, um so schneller verläuft die Esterbildung. Auf diesem Wege u. a. ist die Stärke vieler Säuren bestimmt.

In manchen Fällen, wo die Salze von organischen Säuren leichter erhältlich als die freien Säuren sind, kann man auch die ersteren zur Darstellung der Ester direkt mit Alkohol und Schwefelsäure erhitzen. Andere Darstellungsmethoden für Säureester sind bei den vorstehenden Präparaten bereits mehrfach erwähnt und zum Teil im kleinen praktisch ausgeführt, so daß hier nur die betreffenden Gleichungen wiederholt werden mögen:

1. $CH_3\cdot COOAg + JC_2H_5 = CH_3\cdot COOC_2H_5 + AgJ,$
2. $CH_3\cdot CO\cdot Cl + C_2H_5\cdot OH = CH_3\cdot COOC_2H_5 + HCl,$
3. $\left.\begin{matrix}CH_3\cdot CO\\ CH_3\cdot CO\end{matrix}\right\rangle O + C_2H_5\cdot OH = CH_3\cdot COOC_2H_5 + CH_3\cdot COOH.$

. . . .

4. Säureester können auch außerordentlich leicht erhalten werden, indem man in der Kälte auf die Alkalisalze von Säuren Alkylsulfat[1] einwirken läßt:

$$R\cdot COOMe + (CH_3)_2SO_4 = R\cdot COOCH_3 + CH_3\cdot SO_4\cdot Me$$

(vgl. B. **37**, 3658). Man beachte hierbei die Giftigkeit des Methylsulfates!

Bezüglich der Reinigung von Säureestern sei erwähnt, daß man das Rohprodukt der Reaktion zur Entfernung der freien Säure mit Sodalösung schüttelt, bis der Ester nicht mehr sauer reagiert. Den Alkohol kann man bei in Wasser schwer löslichen Estern durch mehrfaches Ausschütteln mit Wasser entfernen, während man, wie im Falle

[1] Mit Hilfe von Dimethylsulfat läßt sich auch das H-Atom in Phenol-Hydroxylgruppen, sowie am Stickstoff haftender Wasserstoff sehr leicht durch Methyl ersetzen. Vgl. A. **327**, 104.

des Essigesters, der in Wasser verhältnismäßig löslich ist, zweckmäßiger durch Chlorcalciumlösung den Alkohol bindet.

Die Säureester sind in den niederen Reihen farblose, angenehm fruchtähnlich riechende Flüssigkeiten, in den höheren Reihen sowie bei aromatischen Säuren vielfach kristallisierte Substanzen. Der Siedepunkt der Ester mit niedrigmolekularen Alkylresten (CH_3, C_2H_5, C_3H_7) liegt niedriger als der der Säurehydrate, während der Eintritt schwerer Alkylreste den Siedepunkt erhöht:

$CH_3 \cdot COOCH_3$	Siedepunkt	57°
$CH_3 \cdot COOC_2H_5$	„	78°
$CH_3 \cdot COOH$	„	118°
$CH_3 \cdot COOC_6H_{13}$ Essigsäurehexylester	„	169°.

Von Reaktionen der Säureester ist bereits erwähnt, daß letztere durch Erhitzen mit Wasser verseift werden:

$$CH_3 \cdot CO \cdot OC_2H_5 + H_2O = CH_3 \cdot COOH + C_2H_5 \cdot OH.$$

Leichter als durch Wasser erfolgt die Verseifung durch Erwärmen mit Alkalien:

$$CH_3 \cdot CO \cdot OC_2H_5 + KOH = CH_3 \cdot COOK + C_2H_5 \cdot OH.$$

Von anderen Verseifungsmethoden wird weiter unten die Rede sein, wenn ein praktisches Beispiel dieser Art ausgeführt werden wird.

Daß durch Einwirkung von Ammoniak auf Säureester Säureamide gebildet werden, ist bereits oben beim Acetamid angeführt:

$$CH_3 \cdot CO \cdot OC_2H_5 + NH_3 = CH_3 \cdot CO \cdot NH_2 + C_2H_5 \cdot OH.$$

7. Reaktion: Substitution von Wasserstoff durch Chlor.

Beispiel: Monochloressigsäure aus Essigsäure und Chlor.[1]

In eine Mischung von 150 g Eisessig und 12 g rotem Phosphor, welche sich in einem mit Einleitungsrohr und Rückflußkühler verbundenen Kolben befindet und auf einem lebhaft siedenden Wasserbade erhitzt wird, leitet man an einem möglichst hellen Orte, am besten im direkten Sonnenlichte, trockenes Chlor ein. Der Verlauf der Chlorierung hängt wesentlich von der Belichtung ab. Die Reaktion ist beendet, sobald eine kleine Probe beim Abkühlen durch Eiswasser und Reiben mit einem Glasstabe erstarrt. Im Sommer genügt hierfür eintägiges Einleiten von Chlor, während an trüben Wintertagen dieses noch einen zweiten Tag

[1] R. 23, 222; A. 102, 1.

fortgesetzt werden muß. Zur Abscheidung der Monochloressigsäure wird das Reaktionsprodukt aus einem Fraktionierkolben, welcher mit einem Verlängerungsrohr verbunden ist, der fraktionierten Destillation unterworfen, und die von 150—200° übergehende Fraktion in einem Becherglase gesondert aufgefangen. Diese kühlt man dann unter Reiben mit einem Glasstabe in Eiswasser ab und filtriert den erstarrten Anteil, welcher aus reiner Monochloressigsäure besteht, schnell an der Saugpumpe ab, wobei man die lockeren Kristalle mit einem Spatel oder Mörserpistill fest zusammenpreßt. Das Absaugen darf nicht zu lange fortgesetzt werden, da sonst die Chloressigsäure durch die warme Luft allmählich verflüssigt wird. Das Filtrat unterwirft man nochmals der Destillation, wobei man den zwischen 170 und 200° übergehenden Teil gesondert auffängt. Verfährt man mit diesem nochmals wie soeben (Abkühlen und Filtrieren), so erhält man noch eine zweite Menge von Monochloressigsäure, welche mit der Hauptmenge vereinigt und durch nochmalige Destillation vollkommen rein erhalten wird. Siedepunkt 186°. Ausbeute wechselnd; 80—125 g.

Da die Monochloressigsäure vor allem in warmem Zustande die Haut aufs äußerste angreift, so hüte man sich, bei obigen Operationen mit ihr in Berührung zu kommen.

Chlor- oder Brom-substituierte aliphatische Karbonsäuren können durch direkte Einwirkung der Halogene auf die Säurehydrate gewonnen werden:

$$\underset{}{CH_3\cdot COOH} + \underset{(Br_2)}{Cl_2} = \underset{(Br)}{CH_2Cl}\cdot COOH + \underset{(HBr)}{HCl}.$$

Läßt man die Reaktion längere Zeit fortdauern, so können auch mehrfach substituierte Derivate erhalten werden. Allein die Einwirkung des Chlors oder Broms auf die Säuren verläuft sehr träge. Durch verschiedene Umstände läßt sie sich jedoch wesentlich erleichtern. Führt man z. B. die Substitution im hellen Sonnenlichte aus, so verläuft sie bei weitem schneller als an einem dunklen Orte. Noch wirksamer läßt sich die Reaktion unterstützen, wenn man einen sogen. „Überträger" hinzufügt. Als solchen kann man sowohl für die Einführung von Chlor wie von Brom Jod anwenden. Dieses, in kleiner Menge der zu substituierenden Substanz hinzugefügt, bewirkt, daß die Substitution bei weitem schneller und vollständiger eintritt. Die kontinuierliche Wirkung dieses Überträgers beruht darauf, daß sich in der ersten Phase Chlorjod bildet:

$$1.\quad Cl + J = ClJ.$$

Dieses wirkt dann in einer zweiten Phase nach der folgenden Gleichung chlorierend, z. B.:

$$2.\quad CH_3\cdot COOH + ClJ = CH_2Cl\cdot COOH + HJ.$$

Auf die Jodwasserstoffsäure wirkt dann das Chlor nach folgender Gleichung:

$$3.\quad HJ + Cl_2 = ClJ + HCl.$$

Es wird demnach das Molekül Chlojod der Gleichung 1 wieder von neuem gebildet, so daß jetzt wieder nach Gleichung 2 ein weiteres Molekül Essigsäure chloriert werden kann usw. Die Wirkung des Jodes beruht demnach in letzter Linie darauf, daß das Molekül ClJ leichter in seine Atome zerfällt als das Molekül Cl_2. Die Anwendung des Jodes als Überträger bringt einen Übelstand mit sich; es werden nämlich die Reaktionsprodukte leicht durch allerdings nur geringe Mengen von Jodderivaten verunreinigt.

In einer ganz anderen Weise wirkt ein Zusatz von rotem Phosphor erleichternd auf die Chlorierung ein. Es bildet sich in diesem Falle zunächst aus dem Phosphor und Chlor Fünffachchlorphosphor, welcher auf die Essigsäure einwirkend Acetylchlorid erzeugt, welch letzteres mit der überschüssigen Essigsäure deren Anhydrid bildet. Wie nun direkte Versuche ergeben haben, werden sowohl Säurechloride wie Anhydride viel leichter durch Chlor substituiert als die Hydrate, so daß hiermit die Wirkung des roten Phosphors ihre Erklärung gefunden hat. Da eine kleine Menge Phosphor genügt, um große Quantitäten von Essigsäure zu chlorieren, so ist noch die Frage zu beantworten, in welcher Weise der Prozeß zu einem kontinuierlichen sich gestaltet. Nach dem oben Gesagten treten zunächst die folgenden Reaktionen ein:

$$1.\quad P + 5\,Cl = PCl_5,$$

$$2.\quad CH_3\cdot COOH + PCl_5 = CH_3\cdot CO\cdot Cl + POCl_3 + HCl,$$

$$3.\quad CH_3\cdot CO\cdot Cl + CH_3\cdot COOH = \begin{matrix} CH_3\cdot CO \\ CH_3\cdot CO \end{matrix}\!\!>\!O + HCl.$$

Wirkt nun das Chlor auf Essigsäureanhydrid ein, so bildet sich zunächst Monochloressigsäureanhydrid:

$$4.\quad \begin{matrix} CH_3\cdot CO \\ CH_3\cdot CO \end{matrix}\!\!>\!O + Cl_2 = \begin{matrix} CH_2Cl\cdot CO \\ CH_3\cdot CO \end{matrix}\!\!>\!O + HCl.$$

Dieses reagiert aber sofort mit der Salzsäure nach der folgenden Gleichung:

$$5.\quad \begin{matrix} CH_2Cl\cdot CO \\ CH_3\cdot CO \end{matrix}\!\!>\!O + HCl = CH_2Cl\cdot COOH + CH_3\cdot CO\cdot Cl.$$

Es bildet sich also neben einem Molekül Chloressigsäure das Molekül Acetylchlorid, welches anfänglich nach Gleichung 2 entstanden war, wieder zurück, so daß die Gleichungen 3, 4 und 5 sich nun immer von neuem wiederholen können.

An Stelle des roten Phosphors hat man auch einen Zusatz von Schwefel bei der Chlorierung aliphatischer Säuren empfohlen. Dieser wirkt in vollkommen gleicher Weise, indem sich zunächst Chlorschwefel bildet, welcher das Säurehydrat wie der Chlorphosphor in ein Chlorid verwandelt. Der weitere Verlauf ist der gleiche wie oben.

Auch die Bromierung aliphatischer Karbonsäuren, welche nicht nur von präparativer Bedeutung, sondern von großer Wichtigkeit für die Konstitutionsermittelung ist, pflegt man unter Zusatz von rotem Phosphor auszuführen (Hell-Volhard-Zelinskysche Methode).[1]

Bezüglich des Eintritts der Halogenatome hat sich ergeben, daß dieser stets in α-Stellung zur Karboxylgruppe, niemals an anderer Stelle erfolgt. So liefern z. B. Propionsäure und Buttersäure bei der Bromierung:

$$\underset{\alpha\text{-Brompropionsäure}}{CH_3\cdot CHBr\cdot COOH} \qquad \underset{\alpha\text{-Brombuttersäure}}{CH_3\cdot CH_2\cdot CHBr\cdot COOH}.$$

Ist kein α-Wasserstoffatom, wie z. B. in der Trimethylessigsäure $(CH_3)_3\cdot\underset{(\alpha)}{C}\cdot COOH$, vorhanden, so findet auch unter obigen Verhältnissen keine Bromierung statt. Man kann demnach die Bromierbarkeit einer Säure als Prüfstein für das Vorhandensein von α-Wasserstoffatomen benutzen.

Jod kann nicht direkt wie Chlor und Brom in aliphatische Säuren eingeführt werden. Um jodsubstituierte Säuren zu erhalten, läßt man auf die entsprechenden Chlor- oder Bromverbindungen Jodkalium einwirken:

$$CH_2Cl\cdot COOH + KJ = CH_2J\cdot COOH + KCl.$$

Die halogensubstituierten Fettsäuren sind zum Teil Flüssigkeiten, zum Teil feste Körper. In ihren Reaktionen verhalten sie sich einerseits wie Säuren, indem sie Salze, Chloride, Anhydride, Ester usw. bilden, anderseits wie Halogenalkyle. Sie sind in synthetischer Richtung für die Darstellung von Oxy- und Amidosäuren, von ungesättigten Säuren, für die Synthese von mehrbasischen Säuren usw. von großer Bedeutung; es seien hier nur einige diesbezügliche Gleichungen von allgemeiner Gültigkeit angeführt:

$$CH_2Cl\cdot COOH + H_2O = \underset{\substack{\text{Oxyessigsäure =}\\ \text{Glykolsäure}}}{CH_2(OH)\cdot COOH} + HCl,$$

[1] B. **14**, 891; **21**, 1726; A. **242**, 141; B. **21**, 1904; B. **20**, 2026; B. **24**, 2216.

$$CH_2Cl\cdot COOH + NH_3 = \underset{\text{Amidoessigsäure = Glykokol}}{NH_2\cdot CH_2\cdot COOH} + HCl,$$

$$\underset{\text{(aus Glycerinsäure + }PJ_3\text{)}}{\begin{array}{c} CH_2J \\ | \\ CH_2 \\ | \\ COOH \end{array}} + KOH = \underset{\text{Akrylsäure}}{\begin{array}{c} CH_2 \\ \| \\ CH \\ | \\ COOH \end{array}} + KJ + H_2O.$$

$$CH_2Cl\cdot COOH + KCN = \underset{\text{Cyanessigsäure}}{CN\cdot CH_2\cdot COOH} + KCl,$$

$$2\,CH_2Br\cdot COOH + 2\,Ag = \underset{\text{Bernsteinsäure}}{\begin{array}{c} COOH \\ | \\ CH_2 \\ | \\ CH_2 \\ | \\ COOH \end{array}} + 2\,AgBr.$$

8. Reaktion: Oxydation eines primären Alkohols zu einem Aldehyd.

Beispiel: Acetaldehyd aus Äthylalkohol.[1]

Ein Kolben von $1^1/_2$ Liter Inhalt wird mit Hilfe eines doppelt durchbohrten Korkes mit einem Tropftrichter und einem langen, absteigenden Kühler verbunden. Das untere Ende des Kühlrohres steht durch einen Kork mit einem abwärts gebogenen Vorstoß in Verbindung, dessen verengter Teil durch einen Kork in den Hals eines dickwandigen Saugkolbens von $^1/_2$ Liter Inhalt eingesetzt ist (vgl. Fig. 65). Wendet man einen aufrechten Schlangenkühler an, so wird dieser ohne Vorstoß direkt mit dem Saugkolben verbunden. Nachdem man letzteren in einem eisernen Topfe mit einer Kältemischung aus zerschlagenem Eis und Kochsalz umgeben hat, erhitzt man in dem großen Kolben über einem Drahtnetze eine Mischung von 110 g konzentrierter Schwefelsäure und 200 g Wasser so lange, bis das Wasser eben zu sieden beginnt, und läßt dann in dünnem Strahle eine Lösung von 200 g bichromsaurem Natrium in 200 g Wasser, welche man mit 100 g Alkohol versetzt hat, aus dem Scheidetrichter, dessen Ausflußöffnung sich etwa 3 cm über der Oberfläche der verdünnten Schwefelsäure befindet, hinzufließen. Ohne daß man während

[1] A. **14**, 133; J. **1853**, 329.

des Zufließens mit der Flamme weiter erhitzt, bleibt die Flüssigkeit infolge der bei der Reaktion auftretenden Wärme im Sieden, und es destilliert in die Vorlage der entstandene Aldehyd neben Alkohol, Wasser und Acetalen über. Sollten hierbei aus der Vorlage unkondensierte Dämpfe von Aldehyd entweichen, so läßt man die Mischung in langsamerem Tempo zufließen. Gerät anderseits die Flüssigkeit beim Zufließen des Alkoholchromatgemisches nicht ins Sieden, so kann man die Reaktion durch Erwärmen mit einer kleinen Flamme unterstützen. Nachdem die gesamte Mischung hinzugeflossen ist, erhitzt man noch kurze Zeit durch eine Flamme bis zum beginnenden Sieden.

Da man aus dem Reaktionsprodukt den Aldehyd durch fraktionierte Destillation nicht wohl abscheiden kann, so führt man ihn zunächst in Aldehydammoniak über, aus dem sich leicht reiner Aldehyd wieder gewinnen läßt.

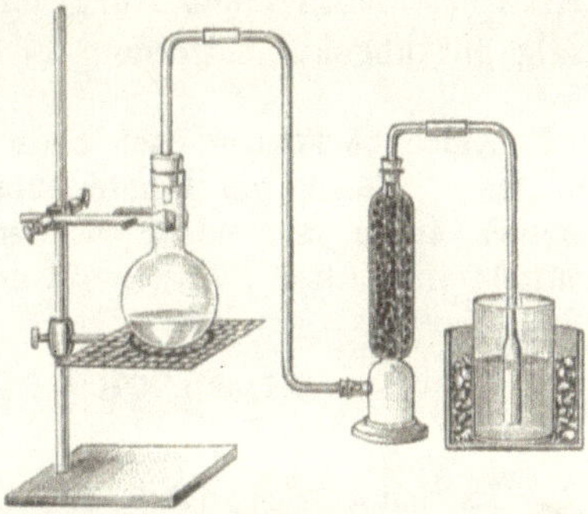

Fig. 66.

Man richtet sich hierfür zunächst den folgenden Apparat her: Ein kleiner Kolben, welcher sich auf einem Drahtnetze befindet und den rohen Aldehyd enthält, wird mit einem aufrechten mittelgroßen Rückflußkühler verbunden. In das obere Ende des Kühlrohres setzt man mit einem Korke ein ⅂-förmig gebogenes Glasrohr ein, welches mit zwei Waschflaschen, die je 50 ccm trockenen Äther enthalten, verbunden wird. Nachdem man den Kühler mit Wasser von 30° gefüllt und den unteren Zuführungsschlauch durch einen Quetschhahn verschlossen hat, erhitzt man den rohen Aldehyd 5—10 Minuten zum gelinden Sieden, wobei der Aldehyd, da er im Kühler nicht kondensiert wird, übergeht und sich im Äther auflöst. Sollte hierbei der Äther in dem Verbindungsrohr zurückzusteigen beginnen, so muß man sofort die Flamme etwas vergrößern. Zur Gewinnung des Aldehydammoniaks leitet man in die ätherische Lösung des Aldehydes, welche sich in einem durch Eis und Kochsalz abgekühlten Becherglase befindet, mit Hilfe eines weiten Vorstoßes oder Trichters (Fig. 66) so lange trockenes Ammoniakgas (vgl. anorganischer Teil) ein, bis die Flüssigkeit intensiv danach riecht. Nach Verlauf einer Stunde filtriert man das abgeschiedene Aldehydammoniak, welches man mit Hilfe eines Spatels oder Messers von den Wandungen des Gefäßes und Einleitungsrohres abkratzt, an der Saugpumpe ab, wäscht mit wenig Äther nach, und läßt es auf Filtrierpapier im Exsikkator trocknen. Ausbeute ca. 30 g.

Um reinen Aldehyd zu gewinnen, werden 10 g Aldehydammoniak in 10 g Wasser gelöst, mit einer erkalteten Mischung von 15 g konzentrierter Schwefelsäure und 20 g Wasser versetzt und auf dem Wasserbade am absteigenden Kühler erhitzt. Da der Aldehyd bei 21^{0} siedet, so muß die Vorlage, welche mit dem Kühlrohr durch einen Kork verbunden ist, durch Eis und Kochsalz gut abgekühlt werden.

Aldehyde können nach einer allgemein gültigen Reaktion, welche in vielen Fällen als Darstellungsmethode angewandt wird, erhalten werden, indem man einem primären Alkohol mit Hilfe eines Oxydationsmittels zwei Atome Wasserstoff entzieht:

$$CH_3\cdot CH_2\cdot OH + O = CH_3\cdot C\begin{matrix}\diagup H\\ \diagdown O\end{matrix} + H_2O\,.$$

Es leitet sich daher auch der Name dieser Körperklasse ab: Aldehyd = Al(kohol)dehyd(rogenatus). Als Oxydationsmittel wendet man in obigem Falle am zweckmäßigsten Chromsäure an, und zwar in Form von Kalium- oder Natrium-Bichromat bei Gegenwart von Schwefelsäure:

$$Na_2Cr_2O_7 + 4\,H_2SO_4 = 3\,O + (SO_4)_3Cr_2 + Na_2SO_4 + 4\,H_2O\,.$$

Früher wandte man für Oxydationen meistens das in Wasser verhältnismäßig schwer lösliche (1 : 10) Kaliumbichromat an; heute bedient man sich vorteilhafter des leichter löslichen (1 : 3) und billigeren Natriumsalzes. Nur bei der Darstellung des einfachsten Aldehydes aus einem Alkohole, beim Formaldehyd, wendet man ein anderes Oxydationsmittel an, nämlich den Sauerstoff der Luft, indem man über eine erhitzte Kupferspirale eine Mischung von Methylalkoholdampf und Luft leitet.

Während man bei dieser ersten Reaktion von Körpern ausgeht, die im Vergleich mit den Aldehyden auf einer niedrigeren Oxydationsstufe stehen, kann man diese auch noch nach einer zweiten Methode gewinnen, wobei man von Körpern der gleichen Substitutionsreihe, nämlich von den Dihalogenderivaten der Kohlenwasserstoffe, welche die Gruppe $CHCl_2$ oder $CHBr_2$ enthalten, ausgeht. Kocht man diese mit

Wasser, zweckmäßig unter Zusatz von Soda, Pottasche, Bleioxyd, Calciumkarbonat u. a., so werden die zwei Halogenatome durch ein Sauerstoffatom ersetzt:

$$\underset{\text{Äthylidenchlorid}}{CH_3\cdot CHCl_2} + H_2O = CH_3\cdot CHO + 2\,HCl\,,$$

$$\underset{\text{Benzylidenchlorid}}{C_6H_5\cdot CHCl_2} + H_2O = \underset{\text{Benzaldehyd}}{C_6H_5\cdot CHO} + 2\,HCl\,.$$

Besonders für die Darstellung des technisch wichtigen Benzaldehyds wird diese Reaktion im großen ausgeführt, und es wird später bei diesem auf sie noch einmal zurückgegriffen werden.

Aldehyde können schließlich noch aus ihren Oxydationsprodukten, den Karbonsäuren, nach zwei Methoden gewonnen werden, von denen die eine bereits oben beim Essigsäureanhydrid erwähnt ist. Läßt man auf Säureanhydride Natriumamalgam einwirken, so entsteht in erster Linie ein Aldehyd:

$$\left.\begin{matrix}CH_3\cdot CO\\ CH_3\cdot CO\end{matrix}\right\rangle O + H_2 = CH_3\cdot CHO + CH_3\cdot COOH\,.$$

Diese Reaktion wird jedoch praktisch zur Darstellung von Aldehyden kaum verwandt. Die zweite Methode, welche eine wirkliche Darstellungsmethode ist, besteht darin, daß man das Calcium- oder Bariumsalz einer Säure gemeinsam mit ameisensaurem Calcium oder Barium der trockenen Destillation unterwirft:

$$CH_3\cdot COOca + H\cdot COOca = CH_3\cdot CHO + CO_3Ca \quad (ca = \tfrac{1}{2}\,Ca).$$

Die niederen Glieder der Aldehyde sind farblose, stechend riechende Flüssigkeiten, die sich mit Wasser mischen; die mittleren ebenfalls flüssig, in Wasser jedoch nicht mehr löslich; die hochmolekularen feste, kristallisierte Körper. Die Siedepunkte der Aldehyde liegen niedriger als die der entsprechenden Alkohole:

$CH_3\cdot CHO$	Siedepunkt	21°
$CH_3\cdot CH_2\cdot OH$	„	78°
$CH_3\cdot CH_2\cdot CHO$	„	50°
$CH_3\cdot CH_2\cdot CH_2\cdot OH$	„	97°

Aldehyde werden sowohl durch freien Sauerstoff (vgl. Benzaldehyd), wie durch gebundenen zu Säuren oxydiert:

$$CH_3\cdot CHO + O = CH_3\cdot COOH\,.$$

Hierauf beruht es, daß Aldehyde aus gewissen Metallsalzen, z. B. Silbernitrat, die Metalle abscheiden:[1]

$$CH_3\cdot CHO + Ag_2O = CH_3\cdot COOH + 2\,Ag\,.$$

[1] B. 15, 1635 und 1828.

Versuch: Man versetze einige Kubikzentimeter einer verdünnten Silbernitratlösung mit wenigen Tropfen Ammoniak und 2 Tropfen Aldehyd. Es überziehen sich, manchmal in der Kälte, manchmal erst beim gelinden Erwärmen, die Wandungen des Gefäßes mit einem glänzenden Silberspiegel, der besonders schön ausfällt, wenn man vor Anstellung des Versuches das Innere des Gefäßes durch Erwärmen mit etwas Natronlauge von Fett befreit hat. Man benutzt diese Reaktion zur Erkennung eines Aldehydes.

Eine weitere Reaktion, welche ebenfalls zur Erkennung der Aldehyde angewandt werden kann, besteht darin, daß letztere farblose fuchsinschweflige Säure rot färben (Reaktion von Caro).

Versuch: Zur Darstellung der fuchsinschwefligen Säure löst man etwas Fuchsin in so viel Wasser auf, daß eine nicht zu intensiv gefärbte Lösung entsteht. In diese leitet man so lange gasförmige schweflige Säure ein, bis vollkommene Entfärbung eingetreten ist. Versetzt man einige Kubikzentimeter dieser Lösung mit einigen Tropfen Aldehyd, so tritt beim Schütteln eine rotviolette Färbung auf.

Schließlich können Aldehyde noch daran erkannt werden, daß sie mit Diazobenzolsulfosäure unter Zusatz von Natriumamalgam eine violette Färbung geben.

Versuch: Man versetze eine Messerspitze Diazobenzolsulfosäure mit 5 ccm Wasser und einigen Tropfen Natronlauge, füge dann wenige Tropfen Aldehyd und schließlich ein erbsengroßes Stück festes Natriumamalgam hinzu. Nach einiger Zeit tritt eine rotviolette Färbung ein.

Daß Aldehyde bei der Reduktion mit Natriumamalgam in primäre Alkohole übergehen, ist bereits beim Essigsäureanhydrid erwähnt:

$$CH_3 \cdot CHO + H_2 = CH_3 \cdot CH_2 \cdot OH .$$

Ganz besonders charakteristisch ist es für die Aldehyde, daß sie 1. Ammoniak, 2. Natriumbisulfit und 3. Blausäure addieren.

Die Anlagerung von Ammoniak vollzieht sich nach der folgenden Gleichung:

$$CH_3 \cdot CHO + NH_3 = CH_3 \cdot CH \langle {}^{OH}_{NH_2} .$$

Aldehydammoniak = α-Amidoäthylalkohol

Diese Reaktion ist jedoch nicht so allgemein wie die zweite und dritte. So reagieren z. B. Formaldehyd und die meisten aromatischen Aldehyde mit Ammoniak in einer anderen Weise. Da, wo die obige Reaktion eintritt, kann sie wie beim Acetaldehyd mit Vorteil zur Reinigung der Aldehyde verwandt werden, indem man die sich kristallisiert abscheidenden Doppelverbindungen mit verdünnter Schwefelsäure erwärmt, wobei der Aldehyd wieder in freiem Zustande abgeschieden wird.

Die Anlagerung von Natriumbisulfit verläuft nach der folgenden Gleichung:

$$CH_3\cdot CHO + SO_3HNa = CH_3\cdot CH\begin{cases} OH \\ O\cdot SO_2Na \end{cases}.$$

Da bei Verwendung von konzentrierter Bisulfitlösung die Doppelverbindungen sich meistens in kristallisiertem Zustande abscheiden, so kann man auch diese Reaktion zur Reinigung der Aldehyde benutzen. Die freien Aldehyde kann man aus den Bisulfitverbindungen durch Erwärmen mit verdünnten Säuren oder kohlensauren Alkalien wieder abscheiden (vgl. Benzaldehyd).

Versuch: Man versetze 5 ccm einer abgekühlten konzentrierten Lösung von Natriumbisulfit mit 1 ccm Aldehyd und schüttele um. Es scheidet sich die Doppelverbindung beider in kristallisiertem Zustande ab.

Zum Unterschiede von der Ammoniakaddition ist diese Reaktion eine ganz allgemeine, welche auch in der aromatischen Rolle vielfach verwertet wird. Es sei hier darauf angewiesen, daß auch die den Aldehyden nahe verwandten Ketone meist die gleiche Reaktion zeigen:

$$\underset{\text{Aceton}}{CH_3\cdot CO\cdot CH_3} + SO_3HNa = \overset{\displaystyle CH_3}{\underset{\displaystyle CH_3}{C}}\begin{cases} OH \\ O\cdot SO_2Na \end{cases}.$$

Auch die Anlagerung von Blausäure vollzieht sich sowohl bei Aldehyden wie bei Ketonen:

$$CH_3\cdot CHO + HCN = \underset{\text{Nitril der }\alpha\text{-Oxypropionsäure}}{CH_3\cdot CH\begin{cases} OH \\ CN \end{cases}}.$$

Diese Reaktion ist von besonderem Interesse, da hierbei eine neue Kohlenstoffbindung zustande kommt. Über die Bedeutung dieser Reaktion für die Synthese von α-Oxysäuren vgl. unten Mandelsäurenitril.

Aldehyde besitzen ferner eine große Neigung, sich mit ihresgleichen zu kondensieren.

Versuch: Man versetze einen Kubikzentimeter Aldehyd mit einem Tropfen konzentrierter Schwefelsäure. Unter lebhafter Erwärmung, die sich durch Aufsieden des Aldehydes zu erkennen gibt, findet Kondensation statt.

Der so erhaltene Körper führt den Namen Paraldehyd. Er siedet viel höher als der einfache Aldehyd (bei 124°), und die Dampfdichtebestimmung ergibt, daß er aus drei Aldehydmolekülen sich zusammensetzt. Der Paraldehyd zeigt nicht mehr die Aldehydreaktionen, läßt sich jedoch durch Destillation mit verdünnter Schwefelsäure wieder in einfachen Aldehyd zurückverwandeln. Aus diesem Grunde nimmt man an, daß bei der Kondensation nicht neue Kohlenstoffbindungen zustande gekommen sind, sondern daß durch Vermittelung der Sauerstoffatome die drei Moleküle sich vereinigt haben:

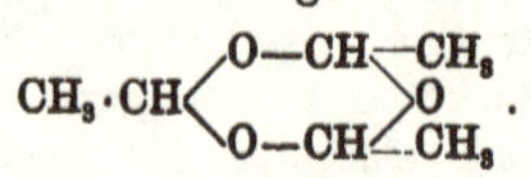

Versetzt man Aldehyd unter Kühlung mit Schwefelsäure, oder leitet man in ihn in der Kälte gasförmige HCl, SO_2 u. a. ein, so entsteht ein festes Polymerisationsprodukt, der Metaldehyd, welcher ebenfalls wieder in gewöhnlichen Aldehyd verwandelt werden kann.

Eine ganz andersartige Polymerisation erleiden Aldehyde unter gewissen Bedingungen, bezüglich derer auf die Literatur und Lehrbücher verwiesen werden muß. So können sich z. B. zwei Moleküle Acetaldehyd unter Bildung einer neuen Kohlenstoffbindung in der folgenden Weise vereinigen:

$$CH_3\cdot CHO + CH_3\cdot CHO = \underset{\text{Aldol}}{CH_3\cdot CH(OH)\cdot CH_2\cdot CHO}.$$

Dieser Körper ist zum Unterschied vom Paraldehyd und Metaldehyd ein wahrer Aldehyd, der sich nicht wieder in Acetaldehyd zurückverwandeln läßt. Aldol verliert leicht Wasser und geht in einen ungesättigten Aldehyd über:

$$CH_3\cdot CH(OH)\cdot CH_2\cdot CHO = \underset{\text{Crotonaldehyd}}{CH_3\cdot CH{=}CH\cdot CHO} + H_2O.$$

Im Anschluß an diese Kondensation sei erwähnt, daß manche Aldehyde beim Erwärmen mit Alkalien zu harzähnlichen, hochmolekularen Produkten (Aldehydharz) kondensiert werden.

Versuch: Man versetze einige Kubikzentimeter Kalilauge mit einigen Tropfen Aldehyd und erwärme. Unter Gelbfärbung scheidet sich eine harzige Masse ab.

Um schließlich noch ein Bild von der großen Reaktionsfähigkeit der Aldehyde zu geben, seien die folgenden Gleichungen angeführt:

$$CH_3\cdot CHO + PCl_5 = CH_3\cdot CHCl_2 + POCl_3,$$
Äthylidenchlorid

$$CH_3\cdot CHO + NH_2\cdot OH = CH_3\cdot CH{=}N\cdot OH + H_2O,$$
Aldoxim

$$CH_3\cdot CHO + NH_2\cdot NH\cdot C_6H_5 = CH_3\cdot CH{=}N\cdot NH\cdot C_6H_5 + H_2O,$$
Phenylhydrazin Phenylhydrazon des Aldehydes

$$CH_3\cdot CHO + 2C_2H_5\cdot OH = CH_3\cdot CH\begin{matrix}OC_2H_5\\OC_2H_5\end{matrix} + H_2O,$$

(Acetale = Äther des in freiem Zustande nicht existenzfähigen Aldehydhydrates $CH_3\cdot CH\begin{matrix}OH\\OH\end{matrix}$)

$$CH_3\cdot CHO + 2C_6H_6 = CH_3\cdot CH\begin{matrix}C_6H_5\\C_6H_5\end{matrix} + H_2O.$$
Diphenyläthan

9. Reaktion: Darstellung eines primären Amins aus dem Säureamid der nächst höheren Reihe.

Beispiel: Methylamin aus Acetamid.[1]

In einem Kolben von ca. $^1/_2$ Liter Inhalt versetzt man 25 g auf einem Tonteller gut abgepreßtes Acetamid mit 70 g = 23 ccm Brom und fügt hierzu unter guter Kühlung mit Wasser so lange von einer Lösung von 40 g Kali in 350 ccm Wasser, bis die anfangs braunrote Farbe in hellgelb umgeschlagen ist, wozu der größte Teil der Kalilösung erforderlich ist. Diese Lösung läßt man dann im Laufe weniger Minuten aus einem Tropftrichter in ununterbrochenem Strahle in eine Lösung von 80 g Kali in 150 ccm Wasser, die in einem Literkolben auf 70—75° erwärmt wird, fließen, wobei man, falls die Temperatur höher als 75° steigen sollte, durch kurzes Eintauchen in kaltes Wasser die Temperatur wieder etwas herabdrückt. Man erhält die Flüssigkeit auf dieser Temperatur, bis das Reaktionsgemisch farblos geworden ist, was $^1/_4$—$^1/_2$ Stunde Zeit in Anspruch nimmt, und destilliert dann das Methylamin durch Einleiten von Wasserdampf über, wobei man die Vorlage mit einer Mischung von 60 g konzentrierter Salzsäure und 40 g Wasser beschickt. Damit das Methylamin vollständig von der Säure absorbiert wird, verbindet man das Kühlrohr mit einem abwärts gebogenen Vorstoße und läßt das Ende desselben 1 cm tief in die Flüssigkeit der Vorlage ein-

[1] B. 15, 762; B. 17, 1406 u. 1920.

tauchen. Bei Anwendung eines aufrechten Schlangenkühlers läßt man das Ende des Schlangenrohres direkt in die Säure eintauchen. Sobald die im Kühler kondensierte Flüssigkeit nicht mehr alkalisch reagiert, hört man mit der Destillation auf. Das salzsaure Methylamin wird zunächst über freier Flamme in einer Porzellanschale eingeengt, dann auf dem Wasserbade zur Trockne verdampft und schließlich kurze Zeit in einem Trockenschranke bei 100° bis zur Staubtrockne erhitzt. Um das salzsaure Methylamin von beigemengtem Salmiak zu trennen, kristallisiert man die feingepulverte Substanz aus absolutem Alkohol um und trocknet die abgeschiedenen Kristalle im Exsikkator. Ausbeute wechselnd.

Bei der Besprechung der Säureamide ist bereits erwähnt worden, daß in diesen der Wasserstoff der NH_2-Gruppe durch Brom substituiert werden kann. Läßt man auf eine Mischung von einem Molekül eines Amides und einem Molekül Brom 10proz. Kalilauge einwirken, bis die braunrote Farbe des Broms verschwunden ist, so erhält man ein Monobromamid, z. B. im obigen Falle Acetmonobromamid nach folgender Gleichung:

$$CH_3 \cdot CO \cdot NH_2 + Br_2 + KOH = CH_3 \cdot CO \cdot NHBr + KBr + H_2O\,.$$

Das Monobromamid läßt sich in reinem Zustande isolieren und bildet farblose, kristallwasserhaltige Kristalle. Entzieht man diesem bei Abwesenheit von Wasser Bromwasserstoff, so bildet sich unter Verschiebung der CO-Gruppe ein Isocyansäureester:

$$CH_3 \cdot CONHBr = \underset{\text{Methylisocyanat}}{CH_3N{=}CO} + HBr\,.$$

Führt man die Abspaltung bei Gegenwart von Wasser, etwa durch Kalilauge, aus, so tritt auch hier für einen Moment obige Reaktion ein; allein Isocyansäureester sind bei Gegenwart von Alkalien nicht beständig, sondern zerfallen sofort unter Aufnahme von Wasser in Kohlensäure und ein primäres Amin:

$$CH_3 \cdot NCO + H_2O = CO_2 + \underset{\text{Methylamin}}{CH_3 \cdot NH_2}\,.$$

Die soeben ausgeführte Reaktion, welche A. W. Hofmann aufgefunden hat, ist daher in ihrer letzten Phase identisch mit der historischen Reaktion, welche Wurtz im Jahre 1848 zur Entdeckung der primären Amine führte.

Die Hofmannsche Reaktion ist einer allgemeinen Anwendbarkeit fähig. Man erhält nach ihr aus jedem Säureamid das primäre Amin der nächst niedrigen Reihe, da ja eine Abspaltung von Kohlensäure stattfindet. In den höheren Reihen geht die Reaktion zum Teil noch weiter, indem das Brom auf das primäre Amin unter Bildung eines Nitriles einwirkt:

$$\underset{\text{Oktylamin}}{C_7H_{15}\cdot CH_2\cdot NH_2} + 2\,Br_2 + 4\,NaOH = \underset{\text{Oktonitril}}{C_7H_{15}\cdot C{\equiv}N} + 4\,NaBr + 4\,H_2O\,.$$

Man erhält demnach in den höheren Reihen (von C_5 aufwärts) aus einem Amid erstens das primäre Amin und zweitens das Säurenitril der nächst niedrigen Reihe.

In der aromatischen Reihe hat die Reaktion zur Darstellung primärer Amine, welche die Amidogruppe am Benzolkern enthalten, keine allgemeine Bedeutung, da diese ja einfacher aus den leicht zugänglichen Nitrokörpern erhalten werden können, und anderseits bei obiger Reaktion leicht Bromsubstitutionsprodukte der Amine entstehen. Allein für die Fälle, in denen die den Amidoverbindungen entsprechenden Nitrokörper nicht bekannt oder nur schwer darstellbar sind, hat sie auch in der aromatischen Reihe Bedeutung. Zwei Fälle dieser Art seien hier erwähnt. Unterwirft man Phenylessigsäureamid der Hofmannschen Reaktion, so entsteht daraus in normaler Weise Benzylamin:

$$\underset{\text{Phenylessigsäureamid}}{C_6H_5\cdot CH_2\cdot CO\cdot NH_2} + O = \underset{\text{Benzylamin}}{C_6H_5\cdot CH_2\cdot NH_2} + CO_2\,.$$

Ferner hat die Reaktion praktischen Wert für die Darstellung von o-Amidobenzoesäure, aus der neuerdings künstlicher Indigo technisch dargestellt wird. Läßt man nämlich wie oben auf Phtalimid Brom und Kali einwirken, so bildet sich zunächst unter Aufnahme von Wasser eine Amidsäure:

$$\underset{\text{Phtalimid}}{o\text{-}C_6H_4\left\langle\begin{matrix}CO\\CO\end{matrix}\right\rangle NH} + H_2O = C_6H_4\left\langle\begin{matrix}CO\cdot NH_2\\COOH\end{matrix}\right.,$$

welche dann nach folgenden Reaktionen Amidosäure liefert:

$$C_6H_4\left\langle\begin{matrix}CONH_2\\COOH\end{matrix}\right. + Br_2 = C_6H_4\left\langle\begin{matrix}CO\cdot NHBr\\COOH\end{matrix}\right. + HBr$$

$$C_6H_4\left\langle\begin{matrix}CONHBr\\COOH\end{matrix}\right. = C_6H_4\left\langle\begin{matrix}N{=}C{=}O\\COOH\end{matrix}\right. + HBr$$

$$C_6H_4\left\langle\begin{matrix}N{=}C{=}O\\COOH\end{matrix}\right. + H_2O = C_6H_4\left\langle\begin{matrix}NH_2\\COOH\end{matrix}\right. + CO_2\,.$$

Da die der o-Amidobenzoesäure entsprechende Nitrosäure schwer zugänglich, das Phtalimid hingegen leicht erhältlich ist (Naphtalin wird durch Oxydation in Phtalsäureanhydrid verwandelt; dies gibt mit Ammoniak unter Wasserabspaltung Phtalimid), so ist die Hofmannsche Reaktion in diesem Falle eine sehr zweckmäßige Darstellungsmethode für jene Amidosäure.

Primäre aliphatische Amine können ferner noch nach folgenden Reaktionen erhalten werden:

1. Durch Einwirkung von Halogenalkylen auf alkoholisches Ammoniak:

$$CH_3J + NH_3 = CH_3 \cdot NH_2 + HJ.$$

In diesem Falle bilden sich jedoch nebenher auch sekundäre und tertiäre Basen sowie Ammoniumverbindungen.

2. Aus Alkoholen und Chlorzinkammoniak:

$$C_2H_5 \cdot OH + NH_3 = C_2H_5 \cdot NH_2 + H_2O.$$

3. Bei der Reduktion von Nitrilen (MENDIUSsche Reaktion):

$$CH_3 \cdot CN + 2H_2 = CH_3 \cdot CH_2 \cdot NH_2.$$

4. Bei der Reduktion von Nitrokörpern:

$$CH_3 \cdot NO_2 + 3H_2 = CH_3 \cdot NH_2 + 2H_2O.$$

5. Bei der Reduktion von Oximen und Hydrazonen:

$$\underset{\text{Acetaldoxim}}{CH_3 \cdot CH{=}NOH} + 2H_2 = CH_3 \cdot CH_2 \cdot NH_2 + H_2O$$

$$\underset{\text{Äthylidenphenylhydrazon}}{CH_3 \cdot CH{=}N{-}NH \cdot C_6H_5} + 2H_2 = CH_3 \cdot CH_2 \cdot NH_2 + \underset{\text{Anilin}}{C_6H_5 \cdot NH_2}.$$

Die freien Amine sind in den niedrigsten Reihen ammoniakalisch riechende, in kaltem Wasser lösliche Gase, welche sich von Ammoniak durch ihre Brennbarkeit unterscheiden.

Versuch: Man versetze in einem kleinen Reagenzrohr etwas festes salzsaures Methylamin mit konzentrierter Kali- oder Natronlauge und erwärme schwach. Es entwickelt sich ein ammoniakalisch riechendes Gas, welches angezündet mit fahler Flamme verbrennt.

Die höheren Glieder sind Flüssigkeiten oder in Wasser unlösliche feste Körper. Sie besitzen als Derivate des Ammoniaks basischen Charakter und vereinigen sich wie dieses mit Säuren zu Salzen, die den entsprechenden Ammoniakverbindungen analog zusammengesetzt sind:

$$NH_3, HCl \longrightarrow CH_3 \cdot NH_2, HCl$$
$$(NH_4Cl)_2PtCl_4 \longrightarrow (CH_3 \cdot NH_2, HCl)_2PtCl_4$$
$$NH_4Cl, AuCl_3 \longrightarrow CH_3 \cdot NH_2, HCl, AuCl_3.$$

Die Chlorhydrate der organischen Basen unterscheiden sich vom Salmiak durch ihre Löslichkeit in absolutem Alkohol, von welchem Verhalten auch oben Gebrauch gemacht wurde.

Die zahlreichen Reaktionen der primären Amine seien an dieser Stelle nicht erwähnt; in der aromatischen Reihe wird von ihnen noch häufig die Rede sein. Nur auf einen Unterschied der aliphatischen gegenüber den aromatischen Aminen sei hier verwiesen: Läßt man auf ein aliphatisches primäres Amin salpetrige Säure einwirken, so bildet sich unter Abspaltung von Stickstoff ein Alkohol:

$$CH_3 \cdot NH_2 + NOOH = CH_3 \cdot OH + N_2 + H_2O,$$

während unter diesen Umständen in der aromatischen Reihe Diazoverbindungen (siehe diese) entstehen, wofern die Amidogruppe sich am Kern befindet.

10. Reaktion: Synthese von Ketonsäureestern bezw. Polyketonen mit Hilfe von Natrium bezw. Natriumalkoholat.

Beispiel: Acetessigester aus Essigester und Natrium.[1]

Für das sichere Gelingen dieses Präparates ist die Beschaffenheit des angewandten Essigesters von großer Bedeutung, da vollkommen alkoholfreier Essigester selbst beim Erwärmen nur langsam von Natrium angegriffen wird, während anderseits stark alkoholhaltiger zwar leicht mit dem Natrium reagiert, jedoch wechselnde und zum Teil geringe Ausbeuten an Acetessigester liefert. Nach den Versuchen des Verfassers liefert das folgende Verfahren eine gute Ausbeute und führt sicher zum Ziele:

Reinigung des Essigesters: Der nach Reaktion 6 dargestellte, durch Schütteln mit Soda und Chlorcalcium von Essigsäure und von Alkohol befreite, dann über Chlorcalcium getrocknete und schließlich rektifizierte Essigester ist zur Darstellung von Acetessigester nicht geeignet, da er mit dem Natrium noch zu heftig reagiert. Läßt man ihn jedoch nach dem Destillieren zum mindesten über Nacht in einer verschlossenen Flasche über [etwa einem Fünftel seines Volumens] gekörntem Chlorcalcium stehen, so liefert er nach dem Filtrieren eine gute Ausbeute an Acetessigester.

Wendet man käuflichen Essigester an, so schüttle man ihn, wie auf Seite 134 beschrieben, mit Sodalösung, behandle ihn dann mit Chlorcalciumlösung usf., kurz, man verfahre mit ihm wie mit dem Rohprodukt, welches man bei der Essigesterdarstellung erhält. Selbstverständlich lasse man ihn auch nach dem Destillieren über Nacht mit Chlorcalcium stehen.

Die Ausbeute an Acetessigester wird noch weiter verbessert, wenn man den vom Chlorcalcium abfiltrierten Ester einer nochmaligen Destillation unterwirft, wobei man jedoch die Wiederaufnahme von Feuchtigkeit sorgfältig vermeiden muß. Zu diesem

[1] A. **186**, 214.

Zwecke verbinde man die Vorlage (Saugflasche) mit dem Kühlrohr durch einen Kork und sorge für gute Trocknung aller Teile des Destillationsapparates.

Darstellung des Acetessigesters: 25 g von Krusten befreites Natrium werden mit Hilfe des Natriummessers in möglichst dünne Scheiben zerschnitten und in einen trockenen Kolben von einem Liter Inhalt eingefüllt. Nachdem man diesen mit einem langen, schräg aufsteigenden Kühler verbunden hat, gießt man mit Hilfe eines Trichters, welcher nicht an dem Kühlrohr fest anliegen darf, sondern den man mit der Hand so hält, daß zwischen Kühlrohr und Trichter die verdrängte Luft entweichen kann, 250 g trockenen Essigester auf das Natrium. Ist der Essigester richtig behandelt, so darf er hierbei nicht sofort stürmisch aufsieden, vielmehr tritt erst allmählich ein gelindes Sieden ein. Nach 10 Minuten setzt man den Kolben auf ein schon zuvor angeheiztes Wasserbad, dessen Temperatur man so reguliert, daß der Essigester nur schwach siedet, und erhitzt das Reaktionsgemisch so lange, bis alles Natrium gelöst ist, was etwa 3—4 Stunden Zeit erfordert. Die warme Flüssigkeit versetzt man darauf so lange mit einer Mischung von 80 g Eisessig und 80 g Wasser, bis sie eben sauer reagiert. Sollte sich hierbei eine dicke, breiartige Masse abscheiden, so bewirkt man durch lebhaftes Schütteln oder durch vorsichtiges Zerdrücken mit einem Glasstabe, daß diese sich wieder löst. Man fügt dann zu der Flüssigkeit das gleiche Volumen kalt gesättigter Kochsalzlösung und trennt die untere wässerige Schicht von der oberen aus Essigester und Acetessigester bestehenden durch Ablassen im Scheidetrichter. Sollte sich beim Hinzufügen der Kochsalzlösung ein Niederschlag abscheiden, so bringt man diesen durch Zusatz von etwas Wasser zuvor wieder in Lösung. Um den Acetessigester von der Hauptmenge des überschüssig angewandten Essigesters zu trennen, unterwirft man die Mischung aus einem mit Thermometer und absteigendem Kühler verbundenen Kolben der Destillation, wobei man entweder mit freier Flamme über einem Drahtnetz oder zweckmäßiger mit rußender Flamme ohne Anwendung eines Drahtnetzes erhitzt. Sobald das Thermometer 95° anzeigt, hört man mit dem Erhitzen auf und unterwirft nun den Rückstand, wie auf Seite 27 beschrieben, der Destillation im Vakuum, wobei man über das Kondensationsrohr des Fraktionierkolbens den Mantel eines Liebigschen Kühlers, durch den man Wasser laufen läßt, schiebt. Die Erhitzung erfolgt im Luftbade. Nachdem geringe Mengen von Essigester, Wasser und Essigsäure übergegangen sind, wird die Temperatur bald konstant, und die Hauptmenge des Acetessigesters geht innerhalb eines Grades über. Damit man einen ungefähren Anhaltspunkt hat, wann man mit dem Aufsammeln des Präparates beginnen kann, so seien hier für verschiedene Drucke die Siedepunkte angegeben:

Siedepunkt	71°	bei	12·5	mm	Druck,
„	74°	„	14	„	„
„	79°	„	18	„	„
„	88°	„	29	„	„
„	94°	„	45	„	„
„	97°	„	59	„	„
„	100°	„	80	„	„

Die Ausbeute beträgt 55—60 g Acetessigester.

Bei der Darstellung dieses Präparates ist es durchaus erforderlich, den Versuch im Laufe eines Tages zu Ende zu führen. Man beginne am Vormittag mit der Reaktion, erhitze über Mittag den Essigester mit dem Natrium, und beende nachmittags den Versuch vollkommen. Läßt man das unfertige Präparat in irgend einer Phase über Nacht stehen, so wird die Ausbeute wesentlich beeinträchtigt. —

Die Entstehung des 1863 von Geuther entdeckten Acetessigesters aus Essigester entspricht folgender Gleichung:

$$CH_3\cdot CO\boxed{OC_2H_5 + H\cdot}CH_2\cdot COOC_2H_5 = \underset{\text{Acetessigester}}{CH_3\cdot CO\cdot CH_2\cdot COOC_2H_5} + C_2H_5\cdot OH.$$

Allein der Mechanismus der Reaktion ist ein viel komplizierterer, und es mögen hier die diesbezüglichen Claisenschen Ansichten mitgeteilt werden. Dieser Forscher nimmt an, daß sich zunächst aus Natrium und Alkohol, welcher, wie oben erwähnt, in geringer Menge bei der Reaktion zugegen sein muß, Natriumalkoholat bildet und daß sich dieses in folgender Weise an Essigester anlagert:

$$CH_3\cdot CO\cdot OC_2H_5 + C_2H_5\cdot ONa = CH_3\cdot C\begin{cases} OC_2H_5 \\ OC_2H_5 \\ ONa \end{cases}.$$

Indem zwischen diesem Additionsprodukt und einem zweiten Molekül Essigester Abspaltung von zwei Molekülen Alkohol stattfindet, bildet sich das Natriumsalz des Acetessigesters:

$$CH_3\cdot C\!\!\begin{array}{l}\diagup\,\boxed{OC_2H_5 \quad H}\\ \leftarrow\boxed{OC_2H_5 + H}\\ \diagdown\, ONa\end{array}\!\!>CH\cdot COOC_2H_5 = CH_3\cdot \underset{\displaystyle ONa}{\underset{|}{C}}{=}CH\cdot COOC_2H_5 + 2\,C_2H_5\cdot OH.$$

Beim Ansäuern mit Essigsäure wird das Natriumsalz zerlegt, wobei sich der freie Ester $CH_3\cdot \underset{\displaystyle OH}{\underset{|}{C}}{=}CH\cdot COOC_2H_5$ (Enolform) bildet, welcher sich in die desmotrope Form $CH_3\cdot CO\cdot CH_2\cdot COOC_2H_5$ (Ketoform) umlagert. (B. **31**, 205 und 601.)

In der oben ausgeführten Form ist die Reaktion keiner allgemeinen Anwendbarkeit fähig; eine ihr jedoch nahe verwandte Reaktion, welche Claisen und W. Wislicenus aufgefunden haben, ist allgemein anwendbar und von großer Bedeutung in synthetischer Richtung, weshalb sie an dieser Stelle kurz erwähnt sei. Läßt man Natriumalkoholat auf eine Mischung zweier Ester einbasischer Säuren einwirken, so bilden sich, indem sich wie oben das Alkoholat an den einen der Ester anlagert und darauf Abspaltung von Alkohol stattfindet, Ketonsäureester, welche dem Acetessigester analog konstituiert sind, z. B.:

$$\underset{\text{Benzoesäureester}}{C_6H_5\cdot CO}\boxed{OC_2H_5 + H}\underset{\text{Essigester}}{CH_2\cdot COOC_2H_5} = \underset{\text{Benzoylessigester}}{C_6H_5\cdot CO\cdot CH_2\cdot COOC_2H_5} + C_2H_5\cdot OH.$$

Ist der eine der Ester Ameisensäureester, so können auch Ester von Aldehydsäuren erhalten werden, z. B.:

$$\underset{\text{Ameisensäureester}}{H\cdot CO\cdot}\boxed{OC_2H_5 + H}\underset{\text{Essigester}}{\cdot CH_2\cdot COOC_2H_5} = \underset{\text{Formylessigester}}{H\cdot CO\cdot CH_2\cdot COOC_2H_5} + C_2H_5\cdot OH.$$

Wendet man ein Molekül des Esters einer zweibasischen Säure an, so entstehen Ketondicarbonsäureester, z. B.:

$$\underset{\text{Oxalsäureester}}{\begin{array}{l}CO\boxed{OC_2H_5 \quad H}\\ |\\ COOC_2H_5\end{array}} \!\!\begin{array}{c}\\ +\\ \\ \end{array}\!\! \underset{\text{Essigester}}{\cdot CH_2\cdot COOC_2H_5} = \underset{\text{Oxalessigester}}{\begin{array}{l}CO\cdot CH_2\cdot COOC_2H_5\\ |\\ COOC_2H_5\end{array}} + C_2H_5\cdot OH.$$

Die Reaktion, welche in der soeben erwähnten Richtung bereits zahlreiche Kombinationen zuläßt, wird dadurch noch vielseitiger, daß man an Stelle des einen Moleküls Säureester auch ein Keton anwenden kann, wobei dann allerdings keine Ketonsäureester, sondern Polyketone oder Ketonaldehyde entstehen:

$$\underset{\text{Essigester}}{CH_3\cdot CO}\boxed{OC_2H_5 + H}\underset{\text{Aceton}}{CH_2\cdot CO\cdot CH_3} = \underset{\text{Acetylaceton}}{CH_3\cdot CO\cdot CH_2\cdot CO\cdot CH_3} + C_2H_5\cdot OH,$$

$$\underset{\text{Benzoesäureester}}{C_6H_5\cdot CO}\boxed{OC_2H_5 + H\cdot}CH_2\cdot CO\cdot CH_3 = \underset{\text{Benzoylaceton}}{C_6H_5\cdot CO\cdot CH_2\cdot CO\cdot CH_3} + C_2H_5\cdot OH,$$

$$\underset{\text{Ameisensäureester}}{H\cdot CO\cdot}\boxed{OC_2H_5 + H}\underset{\text{Acetophenon}}{\cdot CH_2\cdot CO\cdot C_6H_5} = \underset{\text{Benzoylaldehyd}}{H\cdot CO\cdot CH_2\cdot CO\cdot C_6H_5} + C_2H_5\cdot OH.$$

Diese wenigen Beispiele mögen genügen, um die vielseitige Anwendbarkeit obiger Reaktion zu beweisen.

Die bemerkenswerteste Eigenschaft des Acetessigesters ist die Vertretbarkeit eines der Wasserstoffatome der CH_2-Gruppe durch Metalle. Läßt man auf ihn Natrium einwirken, so bildet sich unter Wasserstoffentwickelung das Natriumsalz:

$$CH_3\cdot CO\cdot CHH\cdot COOC_2H_5 + Na = CH_3\cdot CO\cdot CH\cdot Na\cdot COOC_2H_5 + H\,.$$

Das gleiche Salz bildet sich auch bereits beim Schütteln mit wässeriger Natronlauge. Der Grund dieser Erscheinung ist in dem acidifizierenden Einflusse der zwei benachbarten CO-Gruppen zu suchen.

Die synthetische Bedeutung des Acetessigesters beruht nun darauf, daß bei der Einwirkung der verschiedensten organischen Halogensubstitutionsprodukte auf den Natracetessigester das Halogen mit dem Natrium sich unter Kondensation der organischen Reste vereinigt, wodurch zahlreiche Substanzen aus ihren Bruchstücken aufgebaut werden können. Einige typische Beispiele mögen dies erläutern:

1. $$CH_3\cdot CO\cdot CHNa\cdot COOC_2H_5 + JCH_3 = \begin{array}{c} CH_3\cdot CO\cdot CH\cdot COOC_2H_5 \\ | \\ CH_3 \end{array} + NaJ\,,$$

Methylacetessigester

2. $$CH_3\cdot CO\cdot CHNa\cdot COOC_2H_5 + \underset{\text{Benzoylchlorid}}{C_6H_5\cdot CO\cdot Cl} = \begin{array}{c} CH_3\cdot CO\cdot CH-COOC_2H_5 \\ | \\ CO \\ | \\ C_6H_5 \end{array} + NaCl\,,$$

Benzoylacetessigester

3. $$CH_3\cdot CO\cdot CHNa\cdot COOC_2H_5 + \underset{\text{Chloressigsäureester}}{Cl\cdot CH_2\cdot COOC_2H_5} = \begin{array}{c} CH_3\cdot CO\cdot CH\cdot COOC_2H_5 \\ | \\ CH_2 \\ | \\ COOC_2H_5 \end{array} + NaCl.$$

Acetbernsteinsäureester

In den so erhaltenen Körpern ist nun auch noch das zweite Methylenwasserstoffatom des Acetessigesters durch Natrium ersetzbar, und dieses Salz ist wiederum der gleichen Reaktion fähig, wodurch die Zahl der darstellbaren Körper noch vermehrt wird, z. B.:

$$\underset{\text{Natrium-Methylacetessigester}}{\begin{array}{c} CH_3\cdot CO\cdot CNa-COOC_2H_5 \\ | \\ CH_3 \end{array}} + JC_2H_5 = \underset{\text{Methyl-äthyl-acetessigester}}{\begin{array}{c} CH_3\cdot CO\cdot C-COOC_2H_5 \\ / \quad \backslash \\ CH_3 \;\; C_2H_5 \end{array}} + NaJ.$$

Aus all diesen Körpern lassen sich nun einfachere gewinnen, indem man sie einer Verseifung unterwirft. Je nach der Art der Verseifung läßt sich Acetessigester in zweierlei Weise spalten:

$$CH_3\cdot CO\cdot CH_2\cdot \vdots\, COOC_2H_5 + HOH = \underset{\text{Aceton}}{CH_3\cdot CO\cdot CH_3} + CO_2 + C_2H_5\cdot OH .$$

$$CH_3\cdot CO\cdot \vdots\, CH_2\cdot COOC_2H_5 + 2\,HOH = \underset{\text{Essigsäure}}{2\,CH_3\cdot COOH} + C_2H_5\cdot OH .$$

Die erste Art der Spaltung nennt man „Ketonspaltung", die zweite „Säurespaltung". Da nun, wie oben gezeigt, im Acetessigester entweder eins der beiden Methylenwasserstoffatome oder beide durch die verschiedensten Reste X oder Y ersetzt werden können, so lassen sich durch Verseifung dieser Körper sowohl mono- wie disubstituierte Acetone:

$$X\cdot CH_2\cdot CO\cdot CH_3 \quad \text{und} \quad {}^{X}_{Y}\!\!>CH\cdot CO\cdot CH_3 ,$$

sowie mono- und disubstituierte Essigsäuren:

$$X\cdot CH_2\cdot COOH \quad \text{und} \quad {}^{X}_{Y}\!\!>CH\cdot COOH$$

gewinnen.

Die Mannigfaltigkeit der Acetessigestersynthesen wird dadurch noch vergrößert, daß auch zwei Moleküle des Esters durch Einwirkung von Aldehyden oder Alkylenbromiden durch die verschiedensten zweiwertigen Reste miteinander verknüpft werden können.

Diese Beispiele mögen genügen, um die Bedeutung des Acetessigesters und analoger Körper für die organische Synthese zu beweisen. Aber nicht nur zu Kohlenstoffsynthesen ist der Acetessigester verwendbar; auch mit stickstoffhaltigen Körpern wie Aldehydammoniak, Phenylhydrazin, Anilin u. a. reagiert er, und es wird später von diesen Synthesen die Rede sein.

II. Reaktion: Synthese der homologen Essigsäuren mit Hilfe von Malonsäureester.

Beispiel: Buttersäure aus Essigsäure.

a) Darstellung des Malonsäureesters.[1]

In einer geräumigen Porzellanschale werden 50 g Monochloressigsäure in 100 g Wasser gelöst und unter gelindem Erwärmen (auf ca. 50°) mit festem, trockenem kohlensaurem Kali neutralisiert,

[1] A. **204**, 121; Journ. Americ. Chem. Soc. **18**, 1105.

wozu ca. 40 g dieses Salzes erforderlich sind. Man fügt dann 40 g fein pulverisiertes reines Cyankalium hinzu und steigert unter gutem Umrühren die Temperatur sehr allmählich durch Erwärmen auf einem Sandbade oder einem Asbestteller (alles unter dem Abzuge ausführen). Nachdem unter lebhaftem Aufsieden die Bildung der Cyanessigsäure vor sich gegangen ist, dampft man das Reaktionsgemisch möglichst rasch so weit ein, bis ein in die zähflüssige bräunliche Salzmasse eintauchendes Thermometer 135° zeigt. Da die Flüssigkeit während des Eindampfens stößt und spritzt, so rührt man sie fortdauernd mit einem Thermometer um, wobei man die rechte Hand durch einen Handschuh oder durch Umwickeln mit einem Tuche schützt. Man läßt dann erkalten, rührt jedoch auch während des Abkühlens noch um, da das Produkt sonst zu einer harten, kaum pulverisierbaren Masse zusammenbackt. Es wird dann schnell möglichst gut zerkleinert und in einem mit gut wirkendem Rückflußkühler verbundenen Kolben von ca. $^1/_2$ Liter Inhalt mit 20 ccm absolutem Alkohol versetzt, worauf man schließlich unter gutem Umschütteln eine erkaltete Mischung von 80 ccm absolutem Alkohol mit 80 ccm konz. Schwefelsäure dem Reaktionsgemisch durch das Kühlrohr allmählich hinzufügt. Man erwärmt nun die breiige Masse unter öfterem Umschütteln zwei Stunden auf einem Wasserbade (Abzug), kühlt dann gut ab und versetzt unter Umschütteln mit 150 ccm Wasser. Nachdem man das ungelöste Salz an der Saugpumpe abfiltriert hat, wäscht man es auf dem Filter mehrmals mit Äther (A) nach und schüttelt das wässerige Filtrat unter Mitbenutzung der ätherischen Lösung A mit einer reichlichen Menge Äther gut aus. Der gesamte Ätherauszug wird dann mit einer konz. wässerigen Sodalösung so lange durchgeschüttelt (Scheidetrichter hierbei anfangs der starken Gasentwickelung wegen nicht verschlossen), bis er nicht mehr sauer reagiert, mit geschmolzenem Glaubersalz getrocknet, worauf man nach dem Verdampfen des Äthers den Rückstand rektifiziert. Siedepunkt 195°. Ausbeute 45—50 g.

Man kann in diesem Falle auch mit Vorteil das Trocknen des Präparates in der Weise ausführen, daß man, ohne zuvor mit Glaubersalz zu trocknen, den Äther verdampft und den Rückstand ca. $^1/_4$ Stunde im Vakuum auf einem Wasserbade erwärmt (vgl. S. 52).

b) Einführung einer Äthylgruppe.

In einem mit Rückflußkühler verbundenen kleinen Kolben löst man 2·3 g Natrium in 25 g absolutem Alkohol auf, versetzt die erkaltete Lösung allmählich mit 16 g Malonsäureester, wobei die anfangs abgeschiedenen durchsichtigen Kristalle des Natriumäthylats in einen voluminösen Brei von Natriummalonsäureester übergehen, und fügt schließlich unter Umschütteln in kleinen Anteilen 20 g Jodäthyl hinzu. Man erwärmt dann auf dem Wasserbade, bis die Flüssigkeit nicht mehr alkalisch reagiert, was nach ein- bis zweistündigem Erhitzen erreicht ist, destilliert den Alkohol aus einem Kochsalzbade ohne Kühler ab (Siedefaden), versetzt den Rückstand mit Wasser und nimmt das Reaktionsprodukt mit Äther auf. Nach dem Verdampfen des Äthers unterwirft man den Rückstand der Destillation. Siedepunkt 206—208°. Ausbeute ca. 15 g.

c) Verseifung des Äthylmalonsäureesters.

Zur Verseifung des Esters stellt man sich zunächst eine konzentrierte wässerige Kalilösung her, und zwar wendet man auf je 1 g des Äthylmalonsäureesters eine Lösung von 1·25 g Kali in 1 g Wasser an. Fügt man zu dieser, in einem mit Rückflußkühler verbundenen Kolben sich befindenden kalten Lösung durch das Kühlrohr allmählich den Äthylmalonsäureester, so bildet sich anfangs eine Emulsion, welche bald zu einer weißen festen Masse (wahrscheinlich Kaliumäthylmalonsäureester) erstarrt.

Erwärmt man jetzt auf dem Wasserbade, so tritt besonders leicht beim Umschütteln plötzlich ein lebhaftes Aufsieden ein, indem der bei der Verseifung frei werdende Alkohol durch die Reaktionswärme ins Kochen gerät. Man setzt dann das Erhitzen noch so lange fort, bis die Ölschicht verschwunden ist, was nach ca. $^1/_4$ bis $^1/_2$ Stunde der Fall ist. Um die freie Äthylmalonsäure zu erhalten, kann man die folgenden zwei Methoden benutzen:

1) Man verdünnt die erhaltene Lösung mit der $1^1/_2$fachen Menge Wasser, wie man vorher zur Lösung des Kalis verwandt hat, und fügt unter Kühlung allmählich die dem gesamten Kali äquivalente Menge von konzentrierter Salzsäure, deren Gehalt man mit Hilfe eines Aräometers bestimmt hat, hinzu. Die in Freiheit gesetzte

Äthylmalonsäure wird darauf mit nicht zu wenig Äther aufgenommen, die ätherische Lösung mit entwässertem Glaubersalz getrocknet, der Äther verdampft und der Rückstand auf einem großen Uhrglase oder in einer Schale so lange auf dem Wasserbade unter Umrühren erwärmt, bis er fest zu werden beginnt. Nach dem Erkalten preßt man ihn auf einem Tonteller ab und kristallisiert ihn aus Benzol um. Schmelzpunkt 111·5°. Ausbeute ca. 7 g.

Oder 2) man verdünnt die erhaltene Lösung mit der gleichen Menge Wasser, wie man zur Lösung des Kalis verwandt hatte, und fügt dann vorsichtig unter Kühlung so lange konzentrierte Salzsäure hinzu, bis sich eben eine saure Reaktion zeigt. Die Äthylmalonsäure wird sodann durch Zusatz einer höchst konzentrierten wässerigen Chlorcalciumlösung in Form ihres schwer löslichen Calciumsalzes gefällt, letzteres abgesaugt und auf einem Tonteller abgepreßt, worauf man durch vorsichtigen Zusatz von konzentrierter Salzsäure die Säure in Freiheit setzt und wie bei 1) rein gewinnt.

d) Abspaltung von CO_2 aus Äthylmalonsäure.

Die Äthylmalonsäure wird in einem kleinen Fraktionierkolben, dessen möglichst langes Kondensationsrohr schräg nach oben gerichtet ist, während das Thermometerrohr verkorkt ist, in einem Ölbade so lange auf 180° erhitzt, bis sich keine Kohlensäure mehr entwickelt, was nach $^1/_2$ Stunde erreicht ist. Den Rückstand unterwirft man dann aus dem gleichen Kolben in üblicher Weise der Destillation, wobei die Buttersäure zwischen 162—163° übergeht. Ausbeute ca. 80—90% der Theorie.

a) In der ersten Phase der Reaktionen, welche zum Malonsäureester führen, wirkt das Cyankalium auf die Chloressigsäure oder auf deren Kaliumsalz unter Bildung von Cyanessigsäure ein:

$$CH_2Cl \cdot COOH + KCN = \underset{\text{Cyanessigsäure}}{CN \cdot CH_2 \cdot COOH} + KCl.$$

Wie bereits bei der Darstellung des Acetonitrils erwähnt, läßt sich allgemein aliphatisch gebundenes Halogen beim Erwärmen mit

Cyankalium oder Cyansilber durch die Cyangruppe ersetzen. Läßt man nun auf die Cyanessigsäure Alkohol und Schwefelsäure bezw. Äthylschwefelsäure einwirken, so vollziehen sich drei Reaktionen. Zunächst findet eine Esterifizierung nach folgender Gleichung statt:

$$CN\cdot CH_2\cdot COOH + C_2H_5\cdot OH = \underset{\text{Cyanessigester}}{CN\cdot CH_2\cdot COOC_2H_5} + H_2O.$$

Bei der Besprechung des Essigesters ist bereits hervorgehoben, daß man allgemein Säureester durch Einwirkung von Schwefelsäure auf ein Gemisch von Alkohol und Säure erhalten kann. In zweiter Linie wirkt dann die Schwefelsäure auf die Cyangruppe des Cyanessigesters verseifend ein, d. h. die Cyangruppe wird in eine COOH-Gruppe übergeführt:

$$CN\cdot CH_2\cdot COOC_2H_5 + 2\,H_2O = \begin{array}{c} COOH \\ | \\ CH_2 \\ | \\ COOC_2H_5 \\ \text{Saurer Ester der} \\ \text{Malonsäure} \end{array} \quad \begin{array}{c} + NH_3 \\ \text{(bildet schwefelsaures} \\ \text{Ammonium)} \end{array}$$

Die hierbei gebildete Carboxylgruppe wird dann schließlich, wie zu Beginn die COOH-Gruppe der Cyanessigsäure, ebenfalls esterifiziert:

$$\begin{array}{l} COOH \\ | \\ CH_2 \\ | \\ COOC_2H_5 \end{array} + C_2H_5\cdot OH = \begin{array}{l} COOC_2H_5 \\ | \\ CH_2 \\ | \\ COOC_2H_5 \end{array} + H_2O.$$

b) Die Ester der Malonsäure besitzen wie der Acetessigester die Eigenschaft, daß beide Methylenwasserstoffatome infolge des acidifizierenden Einflusses der zwei benachbarten CO-Gruppen durch Natrium ersetzt werden können, und daß man durch Umsetzung mit organischen Halogenverbindungen, wie Halogenalkylen, halogensubstituierten Säureestern, Säurechloriden usw., das Natrium durch Alkylreste, Säurereste usw. ersetzen kann, wie dies des näheren beim Acetessigester ausgeführt ist. Im oben angeführten Beispiele bildete sich so zunächst aus Natriumalkoholat und Malonsäureester das Natriumsalz des letzteren:

$$\begin{array}{l} COOC_2H_5 \\ | \\ CH\boxed{H + C_2H_5\cdot O}Na \\ | \\ COOC_2H_5 \end{array} = \begin{array}{l} COOC_2H_5 \\ | \\ CHNa \\ | \\ COOC_2H_5 \end{array} + C_2H_5\cdot OH.$$

Auf dieses wirkte dann Jodäthyl nach folgender Gleichung ein:

$$\begin{array}{l} COOC_2H_5 \\ | \\ CH|\overline{Na+J}|C_2H_5 \\ | \\ COOC_2H_5 \end{array} = \begin{array}{l} COOC_2H_5 \\ | \\ CH\cdot C_2H_5 \\ | \\ COOC_2H_5 \end{array} + NaJ\,.$$

Äthylmalonsäureester

Wie im Acetessigester ist nun auch das zweite Methylenwasserstoffatom des Malonesters noch durch Natrium vertretbar und dadurch der Malonester noch ein zweites Mal der Umsetzung mit organischen Halogenverbindungen fähig, so daß man auch zweifach substituierte Malonsäureester herstellen kann.

c) Die so erhaltenen Verbindungen von den allgemeinen Formeln:

$$\begin{array}{l} COOC_2H_5 \\ | \\ CH-X \\ | \\ COOC_2H_5 \end{array} \quad \text{und} \quad \begin{array}{l} COOC_2H_5 \\ | \\ C\begin{array}{l} \diagup X \\ \diagdown Y \end{array} \\ | \\ COOC_2H_5 \end{array}$$

unterscheiden sich von den entsprechenden Derivaten des Acetessigesters dadurch, daß sie bei der Verseifung nicht zerfallen, sondern die freien substituierten Malonsäuren liefern. So reagierte oben der Äthylmalonsäureester mit der Kalilauge in folgender Weise:

$$\begin{array}{l} COOC_2H_5 \\ | \\ CH\cdot C_2H_5 \\ | \\ COOC_2H_5 \end{array} + \begin{array}{l} KOH \\ \\ \\ \\ KOH \end{array} = \begin{array}{l} COOK \\ | \\ CH\cdot C_2H_5 \\ | \\ COOK \end{array} + 2\,C_2H_5\cdot OH\,.$$

. . . .

d) Aus den so erhaltenen substituierten Malonsäuren kann man nun Derivate der Essigsäure erhalten, indem man jene auf höhere Temperatur erhitzt. Es ist nämlich ein allgemein gültiges Gesetz, daß zwei Carboxylgruppen bei höherer Temperatur an einem Kohlenstoffatom nicht haften können, daß eine derselben vielmehr CO_2 abgibt, wodurch aus der Dicarbonsäure eine Monocarbonsäure entsteht, z. B.:

$$\begin{array}{l} |\overline{COO}|H \\ | \\ CH_2 \\ | \\ COOH \end{array} = \begin{array}{l} CH_3 \\ | \\ COOH \end{array} + CO_2\,.$$

Malonsäure Essigsäure

Aus den mono- und disubstituierten Malonsäuren lassen sich demnach die substituierten Essigsäuren von den Formeln:

$$\begin{array}{c} CH_2\cdot X \\ | \\ COOH \end{array} \quad \text{und} \quad \begin{array}{c} CH\langle^{X}_{Y} \\ | \\ COOH \end{array}$$

erhalten. So entstand oben aus der Äthylmalonsäure die Äthylessigsäure = Buttersäure. Wäre statt Jodäthyl Jodmethyl oder Jodpropyl angewandt, so hätte man die Propionsäure oder Valeriansäure erhalten. Wäre zweimal Methyl in den Malonsäureester eingeführt, so wäre die Dimethylessigsäure oder Isobuttersäure entstanden.

Wie oben ausgeführt, lassen sich die gleichen Säuren auch aus dem Acetessigester darstellen. Da die Spaltung der Acetessigesterderivate jedoch in zwei Richtungen verlaufen kann (Säure- und Ketonspaltung) und häufig beide nebeneinander eintreten, während die Malonsäurederivate sich nur in einem Sinne zersetzen, so ist es in den meisten Fällen zweckmäßiger, für die Synthese der homologen Fettsäuren sich des Malonsäureesters zu bedienen.

12. Reaktion: Darstellung eines Kohlenwassertoffs der Äthylenreihe durch Abspaltung von Wasser aus einem Alkohol. Vereinigung mit Brom.

Beispiel: Äthylen aus Äthylalkohol. Äthylenbromid.[1]

Eine Mischung von 25 g Alkohol und 150 g konzentrierter Schwefelsäure wird in einem Rundkolben von etwa 1 Liter Inhalt über einem Drahtnetz und dünnem Asbestpapier oder auf einem Sandbade nicht zu stark erhitzt (Fig. 67). Sobald eine lebhafte Entwickelung von Äthylen eingetreten ist, läßt man aus einem Tropftrichter langsam eine Mischung von 1 Gew.-Teil Alkohol und 2 Gew.-Teilen konzentrierter Schwefelsäure zufließen (man mische unter fortwährendem Umrühren 150 g Alkohol mit 300 g Schwefelsäure), so daß ein regelmäßiger Gasstrom sich entwickelt. Tritt hierbei unter Abscheidung von Kohle ein lebhaftes Schäumen ein, so hat man zu stark erhitzt, und man tut in diesem Falle gut, den Kolben zu entleeren, sich nochmals die erste Mischung herzustellen und die Äthylenentwickelung von neuem zu beginnen. Das sich entwickelnde Gas wird zur Entfernung von Alkohol und Äther durch eine mit Schwefelsäure beschickte Waschflasche und

[1] A. **168**, 64. A. **192**, 244.

zur Entfernung von schwefliger Säure durch eine mit verdünnter Natronlauge gefüllte dreifach tubulierte Sicherheitswaschflasche geleitet. Es tritt dann in zwei nicht zu enge Waschflaschen ein, welche je 25 ccm Brom enthalten, welches mit einer 1 cm hohen Wasserschicht bedeckt ist. Da bei der Vereinigung des Broms und Äthylens Wärme entwickelt wird, so stellt man die Bromflaschen in dickwandige, mit kaltem Wasser gefüllte Gefäße. Um die Bromdämpfe, welche aus der letzten Flasche entweichen, unschädlich zu machen, verbindet man diese entweder mit dem Abzuge, oder man leitet die Dämpfe in einen mit Natronlauge gefüllten Kolben, wobei man, um ein Zurücksteigen zu vermeiden, die Gase nicht in, sondern auf die Lauge leitet (seitlicher Einschnitt im Kork). Sobald das Brom

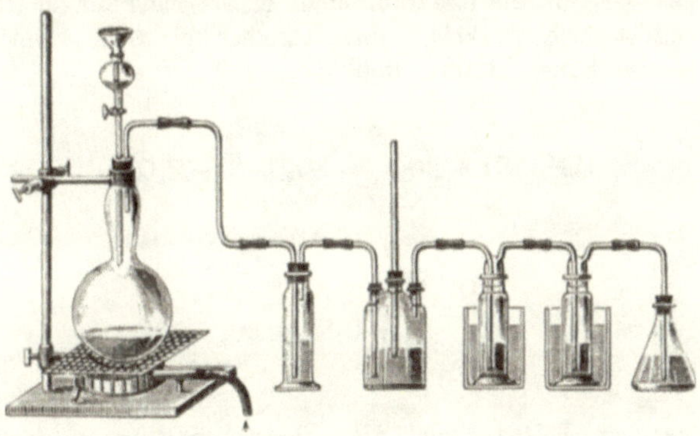

Fig. 67.

entfärbt ist, unterbricht man die Entwickelung, wobei man darauf zu achten hat, daß die Verbindungen sämtlicher Waschflaschen sofort voneinander gelöst werden, da sonst infolge der Abkühlung eine allgemeine Mischung eintritt. Das Äthylenbromid wird dann in einem Scheidetrichter mehrfach mit Wasser und schließlich mit Natronlauge gewaschen. Nach dem Trocknen mit Chlorcalcium wird es durch Rektifikation vollkommen rein erhalten. Siedepunkt 130°. Ausbeute 125—150 g.

Beim Hinzufließen des Alkohol-Schwefelsäuregemisches stellt sich oft die Schwierigkeit ein, daß das Gas den Weg nicht durch die Waschflaschen nimmt, sondern daß es aus dem Tropftrichter entweicht, weil es hier einen geringeren Druck zu überwinden hat. Dieser Übelstand tritt nicht ein, wenn man dafür Sorge trägt, daß das Abflußrohr des Tropftrichters ganz mit Flüssigkeit gefüllt ist. Ehe man deshalb mit dem Erhitzen beginnt, füllt man etwas von der zweiten Mischung in eine Porzellanschale, taucht das Abflußrohr des Trichters in die Flüssigkeit und saugt bei geöffnetem Hahne mit dem Munde, bis die Mischung über den Hahn gestiegen ist, worauf man diesen sofort schließt. Man verbindet nun mit dem Entwickelungskolben und kann jetzt mit dem Erhitzen beginnen.

Kohlenwasserstoffe der Äthylenreihe, C_nH_{2n}, lassen sich allgemein darstellen, indem man den Alkoholen Wasser entzieht, z. B.:

$$CH_3 \cdot CH_2 \cdot OH = CH_2{=}CH_2 + H_2O\,.$$

Wendet man hierbei als wasserabspaltendes Mittel konz. Schwefelsäure an, so verläuft die Reaktion nicht direkt nach obiger Gleichung, vielmehr bildet sich zunächst eine Ätherschwefelsäure, welche beim Erhitzen wieder Schwefelsäure abgibt:

$$C_2H_5 \cdot OH + SO_2\begin{cases} OH \\ OH \end{cases} = \underset{\text{Äthylschwefelsäure}}{SO_2\begin{cases} OC_2H_5 \\ OH \end{cases}} + H_2O,$$

$$SO_2\begin{cases} OC_2H_5 \\ OH \end{cases} = C_2H_4 + SO_2\begin{cases} OH \\ OH \end{cases}.$$

In manchen Fällen findet die Wasserabspaltung so leicht statt, daß man nicht konzentrierte Schwefelsäure, sondern verdünnte anwendet. In den höheren Reihen wird die Reaktion dadurch kompliziert, daß die einfachen Alkylene sich unter dem Einflusse der Schwefelsäure polymerisieren. So entstehen z. B. neben Butylen, C_4H_8, Kohlenwasserstoffe von doppeltem oder dreifachem Molekulargewicht:

C_8H_{16} Dibutylen
$C_{12}H_{24}$ Tributylen.

In diesen Fällen ist es vielfach zweckmäßiger, aus dem Alkohol zunächst durch die Einwirkung des Chlorides einer höheren Fettsäure einen Ester darzustellen und diesen der Destillation zu unterwerfen, wobei er in einen Kohlenwasserstoff der Äthylenreihe und in die freie Fettsäure zerfällt, z. B.:

$$\underset{\text{Palmitinsäurecetylester}}{C_{15}H_{31} \cdot CO \cdot OC_{16}H_{33}} = \underset{\text{Palmitinsäure}}{C_{15}H_{31} \cdot COOH} + \underset{\text{Hexadecylen}}{C_{16}H_{32}}\,.$$

Die Alkylene sind bis in die vierte Reihe bei gewöhnlicher Temperatur Gase, welche mit rußender, stark leuchtender Flamme brennen. In den mittleren Reihen sind sie farblose, mit Wasser nicht mischbare Flüssigkeiten, welche unter gewöhnlichem Druck ohne Zersetzung destillieren, während sie in den höheren Reihen feste Körper sind, die nur im Vakuum ohne Zersetzung destilliert werden können.

In chemischer Beziehung sind sie in erster Linie dadurch charakterisiert, daß sie zwei einwertige Atome oder ein einwertiges Atom und eine einwertige Atomgruppe zu addieren vermögen, wobei die doppelte Bindung in eine einfache übergeht.

So lagern sie, besonders leicht bei Gegenwart von Platinschwarz, zwei Atome Wasserstoff an, wobei sie in Kohlenwasserstoffe der Grenzreihe übergehen:

$$CH_2{=}CH_2 + H_2 = CH_3{-}CH_3 .$$

Auch Halogenwasserstoffsäuren vermögen sie zu addieren, und zwar am leichtesten Jodwasserstoff, etwas schwieriger Bromwasserstoff, oftmals nur schwer Chlorwasserstoff:

$$CH_2{=}CH_2 + HJ = \underset{\text{Jodäthyl.}}{CH_3 \cdot CH_2J} .$$

Bei den Homologen des Äthylens erfolgt die Anlagerung derart, daß das Halogenatom dasjenige Kohlenstoffatom aufsucht, welches mit der geringsten Anzahl von Wasserstoffatomen verbunden ist, z. B.:

$$\underset{\text{Propylen}}{CH_2{=}CH \cdot CH_3} + HJ = \underset{\text{Isopropyljodid}}{CH_3 \cdot CHJ \cdot CH_3} .$$

Auch die Bestandteile des Wassers (H und OH) lassen sich auf einem Umwege an Äthylenkohlenwasserstoffe anlagern. Läßt man auf diese konzentrierte Schwefelsäure einwirken, so lösen sie sich in dieser auf, indem sich Ätherschwefelsäuren bilden:

$$CH_2{=}CH_2 + SO_2\begin{matrix}\diagup OH \\ \diagdown OH\end{matrix} = SO_2\begin{matrix}\diagup OH \\ \diagdown OC_2H_5\end{matrix} .$$

Kocht man diese mit Wasser, so zerfallen sie in Alkohol und Schwefelsäure:

$$SO_2\begin{matrix}\diagup OH \\ \diagdown OC_2H_5\end{matrix} + HOH = C_2H_5 \cdot OH + SO_2\begin{matrix}\diagup OH \\ \diagdown OH\end{matrix} ,$$

so daß man in letzter Linie die folgende Addition ausgeführt hat:

$$CH_2{=}CH_2 + H \cdot OH = CH_3 \cdot CH_2 \cdot OH .$$

Wie bei der Anlagerung von Halogenwasserstoff das Halogenatom, so tritt auch hier bei den Homologen die OH-Gruppe an dasjenige C-Atom, welches mit der kleinsten Anzahl von H-Atomen verbunden ist.

Mit ganz besonderer Leichtigkeit addieren die Alkylene zwei Chlor- oder Bromatome:

$$CH_2{=}CH_2 + Cl_2 = CH_2Cl{-}CH_2Cl$$
$$CH_2{=}CH_2 + Br_2 = CH_2Br{-}CH_2Br\,.$$

Schließlich vermögen sie auch unterchlorige Säure unter Bildung von Glykolchlorhydrinen anzulagern:

$$CH_2{=}CH_2 + Cl{\cdot}OH = CH_2Cl{-}CH_2{\cdot}OH\,.$$

Sowohl die zur Bildung der Alkylene angewandte Reaktion wie die Additionserscheinungen haben nicht nur für die Kohlenwasserstoffe selbst, sondern auch für deren Substitutionsderivate Gültigkeit. So lassen sich häufig z. B. ungesättigte Säuren aus Oxysäuren durch Wasserabspaltung gewinnen:

$$\underset{\beta\text{-Milchsäure}}{CH_2(OH){\cdot}CH_2{\cdot}COOH} = \underset{\text{Akrylsäure}}{CH_2{=}CH{\cdot}COOH} + H_2O\,,$$

$$\underset{\text{Phenylmilchsäure}}{C_6H_5{\cdot}CH(OH){\cdot}CH_2{\cdot}COOH} = \underset{\text{Zimtsäure}}{C_6H_5{\cdot}CH{=}CH{\cdot}COOH} + H_2O\,.$$

Die Additionserscheinungen zeigen mit wenigen Ausnahmen alle Körper, welche eine Äthylenbindung enthalten, wie die folgenden Gleichungen für einige Fälle zeigen mögen:

$$\underset{\text{Allylalkohol}}{CH_2{=}CH{\cdot}CH_2{\cdot}OH} + Br_2 = \underset{\text{Dibromhydrin}}{CH_2Br{-}CHBr{\cdot}CH_2OH}\,,$$

$$\underset{\text{Akrylsäure}}{CH_2{=}CH{\cdot}COOH} + Br_2 = \underset{\text{Dibrompropionsäure}}{CH_2Br{-}CHBr{\cdot}COOH}\,,$$

$$\underset{\text{Zimtsäure}}{C_6H_5{\cdot}CH{=}CH{\cdot}COOH} + Br_2 = \underset{\text{Dibromhydrozimtsäure}}{C_6H_5{\cdot}CHBr{-}CHBr{\cdot}COOH}\,,$$

$$C_6H_5{\cdot}CH{=}CH{\cdot}COOH + HBr = \underset{\text{Bromhydrozimtsäure}}{C_6H_5{\cdot}CHBr{-}CH_2{\cdot}COOH}\,,$$

$$\underset{\text{Styrol}}{C_6H_5{\cdot}CH{=}CH_2} + Br_2 = \underset{\text{Styroldibromid}}{C_6H_5{\cdot}CHBr{-}CH_2Br}\,,$$

$$C_6H_5{\cdot}CH{=}CH{\cdot}COOH + Cl{\cdot}OH = \underset{\text{Phenylchlormilchsäure}}{C_6H_5{\cdot}CH(OH){\cdot}CHCl{\cdot}COOH}\,,$$

$$\underset{\text{Akrylsäure}}{CH_2{=}CH{\cdot}COOH} + H_2 = \underset{\text{Propionsäure}}{CH_3{\cdot}CH_2{\cdot}COOH}\,.$$

13. Reaktion: Ersatz von Halogen durch alkoholische Hydroxylgruppen.

Beispiel: Äthylenalkohol (Glykol) aus Äthylenbromid.

a) Umwandlung des Äthylenbromides in Glykoldiacetat.

In einem mit Rückflußkühler verbundenen, kurzhalsigen Rundkolben von $^1/_2$ Liter Inhalt wird eine Mischung von 60 g Äthylenbromid, 20 g Eisessig und 60 g frisch geschmolzenem, fein pulverisiertem Kaliumacetat[1] auf einem Sandbade über einer großen Flamme zwei Stunden lang zum lebhaften Sieden erhitzt. Man verbindet dann den Kolben durch ein kurzes Knierohr mit einem absteigenden Kühler und destilliert das Reaktionsprodukt mit einer großen leuchtenden Flamme, welche man fortdauernd bewegt und gegen Ende der Destillation immer mehr entleuchtet, über. Das Destillat wird dann mit weiteren 60 g Äthylenbromid und 80 g Kaliumacetat versetzt, und die Mischung wie oben auf einem Sandbade zwei bis drei Stunden zum lebhaften Sieden erhitzt. Man destilliert das Reaktionsprodukt dann wiederum am absteigenden Kühler durch Erhitzen mit leuchtender Flamme über und unterwirft das Destillat unter Anwendung eines HEMPELschen Aufsatzes von etwa 10 cm Länge einer fraktionierten Destillation, wobei man die folgenden Fraktionen gesondert aufsammelt: 1. von Anfang der Destillation bis 140°, 2. von 140°—175°, 3. von 175° bis zum Ende. Die Fraktionen 2 und 3 werden dann nochmals gesondert destilliert (vgl. Seite 23), wobei reines Glykoldiacetat zwischen 180°—190° (der Hauptanteil bei 186°) übergeht. Ausbeute ca. 70 g.

Will man die Ausbeute noch verbessern, so erhitzt man die unter 180° übergehenden Anteile mit dem gleichen Gewichte Kaliumacetat nochmals drei Stunden und verfährt sonst wie oben beschrieben. Die Ausbeute steigert sich dann noch um weitere 15 g.

---

[1] Kaliumacetat (Kalium aceticum pur. Ph. G. III) kristallisiert zum Unterschiede von Natriumacetat (vgl. Seite 125) ohne Kristallwasser. Trotzdem muß es für den vorliegenden Zweck zuvor in einer Eisen- oder Nickelschale über direkter Flamme zum Schmelzen erhitzt werden. Das geschmolzene Salz wird auf eine Eisen- oder Kupferplatte mit hochgebogenen Rändern in dünner Schicht ausgegossen, noch warm in einer Reibschale möglichst fein pulverisiert und sofort in ein gut schließendes Pulverglas übergefüllt. Für obigen Versuch schmelze man 200 g des Salzes.

b) Verseifung des Glykoldiacetats.

Eine Mischung von 50 g Glykoldiacetat und 35 g frisch gelöschtem Kalk, welchen man durch halbstündiges Erhitzen auf 150° im Trockenschrank getrocknet hat, wird in einem nicht zu dünnwandigen Rundkolben von 150 ccm Inhalt in einem Luftbade (hoher eiserner Tiegel), welches durch einen mit entsprechenden Ausschnitten versehenen Deckel aus Asbestpappe verschlossen wird, ca. vier Stunden an einem kurzen Rückflußkühler auf 170°—180° erhitzt. Das entstandene Glykol wird durch Destillation im Vakuum gewonnen. Man verbindet zu diesem Zwecke den Kolben mit einem nicht zu weiten, kurz umgebogenen absteigenden Rohr von etwa $^1/_2$ m Länge, über welches man einen kurzen Kühlmantel schiebt. Als Vorlage wendet man einen Fraktionierkolben (50 ccm Inhalt, tief angesetztes Kondensationsrohr) an.

Unter Anwendung eines möglichst guten Vakuums erhitzt man nun den Kolben in dem schon bei der Verseifung benutzten Luftbade, welches wiederum durch einen Deckel aus Asbestpappe verschlossen wird, auf anfangs 150°, gegen Ende bis auf 200°, und zwar so lange, bis kein Glykol mehr übergeht. Da dieses von dem schließlich steinharten Calciumacetat sehr fest gehalten wird, so muß man unter Umständen die Destillation ein bis zwei Stunden fortsetzen, wenn man eine gute Ausbeute an Glykol erhalten will. Um dieses von geringen Mengen unverseiften Esters zu trennen, was infolge des geringen Siedepunktsunterschiedes durch Destillation nicht gelingt, schüttelt man das dickflüssige Destillat im Fraktionierkolben selbst zweimal mit dem gleichen Volumen trockenen Äthers durch, wobei das Glykoldiacetat von diesem aufgenommen wird, während das Glykol darin unlöslich ist. Den Äther entfernt man durch Abheben mit einer Pipette. Nachdem man die letzten Anteile des Äthers durch vorsichtiges Erhitzen der obersten Flüssigkeitsschicht entfernt hat, destilliert man das Glykol über, wobei man die oberhalb 185° übergehende Fraktion gesondert auffängt. Ausbeute 16—18 g. Siedepunkt des reinen Glykols 195°. Der Siedepunkt des Präparates wird durch geringe Mengen von Wasser etwas erniedrigt.

Der ausgeführte Versuch ist die Umkehrung der Reaktion 1. Während dort alkoholische Hydroxylgruppen durch Halogen ersetzt wurden, ist hier aus einem Halogenderivat der entsprechende Alkohol erhalten worden. Die Reaktion hat naturgemäß nur da präparative

Bedeutung, wo der Alkohol nicht direkt zugänglich, vielmehr das Halogenderivat das primär erhältliche Ausgangsprodukt ist. In der Reihe der einwertigen Alkohole hat die Reaktion Bedeutung für die Darstellung des Isopropylalkohols, des normalen sekundären Butylalkohols sowie normalen sekundären Hexylalkohols. Wie auf Seite 114 erwähnt, entstehen bei der Einwirkung von Jodwasserstoff auf mehrwertige Alkohole nicht die normalerweise zu erwartenden mehrwertigen Jodide, sondern Monojodide. Aus dem Glycerin erhält man so das Isopropyljodid, aus dem Erythrit das normale sekundäre Butyljodid, aus dem Mannit das normale sekundäre Hexyljodid. In der unten zu besprechenden Weise lassen sich nun diese Jodide in die oben erwähnten Alkohole umwandeln. Auch für die Butlerowsche Synthese tertiärer Alkohole aus Säurechloriden und Zinkalkylen, wobei in erster Linie tertiäre Chloride entstehen, hat die Reaktion praktische Bedeutung (vgl. S. 123).

Von besonderer Wichtigkeit ist die Reaktion für die Darstellung zweiwertiger Alkohole (Glykole) und zwar in erster Linie der α-Glykole, welche die Hydroxylgruppen an zwei benachbarten Kohlenstoffatomen enthalten. Sind doch die diesen Alkoholen entsprechenden Dibromide leicht durch Anlagerung von Brom an die Kohlenwasserstoffe der Äthylenreihe zu erhalten. Auf diese Weise ist das Glykol zuerst von Wurtz[1] dargestellt worden.

Auch andere Glykole lassen sich nach dieser Reaktion darstellen. Lagert man z. B. an Allylbromid Bromwasserstoff an, so erhält man das Trimethylenbromid, welches nach obiger Reaktion zum Trimethylenglykol, also einem β-Glykol führt.

Lagert man an ungesättigte einwertige Alkohole, welche eine Äthylenbindung enthalten, zwei Bromatome an, so enthält man dibromierte Alkohole, welche beim Ersatz des Broms durch Hydroxyl dreiwertige Alkohole liefern.

$$\underset{\text{Allylbromid}}{CH_2{=}CH\cdot CH_2Br} + BrH = \underset{\text{Trimethylenbromid}}{CH_2Br\cdot CH_2\cdot CH_2Br} \longrightarrow \underset{\text{Trimethylenglykol}}{CH_2(OH)\cdot CH_2\cdot CH_2(OH)}$$

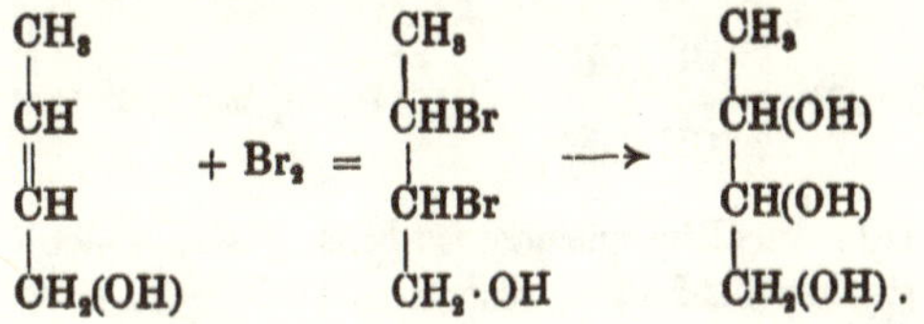

Aus diesen Beispielen dürfte die Bedeutung der Reaktion für die Gewinnung von Alkoholen ersichtlich sein.

Auch Oxyaldehyde, Oxyketone, sowie Oxysäuren lassen sich auf diese Weise aus den entsprechenden halogensubstituierten Grundkörpern

[1] A. ch. (3) 55, 400.

erhalten. Schließlich kann man auch in aromatischen Körpern Halogen, welches sich an einer Seitenkette befindet, durch Hydroxyl ersetzen.

Der Ersatz von Halogenatomen durch Hydroxylgruppen läßt sich auf zweierlei Weise ermöglichen, nämlich 1. direkt in einer einzigen Operation und 2. in zwei Phasen, indem man zunächst einen Säureester des gewünschten Alkohols darstellt, welcher dann noch einer Verseifung unterworfen werden muß. Nach dem ersten Verfahren erhitzt man das Halogenderivat mit Wasser unter gewöhnlichem, oder in schwieriger verlaufenden Fällen unter erhöhtem Druck. Schneller und vielfach mit besserer Ausbeute gelangt man zum Ziel, wenn man dem Reaktionsgemisch gewisse Oxyde, Hydroxyde oder Karbonate zufügt. Zu diesem Zwecke sind angewandt worden: Silberoxyd, Bleihydroxyd, Bariumhydroxyd, Kalium- oder Natriumkarbonat u. a. Es scheint, als ob tertiär gebundene Halogenatome leichter reagieren als sekundäre oder primäre, und sekundäre leichter als primäre. Nach diesem Verfahren kann man aus Äthylenbromid direkt Glykol erhalten, indem man jenes mit Wasser unter Zusatz von Kaliumkarbonat erhitzt:

$$\begin{array}{l} CH_2Br \\ | \\ CH_2Br \end{array} + K_2CO_3 + H_2O = \begin{array}{l} CH_2(OH) \\ | \\ CH_2(OH) \end{array} + CO_2 + 2KBr.$$

Die Trennung des Glykols von dem in großem Überschusse angewandten Wasser ist jedoch recht umständlich.

Nach der zweiten Methode läßt man auf das Halogenderivat zunächst gewisse Salze, wie Silberacetat oder Kalium- bezw. Natriumacetat einwirken, wobei in erster Linie Säureester des gewünschten Alkohols entstehen:

$$\begin{array}{l} CH_2Br \\ | \\ CH_2Br \end{array} + 2CH_3\cdot COOK = \begin{array}{l} CH_2\cdot OOC\cdot CH_3 \\ | \\ CH_2\cdot OOC\cdot CH_3 \\ \text{Glykoldiacetat} \end{array} + 2KBr.$$

Diese werden dann in einer zweiten Operation in geeigneter Weise einer Verseifung unterworfen, wobei die freien Alkohole erhalten werden:

$$\begin{array}{l} CH_2\cdot OOC\cdot CH_3 \\ | \\ CH_2\cdot OOC\cdot CH_3 \end{array} + Ca(OH)_2 + \begin{array}{l} CH_2(OH) \\ | \\ CH_2(OH) \end{array} + (CH_3\cdot COO)_2Ca.$$

Glykol ist eine dickflüssige, farblose, geruchlose Flüssigkeit, welche bei 195° siedet und beim starken Abkühlen fest wird (F.P. = 11·5°). Wie alle mehrwertigen Alkohole schmeckt es süß. In Wasser und Alkohol ist es löslich, jedoch nicht in Äther. Es zeigt alle Reaktionen der einwertigen Alkohole, nur können diese einmal oder zweimal eintreten:

$$\begin{array}{l} CH_2\cdot ONa \\ | \\ CH_2\cdot OH \end{array} \text{ und } \begin{array}{l} CH_2\cdot ONa \\ | \\ CH_2\cdot ONa \end{array}; \quad \begin{array}{l} CH_2\cdot OOC\cdot CH_3 \\ | \\ CH_2\cdot OH \end{array} \text{ und } \begin{array}{l} CH_2\cdot OOC\cdot CH_3 \\ | \\ CH_2\cdot OOC\cdot CH_3 \end{array}.$$

Bei der Einwirkung von PCl_5 werden beide Hydroxylgruppen durch Chlor ersetzt:

$$\begin{array}{l} CH_2(OH) \\ | \\ CH_2(OH) \end{array} + 2\,PCl_5 = \begin{array}{l} CH_2\cdot Cl \\ | \\ CH_2\cdot Cl \end{array} + 2\,POCl_3 + 2\,HCl.$$

Erhitzt man hingegen Glykol mit Chlorwasserstoff, so findet dieser Ersatz nur an einer Hydroxylgruppe statt:

$$\begin{array}{l} CH_2(OH) \\ | \\ CH_2(OH) \end{array} + HCl = \begin{array}{l} CH_2\cdot Cl \\ | \\ CH_2(OH) \end{array} + H_2O.$$

Äthylenchlorhydrin

Aus diesen sogen. Halogenhydrinen lassen sich durch Einwirkung von Alkalien die inneren Anhydride der Glykole erhalten:

$$\begin{array}{l} CH_2\cdot Cl \\ | \\ CH_2(OH) \end{array} = \begin{array}{l} CH_2 \\ | \\ CH_2 \end{array}\!\!>O + HCl.$$

Äthylenoxyd

Übergang aus der aliphatischen Reihe in die aromatische.

Dimethylcyklohexenon bezw. s-Xylenol aus Äthylidenbisacetessigester. (Ringschließung bei einem 1.5 Diketon nach Knoevenagel.[1])

1. Äthylidenbisacetessigester.

In einem dickwandigen Glase von ca. 100 ccm Inhalt, welches durch einen Kork, in dessen Durchbohrung sich ein bis auf den Boden reichendes Thermometer befindet, verschlossen werden kann, versetzt man 50 g reinen, im Vakuum destillierten, abgekühlten Acetessigester mit 8·5 g reinem, kurz zuvor destilliertem Acetaldehyd, kühlt in einer Kältemischung von Eis und Kochsalz auf -10 bis -15^0 ab und fügt dann zu dem Reaktionsgemisch wenige Tropfen Diäthylamin, welches sich in einem Arznei-Tropfglase befindet. Man beobachtet hierbei in den meisten Fällen noch keine Temperaturerhöhung, da nämlich sowohl Acetessigester wie Acetaldehyd nur sehr schwer absolut frei von Säuren zu erhalten sind, und deshalb die ersten Anteile des Amins von diesen gebunden und damit

---

[1] A. **281**, 25.

unwirksam gemacht werden. Fährt man mit dem Zusatz von Diäthylamin langsam fort, so beobachtet man bei einem gewissen Punkte (wenn die Säuren neutralisiert sind) eine Temperaturerhöhung um einige Grade, welche normalerweise mindestens beim Zusatz der ersten zehn Tropfen eingetreten sein sollte. Sie gibt sich weiterhin auch durch eine Trübung der anfangs klaren Flüssigkeit zu erkennen. Von diesem Punkte ab läßt man während des allmählichen Zusatzes von weiteren zehn Tropfen der Base die Temperatur langsam auf 0° steigen und fügt dann allmählich unter häufigem Umschütteln bei einer Temperatur von 0 bis + 5° noch so lange tropfenweise Diäthylamin hinzu, bis im ganzen 60 Tropfen = 1·5 g verbraucht sind. Die Dauer dieser Operationen beträgt ca. 1 Stunde. Nachdem man das Reaktionsgemisch nach einer weiteren $^1/_4$ Stunde Stehens aus der Kältemischung entfernt hat, läßt man es Zimmertemperatur annehmen, beobachtet jedoch anfangs noch einige Zeit die Temperatur. Sollte diese infolge einer Nachreaktion auf 20° steigen, so kühlt man kurze Zeit in Eiswasser ab. Das Reaktionsprodukt bildet jetzt eine dickflüssige hellgelbe Masse, in der zahlreiche Wassertropfen suspendiert sind. Man überläßt es nun so lange sich selbst, bis es zu einer Kristallmasse erstarrt ist, was meistens ein 2- bis 3-tägiges Stehen erfordert.

Eine kleine Probe des Reaktionsproduktes presse man auf einem Tonteller ab und kristallisiere sie aus verdünntem Alkohol um. Man erhält so farblose Nadeln, welche bei 79—80° schmelzen.

Ist man von einer früheren Darstellung her im Besitz von Kristallen, so kann man das Erstarren des Rohproduktes dadurch beschleunigen, daß man ihm nach eintägigem Stehen eine kleine Menge jener einimpft. Man führt dies zweckmäßig an dem oberen, von Flüssigkeit nur benetzten Teile des Gefäßes aus.

2. Dimethylcyklohexenon.

Das durch Erwärmen auf einem Wasserbade wieder verflüssigte Reaktionsprodukt wird in eine Mischung von 100 g konz. Schwefelsäure und 400 g Wasser, die sich in einem Rundkolben von 1 Liter Inhalt befindet, gegossen und unter Verwendung eines gut wirkenden Rückflußkühlers über einem Drahtnetz zum lebhaften Sieden erhitzt, wobei man zur Herbeiführung eines regelmäßigen Siedens einige Stückchen eines ungebrannten Tontellers in den Kolben wirft.

Nach ca. 7stündigem Erhitzen (man beginnt zweckmäßig den Versuch am Morgen eines Arbeitstages) leitet man am absteigenden Kühler so lange Wasserdampf durch die Flüssigkeit, wobei man, um eine Zunahme des Volumens zu verhindern, das Reaktionsgemisch zuvor bis zum beginnenden Sieden erhitzt, bis 100 ccm Destillat übergegangen sind. Letzteres bewahrt man gut verschlossen auf.

Am zweiten Tage erhitzt man wiederum 7 Stunden am Rückflußkühler (neue Tonscherben), destilliert weitere 100 ccm mit Wasserdampf über und wiederholt dies an einem dritten Tage, wobei man jedoch schließlich so lange Wasserdampf durchleitet, bis aus einer Probe des Destillates beim Sättigen mit fester Pottasche kein Öl mehr oder nur noch eine minimale Menge eines solchen abgeschieden wird. Man vereinigt nun die drei wässerigen Destillate, in denen das Reaktionsprodukt zum größten Teile gelöst ist, und trägt so lange feste Pottasche ein, bis diese sich nicht mehr löst.

Zum Gelingen des Aussalzens ist die Anwendung einer möglichst reinen wasserfreien Pottasche durchaus erforderlich. Es scheidet sich hierbei auf der Pottaschelösung eine braunrote ölige Schicht ab, welche aus Dimethylcyklohexenon und Alkohol besteht. Nachdem man sie im Scheidetrichter von der wässerigen Lösung getrennt hat, destilliert man unter Anwendung eines mit Glasperlen gefüllten, mindestens 10 cm langen Hempelschen Aufsatzes den Alkohol ab (S.P. 78°), trocknet den Rückstand mit geschmolzenem Glaubersalz und unterwirft ihn in einem gewöhnlichen Fraktionierkolben der Destillation, wobei man die von 200—215° übergehende Fraktion gesondert auffängt. S.P. des reinen Körpers 211°. Ausbeute 15—20 g.

3. s-Xylenol.

10 g des Ketons werden in 20 g Eisessig gelöst und unter Kühlung mit Eiswasser, welche jedoch nicht so energisch sein darf, daß der Eisessig erstarrt, aus einem Tropftrichter allmählich mit einer Mischung von 13 g Brom und 10 g Eisessig versetzt. Man läßt das Reaktionsgemisch dann zum mindesten einen halben Tag, zweckmäßiger noch über Nacht bei Zimmertemperatur stehen (unter dem Abzug), wobei reichliche Mengen von Bromwasserstoff

entweichen, erwärmt dann etwa 1 Stunde unter öfterem Umschütteln auf einem Wasserbade auf ca. 50°, steigert die Temperatur, bis schließlich das Wasser siedet, und erhitzt endlich, wenn auf dem Wasserbade nur noch wenig Bromwasserstoff entweicht, so lange über einem Drahtnetze unter Anwendung eines Steigrohres zum beginnenden Sieden des Eisessigs, bis die Bromwasserstoffentwickelung fast aufgehört hat. Nach dem Erkalten gießt man dann vorsichtig in eine erkaltete Lösung von 75 g Kali in 150 g Wasser, wobei sich nur eine geringe Menge eines Öles abscheiden darf, schüttelt alkaliunlösliche Nebenprodukte mit nicht zu wenig Äther aus, sättigt die alkalische Lösung mit Kohlensäure und destilliert das in Freiheit gesetzte s-Xylenol unter weiterem Einleiten von Kohlensäure (dreifach durchbohrter Kork) mit Wasserdämpfen über. Das Ende der Destillation erkennt man daran, daß eine Probe des Destillats mit einem Tropfen Brom versetzt keinen Niederschlag von Tribromxylenol mehr liefert.

Läßt man das Destillat über Nacht an einem kühlen Orte stehen, so scheidet sich der größte Teil des Xylenols kristallsiert ab. Zur Gewinnung des gelöst gebliebenen Anteiles filtriert man die Kristalle ab, sättigt das Filtrat mit festem Kochsalz und schüttelt mit Äther aus. Schmelzpunkt des s-Xylenols 64°. Siedepunkt 220 bis 221°. Ausbeute 5—6 g.

Zur näheren Charakterisierung dieses Phenols überschütte man in einem Reagenzrohre einige Tropfen von jenem mit ca. 5 ccm Wasser und füge so lange tropfenweise Brom hinzu, bis die rotbraune Farbe des letzteren bestehen bleibt. Man nehme dann das überschüssige Brom durch Zusatz von wässeriger schwefliger Säure fort und kristallisiere den Niederschlag aus Alkohol um. Man erhält so farblose Nadeln von Tribromxylenol, welche bei 165° schmelzen.

1. Aldehyde (aliphatische, aromatische usw,) lassen sich mit Körpern, welche eine CH_2-Gruppe zwischen zwei negativen Radikalen enthalten (Acetessigester, Malonester, Acetylaceton u. a.), in zweierlei Weise unter Austritt von Wasser kondensieren. Es können 1. gleiche Moleküle beider aufeinander wirken, wobei folgende Reaktion eintritt:

$$\begin{array}{c} X \\ | \\ C \\ | \\ Y \end{array} \!\! \boxed{H_2 + O} HC \cdot R = H_2O + \begin{array}{c} X \\ | \\ C \\ | \\ Y \end{array} \!\! = CH \cdot R\,.$$

Beispiel:

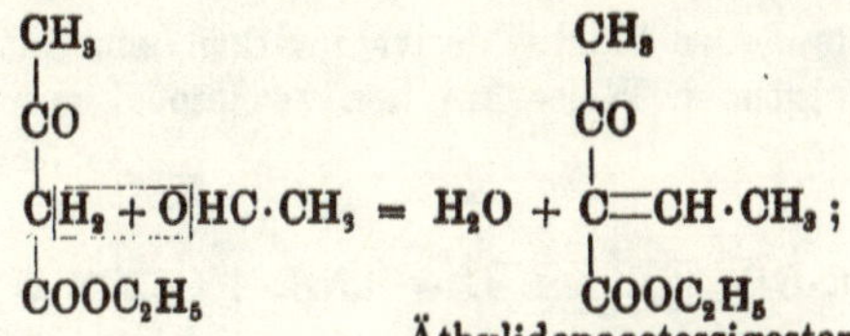

Äthylidenacetessigester

oder die Reaktion kann sich 2. zwischen einem Moleküle des Aldehydes und zwei Molekülen des anderen Körpers vollziehen:

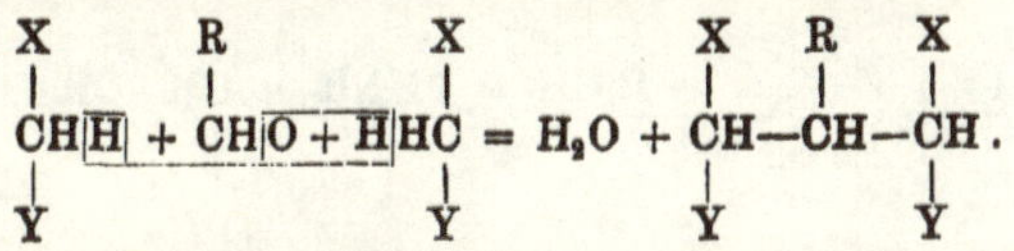

Im praktisch ausgeführten Beispiel:

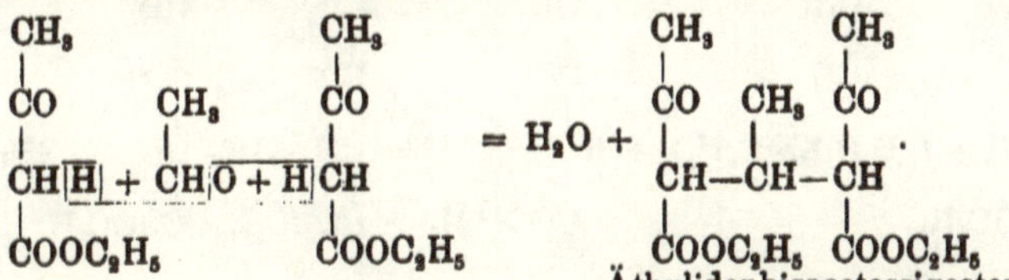

Äthylidenbisacetessigester

Zum Eintritt der ersten Reaktion kann man als Kondensationsmittel anwenden: Salzsäure, Essigsäureanhydrid sowie primäre und sekundäre Amine (Äthylamin, Diäthylamin, Piperidin u. a.), während man für die zweite Reaktion vorzugsweise die erwähnten Basen verwendet. Eine kleine Menge von diesen vermag große Mengen des Kondensationsproduktes zu erzeugen, indem hier ein Fall einer sogen. kontinuierlichen Reaktion vorliegt. Letztere kommt wahrscheinlich in der Weise zustande, daß das Amin zunächst mit dem Aldehyd unter Austritt von Wasser[1] reagiert:

$$R \cdot CH\boxed{O + H_2}N \cdot R_I = R \cdot CH{=}N \cdot R_I + H_2O$$

prim. Amin

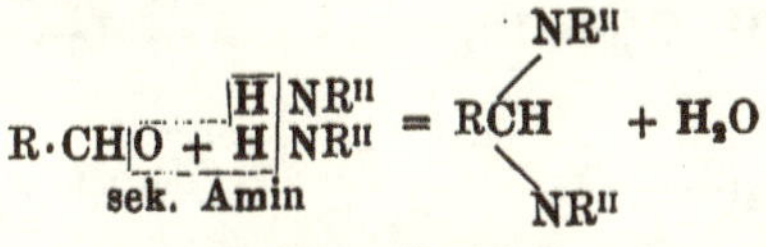

sek. Amin

$\left[R^{II} = \begin{matrix}\text{zweiwertiges Radikal} \\ \text{oder zwei einwertige Radikale.}\end{matrix}\right]$

Im obigen Beispiel:

$$CH_3 \cdot CH\boxed{O + 2H}N(C_2H_5)_2 = CH_3 \cdot CH \begin{matrix} N(C_2H_5)_2 \\ N(C_2H_5)_2 \end{matrix} + H_2O .$$

[1] B. 31, 738.

Die so entstandenen Aldehydderivate wirken dann unter Regeneration des Amins in folgender Weise auf den zweiten Körper ein:

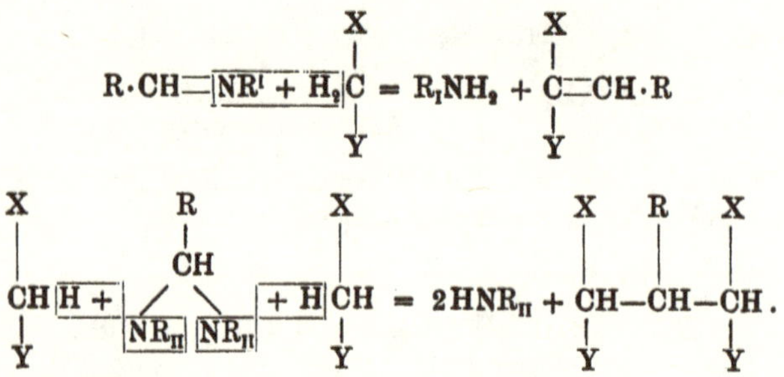

Im obigen Beispiel:

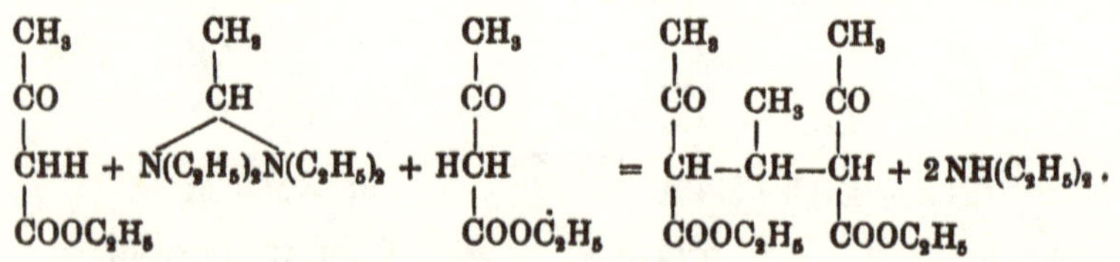

Das so regenerierte Amin überträgt dann von neuem den Aldehydrest auf den Acetessigester usf.

2. Von den Körpern, welche nach Reaktion 2 erhalten werden können, sind besonders diejenigen von Interesse, welche wie der oben dargestellte Äthylidenbisacetessigester zwei CO-Gruppen (1.5-Diketone) und neben diesen je eine Methylgruppe enthalten.

Läßt man nämlich auf sie wasserabspaltende Mittel (Alkalien oder Säuren) einwirken, so vollzieht sich die Bildung eines sechsgliedrigen Kohlenstoffringes in folgender Weise:

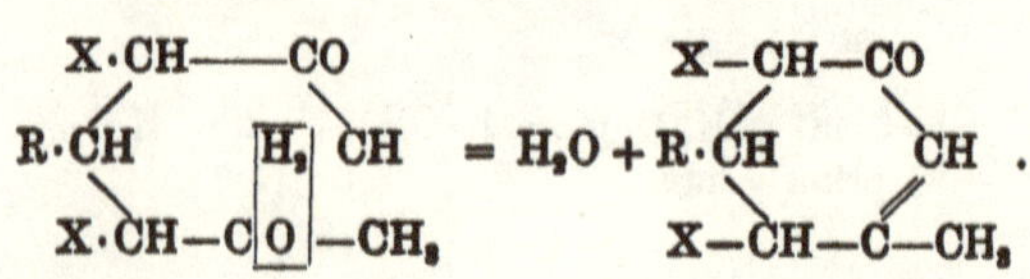

Im obigen Beispiel:

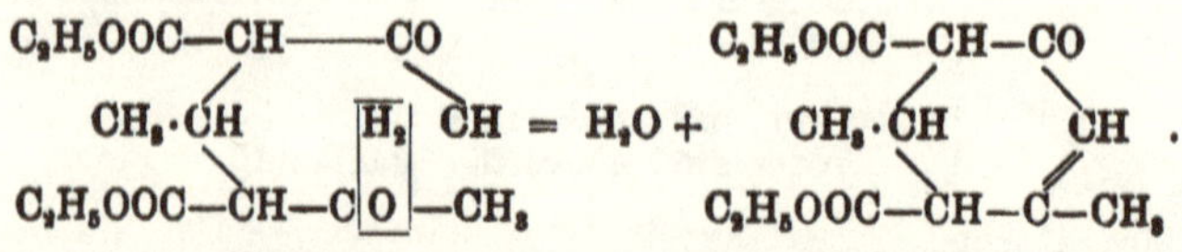

Neben dieser Ringschließung tritt im oben ausgeführten Beispiel noch eine zweite Reaktion ein, indem die Schwefelsäure auf den primär gebildeten Säureester verseifend einwirkt, worauf dann sofort Kohlensäureabspaltung eintritt:

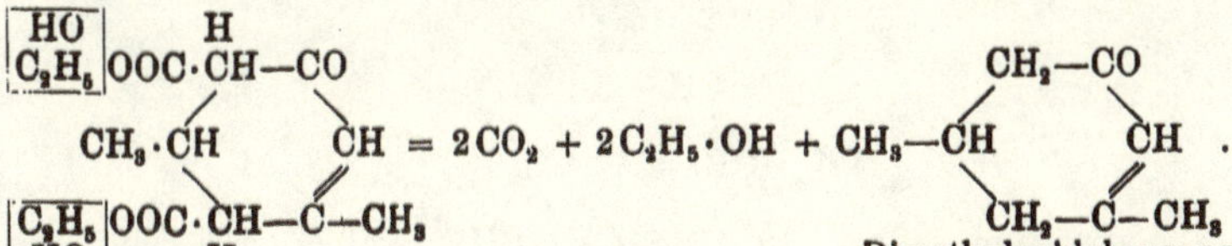

Dimethylcyklohexenon

Diese Ringschließung bei 1.5-Diketonen ist vieler Modifikationen fähig, indem R = H, CH_3, C_2H_5, C_6H_5 usw. sein kann, je nachdem man Formaldehyd, Acetaldehyd, Propionaldehyd, Benzaldehyd usw. anwendet, während X = $COOC_2H_5$, $CH_3 \cdot CO$, $C_6H_5 \cdot CO$ usw. sein kann, wenn man Acetessigester, Acetylaceton, Benzoylaceton usw. verwendet.

Sie wird dadurch noch wesentlich vielseitiger, daß man auch von unsymmetrischen 1.5-Diketonen, z. B.:

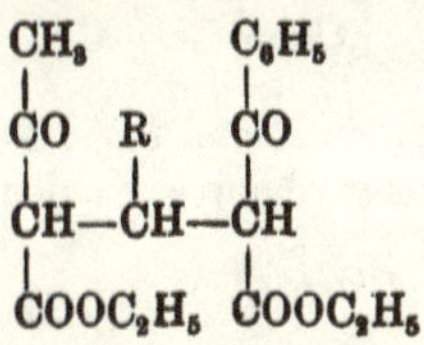

ausgehen kann. Die Natur der Reaktion verlangt jedoch, daß zum mindesten einer der beiden CO-Gruppen eine Methylgruppe benachbart ist, da sonst ja keine Abspaltung von Wasser eintreten kann. Die so erhaltenen Körper leiten sich von folgender Stammsubstanz ab:

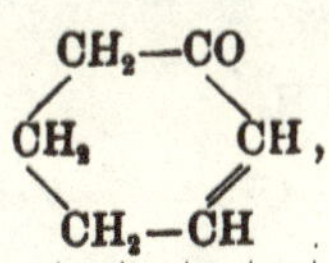

welche man als Cyklohexenon bezeichnet, und die als Ketoderivat eines Tetrahydrobenzols

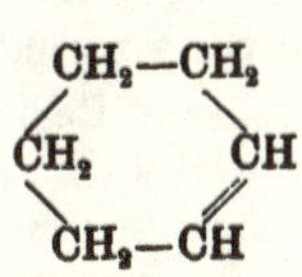

aufzufassen ist, so daß hier ein Übergang aus der aliphatischen in die hydroaromatische Reihe vorliegt.

Diese primär erhaltenen Körper lassen sich weiterhin durch verschiedene Reaktionen in andere hydroaromatische und in aromatische Substanzen überführen. Reduziert man z. B. das Dimethylcyklohexenon, so geht die Ketongruppe in die sekundäre Alkoholgruppe über, während gleichzeitig unter Übergang der Doppelbindung in eine einfache zwei H-Atome addiert werden, so daß man

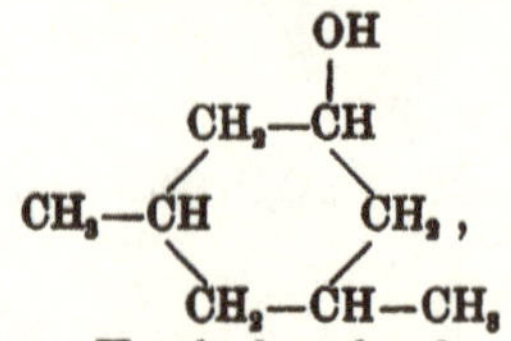

Hexahydroxylenol

also ein Alkoholderivat eines Hexahydrobenzols bezw. -Xylols erhält. Oxydiert man letztere Körper, so wird die sekundäre Alkoholgruppe zur Ketongruppe oxydiert, und es entsteht ein Ketoderivat eines Hexahydroxylols:

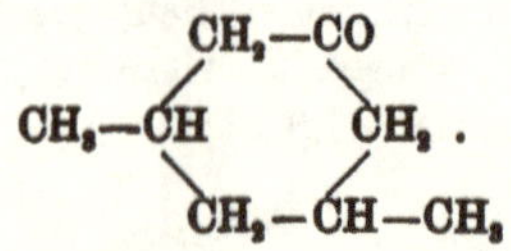

Läßt man wasserabspaltende Mittel auf die hexahydrierten Alkohole einwirken, so bilden sich tetrahydrierte Kohlenwasserstoffe, z. B.:

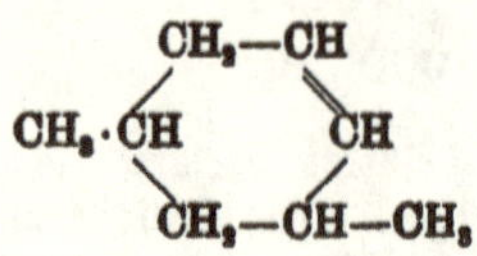

= Tetrahydroxylol.

Ersetzt man die OH-Gruppe im hexahydrierten Körper durch Jod und reduziert das Jodid, so entstehen hexahydrierte Kohlenwasserstoffe, z. B.:

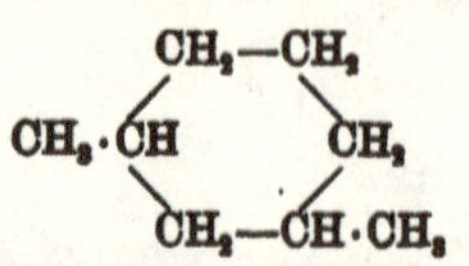

= Hexahydroxylol.

Kurz, man sieht, daß auf diese Weise die Synthesen der verschiedenartigsten hydroaromatischen Körper zu ermöglichen sind.

3. Auch in die rein aromatische Reihe kann man schließlich gelangen. Läßt man, wie oben praktisch ausgeführt, auf die primär entstandenen Ringkörper Brom einwirken, so lagern sich zunächst zwei Atome von diesem an, indem die doppelte Bindung in eine einfache übergeht:

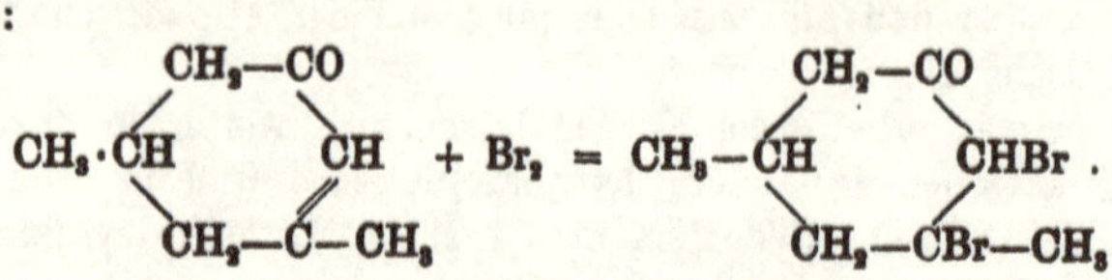

Diese Dibromide sind jedoch sehr unbeständig und geben bereits in der Kälte zwei Moleküle Bromwasserstoff ab:

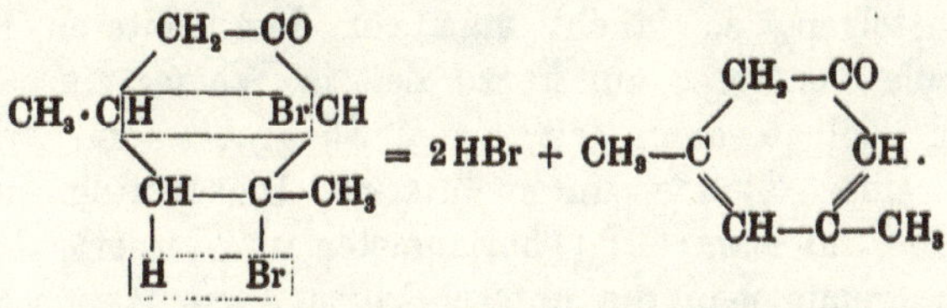

Indem dann schließlich diese unbeständige Ketoform (CH_2—CO) sich in die beständige Enolform (CH = C·OH) umlagert, erhält man s-Xylenol:

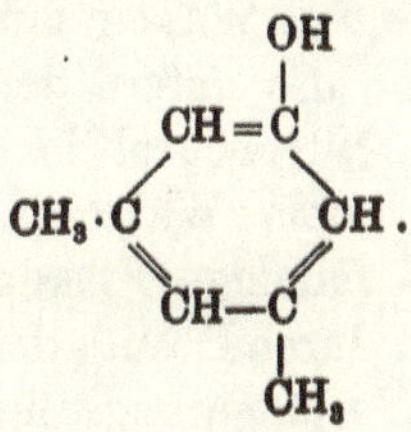

(Man orientiere sich an dieser Stelle an Hand der Lehrbücher der organischen Chemie über weitere Übergänge aus der aliphatischen in die aromatische und hydroaromatische Reihe: vgl. Bernthsen, VIII. Aufl. pag. 343; Richter, IX. Aufl. II. Bd., pag. 4, 5 und 30; Krafft, III. Aufl. pag. 447; Meyer-Jacobson, II. Bd. 1. Teil pag. 79.)

II. Aromatische Reihe.

1. Reaktion: Nitrierung eines Kohlenwasserstoffs.

Beispiele: Nitrobenzol und Dinitrobenzol.[1]

Nitrobenzol.

Zu 150 g konzentrierter Schwefelsäure, die sich in einem Kolben von etwa $^1/_2$ Liter Inhalt befindet, gießt man allmählich unter Umschütteln 100 g konzentrierte Salpetersäure (spezifisches Gewicht 1·4). Nachdem man die warme Mischung durch Eintauchen in kaltes Wasser auf Zimmertemperatur abgekühlt hat, fügt man unter häufigem Umschütteln zu ihr allmählich 50 g Benzol. Sollte hierbei die Temperatur über

[1] A. **9**, 47; **12**, 305. Ostwalds Klassiker der exakten Wissenschaften Nr. 98.

50—60° steigen, so taucht man vor dem weiteren Eintragen des Benzols das Gefäß auf kurze Zeit in Wasser ein. Man versieht den Kolben dann mit einem Steigrohre und erhitzt ihn während einer Stunde unter öfterem Umschütteln in einem Wasserbade auf etwa 60° (Thermometer im Wasser). Nach dem Abkühlen trennt man die untere Schicht, welche aus Schwefelsäure und Salpetersäure besteht, im Scheidetrichter von der oberen, die das Nitrobenzol enthält. Letztere schüttelt man im Scheidetrichter mehrmals mit Wasser durch, wobei man beachte, daß das Nitrobenzol jetzt die untere Schicht bildet. Nach dem Waschen läßt man das Nitrobenzol in einen trockenen Kolben ab und erwärmt es auf dem Wasserbade so lange mit Chlorcalcium, bis die anfangs milchige Flüssigkeit klar geworden ist. Man reinigt es schließlich durch Destillation aus einem Fraktionierkolben mit vorgelegtem Verlängerungsrohr, wobei man nicht ganz bis zur Trockne destilliere. S.P. 206—207°. Ausbeute 60—70 g.

Dinitrobenzol.

Eine Mischung von 25 g konzentrierter Schwefelsäure und 15 g rauchender Salpetersäure wird allmählich mit 10 g Nitrobenzol versetzt (Abzug) und unter häufigem Umschütteln in einem offenen Kolben eine halbe Stunde auf dem Wasserbade erhitzt. Das etwas erkaltete Reaktionsgemisch wird dann unter Umrühren in kaltes Wasser gegossen, worauf man das erstarrte Dinitrobenzol abfiltriert, mit Wasser auswäscht, auf einem Tonteller abpreßt und aus Alkohol umkristallisiert. F.P. 90°. Ausbeute 10—12 g.

Die Eigenschaft, bei Einwirkung von Salpetersäure Nitroderivate zu liefern, ist ein Charakteristikum der aromatischen Substanzen. Je nach den Bedingungen, unter denen die Nitrierung ausgeführt wird, kann man eine Nitrogruppe oder deren mehrere einführen. Die oben ausgeführten Reaktionen verlaufen nach folgenden Gleichungen:

$$C_6H_6 + NO_2\cdot OH = C_6H_5\cdot NO_2 + H_2O,$$

$$C_6H_5\cdot NO_2 + NO_2\cdot OH = C_6H_4\cdot(NO_2)_2 + H_2O.$$

Sind in einem aromatischen Körper gesättigte aliphatische Seitenketten vorhanden, so erfolgt die Nitrierung unter den obigen Bedingungen stets am Benzolkern und nicht in der Seitenkette. Da die Benzolkohlenstoffatome nur mit einem Wasserstoffatom verbunden sind, so sind die erhaltenen Nitroverbindungen tertiäre; sie sind demnach nicht imstande, wie die primären und sekundären Nitrokörper, Salze, Nitrolsäuren oder Pseudonitrole zu bilden.

Neuerdings ist es auch gelungen, Nitrogruppen direkt in Seitenketten einzuführen.[1] Erhitzt man z. B. Toluol oder Äthylbenzol mit schwacher Salpetersäure (spez. Gew. 1·076) in einer Bombe auf etwas über 100°, so erhält man Phenylnitromethan $C_6H_5 \cdot CH_2 \cdot NO_2$ oder Phenylnitroäthan $C_6H_5 \cdot CH(NO_2) \cdot CH_3$.

Nicht nur die aromatischen Stammsubstanzen, die Kohlenwasserstoffe, lassen sich nitrieren; auch alle Derivate derselben, wie Phenole, Amine, Aldehyde, Säuren usw. sind der gleichen Reaktion zugänglich. Die Nitrierung erfolgt jedoch nicht überall mit der gleichen Leichtigkeit. Man muß daher für jeden Fall die günstigsten Versuchsbedingungen ermitteln. Wird ein Körper sehr leicht nitriert, so kann man entweder die Nitrierung mit je nach Bedürfnis durch Wasser verdünnter Salpetersäure ausführen, oder man löst die zu nitrierende Substanz in einem Lösungsmittel auf, welches durch Salpetersäure nicht angegriffen wird, wobei man sich häufig des Eisessigs bedient, und versetzt dann mit Salpetersäure. Auch kann man umgekehrt verfahren und die Substanz in die Mischung von Salpetersäure und Wasser oder Eisessig eintragen. Wird ein Körper mittelschwer nitriert, so trägt man ihn in konzentrierte oder rauchende Salpetersäure ein. Tritt die Nitrierung schwer ein, so erleichtert man die Wasserabspaltung durch Zusatz von konzentrierter Schwefelsäure zu der gewöhnlichen oder rauchenden Salpetersäure. Bei der Nitrierung kann man entweder den zu nitrierenden Körper in das Gemisch von Salpetersäure und Schwefelsäure eintragen, oder man läßt die Salpetersäure zu dem in konzentrierter Schwefelsäure gelösten Körper hinzufließen. Beim Arbeiten in schwefelsaurer Lösung wendet man bisweilen statt der Salpetersäure salpetersaures Kalium oder Natrium an. Die drei beschriebenen Arten der Nitrierung lassen sich nun noch in zweierlei Weise modifizieren, indem man 1. die Temperaturen und 2. die Menge der Salpetersäure variiert. So kann man die Nitrierung unter Abkühlung in einer Kältemischung, oder in Eis, oder in Wasser, unter gelindem Erwärmen bis schließlich bei Siedehitze ausführen. Ferner kann man einen Überschuß von Salpetersäure oder die theoretisch berechnete Menge anwenden. Welche von diesen zahlreichen Modifikationen die besten Resultate liefert, muß durch Vorversuche im kleinen zuvor ermittelt werden. Da die Nitrokörper meistens in Wasser unlöslich oder schwer löslich sind, so kann man sie aus dem Nitrierungsgemisch durch Verdünnen mit Wasser, in manchen Fällen besser mit Kochsalzlösung abscheiden.

Durch den Eintritt einer Nitrogruppe wird der chemische Charakter einer Substanz qualitativ nicht geändert. So sind die Nitroderivate der Kohlenwasserstoffe indifferente Körper, wie die Kohlenwasserstoffe selbst. Wohl aber quantitativ. Tritt eine Nitrogruppe z. B. in einen Körper von saurer Natur ein, so wird letztere dadurch verstärkt; die

[1] B. 27. Ref. 194 u. 468.

Nitrophenole z. B. sind stärker sauer als das Phenol. Das Umgekehrte tritt bei der Nitrierung basischer Substanzen ein; Nitroanilin z. B. ist weniger basisch als Anilin.

Die große Bedeutung der Nitrokörper beruht auf ihrem Verhalten bei der Reduktion, wovon bei den nächsten Präparaten die Rede sein wird.

Bezüglich des Eintrittes von Nitrogruppen haben sich die folgenden Gesetzmäßigkeiten ergeben:

Bei der Einführung einer Nitrogruppe in das Benzol kann natürlich nur ein einziges Mononitrobenzol entstehen. Ist ein Alkylrest im Benzol vorhanden, so tritt die Nitrogruppe in die Ortho- und Parastellung zu diesem, nicht aber in Metastellung. Beim Nitrieren des Toluols z. B. entstehen:

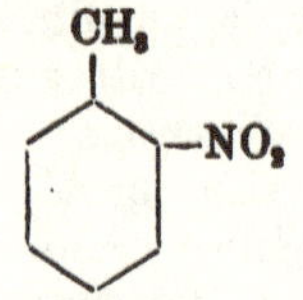

und

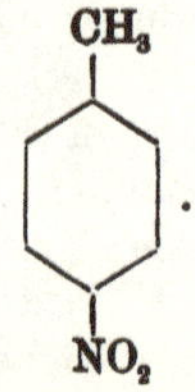

Die gleichen Stellungen sucht die Nitrogruppe auf, wenn ein Benzolwasserstoffatom durch Hydroxyl (Substituent 1. Ordnung) substituiert ist. So liefert z. B. Phenol bei der Nitrierung eine Mischung von o- und p-Nitrophenol. Nitriert man dagegen Körper, welche eine Aldehyd-, Karboxyl- oder Cyangruppe enthalten, so tritt die Nitrogruppe vorwiegend in die Metastellung (Substituent 2. Ordnung) zu diesen. Benzaldehyd, Benzoesäure und Benzonitril liefern beim Nitrieren:

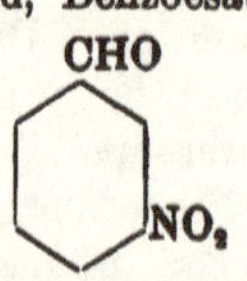

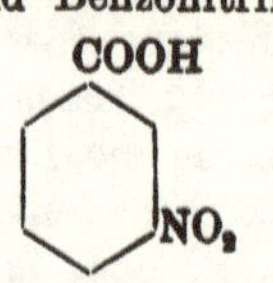

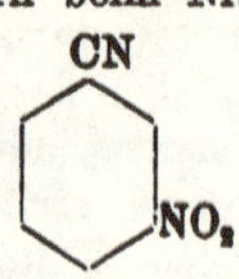

Enthält ein Körper bereits eine Nitrogruppe, so tritt die zweite in die Metastellung zu dieser. So wurde oben beim Dinitrieren von Benzol m-Dinitrobenzol erhalten. o-Nitrotoluol und o-Nitrophenol liefern beim Nitrieren:

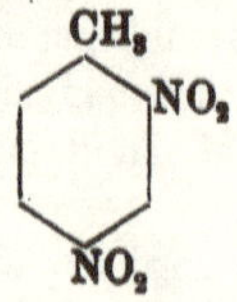

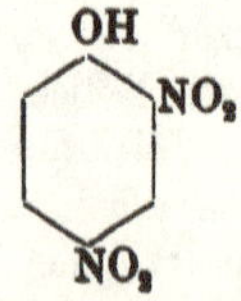

Aus m-Nitrobenzoesäure entsteht die folgende Dinitrobenzoesäure:

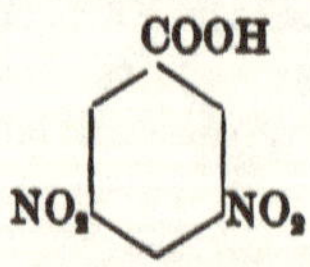

Die Nitrokörper sind zum Teil Flüssigkeiten, zum Teil feste Körper, welche, falls sie ohne Zersetzung destillieren, einen höheren Siedepunkt als die Muttersubstanz besitzen.

2. Reaktion: Reduktion eines Nitrokörpers zu einem Amin.

Beispiele: 1. Anilin aus Nitrobenzol.[1]
2. Nitroanilin aus Dinitrobenzol.

1. In einem Rundkolben ($1^1/_2$ Liter Inhalt) versetzt man 90 g **granuliertes** Zinn[2] mit 50 g Nitrobenzol und fügt hierzu allmählich 200 g konzentrierte Salzsäure in der folgenden Weise: Man setzt zunächst nur etwa den zehnten Teil der Salzsäure hinzu, verbindet dann den Kolben sofort mit einem nicht zu engen Steigrohr und schüttelt um. Nach kurzer Zeit erwärmt sich die Mischung und gerät schließlich in lebhaftes Aufsieden. Sobald dies eintritt, taucht man den Kolben sofort so lange in kaltes Wasser ein, bis die heftige Reaktion nachgelassen hat. Man fügt dann das zweite Zehntel der Salzsäure hinzu und verfährt wie soeben usf. Hat man in dieser Weise etwa die Hälfte der Salzsäure verbraucht, so verläuft die Reaktion milder, und man kann die zweite Hälfte der Säure in größeren Portionen zusetzen. Um die Reduktion des Nitrobenzols zu vervollständigen, erhitzt man schließlich noch eine Stunde lang auf dem Wasserbade. Zur Abscheidung des freien Anilins versetzt man die warme Lösung mit 100 ccm Wasser und fügt darauf allmählich eine Lösung von 150 g Natron in 200 ccm Wasser hinzu. Sollte hierbei die Flüssigkeit sich bis zum Sieden erhitzen, so taucht man den Kolben vor dem weiteren Zusatz des Natrons für kurze Zeit in kaltes Wasser ein. Man leitet dann bei vorgelegtem, langem Kühler Wasserdampf in die heiße Flüssigkeit ein, wobei das Anilin mit dem Wasser als farbloses Öl, welches sich unter dem Wasser ansammelt, übergeht. Sobald das Destillat nicht mehr milchig, sondern wasserhell ist, wechselt man die Vorlage und läßt noch etwa 300 ccm Flüssigkeit überdestillieren. Man vereinigt dann die Destillate, versetzt mit je 25 g fein pulverisiertem Kochsalz auf je 100 ccm Flüssigkeit, schüttelt um, bis Lösung des Salzes eingetreten ist, und nimmt

[1] A. **44**, 283.

[2] Ist man nicht im Besitze von granuliertem Zinn, so stellt man sich dies dadurch her, daß man vor der Gebläseflamme in einem mit Ausguß versehenen, gestielten, eisernen Löffel derbes Zinn schmilzt und dann **tropfenweise** aus einer Höhe von $^1/_2$—1 m in einen mit Wasser gefüllten Eimer gießt.

das Anilin mit Äther auf. Nachdem man die ätherische Lösung mit einigen Stückchen festen Kalis getrocknet hat, verdampft man den Äther und unterwirft das Anilin der Destillation. Siedepunkt 182°. — Ausbeute 90—100% der Theorie.

Ist man nicht in der Lage, den Versuch ohne Unterbrechung zu Ende zu führen, so richte man sich so ein, daß die Neutralisation mit Natronlauge und die darauffolgende Wasserdampfdestillation kurz nacheinander durchgeführt werden können, damit man die bei der Neutralisation sich entwickelnde Wärme ausnutzt.

Die Eigenschaft, bei einer energischen Reduktion in primäre Amine überzugehen, kommt sowohl den Nitrokörpern der aliphatischen wie der aromatischen Reihe zu. Zur Reduktion jeder Nitrogruppe sind 6 Atome Wasserstoff erforderlich, und der hierbei verlaufende Prozeß läßt sich durch folgende allgemeine Gleichung ausdrücken:

$$X \cdot NO_2 + 3H_2 = X \cdot NH_2 + 2H_2O\,.$$

Um im Laboratorium im kleinen einen Nitrokörper zu einem Amin zu reduzieren, wendet man am häufigsten als Reduktionsmittel 1. Zinn (granuliert) und Salzsäure oder 2. Zinnchlorür und Salzsäure an:

$$1.\ 2C_6H_5 \cdot NO_2 + 3Sn + 12HCl = 2C_6H_5 \cdot NH_2 + 3SnCl_4 + 4H_2O\,,$$

$$2.\ C_6H_5 \cdot NO_2 + 3SnCl_2 + 6HCl = C_6H_5 \cdot NH_2 + 3SnCl_4 + 2H_2O\,.$$

Auf 1 Molekül eines Mononitrokörpers sind demnach $1^1/_2$ Atome Zinn oder 3 Moleküle Zinnchlorür zu verwenden. Bei der Berechnung der Zinnchlorürmenge beachte man, daß dieses Salz mit 2 Molekülen Wasser ($SnCl_2$ + 2 aq.) kristallisiert. Bei der Reduktion mit metallischem Zinn wendet man auch oft die doppelte Menge von diesem, d. h. auf eine Nitrogruppe drei Atome Zinn, an. In diesem Falle wird letzteres nicht wie oben zum Chlorid, sondern nur bis zum Chlorür chloriert:

$$C_6H_5 \cdot NO_2 + 3Sn + 6HCl = C_6H_5 \cdot NH_2 + 3SnCl_2 + 2H_2O\,.$$

Da in den beschriebenen Fällen stets Salzsäure im Überschuß vorhanden ist, und die Amine sich mit dieser zu wasserlöslichen Salzen vereinigen, so kann man das Ende der Reduktion daran erkennen, daß kein wasserunlöslicher Nitrokörper mehr vorhanden ist, daß sich vielmehr das Reduktionsgemisch im Wasser klar auflöst. Um aus der sauren Lösung das freie Amin zu gewinnen, kann man in verschiedener Weise verfahren. Ist wie in obigen Beispiel das Amin mit Wasserdämpfen flüchtig und in Alkali unlöslich, so versetzt man die saure Lösung so lange mit Kali oder Natron, bis die im Anfang sich abscheidenden Oxyde des Zinns sich im Überschusse des Alkalis wieder gelöst haben, und treibt das in Freiheit gesetzte Amin mit Wasserdämpfen über. Man kann ferner sowohl flüchtige wie nichtflüchtige Amine aus der alkalischen Flüssigkeit mit einem geeigneten Lösungsmittel, etwa Äther, ausschütteln. Dies Verfahren ist jedoch häufig mißlich, da die alkalischen Zinnlösungen mit Äther Emulsionen bilden, die sich nur schwer absetzen. Ist das freie Amin fest, so kann man es durch Filtrieren der alkalischen Flüssigkeit gewinnen. In vielen Fällen, wo es sich um nichtflüchtige Amine handelt, ist es zweckmäßig, das Zinn zuvor auszufällen, ehe man das Amin in Freiheit setzt. Dies geschieht in der Weise, daß man die saure Lösung mit viel Wasser verdünnt, sie dann im Wasserbade erhitzt und, sobald die Flüssigkeit Wasserbadtemperatur angenommen hat, Schwefelwasserstoff einleitet. Das Zinn scheidet sich dann als Zinnsulfür oder Zinnsulfid ab, welche durch Abfiltrieren von der das salzsaure Amin enthaltenden Flüssigkeit getrennt werden. Da das Zinn bei Gegenwart eines großen Überschusses von Salzsäure durch Schwefelwasserstoff nur schwer gefällt wird, so ist man manchmal gezwungen, zur Entfernung der Salzsäure die saure Flüssigkeit vor der Behandlung mit Schwefelwasserstoff auf dem Wasserbade bis zur Trockne einzudampfen.

Nachdem man vom Schwefelzinn abfiltriert hat, prüfe man eine Probe des Filtrates, ob sie noch mit Schwefelwasserstoff einen Niederschlag liefert. Ist dies der Fall, so dampfe man das gesamte Filtrat zur Entfernung der Salzsäure, zuletzt auf dem Wasserbade, so weit wie möglich ein, verdünne mit Wasser und leite nochmals Schwefelwasserstoff ein. — Bisweilen bildet das Amin mit der Salzsäure ein schwer lösliches Salz, oder das salzsaure Amin vereinigt sich mit Chlorzinn zu einem schwerlöslichen Doppelsalz. In diesem Falle kann man sich die Isolierung des Amins dadurch erleichtern, daß man jene zuvor abfiltriert, mit Salzsäure auswäscht und eventuell auf Ton abpreßt. — Hat man es mit Aminen zu tun, welche, wie Amidosäuren, auch einen sauren Charakter besitzen, so kann man diese natürlich nicht wie oben durch Alkali abscheiden. In derartigen Fällen entfernt man stets zunächst das Zinn, dampft die saure Lösung zur Trockne ein und macht nun die Amidosäure durch Zusatz von essigsaurem Natrium frei. Bei Amidophenolen benutzt man auch wohl Natriumbirkarbonat, Soda oder schwefligsaures Natrium zur Zersetzung des salzsauren Salzes.

Viel seltener als Zinn oder Zinnchlorür wendet man im Laboratorium andere Metalle wie Eisen, Zink u. a. im Verein mit einer Säure zur Reduktion von Nitrokörpern an. Im großen bedient man sich jedoch des billigen Eisens, um Basen wie Anilin, die Toluidine, α-Naphtylamin u. a. aus den entsprechenden Nitrokörpern darzustellen. Bei Anwendung von Eisen und Salzsäure sollte die Reduktion theoretisch nach folgender Gleichung verlaufen:

$$C_6H_5 \cdot NO_2 + 3Fe + 6HCl = 3FeCl_2 + 2H_2O + C_6H_5 \cdot NH_2.$$

Tatsächlich wendet man im großen jedoch viel weniger Salzsäure an (etwa nur $^1/_{40}$), als obiger Gleichung entspricht. Bei Gegenwart von Eisenchlorür vermag nämlich das Eisen den Nitrokörper, ohne daß Salzsäure zugegen ist, nach folgender Gleichung zu reduzieren:

$$C_6H_5 \cdot NO_2 + 2Fe + 4H_2O = C_6H_5 \cdot NH_2 + 2Fe(OH)_3.$$

Zur Neutralisation der immerhin angewandten geringen Salzsäuremenge bedient man sich im großen nicht der teuren Alkalien, sondern des billigeren gelöschten Kalkes.

Die vollständige Reduktion von Nitrokörpern, welche mehrere Nitrogruppen enthalten, wird in der gleichen Weise ausgeführt, wie die von Mononitrokörpern. Will man jedoch nur einen Teil der Nitrogruppen reduzieren, so genügt es nicht etwa, nur die hierfür theoretisch berechnete Menge eines Reduktionsmittels anzuwenden; es sind vielmehr für diesen Fall besondere Methoden erforderlich. So bedient man sich zu diesem Zwecke häufig des Schwefelwasserstoffs bei Gegenwart von Ammoniak oder des Schwefelammoniums zur Reduktion:

$$H_2S = H_2 + S.$$

Man löst den zu reduzierenden Körper je nach Umständen in Wasser oder Alkohol auf, versetzt mit Ammoniak und leitet unter Erwärmen Schwefelwasserstoff ein. Oder man erwärmt ihn in wässeriger oder alkoholischer Lösung mit bereits fertigem, wässerigem oder alkoholischem Schwefelammonium. Auf diese Weise gelingt es z. B. Dinitrokörper in Nitroamine überzuführen. Eine zweite Methode, welche allgemein zur schrittweisen Reduktion von mehrfach nitrierten Körpern verwandt werden kann, besteht darin, daß man zu der alkoholischen Lösung des zu reduzierenden Körpers unter guter Kühlung und fortwährendem Schütteln eine mit Salzsäure gesättigte alkoholische Lösung der theoretisch erforderlichen Menge von Zinnchlorür allmählich hinzufließen läßt. (B. **19**, 2161.)

Versuch:[1] Das umkristallisierte Dinitrobenzol wird in einem Kolben unter Erwärmen in Alkohol gelöst (auf 1 g Dinitrobenzol 4 g Alkohol), die Lösung schnell abgekühlt, wobei sich der Dinitrokörper zum Teil wieder ausscheidet, und dann mit konzentriertem Ammoniak (nicht das als Reagens auf den Arbeitsplätzen befindliche, mit Wasser verdünnte Ammoniak, sondern konzentriertes aus dem Ballon) versetzt (auf 1 g Dinitrobenzol 0·8 g Ammoniak). Nachdem man den Kolben samt Inhalt tariert hat, sättigt man bei gewöhnlicher Temperatur mit Schwefelwasserstoff und erhitzt dann, während man nicht weiter H_2S durchleitet, etwa $^1/_2$ Stunde auf dem Wasserbade am Rückflußkühler. Das Einleiten von H_2S in der Kälte und darauffolgende Erhitzen wiederholt man so oft, bis auf je 1 g angewandtes Dinitrobenzol eine Gewichtszunahme von 0·6 g eingetreten ist. Sollte infolge von ungenügender Kühlung nicht die erforderliche Gewichtszunahme eintreten, so sehe man von dieser ab und leite im ganzen dreimal H_2S ein.

[1] A. **176**, 44.

Man verdünnt dann mit Wasser, filtriert ab, wäscht den Niederschlag mit Wasser aus und zieht ihn mehrmals unter Erwärmen mit verdünnter Salzsäure aus. Aus den sauren Filtraten wird das Nitroanilin durch Neutralisieren mit Ammoniak in Freiheit gesetzt, worauf man es aus Wasser umkristallisiert. F.P. 114°. Ausbeute 70—80% der Theorie.

$$C_6H_4\langle{}^{NO_2}_{NO_2} + 3\,H_2S = C_6H_4\langle{}^{NO_2}_{NH_2} + 2\,H_2O + 3\,S\,.$$

Besondere Methoden erfordert ferner die Reduktion solcher Nitrokörper, welche Gruppen enthalten, die durch Wasserstoff verändert werden können, wie z. B. eine Aldehydgruppe, eine ungesättigte Seitenkette u. a. In diesen Fällen wendet man häufig Eisenoxydulhydrat als Reduktionsmittel an:

$$2\,Fe(OH)_2 + 2\,H_2O = 2\,Fe(OH)_3 + H_2\,.$$

Die Reduktion wird in der Weise ausgeführt, daß man bei Gegenwart von Alkali (Kali, Natron, Baryt) auf den zu reduzierenden Körper eine abgewogene Menge von Eisenvitriol einwirken läßt. Auf diese Weise gelingt es z. B. o-Nitrobenzaldehyd zu Amidobenzaldehyd, o-Nitrozimtsäure zu Amidozimtsäure zu reduzieren.

Als vollkommen neutrales Reduktionsmittel, welches zu den verschiedensten Reduktionen gut verwendbar zu sein scheint, ist das Aluminiumamalgam[1] empfohlen, welches durch Einwirkung von Quecksilberchloridlösung auf mit Natronlauge angeätzte Aluminiumspäne leicht zu gewinnen ist und sich mit Wasser nach folgender Gleichung umsetzt:

$$Al + 3\,HOH = 3\,H + Al(OH)_3\,.$$

Außer den erwähnten Reduktionsmitteln gibt es noch eine große Anzahl anderer, die zur Reduktion von Nitrokörpern zu Aminen jedoch nur selten Anwendung finden. Bei verschiedenen Präparaten wird von ihnen noch die Rede sein.

Die primären Monamine sind zum Teil farblose Flüssigkeiten, wie z. B. das Anilin, o-Toluidin, Xylidin, oder farblose, feste Körper, wie das p-Toluidin, Pseudokumidin, die Naphtylamine u. a. Sie sind ohne Zersetzung destillierbar und mit Wasserdämpfen flüchtig. In Wasser sind sie schwer löslich. Die Di- und Polyamine sind meistens fest, mit Wasserdämpfen nicht flüchtig und in Wasser viel leichter löslich als die Monamine. Die Amine besitzen basischen Charakter; die Basizität ist jedoch infolge der negativen Natur der Phenylgruppe schwächer als die der aliphatischen Amine.

Salze: $C_6H_5 \cdot NH_2 \cdot HCl$ . . . . salzsaures Anilin,
$C_6H_5 \cdot NH_2 \cdot HNO_3$ . . . salpetersaures Anilin,
$(C_6H_5 \cdot NH_2)_2 \cdot H_2SO_4$ . . . schwefelsaures Anilin.

[1] B. 28, 1323.

Wie das Ammoniak, so vereinigen sich auch die Amine mit Chlorcalcium zu Doppelverbindungen, weshalb man sie mit diesem Trockenmittel nicht trocknen darf (vgl. S. 50).

Die primären Monoamine finden infolge ihrer großen Reaktionsfähigkeit zahlreiche Anwendungen im Laboratorium sowie im großen, und es wird noch zu wiederholten Malen von ihnen die Rede sein.

Mit dem oben dargestellten Anilin führe man folgende Versuche aus:

1. Man bringe in ein Reagenzrohr 3 Tropfen Anilin, versetze mit 10 ccm Wasser und schüttle um. Das Anilin geht hierbei in Lösung. — Bei mittlerer Temperatur löst sich 1 Teil Anilin in ein etwa 30 Teilen Wasser.

2. Man verdünne 1 ccm des so erhaltenen Anilinwassers mit 10 ccm Wasser und füge ein wenig einer filtrierten wässerigen Chlorkalklösung hinzu. Es tritt hierbei eine violette Färbung auf, die die minimalsten Mengen von freiem Anilin zu erkennen gestattet (RUNGEsche Reaktion). Sollte bei diesem Versuche die Lösung nicht klar bleiben, sondern einen schmutzig violetten Niederschlag abscheiden, so hat man in zu konzentrierter Lösung gearbeitet; man verdünne in diesem Falle das Anilinwasser noch stärker. Hat man ein Salz auf Anilin zu prüfen, so löst man es in Wasser, versetzt mit Alkali, schüttelt das freie Anilin mit Äther aus, verdampft diesen, löst den Rückstand in Wasser und verfährt dann wie soeben.

Man kann diese Reaktion auch benutzen, um kleine Quantitäten von Benzol oder Nitrobenzol zu erkennen: Man mische in einem Reagenzrohr 5 Tropfen konzentrierte Schwefelsäure mit 5 Tropfen konzentrierter Salpetersäure, füge 1 Tropfen Benzol hinzu, schüttle um und erwärme die Mischung schwach, indem man sie einige Male durch eine Flamme zieht. Man versetzt dann mit 5 ccm Wasser, nimmt mit wenig Äther das Nitrobenzol auf, hebt mit der Kapillarpipette ab und verdampft den Äther. Der Rückstand wird mit 1 ccm konzentrierter Salzsäure versetzt, worauf man zum Zwecke der Reduktion ein Stückchen Zink von der Größe einer Linse hinzufügt. Ist dieses gelöst, so verdünnt man mit Wasser, macht stark alkalisch, bis das anfangs ausgeschiedene Zinkhydroxyd wieder in Lösung gegangen ist, und schüttelt das Anilin mit wenig Äther aus. Im übrigen verfährt man wie soeben beschrieben.

Will man eine Substanz als Nitrobenzol erkennen, so reduziert man sie sogleich mit Zink und Salzsäure.

3. In eine kleine Porzellanschale bringt man 5 Tropfen konzentrierte Schwefelsäure und dazu mit Hilfe eines Glasstabes 1 Tropfen Anilin. Da sich hierbei das schwefelsaure Anilin gewöhnlich zum größten Teile am Glasstabe festsetzt, so entfernt man dieses durch Reiben des Stabes an den Wandungen der Schale. Man versetzt dann mit 4 Tropfen einer wässerigen Lösung von Kaliumbichromat und mischt die Flüssigkeiten durch Umschwenken der Schale. Nach kurzer Zeit färbt sich das Gemisch schön blau. Sollte die Reaktion nicht eintreten, so füge man noch 2 Tropfen Bichromat hinzu oder halte die Schale für einen Augenblick über eine kleine Flamme.

4. Isonitrilreaktion. In einem Reagenzrohr erwärmt man ein bohnengroßes Stück Kali mit 5 ccm Alkohol, gießt vom ungelösten in ein anderes Reagenzrohr ab und versetzt die noch warme Lösung mit einem Tropfen Anilin und 4 Tropfen Chloroform. Es tritt hierbei entweder sofort oder beim gelinden Erwärmen eine Reaktion ein, die sich durch die Abscheidung von KCl sowie durch das Auftreten eines höchst charakteristischen unangenehmen Geruches zu erkennen gibt. Dieser tritt noch deutlicher hervor, wenn man die Flüssigkeit aus dem Reagenzrohre ausgießt und in letzteres etwas kaltes Wasser gibt. Atmet man die Dämpfe der riechenden Substanz mit dem Munde ein, so macht sich im Halse ein eigenartiger süßlicher Geschmack bemerkbar.

Die Reaktion ist unter einem gut wirkenden Abzuge auszuführen.

Während die zwei Farbenreaktionen mit Chlorkalk und Chromsäure speziell zur Erkennung des Anilins benutzt werden können, zeigen die Isonitrilreaktion alle primären Amine sowohl der aliphatischen wie der aromatischen Reihe. Die Reaktion verläuft nach folgender Gleichung, z. B.:

$$C_6H_5 \cdot NH_2 + CHCl_3 = C_6H_5 \cdot NC + 3\,HCl\,.$$

Zur Abspaltung der Salzsäure fügt man das Kali hinzu. Da alle Isonitrile oder Karbylamine einen sehr charakteristischen Geruch besitzen, so kann man einerseits die geringsten Mengen einer primären Base mit Hilfe dieser Reaktion nachweisen und anderseits eine Base als primäre erkennen. Sekundäre und tertiäre Basen zeigen die Reaktion nicht.

In den Isonitrilen ist möglicherweise das am Stickstoff haftende Kohlenstoffatom nur zweiwertig: $C_6H_5 \cdot N \equiv C\colon$. Die Isonitrile sind isomer mit den Säurenitrilen, z. B.: $C_6H_5 \cdot C \equiv N$ = Benzonitril. Während jedoch die letzteren bei der Verseifung eine Säure mit der gleichen Anzahl von C-Atomen, sowie Ammoniak liefern, zerfallen die ersteren hierbei in ein primäres Amin und Ameisensäure:

$$C_6H_5 \cdot CN + 2H_2O = C_6H_5 \cdot COOH + NH_3,$$
$$C_6H_5 \cdot NC + 2H_2O = C_6H_5 \cdot NH_2 + HCOOH.$$

3. Reaktion: a) Reduktion eines Nitrokörpers zu einem Hydroxylaminderivat. b) Oxydation eines Hydroxylaminderivates zu einem Nitrosokörper.

Beispiele: a) Phenylhydroxylamin aus Nitrobenzol.

b) Nitrosobenzol aus Phenylhydroxylamin.

a) Phenylhydroxylamin: In einem dickwandigen Kolben von $^1/_2$ Liter Inhalt versetzt man eine Lösung von 5 g Salmiak in 160 ccm Wasser mit 10 g frisch destilliertem Nitrobenzol und trägt im Laufe von ca. 1 Stunde allmählich in kleinen Portionen unter gutem Umschütteln 15 g Zinkstaub ein, wobei man durch zeitweiliges Eintauchen des Kolbens in Eiswasser die Temperatur stets zwischen 14 und 16° hält (Thermometer in der Flüssigkeit). Nachdem man nach beendeter Reaktion das Gemisch unter öfterem Umschütteln noch etwa 10 Minuten bei 14—16° hat stehen lassen, filtriert man das Zinkoxyd sofort an der Saugpumpe unter Anwendung eines BÜCHNERschen Trichters ab, gießt das Filtrat in ein Becherglas um (Lösung I) und wäscht den Zinkoxydschlamm im Trichter mit 200 ccm Wasser von 40° aus. Man verfährt hierbei derart, daß man ohne zu saugen den Trichter mit Wasser anfüllt und nun erst schwach saugt, damit das Wasser Zeit findet, das Phenylhydroxylamin zu lösen. (Lösung II.) Die beiden wässerigen Lösungen werden dann in Eiswasser abgekühlt und unter Umrühren mit fein pulverisiertem Kochsalz gesättigt, wozu für Lösung I ca. 45 g, für Lösung II 60 g Salz erforderlich sind. Das direkt in farblosen Kristallen abgeschiedene Produkt wird an der Saugpumpe abfiltriert und ohne weiteres Auswaschen auf einem Tonteller abgepreßt. Ausbeute fast quantitativ.

Eine kleine Probe des Rohproduktes kristallisiere man aus Benzol um. F.P. 81°. Den Rest verarbeite man ohne weitere Reinigung auf Nitrosobenzol.

Das Gelingen der Reaktion ist wesentlich von der Güte des angewandten Zinkstaubes abhängig. Es ist durchaus erforderlich, daß man zuvor in der im anorganischen Teile beschriebenen Weise eine Wertbestimmung ausführt und 10% mehr als die Theorie erfordert anwendet. Obige Mengen beziehen sich auf einen Zinkstaub von 75%.

Zur Beachtung: Bei der Darstellung des Phenylhydroxylamins beachte man, daß vor allem warme Lösungen dieses Körpers sehr unangenehme Hautentzündungen hervorrufen können. — Auch das Abpressen des Präparates auf einem Tonteller, sowie das Pulverisieren nehme man mit etwas Vorsicht unter dem Abzuge vor, da Phenylhydroxylaminstaub außerordentlich lebhaft zum Niesen reizt. —

b) Nitrosobenzol: 4 g frisch bereitetes und fein pulverisiertes Phenylhydroxylamin werden in eine Mischung von 30 g konzentrierter Schwefelsäure und 270 g Wasser, welche durch Eiswasser gut abgekühlt wird, eingetragen, worauf die Lösung schnell mit einer eiskalten Auflösung von 4·6 g Kaliumbichromat in 200 g Wasser versetzt wird, wobei sich sofort das Nitrosobenzol in kristallisierter Form rein abscheidet.

„Gleichwohl empfiehlt es sich — schon des prächtigen Anblickes wegen — durch die Oxydationsflüssigkeit sofort einen Dampfstrom zu senden; derselbe führt das gesamte Nitrosobenzol in 4—5 Minuten mit fort. Schon beim Anwärmen nehmen Wandung und Hals des Kolbens einen tiefgrünen Farbenton an und bald darauf setzt sich das erste Nitrosobenzolsublimat in weißen glänzenden Plättchen in dem in den Kühler einmündenden Knierohr an; wenige Augenblicke später fließen prachtvoll smaragdgrüne Öltropfen hinab, in den unteren Partien des Kühlers so vollständig zu schneeweißen Kristallen erstarrend, daß das Destillat eine nur mit wenigen Kriställchen durchsetzte, schwachgrüne Flüssigkeit darstellt. Man schiebt das Nitrosobenzol mittels eines am Glasstabe befestigten Wattepfropfs heraus, streicht es auf poröses Porzellan und wäscht es auf diesem mit etwas Ligroin (S. P. 40—70°) aus." F. P. 67·5—68°.

a) Die in der vorigen Reaktion behandelten primären Amine bilden das letzte Reduktionsprodukt der Nitrokörper. In jüngster Zeit sind jedoch noch zwei Körperklassen (Nitrosobenzol war in Lösung bereits länger bekannt) aufgefunden, welche Reduktionszwischenprodukte zwischen Nitrokörpern und Aminen darstellen, die man zum Unterschied von den in der nächsten Reaktion zu behandelnden „monomolekulare Reduktionszwischenprodukte" nennen kann:

$$C_6H_5\cdot NO_2 \longrightarrow C_6H_5\cdot NO \longrightarrow C_6H_5\cdot N\langle{}^{H}_{OH} \longrightarrow C_6H_5\cdot NH_2\,.$$

Nitrobenzol Nitrosobenzol · Phenylhydroxylamin Anilin

Das Phenylhydroxylamin[1] ist gleichzeitig von BAMBERGER und WOHL durch Reduktion des Nitrobenzols mit Hilfe von Zinkstaub in neutraler Lösung erhalten worden:

$$C_6H_5\cdot NO_2 + 2\,Zn + H_2O = C_6H_5\cdot N\langle{}^{H}_{OH} + 2\,ZnO\,.$$

Die Gegenwart gewisser Salze, wie z. B. Chlorcalcium oder Salmiak, begünstigt die Reaktion. — Das Phenylhydroxylamin verhält sich Säuren gegenüber wie eine Base. Erwärmt man es jedoch mit Mineralsäuren, so erleidet es eine bemerkenswerte Umsetzung, indem es sich in p-Amidophenol umlagert:

$$C_6H_5\cdot N\langle{}^{H}_{OH} \longrightarrow p\text{-}C_6H_4\langle{}^{NH_2}_{OH}\,.$$

Dieses Verhalten erklärt den merkwürdigen Verlauf der elektrolytischen Reduktion aromatischer Nitrokörper.[2] Unterwirft man nämlich einen Nitrokörper, welcher in konzentrierter Schwefelsäure gelöst ist, der elektrolytischen Reduktion, so wird nicht nur die Nitro- zur Amidogruppe reduziert, sondern es tritt überdies zu letzterer in Parastellung (falls diese frei ist) eine OH-Gruppe ein. Aus Nitrobenzol z. B. wird so p-Amidophenol erhalten. Nach unseren heutigen Erfahrungen ist diese Reduktion nicht mehr merkwürdig; sie kommt so zustande, daß sich zunächst Phenylhydroxylamin bildet, welches jedoch sofort zu Amidophenol umgelagert wird.

Phenylhydroxylamin ist ein starkes Reduktionsmittel, welches FEHLINGsche Lösung sowie ammoniakalische Silberlösung bereits in der Kälte reduziert. Mit salpetriger Säure bildet es ein Nitrosoderivat:

$$C_6H_5\cdot N\langle{}^{H}_{OH} + NOOH = C_6H_5\cdot N\langle{}^{NO}_{OH} + H_2O\,.$$

Mit Aldehyden kondensiert es sich in der folgenden Weise, z. B.:

$$C_6H_5\cdot N\langle{}^{H}_{OH} + C_6H_5\cdot COH = C_6H_5\cdot N\langle{}_{O}\rangle CH\cdot C_6H_5 + H_2O\,.$$

---

[1] B. **27**, 1347, 1432, 1548; **28**, 245, 1218.

[2] B. **26**, 1844, 2810; **27**, 1927; **29**, 3040.

Durch den Sauerstoff der Luft wird es zu Azoxybenzol oxydiert, während energischer wirkende Oxydationsmittel es in Nitrosobenzol überführen.

b) Nitrosokohlenwasserstoffe gewinnt man am besten durch Oxydation von Hydroxylaminderivaten, z. B.:

$$C_6H_5 \cdot N\begin{matrix} H \\ OH \end{matrix} + O = C_6H_5 \cdot NO + H_2O.$$

Die Nitrosokohlenwasserstoffe bilden in festem Zustande farblose Kristalle, während sie in geschmolzenem Zustande oder in Lösung smaragdgrün gefärbt sind. Sie besitzen einen eigenartigen stechenden Geruch, der an Chinon und Senföle erinnert, und sind außerordentlich leicht flüchtig. Bei der Reduktion gehen die Nitrosokörper in Amine über. Mit primären Aminen kombinieren sie sich zu Azokörpern, z. B.:

$$C_6H_5 \cdot N\boxed{O + H_2}N \cdot C_6H_5 = C_6H_5 \cdot N{=}N \cdot C_6H_5 + H_2O.$$

Mit Hydroxylamin entstehen aus ihnen Isodiazokörper:

$$C_6H_5 \cdot NO + NH_2 \cdot OH = C_6H_5 \cdot N{=}N \cdot OH + H_2O.$$

4. Reaktion: Reduktion eines Nitrokörpers zu einem Azoxy-, Azo- bezw. Hydrazo-Körper.

Beispiele: Azoxybenzol, Azobenzol, Hydrazobenzol.

1. Azoxybenzol:[1] In 200 g Methylalkohol, welcher sich in einem mit weitem Rückflußkühler verbundenen geräumigen Kolben von etwa 2 Liter Inhalt befindet, trägt man, ohne den bei der Reaktion sich erwärmenden Alkohol von außen abzukühlen, allmählich 20 g Natrium in bohnengroßen Stücken ein. Da der Methylalkohol häufig stark wasserhaltig ist, so trage man die ersten Anteile des Natriums in nicht zu schneller Folge ein. Ist das Metall gelöst, so fügt man 30 g Nitrobenzol hinzu und kocht die Mischung drei Stunden auf einem lebhaft siedenden Wasserbade am Rückflußkühler, wobei sich bald Kristalle von ameisensaurem Natrium abscheiden, die oft ein lästiges Stoßen veranlassen. Man destilliert darauf den größten Teil des Methylalkohols am absteigenden Kühler ab (Siedefaden; Kolben im Wasserbade), versetzt den Rückstand mit Wasser und gießt den Kolbeninhalt in ein Becherglas um. Nach längerem Stehen, besonders leicht an einem kühlen Orte, erstarrt das am Boden befindliche Öl zu einer hellgelben

[1] J. pr. **36**, 93; B. **15**, 865.

Kristallmasse, welche man durch Dekantieren von der wässerigen Flüssigkeit trennt, mehrmals mit Wasser nachwäscht und schließlich auf einem Tonteller abpreßt. Sollte das Azoxybenzol nicht erstarren, so gieße man die Hauptmenge der wässerigen Flüssigkeit ab und versetze das Öl mit Eisstückchen. Hilft auch dies nicht, so destilliere man das das Erstarren verhindernde Nitrobenzol mit Wasserdämpfen über und kühle den schwerflüchtigen Rückstand nach dem Erkalten durch Eis ab. Aus Methylalkohol (auf 1 g Azoxybenzol 3 ccm Methylalkohol) kristallisiert das Azoxybenzol in Form hellgelber Nadeln, welche bei 36° schmelzen. Ausbeute 20—22 g.

2. Azobenzol:[1] 5 g kristallisiertes und durch einstündiges Erhitzen auf dem Wasserbade vollkommen getrocknetes Azoxybenzol werden in einer Reibschale mit 15 g groben Eisenspänen, welche ebenfalls vollkommen trocken sein müssen, innig verrieben und aus einer kleinen, nicht tubulierten Retorte der Destillation unterworfen. Man wärmt die Mischung hierbei zunächst mit einer kleinen leuchtenden Flamme, welche man fortwährend bewegt, vor, vergrößert letztere nach einiger Zeit und destilliert schließlich mit entleuchteter Flamme die letzten Anteile über. Sollte beim Erhitzen plötzlich eine übrigens gefahrlose Verpuffung eintreten, so waren die Materialien feucht, und der Versuch ist mißlungen. Das rotgefärbte Destillat fängt man in einem kleinen Becherglase auf, wäscht es nach dem Erstarren zur Entfernung von Anilin mit verdünnter Salzsäure und darauf mit Wasser nach und preßt es auf einem Tonteller gut ab. Man wiederhole dann den Versuch mit neuen Mengen Azoxybenzol noch zweimal, wobei man bei vorsichtigem Arbeiten dieselbe Retorte wieder benutzen kann, und vereinige die abgepreßten Rohprodukte. Aus Ligroin kristallisiert das Azobenzol nach dem teilweisen Verdunsten des Lösungsmittels in Form derber roter Kristalle vom Schmelzpunkt 68°.

3. Hydrazobenzol:[2] 5 g Azobenzol werden in einem mit Rückflußkühler verbundenen Kolben in 50 g Alkohol (ca. 95 proz.) gelöst und mit einer Lösung von 2 g Natron in 4 g Wasser versetzt. Zu der siedenden Lösung fügt man dann so lange allmählich Zinkstaub in kleinen Portionen, was am besten unter zeit-

[1] A. **12**, 311; **207**, 329.
[2] Z. **1868**, 437.

weiligem Lüften des Korkes geschieht, bis schließlich die anfangs orangerote Lösung farblos geworden ist, wozu etwa 8 g Zinkstaub erforderlich sind. Die heiße Lösung filtriert man dann an der Saugpumpe (BÜCHNERscher Trichter) von dem überschüssigen Zink ab, nachdem man zuvor in den Saugkolben eine Mischung von 20 ccm einer wässerigen Lösung von schwefliger Säure und 100 ccm Wasser eingefüllt hat. Das hierdurch aus der alkoholischen Lösung ausgefällte Hydrazobenzol wird darauf schnell abfiltriert, mit schweflige Säure haltigem Wasser nachgewaschen und auf einen Tonteller abgepreßt. Durch Kristallisation aus Ligroin erhält man das Präparat rein vom F.P. 126°. Ausbeute 80—90% der Theorie.

Nitrokörper lassen sich durch geeignete Reduktionsmittel z. auch in der Weise partiell reduzieren, daß zwei Moleküle miteinander in Verbindung treten. Man erhält so zunächst die Azoxy-, dann die Azo- und schließlich die Hydrazokörper, welche man im Gegensatz zu den in Reaktion 3. behandelten Körpern „dimolekulare Reduktionszwischenprodukte" nennen kann:

$$\begin{array}{ccccccccc} \begin{matrix} C_6H_5\cdot NO_2 \\ C_6H_5\cdot NO_2 \end{matrix} & \rightarrow & \begin{matrix} C_6H_5\cdot N \\ | \\ C_6H_5\cdot N \end{matrix}\!\!>\!O & \rightarrow & \begin{matrix} C_6H_5-N \\ \| \\ C_6H_5-N \end{matrix} & \rightarrow & \begin{matrix} C_6H_5\cdot NH \\ | \\ C_6H_5\cdot NH \end{matrix} & \rightarrow & \begin{matrix} C_6H_5\cdot NH_2 \\ C_6H_5\cdot NH_2 \end{matrix}. \\ \text{2 Mol. Nitrobenzol} & \rightarrow & \text{1 Mol. Azoxybenzol} & \rightarrow & \text{1 Mol. Azobenzol} & \rightarrow & \text{1 Mol. Hydrazobenzol} & \rightarrow & \text{2 Mol. Anilin} \end{array}$$

Um einen Nitrokörper zum Azoxykörper zu reduzieren, bedient man sich entweder des Natriumamalgams oder des alkoholischen Kalis oder Natrons. Speziell beim Nitrobenzol verläuft die Reaktion am sichersten, wenn man wie oben Natrium in Methylalkohol löst. Die reduzierende Wirkung des Natriummethylates beruht darauf, daß es unter Ersatz von 2 Wasserstoffatomen der Methylgruppe durch 1 Sauerstoffatom zu ameisensaurem Natron oxydiert wird:

$$CH_3\cdot ONa + O_2 = H_2O + H\cdot COONa.$$

Der oben ausgeführte Prozeß läßt sich demnach durch folgende Gleichung ausdrücken:

$$4\,C_6H_5\cdot NO_2 + 3\,CH_3\cdot ONa = 2\begin{matrix} C_6H_5\cdot N \\ | \\ C_6H_5\cdot N \end{matrix}\!\!>\!O + 3\,H\cdot COONa + 3\,H_2O.$$

Es sei an dieser Stelle auf das verhältnismäßig schwache Reduktionsvermögen des fertigen Alkoholates gegenüber der äußerst energischen Wirkung einer in Reaktion begriffenen Mischung von noch ungelöstem Natrium und Alkohol verwiesen. Während das fertige Alkoholat meistens nur sauerstoffentziehend wirken kann, gehört die letztere Mischung zu den sehr kräftig wirkenden Reduktionsmitteln. Ist es doch mit ihrer Hilfe gelungen, die doppelten, bezw. zentrischen Bindungen des Benzolringes zu sprengen und so hydrierte Benzolderivate darzustellen. In diesem Falle wirkt nicht wie oben das Alkoholat reduzierend, sondern der Wasserstoff, welcher nach folgender Gleichung sich bildet:

$$CH_3\cdot OH + Na = CH_3\cdot ONa + H\,.$$

Die Azoxykörper sind gelbe bis orangerote, kristallisierte Substanzen, welche wie die Nitrokörper indifferenter Natur, jedoch nicht ohne Zersetzung destillierbar sind. Bei der Reduktion entstehen daraus zunächst Azokörper, dann Hydrazokörper und schließlich zwei Moleküle eines primären Amins. Beim Erwärmen mit Schwefelsäure lagert sich das Azoxybenzol in das ihm isomere Oxyazobenzol um:

$$\underset{\diagdown\,O\,\diagup}{C_6H_5\cdot N{-}N\cdot C_6H_5} = C_6H_5\cdot N{=}N\cdot C_6H_4\cdot OH\,.$$

Destilliert man einen Azoxykörper vorsichtig über Eisenspäne, so wird ihm das Sauerstoffatom entzogen, und es bildet sich ein Azokörper:

$$\underset{\diagdown\,O\,\diagup}{C_6H_5\cdot N{-}N\cdot C_6H_5} + Fe = C_6H_5\cdot N{=}N\cdot C_6H_5 + FeO.$$

Azokörper lassen sich auch direkt aus Nitrokörpern erhalten, indem man diese mit Natriumamalgam oder in alkalischer Lösung mit Zinkstaub oder Zinnchlorür (Zinnoxydulnatron) reduziert. Das letztere Reduktionsmittel wirkt nach folgender Gleichung:

$$2\,C_6H_5\cdot NO_2 + 4\,Sn\begin{matrix}\diagup ONa\\ \diagdown ONa\end{matrix} = \begin{matrix}C_6H_5\cdot N\\ \|\\ C_6H_5\cdot N\end{matrix} + 4\,SnO\begin{matrix}\diagup ONa\\ \diagdown ONa\end{matrix}\,.$$

Zinnsaures Natron

Auch durch Oxydation von Hydrazoverbindungen lassen sich Azokörper erhalten:

$$C_6H_5\cdot NH\cdot NH\cdot C_6H_5 + O = C_6H_5\cdot N{=}N\cdot C_6H_5 + H_2O.$$

Die Azokohlenwasserstoffe sind orangerote bis rote, kristallisierte Substanzen, welche zum Unterschied von den Azoxykörpern ohne Zersetzung destilliert werden können.

Versuch: Man erhitze einige Kristalle von Azobenzol in einem Reagenzrohre über freier Flamme zum Sieden. Es entwickelt sich ein roter Dampf, welcher sich beim Abkühlen wieder zu Kristallen kondensiert.

Die Azokörper unterscheiden sich dadurch von den sehr leicht zersetzlichen Diazokörpern, welche ebenfalls die Gruppe N_2, jedoch in anderer Bindungsform enthalten.

Bei der Reduktion eines Azokörpers entsteht zunächst ein Hydrazokörper und schließlich ein Amin.

Hydrazoverbindungen entstehen bei der Reduktion von Azoverbindungen mit Schwefelammonium oder Zinkstaub und Alkali. Das letztere Reduktionsmittel wirkt nach folgender Gleichung:

$$Zn + 2NaOH = Zn\langle{}^{ONa}_{ONa} + H_2.$$

Auch durch direkte Reduktion von Nitrokörpern in alkoholischer Lösung mit Zinkstaub und Alkali lassen sich Hydrazokörper erhalten; man wendet diese Methode im großen in der Technik an.

Die Hydrazoverbindungen sind im Gegensatz zu den Azoxy- und vor allem zu den intensiv gefärbten Azoverbindungen **farblos**. Sie leiten sich vom Hydrazin $NH_2—NH_2$ dadurch ab, daß in diesem je ein Wasserstoffatom der beiden NH_2-Gruppen durch einen Kohlenwasserstoffrest ersetzt ist. Der basische Charakter des Hydrazins ist durch die negativen Kohlenwasserstoffreste jedoch so geschwächt, daß die Hydrazokörper keine basischen Eigenschaften mehr besitzen. Bei der Oxydation gehen die Hydrazoverbindungen in Azokörper über; eine Reaktion, die bereits unter dem Einflusse des Luftsauerstoffes sich, wenn auch nur langsam, vollzieht. Beim Erhitzen zerfallen die Hydrazokörper in Azokörper und primäres Amin:

$$2C_6H_5\cdot NH\cdot NH\cdot C_6H_5 = C_6H_5\cdot N:N\cdot C_6H_5 + 2C_6H_5\cdot NH_2.$$

Versuch: Man erhitze einige Kristalle von Hydrazobenzol in einem kleinen Reagenzrohr zum Sieden. Der farblose Körper färbt sich hierbei rot, indem sich Azobenzol bildet. Um das Anilin nachzuweisen, schüttle man nach dem Erkalten mit etwas Wasser und führe die Chlorkalkreaktion aus.

Läßt man konzentrierte Säuren, wie Salzsäure oder Schwefelsäure, auf Hydrazokörper einwirken, so lagern sich letztere in Derivate des Diphenyls um:[1]

$$C_6H_5\cdot NH\cdot NH\cdot C_6H_5 = \underbrace{NH_2\cdot C_6H_4\cdot C_6H_4\cdot NH_2}_{\text{p-Diamidodiphenyl = Benzidin}}.$$

Die Umlagerung findet der Hauptsache nach an der p-Stellung zu den NH-Gruppen statt.

Versuch: Hydrazobenzol wird mit konzentrierter Salzsäure übergossen und das Reaktionsgemisch ca. 5 Minuten sich selbst

---

[1] J. pr. 36, 93; J. 1863, 424.

überlassen. Man versetzt dann mit Wasser, macht die eine Hälfte der Lösung mit Natron alkalisch, schüttelt das freie Benzidin einige Male mit Äther aus und kristallisiert es nach dem Verdunsten des letzteren aus heißem Wasser um. Man erhält so silberglänzende Blättchen vom Schmelzpunkt 122°. Die andere Hälfte wird mit verdünnter Schwefelsäure versetzt, wobei sich schwerlösliches Benzidinsulfat abscheidet.

Das Benzidin unterscheidet sich vom Hydrazobenzol dadurch, daß es eine starke zweisäurige primäre Base ist. Man stellt es technisch dar, da die von ihm sich ableitenden Azofarbstoffe die wichtige Eigenschaft besitzen, ungebeizte Baumwolle direkt zu färben, während bei den meisten Azofarben die Baumwolle vor dem Färben gebeizt werden muß. Nach dem ersten Vertreter dieser Farbstoffe, dem aus der Bisdiazoverbindung des Benzidins und Naphtionsäure dargestellten Kongorot

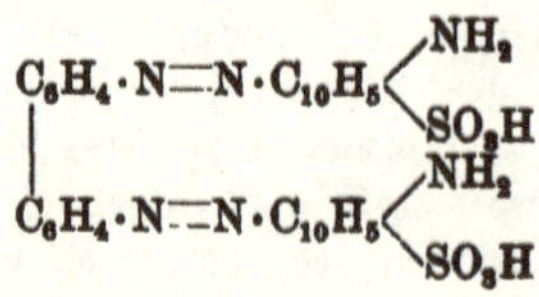

bezeichnet man die Farbstoffe als „Kongoreihe".

In ganz analoger Weise stellt man in letzter Linie aus dem o-Nitrotoluol und o-Nitroanisol das o-Tolidin und Dianisidin dar:

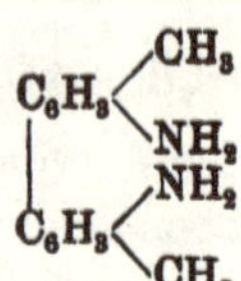

Tolidin

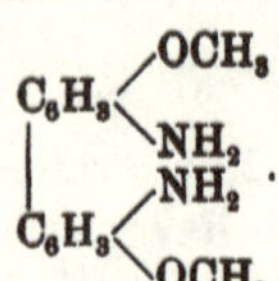

Dianisidin

Sind im Hydrazokörper die p-Stellungen zu den NH-Gruppen besetzt, wie z. B. im p-Hydrazotoluol, so kann keine Benzidinumlagerung eintreten.

In solchen Fällen bilden sich häufig durch die sogen. „Semidinumlagerung"[1] Derivate des o- oder p-Amidodiphenylamins, wie z. B.:

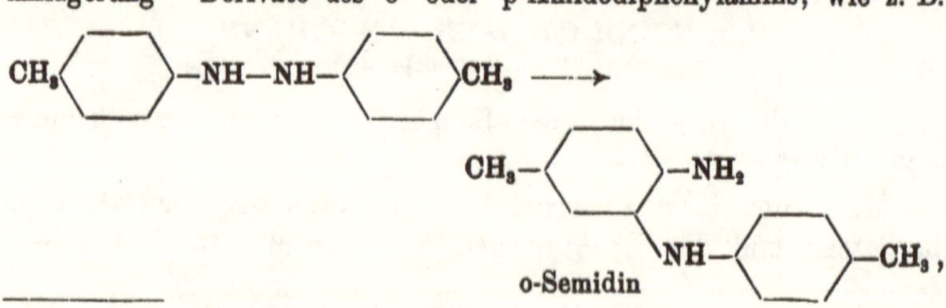

o-Semidin

[1] B. **26**, 681, 688, 699. A. **287**, 97.

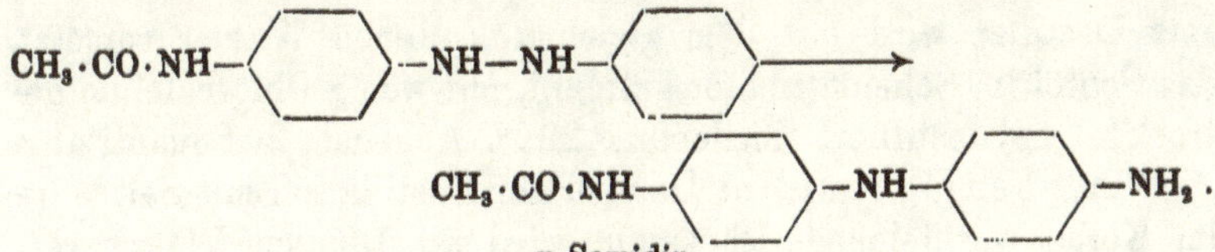

p-Semidin

5. Reaktion: Darstellung eines Thioharnstoffs bezw. eines Senföles aus Schwefelkohlenstoff und einem primären Amin.

Beispiel: Thiokarbanilid bezw. Phenylsenföl aus Schwefelkohlenstoff und Anilin.

Thiokarbanilid: In einem mit langem Rückflußkühler verbundenen Kolben erwärmt man eine Mischung von 40 g Anilin, 50 g Schwefelkohlenstoff, 50 g Alkohol und 10 g fein pulverisiertem Kali 3 Stunden lang auf dem Wasserbade bis zum gelinden Sieden. Man destilliert dann den überschüssigen Schwefelkohlenstoff und Alkohol am absteigenden Kühler ab, versetzt den Rückstand mit Wasser, filtriert die sich abscheidenden Kristalle ab und wäscht sie zunächst mit Wasser, dann mit verdünnter Salzsäure und schließlich wieder mit Wasser aus. Für die Darstellung von Phenylsenföl verwendet man direkt das Rohprodukt, — Ausbeute 30—35 g — nachdem man es auf dem Wasserbade zuvor getrocknet hat. Um reines Thiokarbanilid zu gewinnen, kristallisiere man 2 g des getrockneten Rohproduktes aus Alkohol um. Man erhält so große farblose Tafeln, welche bei 154° schmelzen. In besserer, fast quantitativer Ausbeute, jedoch nicht so schnell wie bei Zusatz von Kali, erhält man Thiokarbanilid, wenn man eine Mischung gleicher Gewichtsteile von Anilin, Schwefelkohlenstoff und Alkohol (je 40 g) 10—12 Stunden auf dem Wasserbade am Rückflußkühler bis zum gelinden Sieden erhitzt und sonst wie oben verfährt.

Phenylsenföl:[1] 30 g des rohen Thiokarbanilids werden in einem Kolben von ca. 400 ccm Inhalt mit 120 g konzentrierter Salzsäure übergossen und unter dem Abzuge am absteigenden Kühler auf einem Sandbade mit großer Flamme bis zum Sieden der Salzsäure erhitzt. Sobald im Kolben nur noch ca. 20 ccm Flüssigkeit zurückgeblieben sind, unterbricht man die Destillation.

---

[1] B. 15, 986; Z. 1869, 589.

Das Destillat wird mit dem gleichen Volumen Wasser versetzt, das Senföl im Scheidetrichter getrennt, mit wenig Chlorcalcium getrocknet und destilliert. Siedepunkt 222°. Ausbeute fast quantitativ.

Triphenylguanidin: Der bei der Destillation mit Salzsäure im Kolben verbleibende Rückstand wird mit 100 ccm Wasser versetzt und dann mehrere Stunden sich selbst überlassen, wobei sich farblose Kristalle von salzsaurem Triphenylguanidin abscheiden. Man filtriert diese ab und erwärmt sie mit etwas verdünnter Natronlauge. Das Salz wird hierdurch zerlegt, und man erhält die freie Base, welche aus Alkohol umkristallisiert farblose Nadeln vom F. P. 143° bildet.

Schwefelkohlenstoff wirkt auf primäre aromatische Amine derart ein, daß sich symmetrisch disubstituierte Thioharnstoffe bilden, z. B.:

$$CSS + 2\,C_6H_5\cdot NH_2 = C\begin{cases} NH\cdot C_6H_5 \\ S \\ NH\cdot C_6H_5 \end{cases} + H_2S\,.$$

Diphenylthioharnstoff =
Thiokarbanilid

Durch Zusatz von Kali wird die Abspaltung von Schwefelwasserstoff erleichtert, so daß die Reaktion in kürzerer Zeit verläuft wie ohne das Alkali.

Aus den so gewonnenen Thioharnstoffen lassen sich allgemein Senföle darstellen, indem man sie mit Säuren wie Salzsäure, Schwefelsäure oder Phosphorsäure erhitzt. Die hierbei eintretende Reaktion verläuft nach folgender Gleichung:

$$CS\begin{cases} \boxed{NH\cdot C_6H_5} \\ N\boxed{H}\cdot C_6H_5 \end{cases} = C_6H_5\cdot N{=}C{=}S + C_6H_5\cdot NH_2\,.$$

Phenylsenföl

Das neben dem Senföl sich bildende primäre Amin verbindet sich mit der Säure. Neben dieser Reaktion tritt noch eine zweite ein, indem nämlich das abgespaltene Amin auf noch unzersetzten Thioharnstoff unter Bildung eines Guanidinderivates einwirkt:

$$CS\begin{cases} NH\cdot C_6H_5 \\ NH\cdot C_6H_5 \end{cases} + C_6H_5\cdot NH_2 = C\begin{cases} NH\cdot C_6H_5 \\ N\cdot C_6H_5 \\ NH\cdot C_6H_5 \end{cases} + H_2S\,.$$

Da das Guanidin $C\begin{cases} NH_2 \\ NH \\ NH_2 \end{cases}$ selbst eine äußerst starke Base ist, die wie Kali und Natron aus der Luft Kohlensäure anzieht, so haben die drei negativen Phenylgruppen den basischen Charakter des Guanidinderivates nicht so weit abzuschwächen vermocht, als daß es nicht noch der Salzbildung fähig wäre.

Die aromatischen Senföle sind zum Teil farblose Flüssigkeiten, zum Teil kristallisierte Körper, welche in den niederen Reihen leicht mit Wasserdämpfen flüchtig sind und einen charakteristischen Geruch besitzen. In chemischer Beziehung sind sie sehr reaktionsfähig. Erwärmt man sie z. B. längere Zeit mit einem Alkohol, so lagert sich dieser an, und man erhält ein Thiourethan:

$$C_6H_5\cdot NCS + C_2H_5\cdot OH = \underset{\text{Phenylthiourethan}}{C_6H_5\cdot NH\cdot CS\cdot OC_2H_5}\,.$$

Ebenso lagern sich Ammoniak und primäre Basen unter Bildung von Thioharnstoffen an:

$$C_6H_5\cdot NCS + NH_3 = \underset{\text{Phenylthioharnstoff}}{CS\begin{matrix}\diagup NH_2 \\ \diagdown NH\cdot C_6H_5\end{matrix}}\,,$$

$$C_6H_5\cdot NCS + C_6H_5\cdot NH_2 = \underset{\text{s-Diphenylthioharnstoff}}{CS\begin{matrix}\diagup NH\cdot C_6H_5 \\ \diagdown NH\cdot C_6H_5\end{matrix}}\,.$$

Versuch: Auf einem Uhrglase versetze man 2 Tropfen Phenylsenföl mit 2 Tropfen Anilin und erwärme gelinde über einer kleinen Flamme. Reibt man das Reaktionsprodukt nach dem Erkalten mit einem Glasstabe, so erstarrt es zu Kristallen von Thiokarbanilid, aus dem ja oben in umgekehrter Reaktion das Senföl selbst dargestellt wurde.

Beim Erhitzen mit gelbem Quecksilberoxyd wird der Schwefel durch Sauerstoff ersetzt, und man erhält Isocyanate, welche leicht an ihrem äußerst stechenden Geruche erkannt werden können:

$$C_6H_5\cdot NCS + HgO = \underset{\text{Phenylisocyanat}}{C_6H_5\cdot NCO} + HgS\,.$$

Versuch: Man erhitze in einem Reagenzrohr $^1/_2$ ccm Phenylsenföl mit dem gleichen Volumen gelben Quecksilberoxydes einige Zeit bis zum Sieden des Senföles. Das gelbe Oxyd geht hierbei in schwarzes Schwefelquecksilber über; gleichzeitig tritt der äußerst stechende Geruch des Phenylisocyanates auf, dessen Dämpfe die Augen zu Tränen reizen.

6. Reaktion: Sulfurierung eines Amins.

Beispiel: Sulfanilsäure aus Anilin und Schwefelsäure.[1]

In einem trockenen Kolben versetzt man 100 g reine konzentrierte Schwefelsäure unter Umschütteln allmählich mit 30 g frisch destilliertem Anilin und erhitzt die Mischung in einem Ölbade so lange auf 180—190°, bis eine mit Wasser verdünnte Probe auf Zusatz von Natronlauge kein Anilin mehr abscheidet, wozu 4—5 stündiges Erhitzen erforderlich ist. Das etwas erkaltete Reaktionsgemisch gießt man dann unter Umrühren in kaltes Wasser, wobei sich die Sulfanilsäure in Kristallen abscheidet. Man filtriert diese ab, wäscht sie mit Wasser nach und kristallisiert sie aus Wasser, eventuell unter Zusatz von Tierkohle um. Ausbeute 30—35 g.

Wie unten bei der Darstellung der Benzolsulfosäure noch des näheren betont werden wird, besitzen die aromatischen Substanzen zum Unterschied von den aliphatischen Körpern die Eigenschaft, daß bei der Einwirkung von Schwefelsäure Benzolwasserstoffatome durch Sulfogruppen ersetzt werden können, z. B.:

$$C_6H_5 \cdot NH_2 + SO_2\begin{matrix} /OH \\ \\ \backslash OH \end{matrix} = C_6H_4\begin{matrix} /NH_2 \\ \\ \backslash SO_3H \end{matrix} + H_2O.$$

p-Amidobenzolsulfosäure = Sulfanilsäure

Im obigen Beispiel tritt wie in vielen Fällen die Sulfogruppe in die Parastellung zur NH_2-Gruppe. Die Amidosulfosäuren sind farblose, kristallisierte, nicht unzersetzt schmelzende Verbindungen, welche den Charakter von Säuren besitzen, d. h. sich in Alkalien auflösen. Der basische Charakter der Amine ist durch den Eintritt der negativen Sulfogruppe jedoch so sehr geschwächt, daß die Amidosulfosäuren mit Säuren keine Salze zu bilden vermögen. Sie unterscheiden sich hierdurch von den ihnen analogen Amidokarbonsäuren $\left(\text{z. B. } C_6H_4 < \begin{matrix} NH_2 \\ COOH \end{matrix}\right)$, welche sowohl in Alkalien wie in Säuren löslich sind. Die Amidosulfosäuren, sofern sie sich von einem primären Amin ableiten, lassen sich wie diese unter der Einwirkung der salpetrigen Säure diazotieren, und darauf beruht ihre große technische Wichtigkeit. Indem man die so erhaltenen Diazoverbindungen mit Aminen oder Phenolen kombiniert, erhält man Azofarbstoffe, welche Sulfogruppen enthalten und in Form ihrer Alkalisalze in Wasser löslich sind. Es sind vor allem die

---

[1] A. **60**, 312; **100**, 163; **120**, 182.

Sulfanilsäure, die ihr gleich zusammengesetzte Metanilsäure, welche durch Reduktion der m-Nitrobenzolsulfosäure gewonnen wird, sowie die zahlreichen Mono- bis Polysulfosäuren des α- und β-Naphtylamins, welche ausgedehnte technische Verwendung zur Herstellung von Azofarbstoffen finden.

7. Reaktion: Ersatz der Amido- bezw. Diazogruppe durch Wasserstoff.

Beispiel: Benzol aus Anilin.

5 g Anilin werden in einer Mischung von 15 g konzentrierter Salzsäure und 30 ccm Wasser gelöst und unter Eiskühlung so lange mit einer Lösung von 5 g Natriumnitrit in 15 ccm Wasser versetzt, bis mit Jodkaliumstärkepapier freie salpetrige Säure nachzuweisen ist. Die so erhaltene Diazobenzolchloridlösung läßt man dann vorsichtig in eine Lösung von 10 g festem Ätznatron in 30 ccm Wasser, welche von außen gut mit Eis **gekühlt** wird und sich in einem Kolben von ca. 400 ccm Inhalt befindet, fließen. — Man löst ferner 20 g Zinnchlorür in 50 ccm Wasser auf und versetzt diese Lösung so lange mit konzentrierter Natronlauge (2 Teile festes Natron auf 3 Teile Wasser), bis der im Anfang entstandene Niederschlag von Zinnoxydul sich in dem Überschusse des Alkalis wieder gelöst hat. — Die alkalische Diazobenzollösung versetzt man dann, **unter guter Kühlung mit Eiswasser,** allmählich mit kleinen Portionen des zuvor gut abgekühlten Zinnoxydulnatrons, wobei man mit dem erneuten Hinzufügen so lange wartet, bis die lebhafte Stickstoffentwickelung aufgehört hat. Ist alle Reduktionsflüssigkeit hinzugefügt, so verbindet man den Kolben mit einem absteigenden Kühler und erhitzt die Flüssigkeit zum Sieden. Das entstandene Benzol geht zuerst über und wird in einem Reagenzrohre aufgesammelt. Durch vorsichtige Destillation aus einem kleinen Fraktionierkolben (ohne Kühler) erhält man es vollkommen rein. Siedepunkt 81°. Ausbeute 3—4 g.

Wie bereits bei der Darstellung des Methylamins erwähnt, ist das Verhalten der aliphatischen primären Amine gegenüber der salpetrigen Säure ein durchaus anderes als das der aromatischen. Während die ersteren sofort unter Abspaltung von Stickstoff einen Alkohol liefern, bilden sich aus letzteren, wenn sie in mineralsaurer Lösung der Einwirkung der salpetrigen Säure ausgesetzt werden, die von Peter Griess[1] entdeckten Diazoverbindungen in Form ihrer mineralsauren Salze:

---

[1] A. **137**, 39.

$$CH_3\cdot NH_2 + NOOH = CH_3\cdot OH + N_2 + H_2O\,,$$

$$C_6H_5\cdot NH_2 + NOOH + HCl = \underset{\text{Diazobenzolchlorid}}{C_6H_5\cdot N_2\cdot Cl} + 2\,H_2O\,.$$

Früher nahm man an, daß das den Diazoverbindungen zugrunde liegende freie Diazobenzol die folgende Konstitution besäße:

$$C_6H_5\cdot \overset{III}{N}{\equiv}\overset{III}{N}{-}OH\,,$$

und schrieb den Diazosalzen dementsprechend die folgenden Formeln zu:

$$C_6H_5\cdot N{\equiv}N\cdot Cl = \text{Diazobenzolchlorid},$$
$$C_6H_5\cdot N{\equiv}N\cdot NO_3 = \text{Diazobenzolnitrat},$$
$$C_6H_5\cdot N{\equiv}N\cdot O\cdot SO_2\cdot OH = \text{Diazobenzolsulfat}.$$

In neuerer Zeit hat man diese Anschauung jedoch verlassen, und man gibt den Diazosalzen Formeln, welche schon früher von Blomstrand vorgeschlagen, aber nicht zu allgemeiner Annahme gelangt waren:

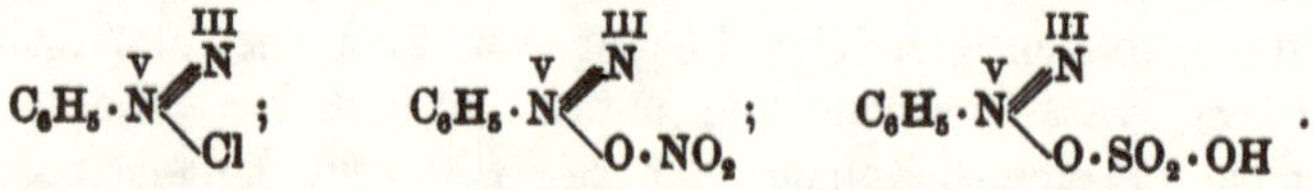

Der Diazotierungsprozeß verläuft unter dieser Annahme derart, daß drei am Kohlenstoff (dieser 5wertig, wie in den Ammoniumsalzen, angenommen, weshalb man neuerdings von Diazoniumsalzen spricht) haftende Wasserstoffatome durch ein 3wertiges Stickstoffatom ersetzt werden, z. B.:

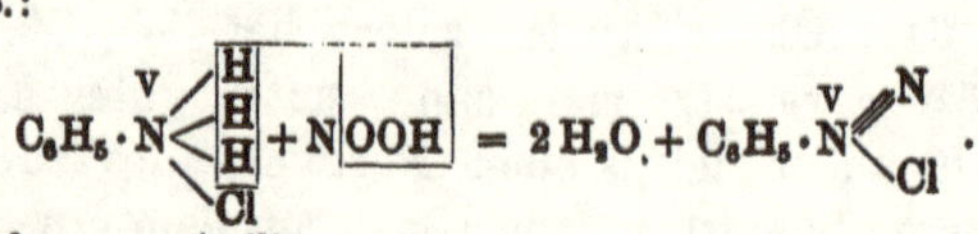

Salzsaures Anilin

Auch Doppelsalze vermögen die Diazoverbindungen zu bilden, z. B.:

$$C_6H_5\cdot N_2\cdot Cl,\ AuCl_3 \quad \text{und} \quad (C_6H_5\cdot N_2\cdot Cl)_2,\ PtCl_4\,.$$

Diazobromide vermögen sich auch mit 2 Atomen Brom zu Perbromiden zu vereinigen:

$$C_6H_5\cdot N_2\cdot Br + Br_2 = \underset{\text{Diazobenzolperbromid}}{C_6H_5\cdot N_2Br_3} = C_6H_5\cdot \underset{\underset{N}{|||}}{N}\cdot Br_2\,.$$

Versuch: Man löse 1 ccm Anilin in einem Überschuß von Salzsäure auf, diazotiere wie oben und füge 1 ccm Brom, welches man in wässeriger Bromwasserstoffsäure oder in einer konzentrierten Bromkaliumlösung auflöst, hinzu. Es scheidet sich dann ein dunkles Öl ab, von welchem man die wässerige Flüssigkeit abgieße. Wäscht man mehrfach mit Wasser nach, so erstarrt das Öl beim Abkühlen zu Kristallen.

Läßt man auf Perbromide Ammoniak einwirken, so erhält man Diazoimide:

$$C_6H_5\cdot N_2Br_3 + NH_3 = C_6H_5\cdot N\begin{matrix}\diagup N \\ \| \\ \diagdown N\end{matrix} + 3\,HBr.$$

Diazobenzolimid

Versuch: Das soeben erhaltene Perbromid übergieße man mit etwas Wasser und füge konzentriertes Ammoniak hinzu. Unter lebhafter Reaktion bildet sich ein stark riechendes Öl (Diazobenzolimid).

Läßt man auf Diazoniumverbindungen Alkalien einwirken, so gehen jene in Salze über, in denen die Diazoverbindung die Rolle einer **Säure** spielt, z. B.:

$$C_6H_5\cdot N_2\cdot Cl + 2\,NaOH = C_6H_5\cdot N_2\cdot ONa + NaCl + H_2O.$$

Diese können in zwei isomeren Modifikationen existieren, von denen die primär erhaltene dadurch ausgezeichnet ist, daß sie sich in alkalischer Lösung mit Phenolen zu Azofarbstoffen paart, während die durch längere Einwirkung des Alkalis eventuell bei höherer Temperatur daraus erhaltene isomere Verbindung diese Eigenschaft gar nicht oder nur in sehr schwachem Maße besitzt. Versetzt man letztere Verbindungen mit Säuren, so werden sie wieder in Diazoniumsalze verwandelt und erlangen damit die Fähigkeit, sich in alkalischer Lösung mit Phenolen zu paaren.

Nach Hantzsch leiten sich die Salze, in denen der Diazokörper sich als **Säure** verhält, nicht vom Diazoniumhydroxyd, z. B.:

$$C_6H_5\cdot \overset{v}{N}\begin{matrix}\diagup\!\!\diagup\!\!\diagup \overset{III}{N} \\ \diagdown OH\end{matrix}$$

ab, vielmehr liegt ihnen ein Körper von folgender Konstitution zugrunde, z. B.:

$$C_6H_5\cdot \overset{III}{N}=\overset{III}{N}-OH\,.$$

Für die Metallsalze hat somit die frühere Formel, allerdings modifiziert, wieder Geltung erlangt. Die Verschiedenheit der beiden Arten von Metallsalzen beruht auf Stereoisomerie, z. B.:

$$\begin{array}{cc} C_6H_5\cdot N & C_6H_5\cdot N \\ \| & \| \\ NaO\cdot N & N\cdot ONa \end{array}$$

Syndiazoverbindung kuppelt	Antidiazoverbindung kuppelt nicht

Bezüglich der diesen Formeln zugrunde liegenden Anschauungen über die räumliche Anordnung der drei Valenzen des Stickstoffatoms sei auf die Ausführungen beim Benzophenonoxim verwiesen; vgl. HANTZSCH: Die Diazoverbindungen (Stuttgart 1902), sowie HANTZSCH: Stereochemie (2. Aufl.), S. 142 u. f.

Die Salze der Diazoverbindungen mit Säuren sind in den meisten Fällen farblose, kristallisierte Körper, welche in Wasser leicht löslich, in Äther jedoch unlöslich sind. Um sie in festem Zustande darzustellen, kann man verschiedene Methoden anwenden. So erhält man z. B. das in farblosen Nadeln kristallisierende, sehr explosive Diazobenzolnitrat, indem man in einen Brei aus Anilinnitrat und Wasser gasförmige salpetrige Säure unter guter Kühlung einleitet und dann die Diazolösung mit Alkohol und Äther versetzt. Allgemein kann man feste Diazosalze herstellen, indem man eine alkoholische Lösung des Amins mit der betreffenden Säure und darauf unter Kühlung mit Amylnitrit versetzt:[1]

$$C_6H_5 \cdot NH_2 + \underset{\text{Amylnitrit}}{NO_2C_5H_{11}} + HCl = C_6H_5 \cdot N_2 \cdot Cl + \underset{\text{Amylalkohol}}{C_5H_{11} \cdot OH} + H_2O.$$

Scheidet sich hierbei die feste Diazoverbindung nicht direkt ab, so füge man Äther hinzu. Beim Erhitzen zersetzen sich die trockenen Diazosalze entweder wie das Diazobenzolnitrat unter Explosion, oder es treten nur schwache Verpuffungen ohne Knall ein. Einige Diazoverbindungen sind so beständig, daß man sie aus Wasser umkristallisieren kann.

Nur in seltenen Fällen ist es jedoch erforderlich, beim Arbeiten mit Diazoverbindungen diese in reinem Zustande zu isolieren; vielmehr wendet man meistens ihre äußerst leicht darzustellenden wässerigen Lösungen an. Diese gewann man früher in der Weise, daß man in eine wässerige Lösung des Salzes eines Amins unter Kühlung so lange gasförmige salpetrige Säure einleitete, bis das Amin diazotiert war. Heute wendet man diese Methode nur noch in seltenen Fällen an; vielmehr bedient man sich an Stelle der freien salpetrigen Säure des Natriumnitrits zum Diazotieren. Um ein Amin zu diazotieren, stellt man sich zunächst eine Lösung des Amins in einer verdünnten Säure, am häufigsten in Salzsäure oder Schwefelsäure her. Theoretisch sind zum Diazotieren eines Moleküles eines Monoamins zwei Moleküle einer einbasischen Säure erforderlich:

$$C_6H_5 \cdot NH_2 + NaNO_2 + 2\,HCl = C_6H_5 \cdot N_2 \cdot Cl + NaCl + 2\,H_2O;$$

man nimmt jedoch stets einen Überschuß derselben, und zwar mindestens drei Moleküle Salzsäure oder zwei Moleküle Schwefelsäure auf ein Molekül eines Monoamins. In manchen Fällen ist das Chlorhydrat oder Sulfat eines Amins in Wasser schwer löslich; es ist unter diesen Umständen nicht erforderlich, so viel Wasser anzuwenden, bis das Salz gelöst ist; man kann vielmehr zu dem Kristallbrei das Nitrit fließen lassen, wobei auch das ungelöste Salz als Diazoverbindung in Lösung

[1] B. 23, 2994.

geht. — Zur Diazotierung eines Moleküles eines Monoamins ist theoretisch ein Molekül Natriumnitrit erforderlich; da dieses Salz jedoch nie vollkommen rein ist, so ist es zweckmäßig, ca. 5—10 Proz. mehr als theoretisch berechnet davon abzuwägen und in der gleich zu beschreibenden Weise zu prüfen, wann die genügende Menge von diesem hinzugefügt ist. Das Nitrit wird in Wasser aufgelöst, und zwar wendet man im allgemeinen auf einen Teil desselben 5—10 Teile Wasser an. Das Hinzufügen des Natriumnitrits zu der Aminlösung muß allmählich erfolgen, ohne daß die Flüssigkeit sich erwärmt. Vielfach wendet man hierbei zu weit gehende Vorsichtsmaßregeln an, indem man die Lösung des Amins durch eine Kältemischung abkühlt und aus einem Tropftrichter tropfenweise das Nitrit hinzufließen läßt. In vielen Fällen genügt es, die Lösung des Amins in ein mit kaltem Wasser gefülltes Gefäß zu stellen; will man ein übriges tun, so werfe man Eis in das Kühlwasser oder kühle höchstens die Aminlösung von außen mit Eis. Sehr zweckmäßig ist es, das Gefäß von außen gar nicht zu kühlen, sondern in die Aminlösung von Zeit zu Zeit einige Stückchen Eis zu werfen. Die Nitritlösung kann man direkt aus einem Kolben ausgießen. Entwickeln sich beim Hinzufügen derselben Gasblasen oder Dämpfe von salpetriger Säure, so kühle man besser und trage das Nitrit langsamer ein. Um den Verlauf der Diazotierung, sowie das Ende derselben zu erkennen, bedient man sich des Jodkaliumstärkepapiers, welches in der folgenden Weise hergestellt wird:

Ein Stückchen Stärke von der Größe einer Erbse wird fein pulverisiert in 200 ccm siedendes Wasser eingetragen und unter gutem Umrühren mit diesem kurze Zeit aufgekocht. Nach dem Erkalten fügt man eine Lösung eines linsengroßen Stückchens Jodkalium in wenig Wasser hinzu und tränkt mit der Mischung lange, ca. 3 cm breite Streifen von Filtrierpapier, welche man dann über einer ausgespannten Schnur an einem säurefreien Orte trocknet. Nach dem Trocknen zerschneidet man die langen Streifen und bewahrt sie in einem verschlossenen Gefäße auf.

Um nun ein Amin zu diazotieren, versetzt man die abgekühlte saure Lösung zunächst mit einem kleinen Teile der Nitritlösung, rührt gut um und bringt einen Tropfen der Flüssigkeit mit Hilfe eines Glasstabes auf ein Jodkaliumstärkepapier. Ist die salpetrige Säure bereits zum Diazotieren verbraucht, so entsteht kein dunkler Fleck, und man kann von neuem Natriumnitrit hinzufügen usf. Entsteht jedoch **sofort** ein dunkler Fleck, so ist die salpetrige Säure noch nicht vollkommen in Reaktion getreten; man wartet in diesem Falle mit dem erneuten Zusatz so lange, bis die erste Menge in Reaktion getreten ist usf. Beim Zusatz der ersten drei Viertel der Nitritlösung kann man größere Quantitäten auf einmal hinzufügen, gegen Ende der Reaktion verfahre man jedoch etwas langsamer. Die Diazotierung ist beendet, sobald die Reaktion auf salpetrige Säure auch nach einigem Stehen nicht mehr verschwindet. Da die Diazotierung der letzten Anteile des

Amins oft einige Zeit erfordert, so höre man nicht schon mit dem Nitritzusatz auf, wenn etwa nach einer Minute die Reaktion auf salpetrige Säure noch eintritt; vielmehr lasse man die Lösung 5 bis 10 Minuten stehen und prüfe jetzt nochmals. — Bisweilen kommt es vor, daß die abgewogene Menge Natriumnitrit nicht zu genügen scheint, um das Amin zu diazotieren, und daß selbst nach Zusatz einer neuen Menge die Reaktion auf salpetrige Säure nicht eintritt. Diese Erscheinung hat meistens ihre Ursache darin, daß es an Säure fehlt, so daß das Nitrit nicht in Reaktion treten kann. Falls also einmal die abgewogene Menge von Nitrit nicht genügen sollte, so füge man zunächst zu einer Probe der Flüssigkeit etwas Säure und prüfe, ob jetzt nicht die gewünschte Reaktion eintritt. — Ferner trübt sich manchmal die Diazolösung gegen Ende der Reaktion, oder es scheidet sich ein Niederschlag aus ihr ab. Dieser besteht aus einer Diazoamidoverbindung, und seine Bildung ist auch durch Mangel an freier Säure veranlaßt. Fügt man Säure hinzu, so verschwindet jener beim Zusatz von Nitrit.

Der oben ausgeführte Ersatz der Diazogruppe durch Wasserstoff verläuft nach folgender Gleichung:

$$C_6H_5 \cdot N_2 \cdot OH + H_2 = C_6H_6 + N_2 + H_2O.$$ [1]

Auf diese Weise ist es in vielen Fällen möglich, eine primäre Amidogruppe durch Wasserstoff zu ersetzen. Eine solche Reaktion hat natürlich da keinen Zweck, wo, wie im oben ausgeführten Beispiel, ein Amin durch Nitrierung eines Kohlenwasserstoffes und darauffolgende Reduktion erhalten ist. Es gibt jedoch Fälle, in denen ein Amin nicht auf so unzweideutige Weise erhalten wird und wo es von Bedeutung ist, den amidfreien Körper darzustellen (siehe unten).

Der Ersatz einer Diazogruppe durch Wasserstoff läßt sich auch mit Hilfe anderer Reduktionsmittel bewerkstelligen. Kocht man z. B. eine Diazoverbindung mit Alkohol, so gibt dieser, indem er in Aldehyd übergeht, zwei Atome Wasserstoff ab, durch welche die Diazogruppe wie oben reduziert wird:

$$C_6H_5 \cdot N_2 \cdot OH + CH_3 \cdot CH_2 \cdot OH = C_6H_6 + N_2 + \underset{\text{Aldehyd}}{CH_3 \cdot CHO} + H_2O.$$

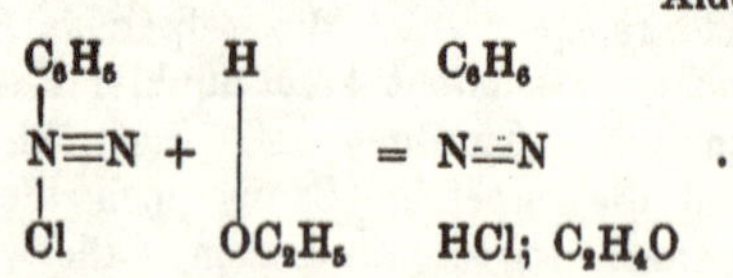

Die Reaktion führt man in der Weise aus, daß man entweder in die siedende alkoholische Lösung des Amins gasförmige salpetrige Säure einleitet, oder daß man das Amin mit Alkohol, welcher mit Äthylnitrit

[1] B. **22**, 587.

gesättigt ist, erhitzt. Auch kann man die mit Schwefelsäure angesäuerte siedende alkoholische Lösung eines Amins mit Natriumnitrit versetzen.

An dieser Stelle seien zwei Beispiele erwähnt, welche die Bedeutung der Reaktion in theoretischer wie präparativer Richtung illustrieren: Durch Oxydation einer Mischung von Anilin und p-Toluidin entsteht ein komplizierter Farbstoff, das Parafuchsin, dessen Konstitution man lange Zeit nicht kannte. Diese wurde erst dadurch aufgeklärt, daß E. und O. Fischer die Diazoverbindung der Leukobase des Farbstoffs, des Paraleukanilins, mit Alkohol erhitzten, wobei der zugrunde liegende Kohlenwasserstoff, nämlich Triphenylmethan, erhalten wurde. (A. **194**, 270.)

Als Beispiel für die präparative Bedeutung der Reaktion sei das folgende erwähnt:

Es gelingt auf keine Weise, durch Nitrieren des Toluols m-Nitrotoluol darzustellen; nur die o- und p-Verbindung entstehen hierbei. Um nun m-Nitrotoluol zu gewinnen, geht man vom p-Toluidin aus und nitriert dieses, wobei man ein Nitrotoluidin von der folgenden Konstitution erhält:

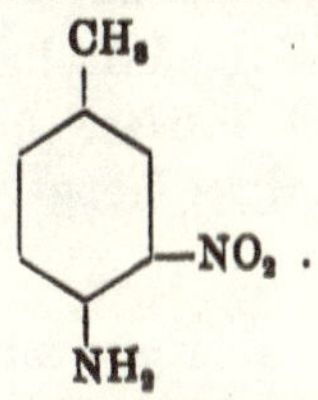

Ersetzt man in diesem in der zuletzt beschriebenen Weise die Amidogruppe durch Wasserstoff, so erhält man das gewünschte m-Nitrotoluol.

Beim Kochen einer Diazoverbindung mit Alkohol ist jedoch zu beachten, daß die Reaktion zuweilen in einem anderen Sinne verläuft, indem die Diazogruppe nicht durch Wasserstoff, sondern durch die Äthoxylgruppe ersetzt wird, so daß Phenoläther entstehen:

$$X \cdot N_2 \cdot O \cdot SO_3H + C_2H_5 \cdot OH = X \cdot OC_2H_5 + N_2 + H_2SO_4,$$

$$\begin{array}{l} X \\ | \\ N{\equiv}N \\ | \\ O \cdot SO_3H \end{array} + \begin{array}{l} OC_2H_5 \\ | \\ | \\ | \\ H \end{array} = \begin{array}{l} X \cdot OC_2H_5 \\ \\ N{\equiv}N \\ \\ H_2SO_4 \end{array}.$$

Zum Schlusse sei hervorgehoben, daß nicht nur das Anilin und seine Homologen, sondern alle Derivate derselben wie Nitroamine, halogensubstituierte Amine, Amidoaldehyde, Amidokarbonsäuren usf. sich diazotieren lassen.

8. Reaktion: Ersatz der Diazogruppe durch Hydroxyl.

Beispiel: Phenol aus Anilin.

Man versetzt 50 g Wasser unter Umrühren möglichst schnell mit 20 g konzentrierter Schwefelsäure und fügt zu der noch heißen Flüssigkeit ebenfalls unter Umrühren 10 g frisch destilliertes Anilin, welches man an der Wand des Becherglases herabfließen läßt. Darauf fügt man noch 100 ccm Wasser hinzu, kühlt durch Eintauchen in kaltes Wasser ab und versetzt dann die kalte Flüssigkeit so lange mit einer Lösung von 8·5 g Natriumnitrit in 40 ccm Wasser, bis sie auf Jodkaliumstärkepapier einen blauen Fleck erzeugt. Die so erhaltene Diazobenzolsulfatlösung erhitzt man dann eine halbe Stunde lang in einem Kolben schwach (40—50°) auf dem Wasserbade und destilliert darauf das entstandene Phenol mit Wasserdämpfen über. Nachdem man das wässerige Destillat mit festem Kochsalz gesättigt hat, schüttelt man es mehrmals mit Äther aus, trocknet die ätherische Lösung über entwässertem Glaubersalz, verdampft den Äther und unterwirft das zurückbleibende Phenol aus einem kleinen Fraktionierkolben der Destillation. Siedepunkt 183°. Ausbeute 7—8 g.

Die bei der Wasserdampfdestillation im Destillierkolben zurückbleibende Flüssigkeit filtriere man heiß. Beim Erkalten scheidet sich dann eine geringe Menge von Kristallen aus, welche aus Oxydiphenyl bestehen.

Erhitzt man eine Diazoverbindung mit Wasser, so geht sie unter Entwickelung von Stickstoff in ein Phenol über, z. B.:

$$C_6H_5 \cdot N_2 \cdot O \cdot SO_2 \cdot OH + HOH = C_6H_5 \cdot OH + N_2 + H_2SO_4 .$$

Zu dieser Reaktion wendet man am zweckmäßigsten die Diazosulfate an. Unter Umständen kann man auch die Diazochloride benutzen. Jedoch vermeide man hierbei die Diazonitrate, da in diesem Falle die bei der Reaktion sich bildende Salpetersäure das Phenol leicht nitrieren kann. In manchen Fällen ist es zweckmäßiger, nicht zunächst die fertige Diazoverbindung herzustellen; vielmehr kann man zu einer siedenden Lösung des Amins in verdünnter Schwefelsäure eine wässerige Lösung der theoretisch erforderlichen Menge von Nitrit fließen lassen. Es findet dann in einer Reaktion Diazotierung und sofortige Zersetzung der Diazoverbindung statt.

Auch substituierte Amine, wie Amidokarbonsäuren, Amidosulfosäuren, halogensubstituierte Amine u. a., sind der gleichen Reaktion zugänglich.

Das als Nebenprodukt erhaltene Oxydiphenyl bildet sich in folgender Weise durch Einwirkung von noch nicht zersetzter Diazoverbindung auf Phenol:

$$\begin{aligned} C_6H_5 \cdot N_2 \cdot \boxed{SO_4H + H} \cdot C_6H_4 \cdot OH = {} & C_6H_5 \cdot C_6H_4 \cdot OH \\ & + H_2SO_4 + N_2 \end{aligned}$$

(vgl. B. 23, 3705).

9. Reaktion: Ersatz einer Diazogruppe durch Jod.

Beispiel: Jodbenzol aus Anilin.

(Phenyljodidchlorid, Jodoso-, Jodobenzol und Diphenyljodiniumjodid.)

Eine Lösung von 10 g Anilin[1] in einer Mischung von 50 g konzentrierter Salzsäure und 150 g Wasser wird unter Kühlung mit Eiswasser so lange allmählich mit einer Lösung von 8·5 g Natriumnitrit in 40 ccm Wasser versetzt, bis Jodkaliumstärkepapier gebläut wird. Die Diazolösung wird dann in einem nicht zu kleinen Kolben mit einer Lösung von 25 g Jodkalium in 50 ccm Wasser versetzt, die Mischung mehrere Stunden unter Kühlung mit Wasser sich selbst überlassen und schließlich auf dem Wasserbade so lange gelinde erwärmt, bis die Stickstoffentwickelung aufgehört hat. Man macht dann die Flüssigkeit mit Natron- oder Kalilauge stark alkalisch und destilliert das Jodbenzol mit Wasserdämpfen über, wobei man beachte, daß das Dampfeinleitungsrohr bis auf den Boden des Kolbens reicht. Das Jodbenzol wird dann im Scheidetrichter vom Wasser getrennt, mit Chlorcalcium getrocknet und der Destillation unterworfen. Siedepunkt 189—190°. Ausbeute ca. 20 g.

Erwärmt man ein Diazojodid, so wird in meistens glatt verlaufender Reaktion die Diazogruppe durch Jod ersetzt:

$$C_6H_5 \cdot N_2 \cdot J = C_6H_5 \cdot J + N_2 .$$

Die Reaktion führt man in der Weise aus, daß man das Amin in salzsaurer oder schwefelsaurer Lösung diazotiert und dann mit Jodkalium versetzt. Aus dem Diazochlorid oder Diazosulfat bildet sich dann ein Diazojodid, welches in manchen Fällen bereits in der Kälte, in anderen beim Erwärmen wie oben reagiert. Da die Reaktion sehr glatt verläuft, so wird sie für viele Jodide als wirkliche Darstellungsmethode benutzt.

Die aromatischen Jodide besitzen die bemerkenswerte Eigenschaft, zwei Atome Chlor addieren zu können, indem das zuvor einwertige Jod dreiwertig wird:

$$C_6H_5 \cdot \overset{I}{J} + Cl_2 = \underset{\text{Phenyljodidchlorid}^{2}}{C_6H_5 \cdot \overset{III}{J}Cl_2} .$$

Versuch: Ein Teil des erhaltenen Jodbenzols wird in seinem fünffachen Volumen Chloroform aufgelöst und in diese Lösung unter

---

[1] Soll später die GRIGNARDsche Reaktion ausgeführt werden, so gehe man von 20 g Anilin aus.

[2] J. pr. **33**, 154. B. **25**, 3494; **26**, 357; **25**, 2632.

Kühlung mit Eiswasser so lange trocknes Chlor (sehr weites Einleitungsrohr) eingeleitet, bis letzteres nicht mehr absorbiert wird. Man filtriert dann die abgeschiedenen Kristalle ab, wäscht sie mit neuem Chloroform nach, breitet sie in dünner Schicht auf Filtrierpapier aus und läßt sie an der Luft kurze Zeit trocknen:

Läßt man auf ein Jodidchlorid Natronlauge einwirken, so werden die zwei Chloratome durch ein Sauerstoffatom ersetzt, und man erhält eine Jodosoverbindung:

$$C_6H_5 \cdot JCl_2 + H_2O = \underset{\text{Jodosobenzol}}{C_6H_5 \cdot J{=}O} + 2\,HCl\,.$$

Außer dieser Reaktion tritt noch eine Nebenreaktion ein, indem sich eine Jodiniumbase bildet. Die Bildung dieser kommt wahrscheinlich dadurch zustande, daß ein kleiner Teil des Jodosobenzols zu Jodobenzol oxydiert wird und daß dieses mit Jodosobenzol unter Austritt von Jodsäure sich kondensiert:

$$\underset{\text{Hypoth. Hydrat des Jodosobenzols}}{C_6H_5 \cdot J\begin{matrix} OH \\ \boxed{OH} \end{matrix}} + \boxed{JO_2} \cdot C_6H_5 = \underset{\text{Diphenyljodinium-hydroxyd}}{C_6H_5 - \overset{III}{\underset{OH}{J}} - C_6H_5} + JO_3H\,.$$

Diese Base ist in dem vom Jodosobenzol abfiltrierten alkalischen Filtrat vorhanden. Versetzt man dieses mit schwefliger Säure, so reduziert letztere die Jodsäure zu Jodwasserstoff, und dieser bildet mit der Jodiniumbase ein in kaltem Wasser unlösliches Jodid:

$$JO_3H + 3\,SO_2 = JH + 3\,SO_3\,,$$

$$C_6H_5 - \underset{\boxed{OH + H}J}{J} - C_6H_5 \qquad C_6H_5 - \overset{III}{\underset{\overset{I}{J}}{J}} - C_6H_5 + H_2O.$$

Versuch: Man verreibe das Jodidchlorid in einer Reibschale innig mit verdünnter Natronlauge (auf 1 g Jodidchlorid eine Lösung von 0·5 g Natron in 4 g Wasser) und lasse über Nacht stehen. Das Jodosobenzol wird dann abfiltriert, mit Wasser gewaschen und auf einem Tonteller abgepreßt. Das alkalische Filtrat versetze man so lange mit wässeriger schwefliger Säure, bis es intensiv danach riecht. Den entstandenen Niederschlag filtriere man ab und kristallisiere ihn aus heißem Wasser um. Beim Abkühlen erhält man farblose Nadeln des Diphenyljodiniumjodids.

Die Jodosoverbindungen vermögen mit Säuren Salze zu bilden, wobei sie sich wie zweisäurige Basen, z. B. $C_6H_5\cdot J<{OH \atop OH}$ verhalten.

Versuch: Man löse einige Gramme des Jodosobenzols unter Erwärmen in möglichst wenig Eisessig auf und verdampfe die Lösung in einer flachen Schale oder auf einem Uhrglase auf dem Wasserbade zur Trockne. Den festen Rückstand pulverisiere man und kristallisiere ihn aus wenig Benzol um. Man erhält so das essigsaure Jodosobenzol:

$$C_6H_5\cdot J<{OOC\cdot CH_3 \atop OOC\cdot CH_3}$$

in Form farbloser Prismen vom Schmelzpunkt 157°.

Die Jodosoverbindungen scheiden aus Jodwasserstoff Jod ab, wobei sie zu Jodverbindungen reduziert werden:

$$C_6H_5\cdot JO + 2JH = C_6H_5\cdot J + J_2 + H_2O .$$

Man benutzt diese Reaktion zur quantitativen Bestimmung des Jodososauerstoffs.

Versuch: Man löse etwas Jodkalium in Wasser auf, säuere mit verdünnter Schwefelsäure oder Essigsäure an und füge eine kleine Menge Jodosobenzol hinzu. Es scheidet sich braunes Jod ab.

Erwärmt man einen Jodosokörper vorsichtig auf etwa 100°, so nimmt er infolge von Selbstoxydation ein Atom Sauerstoff auf und geht in eine Jodoverbindung über:

$$2C_6H_5\cdot JO = \underset{\text{Jodobenzol}}{C_6H_5\cdot JO_2} + C_6H_5\cdot J .$$

Die gleichen Körper kann man erhalten, wenn man Jodosoverbindungen mit Wasserdampf behandelt.

Versuch: Jodosobenzol wird in einem Kolben mit so viel Wasser versetzt, daß ein dünner Brei entsteht. In diesen leitet man nun so lange Wasserdampf ein (Apparat für Dampfdestillation), bis kein Jodbenzol mehr mit den Wasserdämpfen übergeht und alles Jodosobenzol in Lösung gegangen ist. Sollte das entstandene Jodobenzol sich nicht ganz lösen, so füge man noch mehr Wasser hinzu, bis Lösung eingetreten ist. Man dampft dann diese Lösung auf dem Wasserbade so weit ein, bis eine Probe beim Abkühlen eine reichliche Kristallisation von Jodobenzol liefert.

Die Jodoverbindungen verpuffen wie die Jodosoverbindungen beim Erhitzen (Versuch). Aus Jodwasserstoff scheiden sie ebenfalls Jod ab, jedoch die doppelte Menge im Vergleich zu den Jodosoverbindungen:

$$C_6H_5 \cdot JO_2 + 4HJ = C_6H_5J + 4J + 2H_2O.$$

Mit Säuren vermögen sie keine Salze zu bilden.

Jodiniumbasen[1] werden am zweckmäßigsten durch Einwirkung von Silberoxyd auf eine äquimolekulare Mischung eines Jodo- und Jodosokörpers erhalten:

$$C_6H_5 \cdot JO + C_6H_5 \cdot JO_2 \cdot + AgOH = C_6H_5 \cdot \overset{III}{J}(OH) \cdot C_6H_5 + AgJO_3.$$

Sie sind in Wasser löslich, reagieren wie die Sulfonium- und Ammoniumverbindungen stark alkalisch und geben mit den Halogenwasserstoffsäuren Niederschläge der entsprechenden Salze (siehe oben). Erhitzt man die Salze in trockenem Zustande, so zerfallen sie in zwei Moleküle Halogenkohlenwasserstoff, z. B.:

$$C_6H_5 \cdot \overset{III}{J}(\overset{I}{J}) \cdot C_6H_5 = 2C_6H_5J.$$

Versuch: Das bei der Darstellung des Jodosobenzols als Nebenprodukt gewonnene Diphenyljodiniumjodid erhitze man vorsichtig in einem Reagenzgläschen über einer kleinen Flamme. Plötzlich beginnt an einer Stelle Verflüssigung, die sich, ohne daß man weiter zu erwärmen braucht, durch die ganze Masse unter Aufsieden fortsetzt. Man erhält Jodbenzol, welches an seinem Geruch leicht zu erkennen ist.

10. Reaktion: Ersatz einer Diazogruppe durch Chlor, Brom oder Cyan.

Beispiel: p-Tolunitril aus p-Toluidin.

In einem Kolben von 2 Liter Inhalt löst man unter Erhitzen auf dem Wasserbade 50 g Kupfervitriol in 200 ccm Wasser auf und fügt unter fortwährendem Erwärmen allmählich eine Lösung von 55 g Cyankalium in 100 ccm Wasser hinzu. Da sich hierbei Cyan entwickelt, so führe man diese Reaktion unter dem Abzuge aus und hüte sich die Dämpfe einzuatmen.

---

[1] B. 27, 426, 502 und 1592.

Während die Kupfercyanürlösung auf dem Wasserbade gelinde (auf ca. 60—70°) weiter erhitzt wird, stellt man sich eine Diazotoluolchloridlösung in der folgenden Weise her: 20 g p-Toluidin werden mit einer Mischung von 50 g konzentrierter Salzsäure und 150 ccm Wasser bis zur Lösung erhitzt, worauf die Flüssigkeit dann schnell in kaltes Wasser eingetaucht und mit einem Glasstabe lebhaft umgerührt wird, damit sich das salzsaure Toluidin möglichst feinkristallinisch abscheidet. Man fügt dann zu dem salzsauren Amin unter Kühlung mit Eiswasser so lange eine Lösung von 16 g Natriumnitrit in 80 ccm Wasser, bis man eine bleibende Reaktion auf salpetrige Säure mit Jodkaliumstärkepapier erhält. Das so erhaltene Diazotoluolchlorid fügt man dann aus einem Kolben etwa im Laufe von 10 Minuten zu der Kupfercyanürlösung, wobei man letztere häufig umschüttelt. Nachdem man nach beendetem Eintragen das Reaktionsgemisch noch etwa $^1/_4$ Stunde auf dem Wasserbade erwärmt hat, treibt man das Tolunitril mit Wasserdämpfen über, was man der mit übergehenden Blausäure wegen wiederum unter einem Abzuge ausführt. Das Nitril geht hierbei als gelbliches Öl über, welches in der Vorlage nach einiger Zeit erstarrt. Man trennt es durch Dekantieren vom Wasser, preßt es auf einem Tonteller ab und reinigt es durch Destillation. Will das Öl nicht erstarren, so kann man das gesamte Destillat mit Äther aufnehmen, die ätherische Lösung zur Entfernung von Kresol mit etwas Natronlauge durchschütteln und dann nach dem Verdampfen des Äthers entweder den flüssig bleibenden Rückstand direkt destillieren oder ihn, falls er fest wird, vor der Destillation wie oben abpressen. Siedepunkt 218°. Ausbeute ca. 15 g.

Die Diazogruppe läßt sich **nicht** in analoger Weise wie durch Jod so auch durch Chlor, Brom oder Cyan ersetzen. Erhitzt man die wässerige Lösung eines Diazo-Chlorides, -Bromides oder -Cyanides, so bildet sich wie beim Erhitzen eines Diazosulfates ein Phenol:

$$C_6H_5 \cdot N_2 \cdot Cl + H_2O = C_6H_5 \cdot OH + N_2 + HCl.$$

Sandmeyer[1] verdankt man nun die wichtige Entdeckung, daß wenn man das Erhitzen bei Gegenwart von Kupferchlorür, Kupferbromür oder Kupfercyanür ausführt, die Reaktion analog der Bildung des Jodbenzols verläuft:

$$\left.\begin{array}{l} C_6H_5 \cdot N_2 \cdot Cl = C_6H_5 \cdot Cl + N_2 \\ C_6H_5 \cdot N_2 \cdot Br = C_6H_5 \cdot Br + N_2 \\ C_6H_5 \cdot N_2 \cdot CN = C_6H_5 \cdot CN + N_2 \end{array}\right\} \text{bei Gegenwart der entsprechenden Kupferoxydulsalze.}$$

[1] B. **17**, 1633 u. 2650; **18**, 1492 u. 1496.

In welcher Weise hierbei die Kupferoxydulsalze mitwirken, ist noch nicht aufgeklärt; jedenfalls vereinigen sie sich zunächst mit der Diazoverbindung zu einem Doppelsalz, welches bei der Reaktion eine Rolle spielt.

Die oben ausgeführte Darstellung des Kupfercyanürs verläuft nach folgenden Gleichungen:

$$SO_4Cu + 2\,KCN = Cu(CN)_2 + K_2SO_4\,,$$
$$2\,Cu(CN)_2 = Cu_2(CN)_2 + (CN)_2\,.$$

Um die Diazogruppe durch Chlor oder Brom zu ersetzen, kann man genau wie oben verfahren. Man stellt sich eine Diazolösung her und trägt diese allmählich in eine erhitzte Kupferchlorür- oder Kupferbromür-Lösung ein. Bei leichtflüchtigen Chlor- oder Bromverbindungen verbindet man den Kolben zweckmäßig mit einem Rückflußkühler und läßt die Diazolösung aus einem Tropftrichter hinzufließen. In manchen Fällen ist es vorteilhafter, nicht zuvor eine fertige Diazolösung herzustellen, sondern in folgender Weise zu verfahren: Man löst das Amin in der sauren Kupferlösung auf und läßt aus einem Tropftrichter zu der erhitzten Lösung das Nitrit fließen. Es findet dann in einer Reaktion Diazotierung und Ersatz der Diazogruppe statt. — Ist das Reaktionsprodukt nicht mit Wasserdämpfen flüchtig, so kann man es durch Abfiltrieren oder Ausäthern des Reaktionsgemisches gewinnen.

Die Sandmeyersche Reaktion ist einer allgemeinen Anwendbarkeit fähig. Da die Ausbeuten meistens sehr gut sind, so wird sie für viele Substanzen als wirkliche Darstellungsmethode benutzt. Es sei schließlich darauf verwiesen, daß bei dem Ersatz der Diazogruppe durch Cyan eine neue Kohlenstoffverbindung zustande kommt.

H. Reaktion: a) Reduktion einer Diazoverbindung zu einem Hydrazin. b) Ersatz des Hydrazinrestes durch Wasserstoff.

Beispiel: a) Phenylhydrazin aus Anilin. b) Benzol aus Phenylhydrazin.

a) In einem Becherglase versetzt man 100 ccm konzentrierte Salzsäure unter Umrühren mit 10 g frisch destilliertem Anilin, wobei sich das salzsaure Anilin zum Teil in Kristallen abscheidet. Zu der von außen durch Eis gekühlten Mischung läßt man dann langsam aus einem Tropftrichter so lange eine Lösung von 10 g Natriumnitrit in 50 ccm Wasser hinzufließen, bis mit Jodkaliumstärkepapier freie salpetrige Säure nachzuweisen ist. In diesem Falle kann man nicht die stark saure Lösung direkt auf das Jodkaliumstärkepapier bringen; man muß vielmehr einige Tropfen der Flüssigkeit zuvor auf einem Uhrglase mit etwas Wasser verdünnen und dann die Probe ausführen. Die Diazolösung versetzt man dann unter Umrühren mit einer durch Eis abgekühlten Lösung von 60 g Zinnchlorür in 50 ccm konzentrierter Salzsäure, wobei sich ein Kristallbrei von salzsaurem Phenylhydrazin abscheidet. Nach mehrstündigem Stehen filtriert man diesen an der Saugpumpe (BÜCHNERscher Trichter mit Filtrierleinen) ab, preßt den Niederschlag auf dem Filter mit Hilfe eines Mörserpistilles fest zusammen und übergießt ihn dann in einem Kölbchen mit überschüssiger Natronlauge. Das sich hierbei ölig abscheidende freie Phenylhydrazin nimmt man mit Äther auf; die ätherische Lösung trocknet man mit geglühter Pottasche und verdampft hierauf den Äther. Für die späteren Versuche kann das so erhaltene Phenylhydrazin direkt benutzt werden. Will man es reinigen, so kann man es am besten im Vakuum destillieren oder

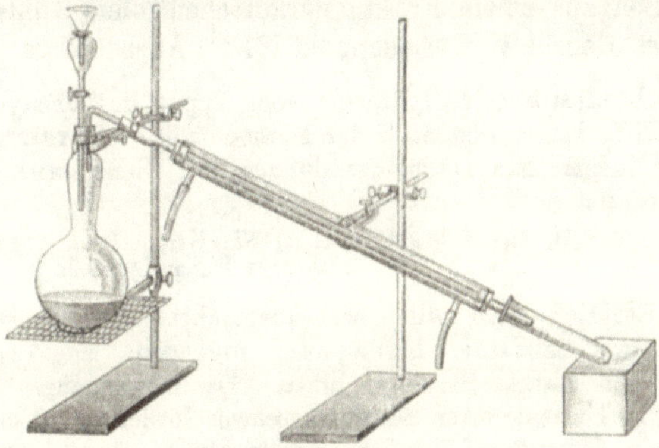

Fig. 68.

in einer Kältemischung abkühlen und die flüssig bleibenden Anteile von dem Erstarrten abgießen. Ausbeute ca. 10 g.

Da die Diazotierung in stark salzsaurer Lösung, sowie das Filtrieren der stark sauren Flüssigkeit etwas mißlich ist, so kann man obiges Verfahren zweckmäßig in folgender Weise abändern: 10 g frisch destilliertes Anilin löst man in einer Mischung von 30 g konzentrierter Salzsäure und 75 g Wasser und diazotiert unter Kühlung mit Eiswasser in bekannter Weise mit einer Lösung von 8 g Natriumnitrit in 30 g Wasser. Man sättigt dann die Diazolösung unter Schütteln mit fein pulverisiertem Kochsalz (ca. 30 g), gießt von etwa ungelöstem Salz ab und versetzt ebenfalls unter Eiskühlung mit einer erkalteten Lösung von 60 g Zinnchlorür in 25 g konzentrierter Salzsäure. Nach mehrstündigem

Stehen filtriert man das ausgeschiedene salzsaure Phenylhydrazin an der Saugpumpe über Filtrierpapier ab, wäscht mit wenig gesättigter Kochsalzlösung nach, preßt auf einem Tonteller ab und verfährt schließlich wie oben.

b) In einem mit Tropftrichter und absteigendem Kühler verbundenen Kolben von 1 Liter Inhalt (Fig. 68) erhitzt man 150 g Wasser und 50 g Kupfervitriol bis zum Sieden und läßt dann aus dem Tropftrichter allmählich eine Lösung von 10 g Phenylhydrazin in einer Mischung von 8 g Eisessig und 75 ccm Wasser hinzufließen. Unter lebhafter Stickstoffentwickelung geht die Oxydation des Phenylhydrazins zu Benzol vor sich, welch letzteres mit den Wasserdämpfen sofort überdestilliert und in einem Reagenzrohr aufgefangen wird. Durch einmalige vorsichtige Rektifikation aus einem Fraktionierkölbchen (ohne Kühler) erhält man reines Benzol vom Siedepunkt 81°. Ausbeute ca. 5 g.

Einfach substituierte Hydrazine vom Typus des Phenylhydrazins $C_6H_5\cdot NH\cdot NH_2$ lassen sich nach der Methode von V. Meyer und Lecco gewinnen,[1] indem man Diazoverbindungen mit Zinnchlorür und Salzsäure reduziert:

$$C_6H_5\cdot N_2\cdot Cl + 2H_2 = C_6H_5\cdot NH\cdot NH_2,\ HCl.$$

Salzsaures Phenylhydrazin

Die Reaktion wird wie oben ausgeführt: Man diazotiert das Amin in stark salzsaurer Lösung und fügt dann eine Lösung von Zinnchlorür in starker Salzsäure hinzu. Da die salzsauren Salze der Hydrazine in konzentrierter Salzsäure schwer löslich sind, so scheiden sie sich beim Hinzufügen des Zinnchlorürs direkt ab und können wie oben durch Abfiltrieren leicht gewonnen werden.

Die Reduktion von Diazoverbindungen zu Hydrazinen läßt sich nach der Methode von Emil Fischer,[2] welche zur Entdeckung dieser Körperklasse geführt hat, auch noch in anderer Weise bewerkstelligen. Läßt man auf ein Diazosalz neutrales schwefligsaures Natrium einwirken, so wird der Säurerest der Diazoverbindung durch den Rest der schwefligen Säure ersetzt, z. B.:

$$C_6H_5\cdot N_2\cdot Cl + NaSO_3Na = C_6H_5\cdot N_2\cdot SO_3Na + NaCl.$$

Diazobenzolsulfosaures Natrium

Reduziert man dieses Salz nun mit schwefliger Säure oder mit Zinkstaub und Essigsäure, so nimmt es 2 Atome Wasserstoff auf und geht in ein hydrazinsulfosaures Salz über:

$$C_6H_5\cdot N_2\cdot SO_3Na + H_2 = C_6H_5\cdot N_2H_2\cdot SO_3Na.$$

Phenylhydrazinsulfosaures Natrium

[1] B. 16, 2976.

[2] A. 190, 67.

Erhitzt man dieses mit Salzsäure, so wird die Sulfogruppe abgespalten, und man erhält salzsaures Phenylhydrazin, welches beim Eindampfen auskristallisiert:

$$C_6H_5 \cdot N_2H_2 \cdot SO_3Na + HCl + HOH = C_6H_5 \cdot NH \cdot NH_2,\ HCl + SO_4HNa.$$

Nach dieser Methode, welche billiger als die erste auszuführen ist, jedoch nicht so schnell zum Ziele führt, stellt man im Großen Phenylhydrazin dar.

Die einfach substituierten Hydrazine besitzen basischen Charakter; trotzdem sie zwei Ammoniakreste enthalten, verbinden sie sich jedoch nur mit einem Molekül einer einbasischen Säure, z. B.:

$$\underset{\text{Salzsaures Phenylhydrazin}}{C_6H_5 \cdot NH \cdot NH_2,\ HCl}.$$

Phenylhydrazin reagiert mit Aldehyden und Ketonen, indem die beiden Wasserstoffatome der Amidogruppe mit dem Sauerstoffatom der CHO- oder CO-Gruppe als Wasser austreten:[1]

$$\underset{\text{Benzaldehyd}}{C_6H_5 \cdot CHO} + C_6H_5 \cdot NH \cdot NH_2 = \underset{\text{Benzylidenphenylhydrazon}}{C_6H_5 \cdot CH{=}N \cdot NH \cdot C_6H_5} + H_2O,$$

$$\underset{\text{Benzophenon}}{C_6H_5 \cdot CO \cdot C_6H_5} + C_6H_5 \cdot NH \cdot NH_2 = \begin{matrix} C_6H_5 \\ C_6H_5 \end{matrix}\!\!>\!C{=}N \cdot NH \cdot C_6H_5 + H_2O.$$

Diese Reaktion kann zur Erkennung und zum Nachweise von Aldehyden und Ketonen benutzt werden. Um ein Hydrazon darzustellen, wandte man früher eine Lösung von 1 Teil salzsaurem Phenylhydrazin und $1\,^1/_2$ Teilen kristallisiertem Natriumacetat in 10 Teilen Wasser als Reagens an. Fügt man zu dieser den Aldehyd oder das Keton, so bildet sich in manchen Fällen bereits in der Kälte, in anderen erst beim Erwärmen das Hydrazon. Da gegenwärtig vollkommen reines, freies Phenylhydrazin käuflich zu haben ist, so wendet man jetzt häufig eine Mischung gleicher Volumenteile von Phenylhydrazin und 50 proz. Essigsäure, welches Gemisch man noch mit dem deifachen Volumen Wasser verdünnt, als Reagens an.

Versuch: Zu einer Mischung von 5 Tropfen Phenylhydrazin und 5 ccm Wasser füge man 3 Tropfen Eisessig. Darauf versetze man mit 2 Tropfen Benzaldehyd (am Glasstabe) und schüttle um. Es bildet sich zunächst eine milchige Trübung, sehr bald jedoch ein flockiger Niederschlag von Benzylidenphenylhydrazon. Die kleinsten Mengen von Benzaldehyd lassen sich auf diese Weise erkennen.

Von hervorragender Bedeutung ist das Phenylhydrazin in der Chemie des Zuckers zur Abscheidung, Erkennung und Umwandlung

[1] B. 17, 572.

der verschiedenen Zuckerarten gewesen. Ohne dieses Reagens hätten die fundamentalen Aufklärungen der letzten Zeit auf diesem Gebiete kaum erzielt werden können. Läßt man auf ein Molekül einer Zuckerart ein Molekül Phenylhydrazin einwirken, so entsteht ein normales Hydrazon, z. B.:

$$\underset{\text{Traubenzucker}}{CH_2.OH.(CH.OH)_4.CHO} + C_6H_5.NH.NH_2 = CH_2.OH.(CH.OH)_4.\underset{\underset{N-NH\cdot C_6H_5\cdot}{\|}}{CH} + H_2O$$

Wendet man jedoch Phenylhydrazin im Überschuß an, so wirkt dieses oxydierend, d. h. Wasserstoff entziehend auf den Zucker ein, indem z. B. im obigen Beispiele die der Aldehydgruppe benachbarte CH·OH-Gruppe zu einer Ketongruppe oxydiert wird, welche wiederum mit dem Hydrazin reagiert. Die so erhaltenen Körper nennt man Osazone. Im obigen Beispiele erhält man so:

$$CH_2\cdot OH\cdot(CH\cdot OH)_3\cdot\underset{\underset{\underset{NH\cdot C_6H_5\,.}{|}}{N}}{\overset{}{\underset{\|}{C}}}-CH{=}N\cdot NH\cdot C_6H_5$$

Erhitzt man diese Körper mit Salzsäure, so spalten sie wie alle Hydrazone Phenylhydrazin ab. Man erhält daneben jedoch nicht wieder den ursprünglich angewandten Zucker unverändert zurück, sondern ein Oxydationsprodukt desselben, ein sogen. Oson, und zwar in dem gewählten Beispiel:

$$CH_2\cdot OH\cdot(CH\cdot OH)_3\cdot CO\cdot CHO\,.$$

Reduziert man dieses, so wird nicht etwa die Ketongruppe reduziert und somit der ursprünglich angewandte Zucker zurückgebildet; es wird vielmehr die Aldehydgruppe reduziert und man erhält:

$$CH_2\cdot OH\cdot(CH\cdot OH)_3\cdot CO\cdot CH_2\cdot OH\,.$$

Die Aldose ist in eine Ketose, Traubenzucker in Fruchtzucker verwandelt. Die allgemeine Bedeutung dieser Reaktion für die Zuckergruppe dürfte aus diesen kurzen Andeutungen ersichtlich sein.

Versuch: Eine erkaltete Lösung von 2 g salzsaurem Phenylhydrazin und 3 g kristallisiertem Natriumacetat in 15 ccm Wasser versetze man mit einer Lösung von 1 g reinem Traubenzucker in 5 ccm Wasser und erwärme auf dem Wasserbade. Nach etwa 10 Minuten beginnen sich feine gelbe Nadeln des Osazons abzuscheiden, deren Menge sich bei längerem Erhitzen noch vermehrt. Man filtriere sie nach einstündigem Erhitzen ab, wasche mit Wasser nach und lasse die Kristalle an der Luft trocknen. Schmelzpunkt 205°.

Phenylhydrazin kondensiert sich ferner unter Bildung stickstoffhaltiger Ringe mit β-Diketonen und β-Ketonsäureestern zu sogen. Pyrazolen und Pyrazolonen. Von Wichtigkeit ist das aus Acetessigester und Phenylhydrazin entstehende Phenylmethylpyrazolon:

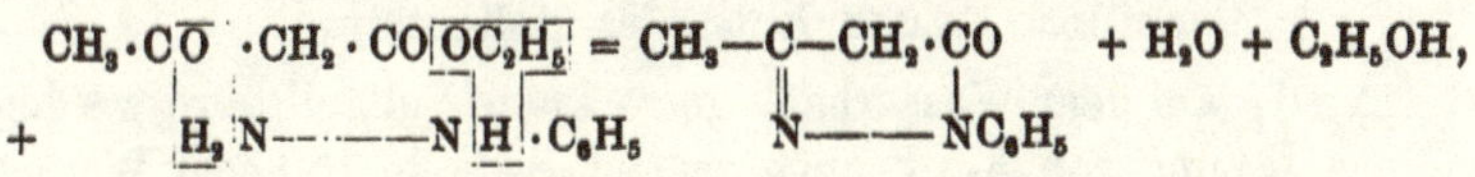

aus dem durch Einwirkung von Jodmethyl unter Umlagerung das wichtige Fiebermittel „Antipyrin“ = Dimethylphenylpyrazolon gewonnen wird:

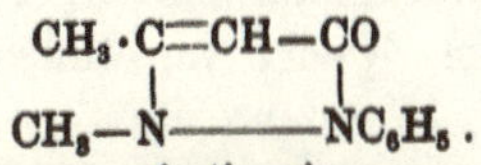

Antipyrin

Kocht man die primären Hydrazine mit Kupfervitriol[1] oder Eisenchlorid,[2] so wird der Hydrazinrest durch Wasserstoff ersetzt, und man erhält z. B. aus Phenylhydrazin Benzol:

$$C_6H_5 \cdot NH \cdot NH_2 + 2\,CuO = C_6H_6 + N_2 + H_2O + Cu_2O$$

oder $$C_6H_5 \cdot NH \cdot NH_2 + CuO = C_6H_6 + N_2 + H_2O + Cu.$$

Von dieser Reaktion gilt das Gleiche, was oben von dem Ersatz der Diazogruppe durch Wasserstoff gesagt ist. Will man den einer Amidoverbindung zugrunde liegenden amidfreien Körper darstellen, und hat sich hierbei die Reduktion der Diazoverbindung durch Zinnoxydulnatron oder Alkohol (s. S. 207) als unbrauchbar erwiesen, so stelle man wie oben das salzsaure Salz des entsprechenden Hydrazins dar und oxydiere das mit Natron hieraus abgeschiedene freie Hydrazin. Nicht immer ist wie im ausgeführten Beispiel der amidfreie Körper leicht flüchtig. In einem derartigen Falle kann man die Oxydation in einem offenen Gefäße ausführen; das Reaktionsprodukt gewinnt man entweder durch Abfiltrieren oder durch Ausäthern. Es sei darauf verwiesen, daß es zweckmäßiger ist, aus dem salzsauren Salz das freie Hydrazin abzuscheiden und dieses der Oxydation zu unterwerfen. Oxydiert man nämlich ein salzsaures Salz eines Hydrazins, so kann es vorkommen, daß hierbei der Hydrazinrest durch Chlor ersetzt wird:

$$C_6H_5 \cdot NH \cdot NH_2 \cdot HCl + O_2 = C_6H_5 \cdot Cl + N_2 + 2\,H_2O,$$

was zu Irrtümern Veranlassung geben kann.

[1] B. **18**, 90.
[2] B. **18**, 786.

12. Reaktion: a) Darstellung eines Azofarbstoffes aus einer Diazoverbindung und einem Amin. b) Reduktion desselben.

Beispiel: a) Helianthin aus diazotierter Sulfanilsäure und Dimethylanilin. b) Reduktion des Helianthins.

a) 10 g auf dem Wasserbade getrocknete Sulfanilsäure werden in einer Lösung von 3·5 g entwässerter Soda in 150 ccm Wasser gelöst und mit einer Auflösung von 4·2 g reinem Natriumnitrit in 20 ccm Wasser versetzt. Hierzu fügt man dann unter Kühlung mit Wasser so viel verdünnte Salzsäure, als 2·5 g reinem HCl entspricht. Zu diesem Zwecke verdünne man konzentrierte Salzsäure mit dem gleichen Volumen Wasser, bestimme das spezifische Gewicht der verdünnten Säure mit Hilfe eines Aräometers und sehe in einer Tabelle nach, wieviel wasserfreie HCl diese enthält (vgl. Graham-Otto, Bd. II_1, S. 318).[1]

Ehe man die Diazotierung der Sulfanilsäure ausführt, stelle man sich in der folgenden Weise eine Lösung von 7 g Dimethylanilin in der theoretisch erforderlichen Menge von Salzsäure her: Aromatische Basen kann man nicht in der gleichen Weise wie Kali, Natron oder Ammoniak mit Salzsäure neutralisieren, indem man sie allmählich mit der Säure versetzt und mit Lackmuspapier prüft, wann die Flüssigkeit gerade eben sauer wird. Infolge des schwach basischen Charakters jener Amine reagieren nämlich deren Chlorhydrate noch so sauer, daß sie blaues Lackmuspapier röten, und man demnach gleich von Beginn des Neutralisierens an eine saure Reaktion erhält. Mit Hilfe von Fuchsinpapier kann man jedoch entscheiden, wann die Neutralisation beendet ist. Das rote Fuchsinpapier besitzt nämlich die Eigenschaft, durch freie Salzsäure entfärbt zu werden, indem das einsäurige rote Fuchsin in ein farbloses mehrsäuriges Salz übergeht. Die salzsauren Salze der Basen rufen hingegen diese Entfärbung nicht hervor. Um nun die obigen 7 g Dimethylanilin zu neutralisieren, versetze man sie mit 25 ccm Wasser, füge allmählich unter Umrühren kleine Quantitäten von konzentrierter Salzsäure

[1] Hat man das spez. Gewicht einer Salzsäure bestimmt, so kann man den Prozentgehalt an wasserfreiem HCl auch ohne Tabelle in der folgenden Weise berechnen: Man multipliziere die hinter dem Komma befindliche Zahl mit 2 und setze hinter die ersten zwei Ziffern der so erhaltenen Zahl ein Komma: z. B. Spez. Gewicht = 1·134. — 2 × 134 = 268. Prozentgehalt = 26·8. Ist das spez. Gewicht größer als 1·18, so sehe man in einer Tabelle nach.

hinzu und prüfe nach jedesmaligem Zusatze, ob Fuchsinpapier noch nicht entfärbt wird.

Das so erhaltene salzsaure Dimethylanilin fügt man dann zu der Diazolösung und macht darauf die Mischung durch nicht zu viel Natronlauge deutlich alkalisch. Der Farbstoff scheidet sich hierbei nach einiger Zeit direkt ab. Die Abscheidung kann man noch vermehren, wenn man ca. 25 g fein pulverisiertes Kochsalz in die Lösung einträgt. Nach dem Abfiltrieren und Abpressen auf Ton kristallisiere man den Farbstoff aus wenig Wasser um.

Darstellung des Fuchsinpapieres: Ein Fuchsinkristall von der Größe einer Linse wird pulverisiert, in 100 ccm Wasser unter Erwärmen gelöst und die Lösung filtriert. In diese taucht man dann 2 cm breite Streifen von Filtrierpapier, welche man über einer Schnur an einem säurefreien Orte oder auf dem Wasserbade trocknet. Das Papier darf nicht intensiv rot, sondern nur matt rosa gefärbt sein.

Statt des Fuchsinpapieres kann man sich auch des käuflichen Kongopapieres bedienen, dessen rote Farbe durch freie Säure in Blau umschlägt (umgekehrtes Lackmuspapier).

b) 2 g des Farbstoffes werden unter Erwärmen in möglichst wenig Wasser gelöst und heiß so lange mit einer Lösung von 8 g Zinnchlorür in 20 g konzentrierter Salzsäure versetzt, bis Entfärbung eingetreten ist. Die farblose Lösung kühlt man dann gut ab, wobei sich, besonders wenn man die Gefäßwandungen mit einem Glasstabe reibt, Sulfanilsäure abscheidet, welche man über etwas Asbest oder Glaswolle abfiltriert. Das Filtrat verdünnt man mit Wasser und fügt zu ihm so lange Natronlauge, bis die anfangs ausgeschiedenen Oxydhydrate des Zinns sich wieder gelöst haben. Man schüttelt dann einige Male mit Äther aus, trocknet die ätherische Lösung mit Pottasche und verdampft den Äther, wobei das p-Amidodimethylanilin als Öl, welches beim Abkühlen und Reiben mit einem Glasstabe erstarrt, zurückbleibt.

Reaktion auf p-Amidodimethylanilin:[1] Das Amidodimethylanilin versetzt man allmählich mit kleinen Mengen verdünnter Schwefelsäure, bis es sich eben gelöst hat. Einige Tropfen dieser Lösung fügt man dann in einem Becherglase zu verdünntem Schwefelwasserstoffwasser, welches man mit etwa $^1/_{50}$ seines Volumens an konzentrierter Salzsäure versetzt hat. Fügt man zu dieser Mischung nun einige Tropfen einer verdünnten Eisenchloridlösung, so erhält man eine intensiv blaue Färbung von Methylenblau.

[1] B. **16**, 2235.

Diazoverbindungen reagieren mit Aminen sowie mit Phenolen unter Bildung von Azofarbstoffen:[1]

1. $C_6H_5 \cdot N_2 \cdot Cl + C_6H_5 \cdot (NCH_3)_2 = C_6H_5 \cdot N{=}N \cdot C_6H_4 \cdot N(CH_3)_2 + HCl$,
Dimethyl-Amidoazobenzol

2. $C_6H_5 \cdot N_2 \cdot Cl + C_6H_5 \cdot OH = C_6H_5 \cdot N{=}N \cdot C_6H_4 \cdot OH + HCl$.
(bei Gegenwart von Alkali) Oxyazobenzol

Die Reaktion kommt nach HANTZSCH in folgender Weise zustande:

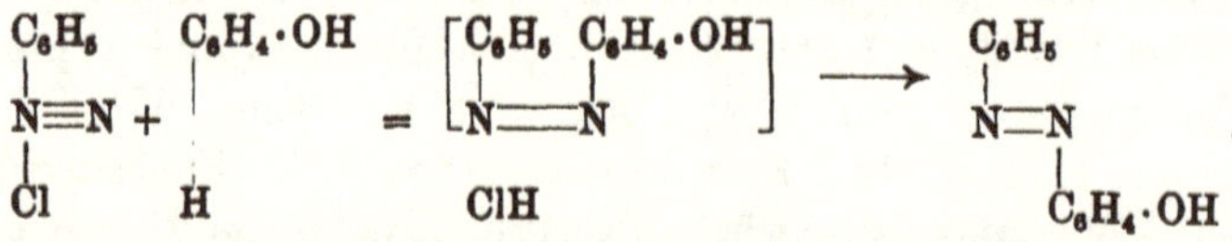

Es bildet sich also zunächst ein unbeständiger syn-Azokörper, der durch Umklappen sofort in den beständigen anti-Azokörper übergeht.

Nach diesen zwei typischen Reaktionen wird die zahlreiche Schar der Monoazofarbstoffe dargestellt. Die große Anzahl der möglichen Kombinationen ergibt sich aus der folgenden Überlegung: Statt wie in Gleichung 1) von diazotiertem Anilin auszugehen, kann man andere Basen benutzen, wie o-Toluidin, p-Toluidin, Xylidin, Cumidin, α-Naphtylamin, β-Naphtylamin u. a. m. Auch die verschiedensten Derivate dieser Basen, vor allem deren Sulfosäuren, wie Sulfanilsäure, Metanilsäure, die zahlreichen α- und β-Naphtylaminmono- bis poly-sulfosäuren kann man verwenden. Statt mit Dimethylanilin kann man jene Diazoverbindungen mit anderen tertiären, zum Teil auch mit sekundären und primären Aminen, wie Diphenylamin oder m-Diaminen u. a. kombinieren oder „paaren". In der zweiten Gleichung kann man wiederum von den Diazoverbindungen der soeben erwähnten Basen ausgehen und diese anderseits mit einwertigen Phenolen, wie den Kresolen, Naphtolen, oder zweiwertigen Phenolen wie Resorcin oder den Sulfosäuren dieser Phenole, vor allem mit den zahlreichen Sulfosäuren der beiden Naphtole kombinieren. Da ein brauchbarer Farbstoff wasserlöslich sein muß, und die Alkalisalze der Farbstoffsulfosäuren in Wasser leichter löslich sind, als die keine Sulfogruppe enthaltenden Stammfarbstoffe, so geht man bei der Darstellung von Azofarbstoffen meistens von Sulfosäuren aus.

Einige Beispiele mögen das Gesagte erläutern:

I. Amidoazofarbstoffe.

$$\text{p-}C_6H_4\left\langle\begin{matrix} SO_3H \\ N{=}N \cdot C_6H_4 \cdot N(CH_3)_2 \end{matrix}\right. = \text{Helianthin},$$

Diazot. Sulfanilsäure + Dimethylanilin

$$\text{m-}C_6H_4\left\langle\begin{matrix} SO_3H \\ N{=}N \cdot C_6H_4 \cdot NH \cdot C_6H_5 \end{matrix}\right. = \text{Metanilgelb},$$

Diazot. Metanilsäure + Diphenylamin

---

[1] A. 137, 60. B. 3, 233.

$$\underbrace{C_6H_5\cdot N{=}N}\cdot \underbrace{C_6H_3{<}\begin{matrix}NH_2\\ NH_2\end{matrix}} = \text{Chrysoidin.}$$

Diazot. Anilin + m-Phenylendiamin

II. Oxyazofarbstoffe.

$$\underbrace{p\text{-}C_6H_4{<}\begin{matrix}SO_3H\\ N{=}N\end{matrix}}\cdot\underbrace{C_{10}H_6\cdot OH} = \text{Orange II,}$$

Diazot. Sulfanilsäure + β-Naphtol

$$\underbrace{C_{10}H_6{<}\begin{matrix}SO_3H\\ N{=}N\end{matrix}}\cdot\underbrace{C_{10}H_6\cdot OH} = \text{Echtrot (erster roter Azofarbstoff),}$$

Diazot. α-Naphtionsäure + β-Naphtol

$$\underbrace{C_6H_5\cdot N{=}N}\cdot\underbrace{C_{10}H_5{<}\begin{matrix}OH\\ SO_3H\end{matrix}} = \text{Croceinorange,}$$

Diazot. Anilin + Croceinsäure
(β-Naphtolsulfosäure)

$$\underbrace{(CH_3)_2\cdot C_6H_3\cdot N{=}N}\cdot\underbrace{C_{10}H_4{<}\begin{matrix}OH\\ (SO_3H)_2\end{matrix}} = \text{Xylidinponceau.}$$

Diazot. Xylidin + R-Säure
(β-Naphtoldisulfosäure)

b) Was die Konstitution der Azofarbstoffe anbelangt, so ist, vorausgesetzt, daß die der Komponenten bekannt ist, nur die Frage zu beantworten: Welches Wasserstoffatom des nicht diazotierten Komponenten ist mit dem Säurerest des Diazokörpers gemeinsam ausgetreten? Diese Frage läßt sich beantworten, indem man die Reduktionsprodukte des Azofarbstoffes untersucht. Bei einer energischen Reduktion, am besten in saurer Lösung mit Zinnchlorür, wird nämlich die doppelte N=N-Bindung gelöst; indem sich dann 4 H-Atome anlagern, werden zwei Moleküle eines primären Amins gebildet, z. B.

$$C_6H_4{<}\begin{matrix}SO_3H\\ N{=}N\cdot C_6H_4\cdot N(CH_3)_2 + 2H_2\end{matrix} = C_6H_4{<}\begin{matrix}SO_3H\\ NH_2\end{matrix} + C_6H_4{<}\begin{matrix}NH_2\\ N(CH_3)_2\end{matrix}.$$

Aus dieser Gleichung ist ersichtlich, daß man bei der Reduktion einerseits das Amin, welches diazotiert wurde, im obigen Falle Sulfanilsäure, zurückgewinnt, dass aber anderseits in die zweite Komponente eine Amidogruppe eingeführt ist. Untersucht man nun, welche Konstitution dieses zweite Spaltungsprodukt besitzt, so ist damit auch die Konstitution des Azofarbstoffes aufgeklärt. Es hat sich als allgemeine Regel ergeben, daß bei der Kombination einer Diazoverbindung mit einem Amin oder Phenol in den meisten Fällen das zur Amido- oder Hydroxylgruppe in Parastellung befindliche Wasserstoffatom substituiert wird. Dementsprechend wurde im obigen Falle p-Amidodimethylanilin bei der Reduktion erhalten. Ist die Parastellung besetzt, so tritt das Ortho-Wasserstoffatom mit dem Säurereste aus.

In manchen Fällen kann man die Bildung und darauffolgende Reduktion eines Azofarbstoffes zur Einführung einer Amidogruppe in ein Phenol oder ein Amin präparativ verwerten.

Man kann auch Azofarbstoffe herstellen, welche die „chromophore Gruppe“ N═N zweimal enthalten und die man Dis- oder Tetrazofarbstoffe nennt. Diese lassen sich nach zwei Methoden darstellen. Man kann 1) von Amidoazokörpern ausgehen, also von Verbindungen, welche bereits eine Azogruppe enthalten, jene diazotieren und mit einem Amin oder Phenol kombinieren. So erhält man z. B. den „Biebricher Scharlach“, indem man die Disulfosäure des Amidoazobenzols diazotiert und mit β-Naphtol kombiniert:

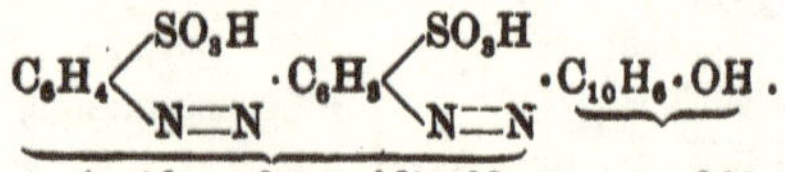

Diazot. Amidoazobenzoldisulfosäure + β-Naphtol

Oder man geht 2) von Diaminen aus, diazotiert diese und kombiniert die Bis-Diazoverbindung mit zwei Molekülen eines Amins oder Phenoles. Hierher gehören die wichtigen Farbstoffe der Kongogruppe, welche aus den Benzidinbasen (s. S. 202) dargestellt werden, z. B.:

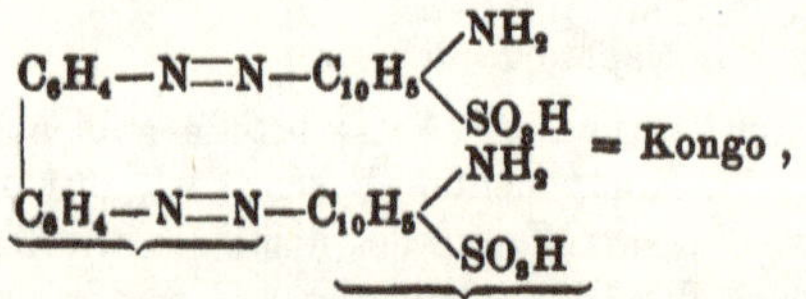

Diazot. Benzidin + 2 Mol. α-Naphtionsäure

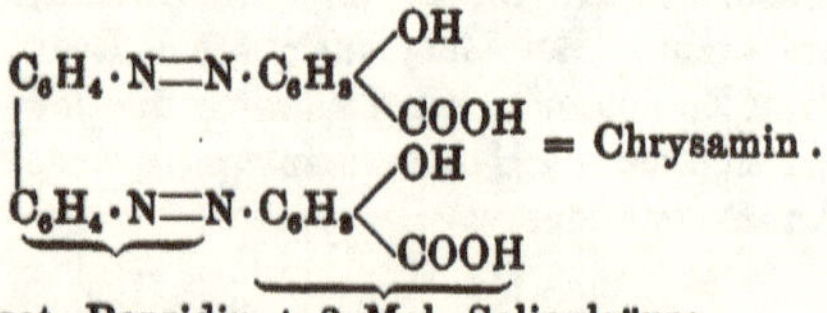

Diazot. Benzidin + 2 Mol. Salicylsäure

Diese Kongofarbstoffe besitzen die bemerkenswerte Eigenschaft, die pflanzliche Faser (Baumwolle) direkt zu färben, während bei den meisten übrigen Azofarbstoffen die Baumwolle vor dem Färben gebeizt werden muß.

Was schließlich die oben ausgeführte Farbstoffreaktion, welche auch die kleinsten Mengen von Schwefelwasserstoff zu erkennen gestattet, anbetrifft, so wird diese im großen Maßstabe technisch ausgeführt, da der oben erzeugte Farbstoff das wichtige „Methylenblau“ ist. Die Reaktion verläuft in der folgenden Weise: Aus zwei Molekülen des Diamins spaltet sich bei der Oxydation mit Eisenchlorid zunächst ein Molekül Ammoniak ab, wobei ein Derivat des Diphenylamins gebildet wird:

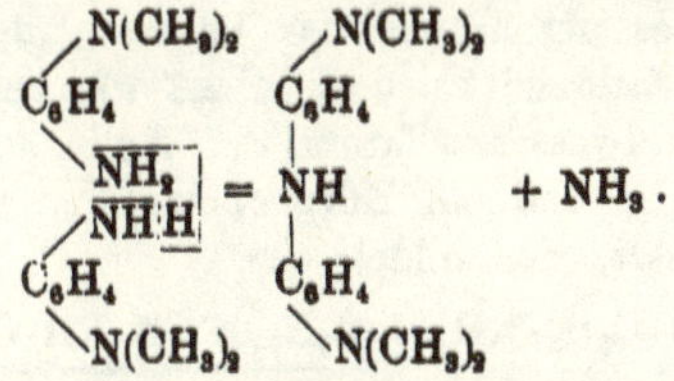

Bei Gegenwart von Schwefelwasserstoff und Salzsäure wird dann aus diesem durch die oxydierende Wirkung des Eisenchlorides ein Derivat des Thiodiphenylamins in folgender Weise erzeugt:

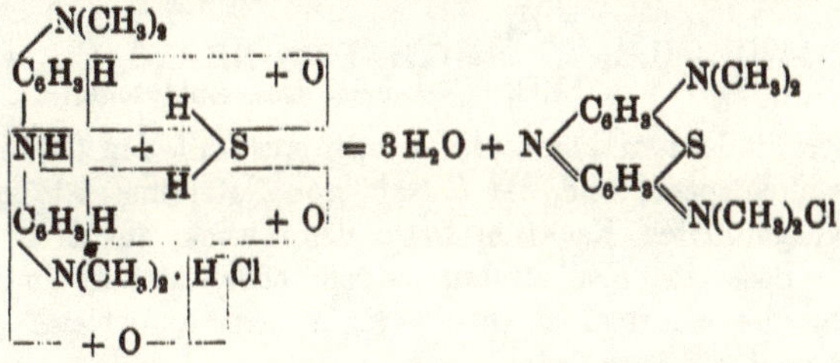

13. Reaktion: Darstellung eines Diazoamidokörpers.

Beispiel: Diazoamidobenzol aus Diazobenzolchlorid und Anilin.[1]

10 g frisch destilliertes Anilin werden in einer Mischung von 100 ccm Wasser und so viel konzentrierter Salzsäure als 12 g wasserfreiem HCl entspricht (spezifisches Gewicht mit Aräometer bestimmen) gelöst und unter Kühlung mit Eiswasser in der bereits mehrfach beschriebenen Weise mit einer Lösung von 8 g Natriumnitrit in 50 ccm Wasser diazotiert. Schon vorher hat man sich in der auf Seite 226 beschriebenen Weise eine Lösung von 10 g Anilin in 50 g Wasser und der gerade theoretisch erforderlichen Menge Salzsäure hergestellt, welche man, nachdem sie durch Eiswasser gut abgekühlt ist, unter Umrühren zu der Diazolösung hinzufügt. Man löst ferner 50 g kristallisiertes Natriumacetat in möglichst wenig Wasser auf und fügt die abgekühlte Lösung unter Umrühren zu der oben erhaltenen Mischung der Diazoverbindung mit dem salzsauren Anilin. Nach halbstündigem Stehen filtriert man das abgeschiedene Diazoamidobenzol an der Saugpumpe ab, wäscht es mehrmals mit Wasser nach, preßt es auf einem Tonteller gut ab und kristallisiert es aus Ligroin um. Schmelzpunkt 98°. Ausbeute fast theoretisch.

Läßt man ein Molekül einer Diazoverbindung auf ein Molekül eines primären Amins einwirken, so wird wie bei der Bildung der

[1] A. **121**, 257.

Azofarbstoffe ein Wasserstoffatom des letzteren durch den Diazorest ersetzt. In diesem Falle tritt jedoch nicht wie bei der Bildung eines Azokörpers ein Benzolwasserstoffatom des Amins, sondern ein Amidwasserstoffatom aus, so daß ein Körper, welcher eine Kette von drei Stickstoffatomen enthält, sich bildet:

$$C_6H_5 \cdot N_2 \cdot Cl + C_6H_5 \cdot NH_2 = \underbrace{C_6H_5 \cdot N{=}N \cdot NH \cdot C_6H_5}_{\text{Diazoamidobenzol}} + HCl.$$

Auch gemischte Diazoamidokörper lassen sich herstellen, indem man das Diazoderivat eines Amins mit einem anderen Amin kombiniert:

$$C_6H_5 \cdot N_2 \cdot Cl + C_6H_4 \begin{matrix} \diagup CH_3 \\ \diagdown NH_2 \end{matrix} = \underset{\text{Benzoldisazoamidotoluol}}{C_6H_5 \cdot N{=}N \cdot NH \cdot C_6H_4 \cdot CH_3} + HCl.$$

Diazoverbindungen kombinieren sich nur mit den **freien** Aminen zu Diazoamidokörpern, und der Zusatz von Natriumacetat am Schlusse der oben ausgeführten Reaktion hatte den Zweck, aus dem salzsauren Anilin die Base in Freiheit zu setzen oder letztere in ihr stark hydrolytisch dissoziiertes, d. h. in Essigsäure und freies Anilin gespaltenes Acetat zu verwandeln.

Die Diazoamidoverbindungen sind gelb gefärbte Körper, welche sich in Säuren nicht lösen. Sie sind weit beständiger als die Diazoverbindungen und lassen sich ohne Zersetzung umkristallisieren. Erhitzt man sie jedoch schnell, so verpuffen sie. In ihren Reaktionen verhalten sie sich wie eine Mischung von Diazoverbindung und Amin: Kocht man sie z. B. mit Salzsäure, so zerfallen sie unter Stickstoffentwickelung in ein Phenol und Amin:

$$C_6H_5 \cdot N{=}N \cdot NH \cdot C_6H_5 + H_2O = C_6H_5 \cdot OH + C_6H_5 \cdot NH_2 + N_2.$$

Beim Erhitzen mit Kupferchlorür und Salzsäure gehen sie die Sandmeyersche Reaktion ein:

$$C_6H_5 \cdot N{=}N \cdot NH \cdot C_6H_5 + HCl = C_6H_5 \cdot Cl + C_6H_5 \cdot NH_2 + N_2.$$

Bei der Reduktion mit Essigsäure und Zinkstaub bildet sich daraus ein Hydrazin:

$$C_6H_5 \cdot N{=}N \cdot NH \cdot C_6H_5 + 2H_2 = C_6H_5 \cdot NH \cdot NH_2 + C_6H_5 \cdot NH_2.$$

Stets erhält man jedoch neben dem Reaktionsprodukt des Diazorestes ein Molekül eines Amins.

Bei der Einwirkung von salpetriger Säure zerfallen sie, indem der Aminrest diazotiert wird, in zwei Moleküle einer Diazoverbindung:

$$C_6H_5 \cdot N{=}N \cdot NH \cdot C_6H_5 + NO_2H + 2HCl = 2C_6H_5 \cdot N_2 \cdot Cl + 2H_2O.$$

Erwärmt man eine Diazoamidoverbindung mit einem Amin bei Gegenwart von etwas salzsaurem Amin, so findet Umlagerung zu dem isomeren Amidoazokörper statt:

$$C_6H_5 \cdot N{=}N \cdot NH \cdot C_6H_5 = \underset{\text{Amidoazobenzol}}{C_6H_5 \cdot N{=}N \cdot C_6H_4 \cdot NH_2}.$$

Das nächste Präparat wird diese Reaktion betreffen.

Auch mit sekundären Aminen vermögen sich Diazoverbindungen zu Diazoamidokörpern zu kombinieren; hier sind besonders die Kombinationen mit einer alkaloidartigen Base, dem Piperidin $C_5H_{11}N$

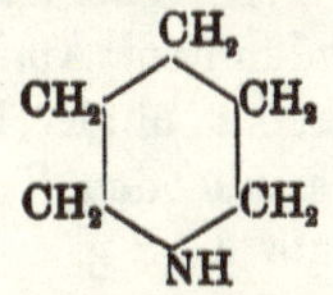

von präparativer Bedeutung. Erwärmt man diese nämlich mit Fluorwasserstoffsäure, so zerfallen sie unter Stickstoffentwickelung in Piperidin und ein Fluorid:[1]

$$\underset{\text{Benzoldisazopiperidin}}{C_6H_5 \cdot N{=}N \cdot N \cdot C_5H_{10}} + HF = \underset{\text{Fluorbenzol}}{C_6H_5 \cdot F} + C_5H_{11}N + N_2 .$$

Auf diese Weise ist es zuerst gelungen, aromatische Fluoride darzustellen, welche nach älteren Angaben analog den Chloriden, Bromiden und Jodiden aus den Diazoverbindungen selbst **nicht** erhältlich sein sollten, neuerdings jedoch auch durch direkte Zersetzung der Diazofluoride erhalten sind.

14. Reaktion: Umlagerung eines Diazoamidokörpers in einen Amidoazokörper.

Beispiel: Amidoazobenzol aus Diazoamidobenzol.

Zu einer Mischung von 10 g kristallisiertem und fein gepulvertem Diazoamidobenzol mit 5 g pulverisiertem salzsaurem Anilin, die sich in einem kleinen Becherglase befindet, fügt man 25 g frisch destilliertes Anilin und erhitzt das Gemisch unter öfterem Umrühren eine Stunde auf einem Wasserbade auf ca. 45°. Man versetzt dann in einem größeren Gefäße das Reaktionsgemisch mit Wasser und fügt ihm so lange verdünnte Essigsäure hinzu, bis alles Anilin in Lösung gegangen und der ungelöst gebliebene Niederschlag vollkommen fest geworden ist. Dieser wird darauf abfiltriert, mit Wasser gewaschen, in einer großen Schale mit **viel** Wasser (bis zu 1 Liter) erhitzt und so lange allmählich mit Salzsäure versetzt, bis der größte Teil des Niederschlages in Lösung gegangen ist. Die filtrierte Lösung scheidet beim längeren Stehen stahlblaue Kristalle von salzsaurem Amidoazobenzol ab, welche abfiltriert und mit verdünnter Salzsäure, n i c h t aber mit Wasser nachgewaschen werden.

Ist man nicht im Besitze von salzsaurem Anilin, so versetzt man unter Umrühren konzentrierte Salzsäure mit Anilin und filtriert den abgeschiedenen Kristallbrei nach dem Erkalten über

[1] A. **243**, 239.

Glaswolle ab, preßt ihn auf dem Filter mit Hilfe eines Mörserpistilles fest zusammen und streicht ihn auf einen Tonteller.

Zur Gewinnung des freien Amidoazobenzols erwärmt man das salzsaure Salz mit verdünntem Ammoniak, filtriert die freie Base ab, löst sie in Alkohol unter Erwärmen auf und fügt heißes Wasser bis zur beginnenden Trübung hinzu. Schmelzpunkt 127—128°. Ausbeute 6—8 g.

Erwärmt man einen Diazoamidokörper mit einem Amin und etwas salzsaurem Amin, so geht jener in einen Amidoazokörper über. Die Reaktion verläuft höchstwahrscheinlich in der Weise, daß der Aminrest des Diazoamidokörpers mit einem Benzolwasserstoffatom des salzsauren Amins austritt, worauf sich der Diazorest mit dem Rest des als Salz angewandten Amins zum Amidoazokörper vereinigt:

$$C_6H_5\cdot N{=}N\cdot \boxed{NH\cdot C_6H_5 + H}\cdot C_6H_4\cdot NH_2 = \underset{\text{Amidoazobenzol}}{C_6H_5\cdot N{=}N\cdot C_6H_4\cdot NH_2} + C_6H_5\cdot NH_2.$$

Indem sich nicht das Amidoazobenzol, sondern das bei der Reaktion entstandene neue Molekül Amin mit der Salzsäure vereinigt, ist wiederum ein Molekül salzsaures Amin vorhanden, welches von neuem die Umwandlung veranlaßt, so daß eine kleine Menge Chlorhydrat beliebig große Mengen des Diazoamidokörpers umwandeln kann.

Reduziert man Amidoazobenzol, so erhält man daraus p-Phenylendiamin und Anilin. Die Umsetzung ist demnach in der Parastellung zur NH_2-Gruppe eingetreten, was bei freier Parastellung stets der Fall ist.

Die Amidoazokörper besitzen schwach basische Eigenschaften; versetzt man die Salze jedoch mit viel Wasser, so werden sie zum Teil dissoziiert.

Das salzsaure Amidoazobenzol kam früher als gelber Farbstoff unter dem Namen „Anilingelb" in den Handel. Heute wendet man es selbst kaum noch an; man stellt aus ihm jedoch durch Erhitzen mit Schwefelsäure eine Mono- oder Disulfosäure dar, welche in Form ihrer Alkalisalze unter dem Namen „Säuregelb oder Echtgelb" als Farbstoffe Verwendung finden. Daß man aus der Diazoverbindung dieses Farbstoffes durch Kombination mit β-Naphtol den „Biebricher Scharlach" gewinnt, ist bereits bei den Disazofarbstoffen erwähnt. Schließlich wendet man Amidoazobenzol auch noch zur Darstellung der Indulinfarbstoffe an.

15. Reaktion: Oxydation eines Amins zu einem Chinon.

Beispiel: Chinon aus Anilin.[1]

Zu einer Lösung von 25 g Anilin in einer Mischung von 200 g reiner konzentrierter Schwefelsäure und 600 ccm Wasser, die sich in einem dickwandigen Becherglase (Filtrierstutzen) be-

[1] A. **27**, 268; **45**, 354; **215**, 125. B. **19**, 1467; **20**, 2283.

findet und von außen durch zerstoßenes Eis auf 5° abgekühlt ist, läßt man unter fortdauerndem Umrühren mit der Turbine allmählich aus einem Tropftrichter eine Lösung von 25 g Natriumbichromat in 100 g Wasser hinzufließen (Fig. 69). Sollte hierbei die Temperatur über 10° steigen, so unterbricht man den Zusatz des Chromates auf kurze Zeit und wirft einige Eisstückchen in das Becherglas. Man läßt das Reaktionsgemisch dann an einem kühlen Orte über Nacht stehen und am nächsten Morgen wiederum unter Rühren und Kühlung zu ihm eine Lösung von 50 g Natriumbichromat in 200 g Wasser fließen. Nachdem man das Gemisch bis zum Nachmittag nochmals sich selbst überlassen hat, teilt man es in zwei gleiche Teile, von denen man

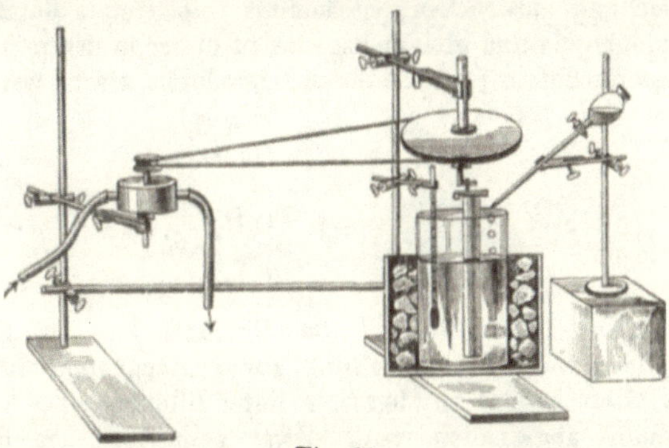

Fig. 69.

den einen in der folgenden Weise auf Chinon verarbeitet: In einem geräumigen Scheidetrichter übergießt man ihn mit $^2/_3$ seines Volumens Äther und schüttelt die beiden Schichten vorsichtig durcheinander. Schüttelt man zu lebhaft, so trennen sich die zwei Schichten nicht gut voneinander. Nachdem man längere Zeit ($^1/_2$ Stunde) hat stehen lassen, läßt man die untere wässerige Schicht ab (vgl. S. 43, Trennung gefärbter Flüssigkeiten), filtriert die ätherische Lösung durch ein Faltenfilter und verdampft den Äther am absteigenden Kühler (Wasserbad mit warmem Wasser). Mit dem kondensierten Äther schüttelt man dann die wässerige Schicht nochmals wie soeben aus und verdampft wiederum den Äther aus dem gleichen Kolben wie zuvor. Um vollkommen reines Chinon zu gewinnen, leitet man über das Rohprodukt, ohne dasselbe mit Wasser zu versetzen, kurze Zeit einen lebhaften Strom von Wasserdampf, wobei das reine

Chinon sich im Kühler in Form goldgelber Kristalle abscheidet, welche man abfiltriert und im Exsikkator trocknet. Schmelzpunkt 116°. Ausbeute 10—12 g.

Ist man nicht im Besitze von bichromsaurem Natrium, so kann man Kaliumbichromat zur Oxydation verwenden. In diesem Falle löst man 25 g Anilin in einer Mischung von 200 g Schwefelsäure und 800 ccm Wasser auf und trägt wie oben unter Rühren und guter Kühlung zunächst 25 g äußerst fein pulverisiertes Kaliumbichromat, und am anderen Tage nochmals 50 g dieses Salzes ein. Im übrigen verfährt man wie oben.

Viele primäre aromatische Amine liefern bei der Oxydation mit Chromsäure Chinone. Die Reaktion läßt sich nicht durch eine einfache Reaktionsgleichung ausdrücken; sie kommt jedoch stets darauf hinaus, daß die Amidogruppe und gleichzeitig das zu dieser in der p-Stellung befindliche Wasserstoffatom je durch ein Sauerstoffatom ersetzt werden, z. B.:

$$C_6H_5 \cdot NH_2 \longrightarrow \underset{\text{Chinon}}{C_6H_4O_2},$$

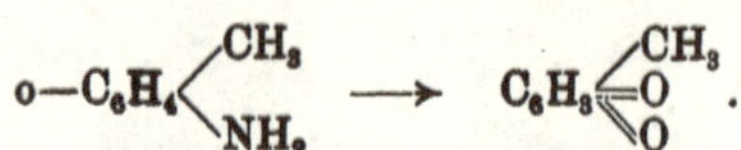

Toluidin — Toluchinon

Die Neigung zur Bildung von Chinonen ist so groß, daß selbst in Fällen, wo die Parastellung zur Amidogruppe durch einen Alkyl(Methyl)-Rest ersetzt ist, letzterer unter Bildung eines kohlenstoffärmeren Chinons abgespalten wird. Zwar gelingt in den einfachsten Fällen wie beim p-Toluidin und as-m-Xylidin die Reaktion nur schlecht; das Mesidin sowie Pseudokumidin liefern jedoch in befriedigender Ausbeute Chinone der nächst niederen Kohlenstoffreihe:

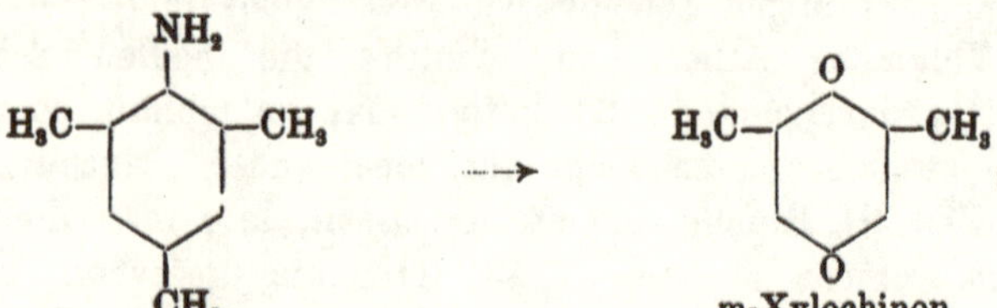

Mesidin — m-Xylochinon

Pseudokumidin — p-Xylochinon

Ist die p-Stellung durch eine Amido-, Oxy- oder Sulfo-Gruppe besetzt, so werden diese ebenfalls eliminiert, und es bilden sich ir glatter Reaktion Chinone:

$$\left.\begin{array}{l} p\text{-}C_6H_4\langle^{NH_2}_{NH_2} \\ p\text{-}C_6H_4\langle^{NH_2}_{OH} \\ p\text{-}C_6H_4\langle^{NH_2}_{SO_3H} \end{array}\right\} \longrightarrow C_6H_4O_2\,.$$

Aus diesen Bildungsweisen folgt, daß die zwei Chinonsauerstoffatome in p-Stellung zueinander stehen. Man kann diese Reaktion benutzen, um einen Körper als der p-Reihe angehörig zu erkennen.

Sehr leicht lassen sich Chinone auch durch Oxydation von p-Dioxyverbindungen sowie p-Sulfosäuren eines einwertigen Phenols erhalten:

$$p\text{-}C_6H_4\langle^{OH}_{OH} + O = C_6H_4O_2 + H_2O\,,$$

$$p\text{-}C_6H_4\langle^{OH}_{SO_3H} \longrightarrow C_6H_4O_2\,.$$

Für die Chinone sind zwei Formeln aufgestellt, welche man als Superoxydformel und Ketonformel bezeichnen kann:

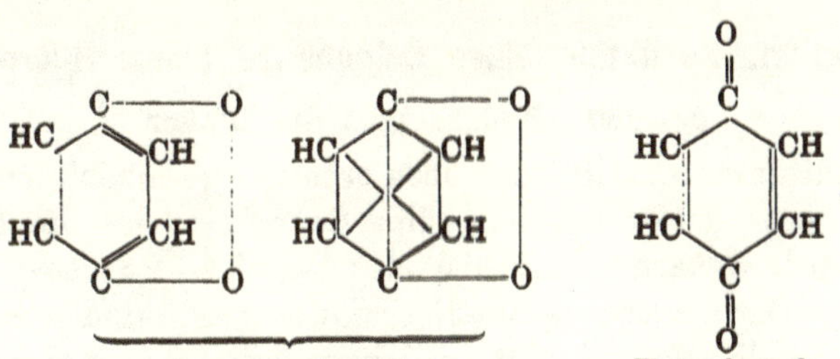

Superoxydformel Ketonformel

Nach der ersteren enthalten die Chinone noch den wahren Benzolring mit entweder drei doppelten oder sechs zentrischen Bindungen. Die zwei Sauerstoffatome sind nur einfach mit den Benzolkohlenstoffatomen und unter sich superoxydartig verbunden. Nach der zweiten Formel ist in den Chinonen kein wahrer Benzolring mehr enthalten, sie leiten sich vielmehr von einem Dihydrobenzol

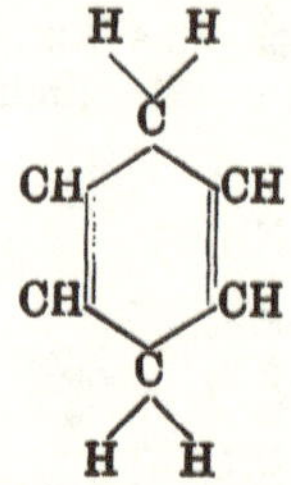

ab und sind als Diketoderivate desselben anzusprechen. Nach dieser Annahme sind die Sauerstoffatome wie in den Ketonen durch zwei Valenzen mit den Kohlenstoffatomen des Benzolkernes verknüpft. Für die erste Formel wird ins Feld geführt, daß bei vielen Reaktionen die beiden Sauerstoffatome durch zwei einwertige Atome oder Reste ersetzt werden. So entsteht z. B. bei der Einwirkung von PCl_5 auf Chinon p-Dichlorbenzol, während die zweite Formel ein Tetrachlorid erwarten ließe. Für die zweite Formel spricht, daß Hydroxylamin auf Chinone gerade wie auf Ketone unter Bildung eines Monoxims oder Dioxims einwirkt.

Die Chinone sind gelb gefärbte Körper, welche einen sehr charakteristischen Geruch besitzen und mit Wasserdämpfen, allerdings unter geringer Zersetzung, leicht flüchtig sind. Selbst mit Ätherdämpfen sind sie etwas flüchtig, wie man bei der Gewinnung des Chinons beobachtet haben wird. Bei der Reduktion nehmen sie zwei Wasserstoffatome auf und gehen in Hydrochinone über (vgl. das nächste Präparat) z. B.:

$$C_6H_4 \cdot O_2 + H_2 = \underset{\text{Hydrochinon}}{C_6H_4\langle{}^{OH}_{OH}}.$$

16. Reaktion: Reduktion eines Chinons zu einem Hydrochinon.

Beispiel: Hydrochinon aus Chinon.

In die zweite Hälfte der oben erhaltenen Chinonlösung leitet man so lange gasförmige schweflige Säure ein, bis die Flüssigkeit intensiv danach riecht, und läßt darauf 1—2 Stunden stehen. Sollte der Geruch nach schwefliger Säure verschwinden, so leitet man nochmals ein und läßt wiederum einige Zeit stehen. Man schüttelt dann mit dem oben vom Chinon abdestillierten Äther die Flüssigkeit mehrmals aus, verdampft den Äther und kristallisiert das zuvor auf einem Tonteller abgepreßte Hydrochinon unter Zusatz von etwas Tierkohle aus wenig Wasser um. Schmelzpunkt 169°. Ausbeute 8—10 g.

Da Hydrochinonlösungen sich bei weitem leichter mit Äther ausschütteln lassen als Chinonlösungen, und da Hydrochinon sich glatt zu Chinon oxydieren läßt, so kann man zur Darstellung von Chinon auch in der Weise verfahren, daß man das gesamte Oxydationsprodukt mit schwefliger Säure sättigt und wie soeben beschrieben das Hydrochinon durch mehrfaches Ausschütteln mit Äther gewinnt. Um dieses in Chinon zu verwandeln, löst man es in möglichst wenig Wasser auf, fügt auf 1 Teil Hydrochinon etwa 2 Teile konzentrierte Schwefelsäure hinzu und versetzt die Flüssigkeit unter guter Kühlung so lange mit einer wässerigen Lösung von Natriumbichromat, bis die sich im Anfang abscheidenden grünen Kristalle von Chinhydron — ein Zwischenprodukt zwischen Chinon und Hydrochinon — sich in rein gelbes Chinon verwandelt haben.

Die Gleichung für die Bildung des Hydrochinons aus Chinon ist bereits oben gegeben. Alle homologen Chinone reagieren in der gleichen Weise. Die Hydrochinone sind zweiwertige Phenole, welche sich in Alkalien lösen und alle Eigenschaften der Phenole zeigen. Mit Wasserdämpfen sind sie nicht flüchtig.

17. Reaktion: Bromierung eines aromatischen Körpers.

Beispiel: Mono- und Dibrombenzol aus Brom und Benzol.

Einen weithalsigen Kolben von ca. 250 ccm Inhalt verbindet man durch einen Kork mit einem Steigrohr von 50 cm Länge und $1^1/_2$ cm Weite. In das obere Ende des letzteren setzt man ein zweimal rechtwinklig gebogenes, nicht zu enges Rohr ein, welches auf der anderen Seite durch einen Kork, der überdies einen seitlichen Einschnitt besitzt, mit einem Kolben, der 250 ccm Wasser enthält, in Verbindung steht (Fig. 70). Das Rohr tauche nicht in die Flüssigkeit ein, sondern ende 1 cm oberhalb des Niveaus derselben. Nachdem man in den Kolben 50 g Benzol[1] und als Bromüberträger 1 g **grobe** Eisenspäne eingefüllt hat, kühlt man ihn in einem großen mit Eiswasser gefüllten Gefäße (Filtrierstutzen) ab, versetzt die Mischung durch das Steigrohr mit 40 ccm = 120 g Brom und verbindet sofort wieder das Steigrohr mit dem engen Rohr. Nach

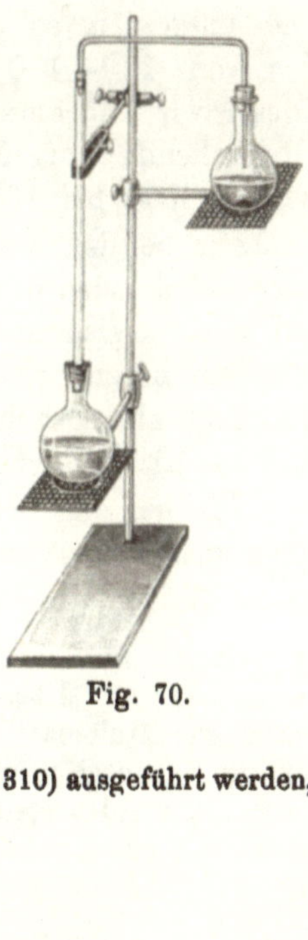

Fig. 70.

[1] Soll später die GRIGNARDsche Reaktion (vgl. S. 310) ausgeführt werden, so gehe man von 100 g Benzol aus.

einiger Zeit tritt meistens von selbst eine äußerst lebhafte Reaktion ein, wobei Ströme von Bromwasserstoff sich entwickeln, die jedoch vollkommen von dem Wasser aufgenommen werden. Sollte die Reaktion nicht von selbst eintreten, so entferne man das Kühlwasser für kurze Zeit und tauche eventuell den Kolben einige Augenblicke in schwach erwärmtes Wasser ein. Sobald jedoch eine wenn auch nur schwache Gasentwickelung eintritt, kühle man sofort wieder, da sonst die Reaktion leicht zu heftig wird. Sollte trotz Kühlung die Reaktion zu stürmisch verlaufen, so hat dies seine Ursache darin, daß die Eisenspäne zu fein waren; man wende dann bei einem weiteren Versuche gröbere an (auch kleine eiserne Nägel lassen sich verwenden). Ist die Hauptreaktion vorüber, so entfernt man das Eiswasser, trocknet den Kolben ab und erhitzt ihn so lange über einer kleinen Flamme, bis über der dunkel gefärbten Flüssigkeit keine roten Bromdämpfe mehr sichtbar sind. Man wäscht das Reaktionsprodukt dann mehrere Male mit Wasser und unterwirft es der Destillation mit Wasserdampf. Sobald sich im Kühler Kristalle von Dibrombenzol abscheiden, wechselt man die Vorlage und setzt die Destillation noch so lange fort, bis alles Dibrombenzol übergegangen ist. Das flüssige Monobrombenzol trennt man vom Wasser, trocknet es mit Chlorcalcium und unterwirft es einer fraktionierten Destillation, wobei man den von 140—170° übergehenden Anteil gesondert auffängt. Dieser wird nochmals destilliert und hierbei das von 150—160° Übergehende aufgefangen. Der Siedepunkt des reinen Brombenzols liegt bei 155°. Ausbeute 60—70 g.

Die bei der zweimaligen fraktionierten Destillation im Kolben zurückbleibenden über 170° siedenden Anteile gießt man noch warm auf ein Uhrglas und preßt sie nach dem Erstarren gemeinsam mit dem bereits gesondert aufgefangenen Dibrombenzol auf einem Tonteller ab. Durch Kristallisation aus Alkohol erhält man derbe farblose Kristalle von p-Dibrombenzol, welche bei 89° schmelzen.

Die bei der Reaktion als Nebenprodukt erhaltene wässerige Bromwasserstoffsäure wird, wie im anorganischen Teile beschrieben, gereinigt.

Brom wirkt auf aromatische Kohlenwasserstoffe vor allem bei Gegenwart von Überträgern schon bei niederen Temperaturen sehr leicht substituierend ein. Während in der aliphatischen Reihe die direkte Substitution nicht als Darstellungsmethode für Alkylbromide verwandt wurde, stellt man die aromatischen Bromide vielfach nach dieser Reaktion dar. Je nach der Menge des angewandten Broms kann man gleichzeitig ein Wasserstoffatom odere mehrere substituieren, und es gelingt z. B. speziell beim Benzol durch energische Bromierung schließlich sämtliche Wasserstoffatome durch Brom zu ersetzen. Selbst bei Anwendung der theoretischen Menge Brom entsteht jedoch nie nur ein einziges Bromid; vielmehr wird, indem sich ein Teil des Kohlenwasserstoffs der Bromierung entzieht, dafür ein anderer höher bromiert. So entstand in der oben ausgeführten Reaktion neben wesentlich Monobrombenzol eine kleinere Menge von Dibrombenzol:

$$C_6H_6 + Br_2 = C_6H_5Br + HBr\,,$$
$$C_6H_6 + 2\,Br_2 = C_6H_4Br_2 + 2\,HBr\,.$$

In den meisten Fällen gelingt es jedoch ohne Schwierigkeit, das Hauptprodukt durch Destillation oder Kristallisation von den Nebenprodukten zu trennen. Da die durch Brom substituierten Wasserstoffatome sich mit Brom zu Bromwasserstoff verbinden, so muß man zur Einführung von je einem Bromatom ein Molekül = zwei Atome Brom anwenden.

Die Einführung von Brom kann durch Zusatz eines sogenannten „Bromüberträgers" wesentlich erleichtert werden. Als solche verwendet man Bromide von Metalloiden oder Metallen, welche 1. entweder in fertigem Zustande angewandt werden, oder die man 2. in der Reaktion aus ihren Elementen erst erzeugt. Zu der ersteren Klasse gehören das Eisenbromid und Aluminiumbromid. Die Wirkung des Eisenbromids beruht darauf, daß es unter Reduktion zu Eisenbromür Brom in statu nascendi abgibt:

$$\underset{\text{Eisenbromid}}{FeBr_3} = \underset{\text{Eisenbromür}}{FeBr_2} + Br\,.$$

Indem das Eisenbromür sich mit Brom wieder zum Bromid vereinigt, vermag eine kleine Menge von diesem beliebig große Mengen von Brom zu übertragen:

$$FeBr_2 + Br = FeBr_3\,.$$

Statt des Eisenbromides kann man auch Eisenbromür oder wasserfreies Eisenchlorid verwenden. Letzteres setzt sich nämlich mit der Bromwasserstoffsäure zu Eisenbromid und Salzsäure um:

$$FeCl_3 + 3\,HBr = FeBr_3 + 3\,HCl\,.$$

Die Wirksamkeit des Aluminiumbromides soll darauf zurückzuführen sein, daß es sich mit dem Kohlenwasserstoff zu einer Doppelverbindung vereinigt, welche reaktionsfähiger als der Kohlenwasserstoff allein ist.

Zu der zweiten Klasse gehören Jod, Schwefel, Phosphor, Eisen, Aluminium u. a. Fügt man diese Elemente zu dem Bromierungsgemisch, so bilden sich Bromide derselben, z. B.:

$$J + Br = JBr\,.$$[1]

Indem diese ihr gesamtes Brom oder, wie das Eisenbromid, einen Teil desselben in atomistischem Zustande abgeben und der Rest sich

[1] Vgl. S. 141.

wiederum mit Brom vereinigt, vermag wie oben eine kleine Menge des Überträgers große Mengen von Brom atomistisch zu übertragen.

Brom kann noch in einer zweiten Weise auf aromatische Kohlenwasserstoffe einwirken, indem sich nämlich ein, zwei oder drei Moleküle unter Lösung von Doppel-, bezw. zentrischen Bindungen anlagern. So erhält man z. B. aus Brom und Benzol im Sonnenlichte das Hexabromadditionsprodukt $C_6H_6Br_6$. Da diese Additionsprodukte die Reinigung der Substitutionsprodukte vor allem durch Destillation — sie zersetzen sich hierbei — wesentlich erschweren, so ist man manchmal gezwungen, sie zuvor zu entfernen, was durch längeres Kochen mit alkoholischem Kali oder Natron geschieht. Unter diesen Umständen wird ihnen nämlich die Hälfte des addierten Broms in Gemeinschaft mit der gleichen Anzahl von Wasserstoffatomen entzogen, wobei sie in Substitutionsderivate, die bei der weiteren Reinigung nicht störend wirken, übergehen, z. B.:

$$C_6H_6Br_6 = C_6H_3Br_3 + 3\,HBr\,.$$

Während es bei der Bromierung des Benzols gleichgültig ist, ob man bei niedriger oder höherer Temperatur bromiert, hängt bei den Homologen des Benzols die Natur des erhaltenen Bromides wesentlich von der Temperatur ab. Wie später bei der Chlorierung des Toluols noch näher erläutert werden wird, gilt hier das Gesetz, daß das Brom bei niedriger Temperatur in den Kern, bei höherer in die Seitenkette eintritt, z. B.:

$$C_6H_5\cdot CH_3 + Br_2 = C_6H_4{<}^{CH_3}_{Br} + HBr.$$

In der Kälte Bromtoluol

$$C_6H_5\cdot CH_3 + Br_2 = C_6H_5\cdot CH_2Br + HBr\,.$$

Bei Siedehitze Benzylbromid

Die aromatischen Bromide, welche das Brom am Benzolkern enthalten, sind entweder farblose Flüssigkeiten oder Kristalle, die im Gegensatz zu den in der Seitenkette substituierten Isomeren zum Teil einen aromatischen Geruch besitzen und deren Dämpfe Augen und Nase nicht angreifen. Das Brom ist in ihnen sehr fest gebunden und kann nicht durch Silbernitrat nachgewiesen werden. Es haftet in ihnen noch fester als in den aliphatischen Bromiden. Während diese z. B., wie beim Bromäthyl erwähnt, mit Ammoniak sich zu Aminen umsetzen, mit Alkoholaten Äther, mit Alkalien Alkohole bildeten usw., wirken diese Reagentien auf aromatische Bromide nicht ein. Die in der Seitenkette substituierten Bromide zeigen jedoch das Verhalten der aliphatischen Analogen.

Durch Einwirkung von Natriumamalgam kann man das Brom wieder durch Wasserstoff ersetzen, z. B.:

$$C_6H_5\cdot Br + H_2 = C_6H_6 + HBr\,.$$

(aus Amalgam)

Die aromatischen Bromide sind in synthetischer Richtung[1] vor allem

[1] Vgl. auch GRIGNARDsche Reaktion (S. 310 u. f.).

zum Aufbau der homologen Kohlenwasserstoffe, sowie zur Darstellung von Karbonsäuren von Bedeutung, z. B.:

$$C_6H_5 \cdot Br + BrC_2H_5 + 2\,Na = C_6H_5 \cdot C_2H_5 + 2\,NaBr,$$
$$C_6H_5 \cdot Br + 2\,Na + CO_2 = C_6H_5 \cdot COONa + NaBr.$$

Das nächste Präparat wird die erste dieser Reaktionen noch näher behandeln. Wie die Kohlenwasserstoffe, so lassen sich auch die meisten Derivate derselben, wie Nitro-, Amidokörper, Aldehyde, Säuren u. a., mit größerer oder geringerer Leichtigkeit bromieren, und es mögen hier noch die verschiedenen Modifikationen, unter denen man eine Bromierung ausführen kann, erwähnt werden. Wird eine Substanz sehr leicht bromiert, so kann man Brom in verdünntem Zustande anwenden. Zu diesem Zwecke benutzt man entweder Bromwasser oder Mischungen von Brom mit Schwefelkohlenstoff oder Eisessig. In manchen Fällen gelingt eine Bromierung sehr gut durch Einwirkung von gasförmigem Brom. Man bringt zu diesem Zwecke die in dünner Schicht auf einem Uhrglase ausgebreitete Substanz unter eine Glasglocke, unter der sich überdies ein Schälchen mit Brom befindet. Will man das Brom allmählich einwirken lassen, so läßt man es entweder in unverdünntem Zustande oder in Lösung aus einem Tropftrichter zu dem zu bromierenden Körper tropfen. Ist ein äußerst langsames und vorsichtiges Bromieren erwünscht, so kann man das Brom tropfenweise aus einem heberförmig gebogenen Kapillarröhrchen ausfließen lassen. Verläuft eine Bromierung schwierig, so erhitzt man das Bromierungsgemisch entweder im offenen Gefäß oder in einem zugeschmolzenen Rohr. Im ersteren Falle kann man die Kühlvorrichtung nicht wie üblich mit dem Erhitzungskolben durch einen Kork verbinden, da dieser bald durch das Brom zerfressen wird. Man bedient sich vielmehr hierbei einer Asbestschnur, welche man in mehrfachen Windungen um den Kühler legt und mit einem Messer in den konischen Hals eines Kolbens hineinpreßt. Auch kann man einen Kühler von der in Fig. 71 dargestellten Art verwenden. In ein langes, an einem Ende zugeschmolzenes Rohr *c* führen durch einen Kork zwei Röhren, von denen die eine *a* bis auf den Boden reicht, während die andere *b* dicht unter dem Korke endet. Man leitet nun durch die erstere das Wasser ein, während es aus der zweiten wieder austritt. Diese Kühlvorrichtung hängt man in den Erhitzungskolben, welchen man möglichst langhalsig auswähle.

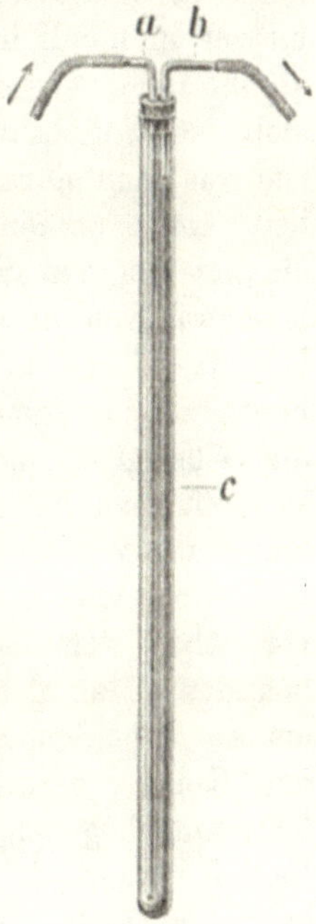

Fig. 71.

18. Reaktion: Fittigs Synthese eines Kohlenwasserstoffs.

Beispiel: Äthylbenzol aus Brombenzol und Bromäthyl.[1]

In einem trockenen Rundkolben von $^1/_2$ Liter Inhalt, welcher mit einem langen Rückflußkühler verbunden ist und sich auf einem Korbuntersatze (Strohkranz) in einem leeren Wasserbade befindet, übergießt man 27 g Natrium, welches mit dem Natriummesser in möglichst dünne Scheiben zerschnitten ist, mit 100 ccm alkoholfreiem, trockenem Äther, der wie unten beschrieben hergestellt ist. Sobald dieser durch das Natrium vollkommen getrocknet ist, was man daran erkennt, daß auf der Oberfläche der Flüssigkeit keine wellenförmigen Bewegungen mehr auftreten (nach einigen Stunden Stehens), gießt man durch das Kühlrohr eine Mischung von 60 g Brombenzol und 60 g Bromäthyl und überläßt das Ganze bis zum anderen Tage sich selbst. Sollte, was besonders im Sommer bei hoher Außentemperatur leicht eintritt, die Flüssigkeit nach einiger Zeit in gelindes Sieden geraten, so gießt man kaltes Wasser in das Wasserbad. Über Nacht lasse man kein Wasser durch den Kühler laufen. Am nächsten Tage findet man das blanke Natrium zu einem blauen Pulver zerfallen vor, über dem sich die ätherische Lösung des Äthylbenzols befindet. Man destilliert dann den Äther auf dem Wasserbade am absteigenden Kühler ab, entfernt den Kühler und verbindet den Kolben dafür durch einen durchbohrten Kork mit einem kurz umgebogenen, 1 cm weiten und 40—50 cm langen Kühlrohr. Nachdem man dann den Kolben in schräger Stellung an dem äußersten Teile seines Halses frei schwebend in eine Klammer eingespannt hat, destilliert man mit einer großen leuchtenden Flamme, welche man fortdauernd bewegt, das Äthylbenzol vom Bromnatrium und überschüssigen Natrium ab. Unter Anwendung eines Linnemannschen Aufsatzes unterwirft man schließlich das Rohprodukt einer zweimaligen Destillation. Der Siedepunkt des reinen Äthylbenzols liegt bei 135°. Ausbeute ca. 25 g.

Mit dem im Kolben zurückbleibenden Gemisch von Bromnatrium und Natrium sei man äußerst vorsichtig. Man füge nicht etwa Wasser zu ihm oder werfe es in die Ausgüsse oder

---

[1] A. **131**, 303.

lasse es längere Zeit stehen. Vielmehr opfere man den doch nicht mehr brauchbaren Kolben, indem man ihn samt Inhalt im Freien zertrümmert. Die Natriumreste macht man unschädlich, indem man aus größerer Entfernung Wasser auf sie schüttet.

Darstellung von wasser- und alkoholfreiem Äther: 200 ccm käuflichen Äther schüttle man in einem Scheidetrichter mit dem halben Volumen Wasser durch, lasse letzteres ab und wiederhole diese Operation mit neuen Mengen Wasser noch zweimal, wodurch der Alkohol entfernt wird. Man lasse den jetzt feuchten Äther 2 Stunden über nicht zu wenig Chlorcalcium stehen, filtriere ihn dann durch ein Faltenfilter, worauf man ihn zu obigem Versuche benutzen kann.

Die FITTIGsche Synthese aromatischer Kohlenwasserstoffe ist das Analogon der WURTZschen Synthese der aliphatischen Kohlenwasserstoffe, z. B.:

$$\underset{\text{Jodäthyl}}{2\,C_2H_5J} + 2\,Na = \underset{\text{Butan}}{C_2H_5\cdot C_2H_5} + 2\,NaJ,$$

$$C_6H_5\cdot Br + C_2H_5Br + 2\,Na = \underset{\text{Äthylbenzol}}{C_6H_5\cdot C_2H_5} + 2\,NaBr.$$

In gleicher Weise reagieren auch die Bromide der Homologen des Benzols, z. B.:

$$\underset{\text{Bromtoluol}}{C_6H_4\left\langle\begin{matrix}CH_3\\Br\end{matrix}\right.} + JCH_3 + 2\,Na = \underset{\text{Xylol}}{C_6H_4\left\langle\begin{matrix}CH_3\\CH_3\end{matrix}\right.} + NaBr + NaJ.$$

Die drei isomeren Bromtoluole reagieren jedoch nicht mit gleicher Leichtigkeit. Während p-Bromtoluol mit guter Ausbeute p-Xylol liefert, reagiert die o-Verbindung weit schlechter und liefert das m-Derivat überhaupt kein Xylol. Auch zwei Alkylreste kann man in manchen Fällen gleichzeitig in einen Kohlenwasserstoff einführen:

$$p\text{-}C_6H_4\left\langle\begin{matrix}Br\\Br\end{matrix}\right. + 2\,JCH_3 + 4\,Na = p\text{-}C_6H_4\left\langle\begin{matrix}CH_3\\CH_3\end{matrix}\right. + 2\,NaBr + 2\,NaJ.$$

Aus den obigen Beispielen dürfte ersichtlich sein, wie groß die Anzahl der nach der FITTIGschen Reaktion darstellbaren Kohlenwasserstoffe ist. Die Bedeutung der Reaktion wird noch dadurch erhöht, daß auch in der Seitenkette eines aromatischen Kohlenwasserstoffs befindliches Halogen in der gleichen Weise reagiert. Wenngleich es nicht gelungen ist, dieses durch Methyl oder Äthyl zu ersetzen, so ist die Reaktion jedoch zur Einführung höherer Alkylreste wohl brauchbar, z. B.:

$$\underset{\text{Benzylchlorid}}{C_6H_5\cdot CH_2Cl} + \underset{\text{Propylbromid}}{CH_3\cdot CH_2\cdot CH_2Br} + 2\,Na = \underset{\text{Butylbenzol}}{C_6H_5\cdot CH_2\cdot CH_2\cdot CH_2\cdot CH_3} + NaCl + NaBr.$$

Noch vielseitiger wird die Reaktion dadurch, daß man auch zwei aromatische Reste miteinander verknüpfen und so zu Kohlenwasserstoffen der Diphenylreihe gelangen kann, z. B.:

$$2\,C_6H_5\cdot Br + 2\,Na = \underset{\text{Diphenyl}}{C_6H_5\cdot C_6H_5} + 2\,NaBr.$$

Schließlich kann man auch Kohlenwasserstoffe der Dibenzylreihe in der folgenden Weise darstellen:

$$2\,C_6H_5\cdot CH_2Cl + 2\,Na = \underset{\text{Dibenzyl}}{C_6H_5\cdot CH_2\cdot CH_2\cdot C_6H_5} + 2\,NaCl.$$

Bei der Ausführung einer FITTIGschen Synthese kann man sich je nach der Leichtigkeit, mit welcher die Reaktion eintritt, verschiedener Modifikationen bedienen. Verläuft sie bereits in der Kälte leicht, so wendet man ein indifferentes Verdünnungsmittel, wie Äther, Ligroin, Schwefelkohlenstoff oder Benzol an. Diese sind in ihrer Wirksamkeit nicht einander gleich, indem Ligroin und Benzol die Reaktion meistens verlangsamen und deshalb bei sehr energischem Verlauf einer Synthese zu verwenden sind, während Äther nicht verzögernd wirkt, sondern nur einen gleichmäßigeren Verlauf der Reaktion veranlaßt. Zuweilen will die Reaktion selbst nach längerem Stehen des Reaktionsgemisches nicht eintreten. In diesem Falle kann man sie oft durch kurzes Erhitzen oder durch Zusatz weniger Tropfen Essigester einleiten. Da bei Anwendung dieser Hilfsmittel die Reaktion jedoch zuweilen sehr stürmisch verläuft, so ist es zweckmäßiger, jene nicht zu benutzen und dafür abzuwarten, bis die Reaktion, wenn auch erst nach längerer Zeit, von selbst eintritt. Bei mittelschwer verlaufenden Synthesen kann man das Reaktionsgemisch unter Anwendung eines Verdünnungsmittels auf dem Wasserbade oder im Ölbade erhitzen, während, wenn die Reaktion sehr schwer eintritt, man ohne Verdünnungsmittel meistens im Ölbade erhitzen muß. In letzterem Falle kann man die Reaktion noch dadurch erleichtern, daß man das Erhitzen unter dem Drucke einer Quecksilbersäule vornimmt, wodurch es ermöglicht wird, die Reaktive im offenen Gefäße über ihren Siedepunkt zu erhitzen (Fig. 72).

19. Reaktion: Sulfurierung eines aromatischen Kohlenwasserstoffs (I).

Beispiel: a) Benzolmonosulfosäure aus Benzol und Schwefelsäure.[1]

b) Sulfobenzid. Benzolsulfochlorid. Benzolsulfamid.

a) In einem Kolben von 200 ccm Inhalt werden unter Kühlung mit Wasser 150 g flüssige rauchende Schwefelsäure von 5—8%

[1] P. **31**, 283 u. 631; A. **140**, 284; B. **24**, 2121.

Anhydridgehalt unter gutem Umschütteln allmählich mit 40 g Benzol versetzt, wobei man mit dem Zusatz einer neuen Menge immer so lange wartet, bis die letzte Portion, welche anfangs auf der Schwefelsäure schwimmt, sich beim Umschütteln gelöst hat. Die Sulfurierung erfordert ca. 10—15 Minuten Zeit. Das Reaktionsgemisch läßt man dann aus einem Tropftrichter tropfenweise unter Umrühren in das drei- bis vierfache Volumen kalt gesättigter Kochsalzlösung, die sich in einem Becherglase befindet, fließen. Damit die Flüssigkeit sich nicht über Zimmertemperatur erwärmt, stellt man das Becherglas in ein geräumiges, mit Eiswasser gefülltes Wasserbad. Nach einiger Zeit, besonders leicht, wenn man die Wandungen des Glases mit einem scharfkan-

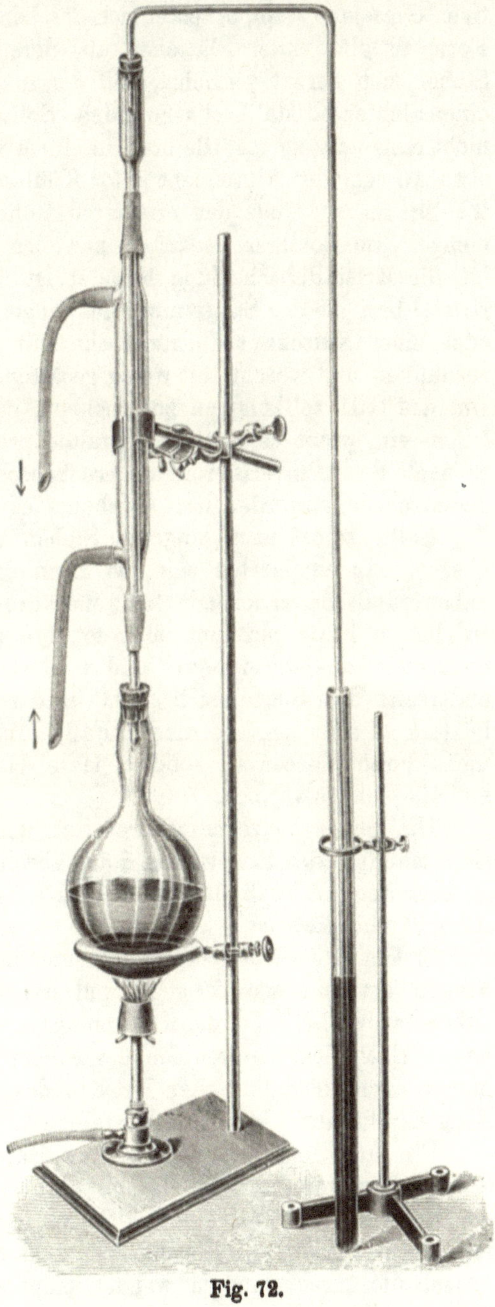

Fig. 72.

tigen Glasstabe reibt, scheidet sich das benzolsulfosaure Natrium in Form fettglänzender Blättchen ab, deren Menge nach längerem Stehen sich derart vermehrt, daß der Inhalt des Gefäßes sich in einen dichten Kristallbrei verwandelt. Sollte die Kristallabscheidung nicht eintreten, so schüttle man in einem verkorkten Reagenzrohre etwa 10 ccm der Flüssigkeit unter Kühlung an der Wasserleitung tüchtig um und füge den erstarrten Röhreninhalt zu der Hauptmenge. Im Sommer bedarf es zuweilen mehrstündigen Stehens, bis die Kristallabscheidung beendet ist. Man filtriert dann den Kristallbrei an der Saugpumpe auf einem BÜCHNERschen Trichter oder einer Nutsche ab, drückt ihn mit einem Mörserpistill fest zusammen und wäscht mit wenig gesättigter Kochsalzlösung nach. Um das Salz vollkommen zu trocknen, packt man es in Filtrierleinen ein, preßt es in einer Schraubenpresse gut aus und erhitzt es nach dem Pulverisieren im Trockenschranke auf 110°, bis es staubtrocken geworden ist. Ausbeute ca. 100 g.

Sollte selbst nach längerem Stehen keine reichliche Kristallabscheidung eingetreten sein, so kann dies seinen Grund darin haben, daß die rauchende Schwefelsäure zu hochprozentig war. In diesem Falle verdünne man letztere mit etwas gewöhnlicher konzentrierter Schwefelsäure und wiederhole den Versuch. Sollte anderseits das Benzol sich nicht in der Säure auflösen, so ist letztere zu schwach. In diesem Falle kühle man beim Sulfurieren nicht durch Wasser ab, sondern lasse das Reaktionsgemisch sich auf 40—50° erwärmen.

Um reines benzolsulfosaures Natrium zu gewinnen, kristallisiere man 5 g des Rohproduktes aus absolutem Alkohol um, wobei zu beachten ist, daß das jenem Salze beigemengte Kochsalz in Alkohol unlöslich ist.

b) Um das als Nebenprodukt entstandene Sulfobenzid zu gewinnen, erwärmt man 30 g des pulverisierten Salzes mit 50 ccm Äther, saugt heiß an der Saugpumpe ab und wäscht mit Äther nach. Nach dem Verdampfen des Äthers erhält man eine kleine Menge eines kristallinischen Rückstandes, welchen man in einem Reagenzrohr aus Ligroin umkristallisiert. Schmelzpunkt 129°.

Um aus dem benzolsulfosauren Natrium Benzolsulfochlorid darzustellen, versetzt man das mit Äther extrahierte Salz, sowie den Rest des nicht extrahierten Salzes in einem trocknen Kolben mit fein pulverisiertem Phosphorpentachlorid (auf 3 Teile trocknes benzolsulfosaures Natrium wendet man 4 Teile Phosphorpentachlorid an), mischt beide durch Schütteln gut miteinander und erwärmt die Mischung $^1/_4$ bis $^1/_2$ Stunde auf einem lebhaft siedenden Wasserbade unter dem Abzuge. Das erkaltete Reaktionsprodukt gießt man dann allmählich in Eiswasser (die zehnfache Gewichtsmenge vom angewandten benzolsulfosauren Natrium), welches sich in einem Kolben befindet, schüttelt mehrfach um, nimmt nach einstündigem Stehen das Benzolsulfochlorid mit Äther auf und verdampft, nachdem man die meistens trübe ätherische Lösung filtriert hat, den Äther. Ausbeute 40—50 g.

In einer Porzellanschule versetzt man 10 g fein pulverisiertes Ammoniumkarbonat mit ca. 1 ccm Benzolsulfochlorid, verreibt beide miteinander und erwärmt unter gutem Umrühren die Mischung so lange über einer kleinen Flamme, bis der Geruch des Sulfochlorids verschwunden ist. Nach dem Erkalten versetzt man mit Wasser, filtriert an der Saugpumpe ab, wäscht mehrfach mit Wasser nach und kristallisiert das Benzolsulfamid aus Alkohol, dem man bis zur Trübung heißes Wasser hinzufügt, um. F.P. 156°.

Bei der Sulfurierung des Anilins ist bereits darauf hingewiesen, daß die aromatischen Verbindungen sich von den Fettkörpern dadurch unterscheiden, daß sie bei der Einwirkung von Schwefelsäure sulfuriert werden, d. h. daß Benzolwasserstoffatome durch die Sulfogruppe —SO_3H substituiert werden. So verlief die oben ausgeführte Reaktion nach der folgenden Gleichung:

$$C_6H_6 + SO_2\langle{}^{OH}_{OH} = C_6H_5 \cdot SO_3H + H_2O\,.$$

Da man bei der Sulfurierung stets einen Überschuß von Schwefelsäure anwendet, so gilt es nach beendeter Reaktion, die Sulfosäure von der überschüssigen Schwefelsäure zu trennen. Viele Sulfosäuren, insbesondere die der Kohlenwasserstoffe, sind nun in Wasser äußerst leicht löslich, so daß man nicht wie bei der Sulfanilsäure durch bloßes Verdünnen mit Wasser die reine Säure abscheiden kann.

Man benutzt wesentlich drei Methoden, um wasserlösliche Sulfosäuren zu isolieren. Am leichtesten sind diejenigen Säuren zu gewinnen, welche in kalter Schwefelsäure schwer löslich sind. Man hat in diesem Falle nur das Sulfurierungsgemisch abzukühlen und die abgeschiedene Sulfosäure an der Saugpumpe über Asbest oder Glaswolle abzufiltrieren. Eine zweite Methode besteht darin, daß man die schwefelsaure Lösung in eine gesättigte Kochsalzlösung fließen läßt, wobei sich in vielen Fällen die in Kochsalzlösung schwer löslichen Natriumsalze der Sulfosäuren abscheiden. In manchen Fällen ist es zweckmäßiger, an Stelle des Kochsalzes andere Salze, wie Natriumacetat, Chlorkalium oder Chlorammonium zu verwenden. Fast alle wasserlöslichen Sulfosäuren lassen sich nach dieser Methode in kürzester Zeit in Form ihrer Alkalisalze abscheiden. In einem neuen Falle untersuche man zunächst mit kleinen Proben, welches jener Salze sich am besten eignet. Bezüglich der Theorie des Aussalzens vgl. den Schluß dieses Kapitels. Die dritte, allgemein anwendbare Methode beruht auf der Eigenschaft der Sulfosäuren, im Gegensatze zu der Schwefelsäure wasserlösliche Kalk-, Barium- und Bleisalze zu bilden. Neutralisiert man die mit Wasser verdünnte schwefelsaure Lösung mit den Karbonaten dieser Metalle und filtriert darauf ab, so enthält das Filtrat ausschließlich die betreffenden Salze der Sulfosäure, während die Schwefelsäure in Form von Calcium-, Barium- oder Bleisulfat auf dem Filter zurückbleibt. Will man die Alkalisalze der Sulfosäuren gewinnen, so versetzt man die wässerige Lösung obiger Salze so lange mit Natrium- oder Kaliumkarbonat, als noch ein Niederschlag der Karbonate jener Metalle entsteht. Filtriert man von diesem ab, so hat man die reinen sulfosauren Alkalien, die man durch Eindampfen der Lösung in fester Form gewinnen kann.

Zur Gewinnung der freien Sulfosäuren pflegt man meistens das Bleisalz darzustellen und dieses durch Schwefelwasserstoff zu zersetzen.

Die Sulfosäuren der Kohlenwasserstoffe sind meistens in Wasser leicht lösliche, farblose, kristallisierte Substanzen, die sich wie starke Säuren verhalten. Durch Erhitzen mit Salzsäure, event. unter Druck, oder durch Einwirkung von Wasserdampf läßt sich die Sulfogruppe wieder abspalten, z. B.:

$$C_6H_5 \cdot SO_3H + H_2O = C_6H_6 + H_2SO_4 .$$

Diese Reaktion ist in manchen Fällen zur Trennung von Kohlenwasserstoffgemischen von Bedeutung. Wird nämlich ein Kohlenwasserstoff unter gewissen Verhältnissen sulfuriert, ein anderer nicht, so kann man zunächst den letzteren durch Abheben von der schwefelsauren Lösung der Sulfosäure des ersteren trennen und aus dieser den ursprünglichen Kohlenwasserstoff regenerieren.

Von besonderer Wichtigkeit ist das Verhalten der Sulfosäuren in der Kali- oder Natronschmelze, wobei unter Abspaltung der Sulfogruppe Phenole gebildet werden:

$$C_6H_5 \cdot SO_3K + KOH = C_6H_5 \cdot OH + SO_3K_2 .$$

Da diese wichtige Reaktion gerade mit der Benzolsulfosäure nicht glatt verläuft, so wird sie später in einem anderen Falle (vgl. β-Naphtol) praktisch ausgeführt werden. Auch mehrwertige Phenole lassen sich nach dieser Reaktion aus Polysulfosäuren gewinnen. Von praktischer Bedeutung ist die Bildung des m-Dioxybenzols oder Resorcins aus Benzoldisulfosäure:

$$C_6H_4(SO_3K)_2 + 2\,KOH = C_6H_4{\Large <}{}^{OH}_{OH} + 2\,SO_3K_2 .$$

Unterwirft man ein Alkalisalz einer Sulfosäure gemeinsam mit Cyankalium oder Ferrocyankalium der trockenen Destillation, so erhält man, indem eine Kohlenstoffsynthese sich vollzieht, ein Säurenitril, z. B.:

$$C_6H_5 \cdot SO_3K + KCN = \underset{\text{Benzonitril}}{C_6H_5 \cdot CN} + SO_3K_2 .$$

Wie die Karbonsäuren, so vermögen auch die Sulfosäuren bei der Einwirkung von Phosphorpentachlorid Chloride zu bilden:

$$C_6H_5 \cdot SO_3Na + PCl_5 = \underset{\text{Benzolsulfochlorid}}{C_6H_5 \cdot SO_2 \cdot Cl} + POCl_3 + NaCl .$$

Die Sulfochloride werden durch kaltes Wasser nicht zersetzt. Um sie von dem Phosphoroxychlorid zu trennen, verfährt man deshalb meistens derart, daß man die Mischung beider in kaltes Wasser einträgt, wobei sich das Phosphoroxychlorid nach längerem Stehen mit dem Wasser zu Phosphorsäure umsetzt, während das in Wasser unlösliche Sulfochlorid durch Abheben oder Ausschütteln mit Äther oder, falls es fest ist, durch Abfiltrieren gewonnen werden kann. Die Sulfochloride sind häufig durch einen sehr eigenartigen Geruch ausgezeichnet. Sie können nur im Vakuum ohne Zersetzung destilliert werden. Mit Ammoniak entstehen aus ihnen Sulfamide, die gut kristallisieren und zur Charakterisierung der Sulfosäuren benutzt werden:

$$C_6H_5 \cdot SO_2Cl + NH_3 = \underset{\text{Benzolsulfamid}}{C_6H_5 \cdot SO_2 \cdot NH_2} + HCl .$$

In den Sulfamiden ist infolge der stark negativen Natur der X-SO_2-Gruppe der Wasserstoff der NH_2-Gruppe so leicht durch Metalle vertretbar, daß jene sich bereits in wässerigen Alkalien zu Salzen der Amide auflösen (Versuch). Läßt man ein Sulfochlorid längere Zeit mit einem aliphatischen Alkohol stehen, so bilden sich Sulfosäureester, z. B.:

$$C_6H_5 \cdot SO_2Cl + C_2H_5 \cdot OH = \underset{\text{Benzolsulfosäureäthylester}}{C_6H_5 \cdot SO_3C_2H_5} + HCl .$$

Erwärmt man diese mit einem Alkohol, so bildet sich unter Regenerierung der Sulfosäure ein aliphatischer Äther, z. B.:

$$C_6H_5 \cdot SO_3C_2H_5 + C_2H_5 \cdot OH = C_6H_5 \cdot SO_3H + \underset{\text{Äthyläther}}{C_2H_5 \cdot O \cdot C_2H_5} .$$

Diese Ätherbildung verläuft analog der Bildung des Äthyläthers beim Erhitzen von Äthylschwefelsäure mit Alkohol:

$$SO_2\begin{cases} OC_2H_5 \\ OH \end{cases} + C_2H_5 \cdot OH = SO_4H_2 + C_2H_5 \cdot O \cdot C_2H_5 .$$

Da sie wie diese kontinuierlich verläuft, und da die bei der Reaktion entstehende Benzolsulfosäure als schwächere Säure auf den Alkohol nicht wie die Schwefelsäure zersetzend (verkohlend) einwirkt, so daß der Prozeß längere Zeit ununterbrochen fortgeführt werden kann, so hat man die aromatischen Sulfosäuren in jüngster Zeit zur technischen Darstellung des Äthyläthers zu verwenden versucht.

Sulfuriert man wie oben mit rauchender Schwefelsäure, so bildet sich in vielen Fällen neben der Sulfosäure in geringer Menge ein Sulfon, z. B.:

$$2\,C_6H_6 + SO_3 = SO_2\begin{matrix}\diagup C_6H_5 \\ \diagdown C_6H_5\end{matrix} + H_2O\,.$$

Diphenylsulfon
= Sulfobenzid

Zu Sulfurierungen wendet man je nach Bedürfnis entweder gewöhnliche konzentrierte Schwefelsäure, oder das sogenannte Monohydrat oder rauchende Schwefelsäure von verschiedenem Prozentgehalt an. Die Reaktion führt man entweder unter Kühlung oder bei Zimmertemperatur oder unter Erhitzen aus.

Zur Erleichterung der Wasserabspaltung kann man dem Sulfurierungsgemisch Phosphorsäureanhydrid oder Kaliumsulfat hinzufügen.

In manchen Fällen ist es von Vorteil, statt der Schwefelsäure Chlorsulfonsäure, $Cl \cdot SO_2 \cdot OH$, anzuwenden, welche nach folgender Gleichung reagiert, z. B.:

$$C_6H_6 + Cl \cdot SO_3H = C_6H_5 \cdot SO_3H + HCl.$$

Theorie des Aussalzens: Der Prozeß des Aussalzens beruht auf folgenden Verhältnissen: In der wässerigen Lösung eines Elektrolyten, in unserem Beispiel von benzolsulfosaurem Natrium, sind nach der Theorie der elektrolytischen Dissoziation $C_6H_5 \cdot SO_3'$- und $Na^{\cdot}$-Ionen sowie elektrisch neutrale, ungespaltene Moleküle von $C_6H_5 \cdot SO_3Na$ vorhanden. Eine solche Lösung haben wir nun nicht so aufzufassen, dass die zu einer gewissen Zeit vorhandenen Ionen und Moleküle dauernd in diesem Zustande bleiben; vielmehr werden, indem $C_6H_5 \cdot SO_3'$- und $Na^{\cdot}$-Ionen unter günstigen Bedingungen zusammenstoßen, neue undissoziierte Moleküle gebildet werden, wofür anderseits unter geeigneten Umständen ungespaltene Moleküle dissoziieren. Es liegt demnach, wie dies beim Essigester näher ausgeführt wurde, hier ein dynamisches Gleichgewicht für eine umkehrbare Reaktion vor, die wir durch folgende Gleichung ausdrücken können:

$$C_6H_5 \cdot SO_3' + Na^{\cdot} \rightleftarrows C_6H_5 \cdot SO_3Na\,.$$

Nennen wir die Konzentrationen der betreffenden Ionen und Moleküle $C_{C_6H_5 \cdot SO_3}$, C_{Na} und $C_{C_6H_5 \cdot SO_3Na}$, so gilt für dies Gleichgewicht die Massenwirkungsgleichung:

$$\text{I)} \quad \frac{C_{C_6H_5 \cdot SO_3} \times C_{Na}}{C_{C_6H_5 \cdot SO_3Na}} = K$$

oder umgeformt:

$$\text{II)} \quad C_{C_6H_5 \cdot SO_3} \times C_{Na} = K \times C_{C_6H_5 \cdot SO_3Na}.$$

K ist die „Dissoziationskonstante". Fügen wir zu einer solchen Lösung nun festes Kochsalz, und nehmen wir an, daß noch keine Abscheidung von festem Salze stattfinde. Als starker Elektrolyt wird sich das Kochsalz zum großen Teile ionisiert in der Lösung befinden. Es ist somit die Konzentration der Na-Ionen vergrößert worden. Da aber die Konstante für alle Verhältnisse den gleichen Wert besitzt, so muß die Vergrößerung von C_{Na} zur Folge haben, daß $C_{C_6H_5 \cdot SO_3}$ verkleinert und somit $C_{C_6H_5 \cdot SO_3Na}$ vergrößert wird, denn nur so kann *K* den gleichen Wert beibehalten. D. h. der Zusatz von Kochsalz hat zur Folge, daß die Zahl der $C_6H_5 \cdot SO_3$-Ionen kleiner, die der undissoziierten Moleküle vergrößert wird. Man bezeichnet dies als „Rückdrängung der Dissoziation durch Zusatz eines gleichionigen Elektrolyten". Fügen wir nun immer mehr Kochsalz hinzu, so wird die Konzentration der $C_6H_5 \cdot SO_3$-Ionen immer kleiner, die der undissoziierten Moleküle immer größer, und wir werden schließlich einen Punkt erreichen, bei dem die Lösung mit undissoziierten Molekülen gesättigt ist, d. h. bei dem sie das Maximum von diesen gelöst enthält. Fügen wir nun noch mehr Kochsalz hinzu, so müssen sich die neugebildeten undissoziierten Moleküle in fester Form abscheiden. Von diesem Zeitpunkt an ist $C_{C_6H_5 \cdot SO_3Na}$ eine Konstante geworden, und man nennt von jetzt ab das Produkt der Ionenkonzentrationen **„Löslichkeitsprodukt"**. Die Menge des gelösten undissoziierten Anteiles ist demnach, sobald ungelöster Bodenkörper vorhanden, unabhängig von der gleichzeitigen Anwesenheit gleichioniger Elektrolyten, während die Konzentrationen der Ionen variabel sind und durch das Löslichkeitsprodukt bestimmt werden. Es ist also möglich, daß, um die Extreme herauszugreifen, in einem Falle $C_{C_6H_5 \cdot SO_3}$ groß und demnach C_{Na} klein ist, während in einem anderen Falle umgekehrt C_{Na} groß und demnach $C_{C_6H_5 \cdot SO_3}$ klein sein kann. Die ungespalten gelösten Moleküle können somit durch noch so großen Zusatz eines gleichionigen Elektrolyten nicht ausgesalzen werden. Es entspricht dies der Tatsache, daß nach dem DALTONschen Gesetze die Dampftension eines Stoffes, der in unserm Beispiele die Lösungstension der undissoziierten Moleküle entspricht, vom äußeren Drucke unabhängig ist. Ob sich flüssiges Wasser im Vakuum oder mit irgend welchen Gasen von beliebigen Drucken im rein physikalischen Gleichgewicht befindet, bei gleicher Temperatur ist seine Dampfspannung stets die gleiche.

In dem oben praktisch ausgeführten Beispiel liegen die Verhältnisse etwas komplizierter. Lassen wir die überschüssig angewandte Schwefelsäure außer acht, so haben wir eine wässerige Lösung von Benzolsulfosäure mit Kochsalz versetzt. Eine solche Lösung muß aber nach der Theorie der elektrolytischen Dissoziation alle möglichen Gattungen sowohl von undissoziierten Molekülen wie von Ionen enthalten: $C_6H_5 \cdot SO_3Na$, NaCl, $C_6H_5 \cdot SO_3H$, HCl; $C_6H_5 \cdot SO_3'$, Cl', $Na^{\cdot}$, $H^{\cdot}$.

Für unsere Betrachtungen kommt nur in Frage, daß in ihr auch $C_6H_5 \cdot SO_3'$, $Na^{\cdot}$ und $C_6H_5 \cdot SO_3Na$ sich miteinander in einem Gleichgewicht, welches nach obigen Ausführungen durch die Gegenwart anderer Stoffe nicht beeinflußt wird, befinden müssen. Vermehren wir deshalb durch Zusatz von Kocksalz die Na-Ionen so weit, daß für dieses Gleichgewicht das Löslichkeitsprodukt überschritten wird, so muß sich auch hier undissoziiertes benzolsulfosaures Natrium in festem Zustande abscheiden.

Daß bei entsprechenden Löslichkeitsverhältnissen das Aussalzen nicht nur mit festem Salz, sondern schon mit Lösungen von diesem ausgeführt werden kann, bedarf wohl keiner weiteren Ausführungen.

20. Reaktion: Reduktion eines Sulfochlorids zu einer Sulfinsäure oder zu einem Thiophenol.

Beispiel: a) Benzolsulfinsäure.[1] b) Thiophenol.[2]

a) In einem mit kurzem Rückflußkühler und Tropftrichter versehenen Kolben von ca. 300 ccm Inhalt erhitzt man 40 ccm Wasser zum Sieden, fügt 10 g Zinkstaub hinzu und läßt, ohne durch eine Flamme weiter zu erhitzen, allmählich unter häufigem Umschütteln 10 g Benzolsulfochlorid in kleinen Portionen hinzutropfen, wobei man mit dem erneuten Zusatz immer so lange wartet, bis die unter Zischen verlaufende lebhafte Reaktion sich gemäßigt hat. Man erwärmt dann noch einige Minuten über einer kleinen Flamme, filtriert nach dem Erkalten den aus benzolsulfinsaurem Zink und überschüssigem Zinkstaub bestehenden Niederschlag ab und wäscht ihn mehrfach mit Wasser nach. Man beachte, daß der unscheinbar aussehende graue Niederschlag das Reaktionsprodukt ist und nicht etwa das wässerige Filtrat, welches man weggießen kann. Der Niederschlag wird dann mit einer Lösung von 10 g entwässerter Soda in 50 ccm Wasser ca. 10 Minuten nicht ganz bis zum Sieden erhitzt und darauf

[1] B. 9, 1585.
[2] A. 119, 142.

an der Saugpumpe abfiltriert. Jetzt ist der auf dem Filter befindliche Niederschlag wertlos, während das Filtrat das benzolsulfinsaure Natrium gelöst enthält. Man dampft es auf etwa die Hälfte seines Volumens ein und säuert nach dem Erkalten mit verdünnter Schwefelsäure an, wobei sich die freie Benzolsulfinsäure, besonders leicht beim Reiben mit einem Glasstabe, in farblosen Kristallen abscheidet, die man nach dem Filtrieren aus wenig Wasser umkristallisiert. Schmelzpunkt 83—84°.

Sollte sich beim Ansäuern des Natriumsalzes die freie Säure nicht ausscheiden, so schüttle man mehrmals mit Äther aus, verdampfe diesen, reibe den Rückstand, falls er nicht von selbst erstarrt, mit einem Glasstabe und kristallisiere ihn dann um.

b) Um den Rest des bei Reaktion 19 erhaltenen Benzolsulfochlorids in Thiophenol zu verwandeln, erhitzt man in einem mit langem Rückflußkühler und Tropftrichter verbundenen geräumigen Rundkolben auf dem Wasserbade granuliertes Zinn mit konzentrierter Salzsäure und läßt zu diesem Reduktionsgemisch allmählich das Sulfochlorid fließen. (Auf 1 Gew.-Teil Sulfochlorid $2^1/_2$ Gew.-Teile granuliertes Zinn [vgl. Seite 187] und 5 Gew.-Teile konzentrierte Salzsäure.) Das Erhitzen wird so lange fortgesetzt, bis der größte Teil des Zinns gelöst ist. Das gebildete Thiophenol destilliert man dann am absteigenden Kühler mit Wasserdämpfen über, nimmt es mit Äther auf, trocknet es über wasserfreiem Glaubersalz und unterwirft es nach dem Verdampfen des Äthers der Rektifikation. Siedepunkt 173°.

Bei der Darstellung des Thiophenols beachte man, daß in der Nähe der Kühleröffnung sich keine Flamme befinde, da sonst eine Knallgasexplosion eintreten könnte. Da das Thiophenol einen äußerst unangenehmen Geruch besitzt und dessen Dämpfe die Augen zum Tränen reizen, so führe man den Versuch nicht im allgemeinen Arbeitsraume, sondern im Stinkraume, oder im Freien, oder im Keller, zum mindesten aber unter einem Abzuge aus. Ferner hüte man sich davor, das Thiophenol auf die Haut zu bringen, da es ein lebhaftes Brennen hervorruft.

Läßt man auf ein Sulfochlorid Zinkstaub einwirken, so bildet sich das Zinksalz einer Sulfinsäure:

$$\begin{matrix} C_6H_5\cdot SO_2Cl \\ C_6H_5\cdot SO_2Cl \end{matrix} + ZnZn = \begin{matrix} C_6H_5\cdot SO_2 \\ C_6H_5\cdot SO_2 \end{matrix}\Big\rangle Zn + ZnCl_2 .$$

Benzolsulfinsaures Zink

Die so erhaltenen Zinksalze sind in Wasser unlöslich und können durch Abfiltrieren leicht gewonnen werden. Um daraus die freien Sulfinsäuren darzustellen, verwandelt man die ersteren durch Kochen mit Sodalösung in die in Wasser löslichen Natriumsalze, aus denen man nach dem Einengen die freien Säuren durch verdünnte Schwefelsäure ausfällt. Die Sulfinsäuren sind zum Unterschied von den Sulfonsäuren in kaltem Wasser schwer löslich und können demnach hieraus umkristallisiert werden. Bei der Kalischmelze gehen die Sulfinsäuren in Kohlenwasserstoffe über:

$$C_6H_5 \cdot SO_2K + KOH = SO_3K_2 + C_6H_6 .$$

Reduziert man Sulfinsäuren, so erhält man Thiophenole:

$$C_6H_5 \cdot SO_2H + 4H = C_6H_5 \cdot SH + 2H_2O .$$

Thiophenole stellt man ferner durch direkte Reduktion der Sulfochloride dar:

$$C_6H_5 \cdot SO_2Cl + 6H = C_6H_5 \cdot SH + 2H_2O + HCl .$$

Die Thiophenole sind unangenehm riechende Flüssigkeiten, in den höheren Reihen feste Körper. Wie die Merkaptane der Fettreihe bilden sie mit Blei und Quecksilber schwer lösliche Salze.

Versuch: Man löse etwas Quecksilberchlorid und Bleiacetat in Reagenzgläsern unter Erwärmen in Alkohol auf, kühle ab und filtriere. Versetzt man die alkoholischen Lösungen mit einigen Tropfen Thiophenol, so erhält man Niederschläge der schwer löslichen Salze. Das Bleisalz ist gelb gefärbt und besitzt die Zusammensetzung:

$$(C_6H_5 \cdot S)_2Pb .$$

An der Luft sowie bei der Einwirkung von Oxydationsmitteln, wie Salpetersäure, Chromsäure, Jod u. a., werden die Thiophenole zu Disulfiden oxydiert:

$$2C_6H_5 \cdot SH + O = C_6H_5 \cdot S{-}S \cdot C_6H_5 + H_2O .$$

Versuch: Man löse einige Tropfen Phenylmerkaptan in Alkohol auf, versetze mit etwas Ammoniak und dampfe auf einem Uhrglase auf dem Wasserbade zur Trockne ein (unter dem Abzuge). Es bleiben hierbei farblose Nadeln des Disulfides zurück. F.P. 61°.

Bei der Reduktion gehen die Disulfide leicht wieder in Thiophenole über:

$$C_6H_5 \cdot S{-}S \cdot C_6H_5 + H_2 = 2C_6H_5 \cdot SH .$$

Wie die Phenole vermögen auch die Thiophenole Äther zu bilden, z. B.:

$$C_6H_5 \cdot S \cdot CH_3 = \text{Thioanisol},$$
$$C_6H_5 \cdot S \cdot C_6H_5 = \text{Phenylsulfid}.$$

21. Reaktion: Sulfurierung eines aromatischen Kohlenwasserstoffs (II).

Beispiel: β-Naphtalinsulfosäure.

Eine Mischung von 50 g fein pulverisiertem Naphtalin und 60 g reiner konzentrierter Schwefelsäure wird in einem offenen Kolben 4 Stunden im Ölbade auf 170—180° erhitzt. Die etwas erkaltete Lösung gießt man dann unter Umrühren vorsichtig in 1 Liter Wasser, filtriert von nicht sulfuriertem Naphtalin ab (falls die Filtration sehr langsam erfolgt, gieße man nur die trübe Lösung von derben Stücken Naphtalins ab) und neutralisiert bei Siedehitze in einer geräumigen Schale mit nicht zu dünnem Kalkbrei, welchen man sich durch Verreiben von ca. 70 g trockenem gelöschten Kalk mit Wasser herstellt. Man filtriert dann möglichst heiß durch ein Koliertuch ab, welches man zuvor gut durchfeuchtet (vgl. Seite 58), und wäscht den Niederschlag mit heißem Wasser aus. Darauf faltet man das Koliertuch zusammen, drückt es über einer anderen Schale tüchtig aus und vereinigt die ausgepreßte, meistens etwas trübe Flüssigkeit nach dem Filtrieren mit der Hauptmenge. Man dampft die Lösung dann in einer Schale über freier Flamme so weit ein, bis eine herausgenommene Probe beim Reiben mit einem Glasstabe zu einem Kristallbrei erstarrt. Nachdem man die Lösung über Nacht hat stehen lassen, filtriert man an der Saugpumpe das abgeschiedene β-naphtalinsulfosaure Calcium ab, wäscht es einmal mit wenig Wasser nach, preßt es mit einem Mörserpistill fest zusammen und streicht es auf einen Tonteller. Um daraus das Natriumsalz zu gewinnen, löst man es in heißem Wasser auf und versetzt die Lösung so lange allmählich mit einer konzentrierten wässerigen Lösung von 50 g Kristallsoda, bis eine abfiltrierte Probe mit Soda keinen Niederschlag mehr gibt. Man filtriert dann nach dem Erkalten das abgeschiedene Calciumkarbonat an der Saugpumpe ab, wäscht es mit Wasser nach und dampft das Filtrat in einer Schale über freier Flamme so weit ein, bis sich aus der heißen Flüssigkeit Kristalle abzuscheiden beginnen. Nach mehrstündigem Stehen in der Kälte filtriert man diese ab, engt die Mutterlauge noch weiter ein, filtriert nach längerem Stehen auch die zweite Kristallisation ab und trocknet die Mischung beider auf dem Wasserbade. Ausbeute 60—70 g.

Naphtalin wird beim Erhitzen mit Schwefelsäure nach folgender Gleichung sulfuriert:

$$C_{10}H_8 + SO_4H_2 = C_{10}H_7 \cdot SO_3H + H_2O.$$

Es entsteht jedoch nicht wie beim Benzol, dessen sechs Wasserstoffatome einander gleichwertig sind, eine einzige Sulfosäure, sondern eine Mischung der beiden Isomeren:

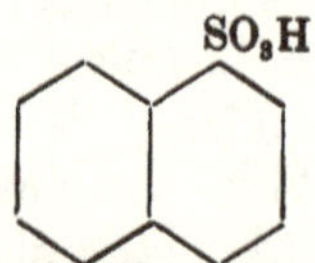

und

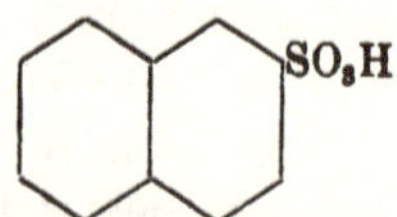

.

α-Naphtalinsulfosäure β-Naphtalinsulfosäure

Je nach der Temperatur, bei welcher man die Sulfurierung ausführt, entsteht mehr von der einen oder anderen Säure, und zwar bei niedrigerer Temperatur mehr α-Säure, bei höherer mehr β-Säure. Erhitzt man z. B. auf 100°, so erhält man eine Mischung von ca. 4 Teilen α-Säure mit 1 Teil β-Säure, während bei 170° eine Mischung von 8 Teilen β-Säure mit 1 Teil α-Säure entsteht. Um die Sulfosäuren von der überschüssigen Schwefelsäure zu trennen, benutzt man das bereits bei der Benzolsulfosäure erwähnte Verhalten der Sulfosäuren, im Gegensatz zu der Schwefelsäure wasserlösliche Calcium-, Barium- und Bleisalze zu bilden. Wie in der Technik, so wurde auch oben im kleinen durch Neutralisieren mit dem billigen Kalk das Calciumsalz behufs Trennung von der Schwefelsäure dargestellt. Da die Kalksalze der beiden isomeren Sulfosäuren eine sehr verschiedene Löslichkeit in Wasser besitzen, indem sich bei 10° 1 Teil α-Salz in 16·5 Teilen Wasser, 1 Teil β-Salz dagegen erst in 76 Teilen Wasser auflöst, so kann man das schwerer lösliche und sich demnach zunächst abscheidende β-Salz durch fraktionierte Kristallisation von dem in Lösung bleibenden α-Salz trennen. Für die Darstellung von Naphtol kann man die Kalksalze nicht direkt benutzen, vielmehr muß man sie durch Soda in die Natriumsalze verwandeln:

$$(C_{10}H_7 \cdot SO_3)_2Ca + Na_2CO_3 = 2\,C_{10}H_7 \cdot SO_3Na + CO_3Ca.$$

Um die letzten Teile von α-Salz zu entfernen, empfiehlt es sich, die Lösung des Natriumsalzes nicht direkt zur Trockne zu verdampfen, sondern das ebenfalls schwerer lösliche β-Salz auskristallisieren zu lassen, wobei das α-Salz in der Mutterlauge gelöst bleibt.

Bezüglich der Reaktionen der Naphtalinsulfosäure gilt das gleiche, was oben bei der Benzolsulfosäure angeführt ist. Zu erwähnen ist nur noch, daß sich die α-Säure beim Erwärmen mit konzentrierter Schwefelsäure auf ca. 200° in die β-Säure umlagert; eine Reaktion, die so zu erklären ist, daß die Sulfosäure mit ja stets in geringer Menge vorhandenem Wasser sich in Naphtalin und Schwefelsäure umsetzt, und daß ersteres dann von neuem und zwar jetzt bei der höheren Temperatur zur β-Säure sulfuriert wird. Die Sulfurierung des Naphtalins zur α- und β-Säure wird im großen Maßstabe technisch ausgeführt, da, wie das nächste Präparat behandeln wird, die für die Farbentechnik so wichtigen Naphtole daraus durch Schmelzen mit Natron gewonnen werden.

22. Reaktion: Überführung einer Sulfosäure in ein Phenol.

Beispiel: β-Naphtol aus β-naphtalinsulfosaurem Natrium und Natron.[1]

Um das β-naphtalinsulfosaure Natrium in β-Naphtol zu verwandeln, kommen die folgenden Mengenverhältnisse der erforderlichen Reagentien in Anwendung:

10 Teile β-naphtalinsulfosaures Natrium,
30 Teile festes, möglichst reines Natron,
1 Teil Wasser.

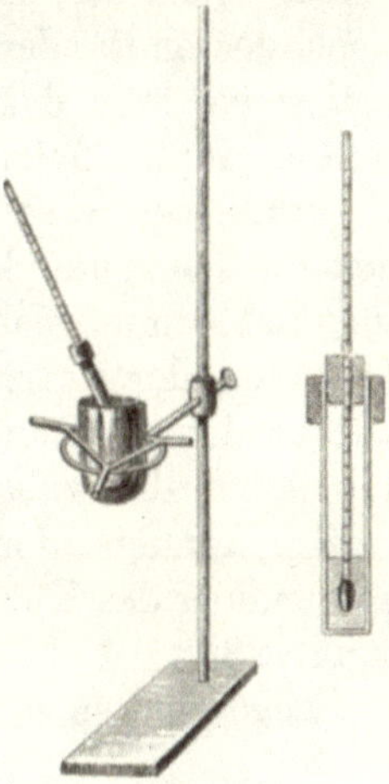

Fig. 73.

Das in zentimeterlange oder bohnengroße Stücke zerkleinerte Natron wird in einem Nickeltiegel[2] mit dem Wasser versetzt und unter Umrühren auf 280° erhitzt (Fig. 73). Sowohl zum Rühren wie zum Schutze des Thermometers bedient man sich einer ca. 16 cm langen und 8 mm weiten Hülse aus Kupfer oder Nickel, in der man mit Hilfe eines durchbohrten Korkes, der überdies noch einen seitlichen Einschnitt besitzt, das Thermometer befestigt. Um die Temperatur möglichst genau bestimmen zu können, füllt man in die Hülse eine 1 cm hohe Schicht von Öl ein und taucht in dieses die Thermometerkugel. Führt man das Umrühren der Schmelze mit der Hülse aus, so umwickelt man den oberen Teil der letzteren mit einer mehrfachen Lage von Asbestpappe, welche man durch Draht befestigt, oder man schiebt einen durchbohrten Kork über die Hülse (Fig. 73). Da beim Schmelzen des Natrons häufig ein lästiges Spritzen eintritt, so schütze man die

[1] E. Fischer, Anleitung usw. S. 4. Z. 1867, 299.

[2] Für größere Kali- oder Natronschmelzen hat die Firma C. Desaga, Heidelberg, auf Veranlassung des Verfassers hohe Nickeltiegel (oberer Durchmesser 8 cm, Höhe 11 cm) herstellen lassen, die sich vorzüglich bewährt haben.

Hand durch einen Handschuh, die Augen durch eine Schutzbrille. Sobald die Temperatur von 280° erreicht ist, trägt man unter fortdauerndem Erwärmen mit einer etwas kleineren Flamme das naphtalinsulfosaure Natrium unter Umrühren allmählich ein, wobei man mit dem erneuten Zusatz immer so lange wartet, bis die Temperatur, welche beim jedesmaligen Eintragen etwas sinkt, wieder auf 280° gestiegen ist. Nachdem alles Salz eingetragen ist, vergrößert man die Flamme etwas, wodurch die Schmelze unter Entwickelung von Wasserdämpfen und Aufblähen schleimiger wird, bis schließlich bei ca. 310° die eigentliche Reaktion eintritt. Nachdem man die Temperatur ca. 5 Minuten bei 310–320° gehalten, ist die Schmelze dünnflüssig geworden und die Reaktion beendet. Man gießt die Schmelze dann sofort auf ein starkes Kupferblech, dessen Ränder etwas aufwärts gebogen sind, in dünner Schicht aus, wobei man das mit dem hellen Natron sich nicht mischende dunkle Naphtolnatrium beachte. Nach dem Erkalten löst man die etwas zerkleinerte Schmelze in Wasser auf, fällt das Naphtol siedend heiß mit konzentrierter Salzsäure (unter dem Abzuge) aus und nimmt nach dem Erkalten mit Äther auf. Nach dem Trocknen der ätherischen Lösung durch entwässertes Glaubersalz verdampft man den Äther in dem auf Seite 34 beschriebenen Tropfapparate, wobei man einen Fraktionierkolben mit möglichst weitem Kondensationsrohr nehme, und destilliert schließlich ohne Anwendung des Kühlers das zurückbleibende Naphtol über. Siedepunkt 286°. F.P. 123°. Ausbeute = der Hälfte des Gewichts des angewandten sulfosauren Salzes.

Wie schon oben hervorgehoben, entsteht bei der Natron- oder Kalischmelze einer Sulfosäure ein Phenol neben schwefligsaurem Alkalisalz, z. B.:

$$C_{10}H_7\cdot SO_3Na + 2\,NaOH = \underset{\text{Naphtolnatrium}}{C_{10}H_7\cdot ONa} + SO_3Na_2 + H_2O\,.$$

Man erhält demnach bei der Schmelze nicht direkt das freie Phenol, sondern dessen Alkalisalz, aus dem nach dem Lösen der Schmelze in Wasser durch Ansäuern mit Salzsäure erst das freie Phenol abgeschieden werden muß.

Die soeben ausgeführte Reaktion wird in großem Maßstabe in eisernen Kesseln, welche mit einem Rührwerk versehen sind, technisch ausgeführt, da das β-Naphtol sowie die aus ihm durch Einwirkung von Schwefelsäure erhältlichen zahlreichen Mono- bis Polysulfosäuren zur Darstellung von Azofarbstoffen ausgedehnte Anwendung finden. Aus dem β-Naphtol stellt man ferner durch Einwirkung von Ammoniak unter Druck das β-Naphtylamin dar:

$$C_{10}H_7 \cdot OH + NH_3 = C_{10}H_7 \cdot NH_2 + H_2O\,,$$

welches sowohl selbst als in Form seiner Sulfosäuren ebenfalls zur Darstellung von Azofarbstoffen technische Verwendung findet. Auch α-Naphtol stellt man in der gleichen Weise durch die Natronschmelze des α-naphtalinsulfosauren Natriums her, wenngleich nicht in so großen Mengen wie das β-Naphtol.

Die Phenole sind infolge des negativen Charakters des aromatischen Kohlenwasserstoffrestes schwache Säuren, welche sich in wässerigen Alkalien zu Salzen auflösen. Ihre saure Natur ist jedoch so schwach, daß die Salze durch Kohlensäure bereits wieder zerlegt werden, wovon man zur Reinigung und Trennung von Phenolen häufig Gebrauch macht.

Versuch: Man löse eine Michung von etwas β-Naphtol und Benzoesäure in verdünnter Natronlauge auf und leite längere Zeit Kohlensäure in die Mischung der Natriumsalze. Es scheidet sich hierbei nur das β-Naphtol ab, welches abfiltriert wird. Das Filtrat säure man mit konzentrierter Salzsäure an, wodurch die Benzoesäure ausgefällt wird.

Die Naphtole unterscheiden sich von den Phenolen der Benzolreihe dadurch, daß ihre Hydroxylgruppe reaktionsfähiger ist als die des Phenols, Kresols u. a. Während man z. B. die Äther des Phenols nicht aus Phenol und einem Alkohol durch Wasserentziehung darstellen, z. B.:

$$(C_6H_5 \cdot OH + CH_3 \cdot OH = C_6H_5 \cdot OCH_3 + H_2O)\,,$$
nicht ausführbar

sondern nur durch Einwirkung der Halogenalkyle oder alkylschwefelsauren Salze auf Phenolsalze gewinnen kann:

$$C_6H_5 \cdot ONa + JCH_3 = C_6H_5 \cdot OCH_3 + NaJ\,,$$

gelingt es leicht, durch Erhitzen der Naphtole mit einem aliphatischen Alkohol und Schwefelsäure deren Äther darzustellen:

$$C_{10}H_7 \cdot OH + CH_3 \cdot OH = \underset{\text{Naphtylmethyläther}}{C_{10}H_7 \cdot OCH_3} + H_2O\,.$$

23. Reaktion: Nitrierung eines Phenols.

Beispiel: o- und p-Nitrophenol.

80 g Natronsalpeter werden unter Erwärmen in 200 g Wasser gelöst und nach dem Erkalten unter Umrühren mit 100 g konzentrierter Schwefelsäure versetzt. Zu der auf 25° abgekühlten

Mischung, welche sich in einem Becherglase befindet, läßt man dann aus einem Tropftrichter unter häufigem Umrühren mit einem Thermometer eine durch Erwärmen verflüssigte Mischung von 50 g kristallisiertem Phenol und 5 g Alkohol tropfenweise hinzufließen, wobei man die Temperatur durch kürzeres oder längeres Eintauchen des Becherglases in kaltes Wasser stets zwischen 25—30° hält. Sollte das Phenol im Tropftrichter erstarren, so kann man es durch gelindes Erwärmen mit einer Flamme leicht wieder verflüssigen. Nachdem man das Reaktionsgemisch unter öfterem Umrühren 2 Stunden hat stehen lassen, versetzt man es mit seinem doppelten Volumen Wasser, wobei das Reaktionsprodukt als dunkles Öl sich am Boden des Gefäßes ansammelt. Man gießt dann die Hauptmenge der wässerigen Flüssigkeit von dem Öl ab, wäscht dieses nochmals mit etwas Wasser nach, und unterwirft es nach Zusatz von $^1/_2$ Liter Wasser so lange der Destillation mit Wasserdampf, bis kein o-Nitrophenol mehr übergeht. Bezüglich der Entfernung des im Kühlrohre erstarrenden o-Nitrophenols vgl. Seite 38 (zeitweiliges Ablassen des Kühlwassers).

Nach dem Erkalten filtriert man das Destillat, wäscht das o-Nitrophenol mit Wasser nach, preßt es auf einem Tonteller ab und trocknet es im Exsikkator. Da es vollkommen rein ist, so bedarf es einer weiteren Reinigung nicht. Um das im Destillierkolben zurückgebliebene nicht flüchtige p-Nitrophenol zu gewinnen, kühlt man den Inhalt des Kolbens durch Eintauchen in kaltes Wasser ab, filtriert die wässerige Lösung von dem Ungelösten ab und kocht das Filtrat unter Erneuerung des verdampfenden Wassers $^1/_4$ Stunde lang mit 20 g Tierkohle. Man filtriert darauf von der Tierkohle ab und läßt das Filtrat an einem kühlen Orte über Nacht stehen, wobei sich das p-Nitrophenol in langen, fast farblosen Nadeln abscheidet. Das im Destillierkolben noch vorhandene Öl kocht man mit einer Mischung von 1 Vol.-Teil konzentrierter Salzsäure und 2 Vol.-Teilen Wasser ebenfalls unter Zusatz von Tierkohle auf, filtriert nach dem teilweisen Erkalten und läßt das Filtrat über Nacht stehen. Man erhält so eine zweite Kristallisation. Sind die abgeschiedenen Kristalle noch durch Öl verunreinigt, so kristallisiert man sie nochmals aus verdünnter Salzsäure unter Zusatz von Tierkohle um.

F.P. des o-Nitrophenols 45°,

F.P. des p-Nitrophenols 114°.

Ausbeute 30 g bezw. 5—10 g.

Die einwertigen Phenole der Benzolreihe werden im Gegensatz zu den entsprechenden Kohlenwasserstoffen sehr leicht nitriert. Während man z. B. bei der Nitrierung des Benzols zur Erleichterung der Wasserabspaltung konzentrierte Schwefelsäure anwenden mußte, verläuft schon die Einwirkung von konzentrierter Salpetersäure allein auf das Phenol so lebhaft, daß man in diesem Falle mit Wasser verdünnen muß. Bei der Nitrierung des Phenols bilden sich gleichzeitig das o- und p-Nitrophenol, von denen das erstere mit Wasserdämpfen flüchtig ist:

$$C_6H_5\cdot OH + NO_2\cdot OH = C_6H_4\begin{matrix} NO_2 \\ OH \end{matrix} + H_2O.$$

o- und p-Nitrophenol

Auch bei der Nitrierung der Homologen des Phenols tritt stets die Nitrogruppe in die o- und p-Stellung zur Hydroxylgruppe, nie jedoch in die m-Stellung. Um m-Nitrophenol darzustellen, muß man vom m-Nitranilin ausgehen, dieses diazotieren und die Diazolösung verkochen.

Die Nitrophenole zeigen ganz das Verhalten der Phenole. Durch den Eintritt der negativen Nitrogruppe ist jedoch der negative Charakter des Phenols so verstärkt, daß die Nitrophenole sich nicht nur in Alkalien, sondern auch in Alkalikarbonaten auflösen.

Versuch: Man löse etwas o-Nitrophenol unter Erwärmen in Sodalösung, wobei sich das scharlachrot gefärbte Natriumsalz bildet.

Aus ihren alkalischen Lösungen kann man infolgedessen die Nitrophenole durch Kohlensäure nicht ausfällen.

Außerdem zeigen die Nitrophenole das Verhalten von Nitrokörpern, indem sie z. B. bei energischer Reduktion in Amidophenole übergehen usf.

24. Reaktion: a) Chlorierung eines Kohlenwasserstoffs in der Seitenkette. b) Überführung eines Dichlorids in einen Aldehyd.

Beispiel: a) Benzalchlorid aus Toluol. b) Benzaldehyd aus Benzalchlorid.

a) In 50 g siedendes Toluol, welches sich in einem weithalsigen Rundkolben von ca. 100 ccm Inhalt befindet (Fig. 74), leitet man an einem hellen Platze, am besten im Sonnenlichte, so lange trockenes Chlor ein, bis eine Gewichtszunahme von 40 g eingetreten ist. Um sich über den Verlauf der Chlorierung zu orientieren, hat man vor Beginn des Versuches das mit Toluol gefüllte Kölbchen gewogen. Indem man von Zeit zu Zeit das Einleiten des Chlors unterbricht und den erkalteten Kolben wägt, sieht man aus der Gewichtszunahme, wie weit die Chlorierung fortgeschritten ist. Die Dauer des Prozesses ist sehr verschieden. Im Sommer ist er manchmal nach wenigen Stunden, an trüben Wintertagen oft erst nach Verlauf eines halben bis ganzen Tages beendet. Man kann die Reaktion wesentlich beschleunigen, wenn man dem Toluol 4 g Phosphorpentachlorid hinzufügt.

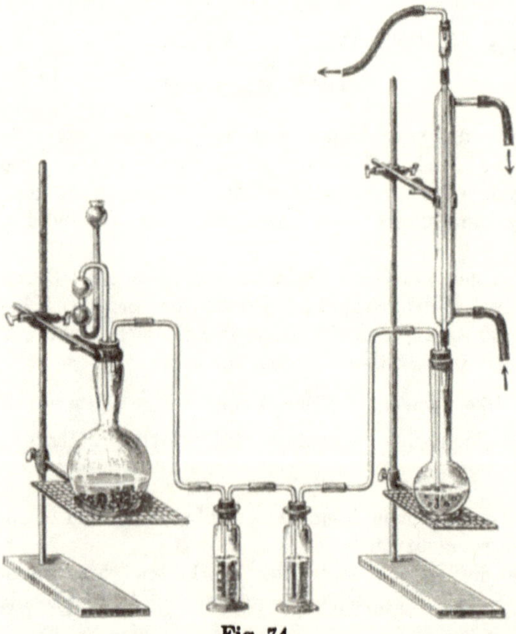

Fig. 74.

b) Um das Benzalchlorid in Benzaldehyd zu verwandeln, versetzt man das erhaltene Rohprodukt in einem mit gut wirkendem Rückflußkühler verbundenen Rundkolben mit 500 ccm Wasser und 150 g gefälltem Calciumkarbonat (oder Schlemmkreide, oder fein pulverisiertem Marmor) und erwärmt die Mischung 4 Stunden lang in einem halbkugeligen Ölbade auf 130° (Thermometer im Öl). Durch den heißen Kolbeninhalt leitet man dann, ohne den Kolben selbst hierbei weiter im Ölbade oder durch eine Flamme zu erhitzen, so lange Wasserdämpfe, als noch Öl mit diesen übergeht. Man hat sich zu diesem Zwecke bereits vor dem Erhitzen im Ölbade die für die Dampfdestillation nötigen Vorrichtungen (Kork mit Glasröhren) hergestellt.

Ehe man den rohen Benzaldehyd einer Reinigung unterwirft, filtriert man die im Destillierkolben zurückgebliebene Flüssigkeit heiß durch ein Faltenfilter ab und säuert das Filtrat mit konzentrierter Salzsäure stark an. Beim Abkühlen scheidet sich dann Benzoesäure, welche als Nebenprodukt bei der Benzaldehyddarstellung gewonnen wird, in glänzenden Blättern ab. Man filtriert sie nach dem Erkalten ab und kristallisiert sie aus heißem Wasser um, wobei man jedoch nicht zu lange erhitze, da sie mit Wasserdämpfen flüchtig ist. F.P. 121°.

Das mit den Wasserdämpfen übergegangene Öl versetzt man samt der wässerigen Flüssigkeit mit so viel einer konzentrierten Lösung von saurem schwefligsaurem Natrium, bis nach längerem Schütteln der größte Teil des Öles in Lösung gegangen ist. Sollten sich hierbei Kristalle der Doppelverbindung von Benzaldehyd mit Natriumbisulfit abscheiden, so fügt man so lange Wasser hinzu, bis diese in Lösung gegangen sind. Man filtriert darauf durch ein feuchtes Faltenfilter die wässerige Lösung von dem ungelöst gebliebenen Öl ab und versetzt das Filtrat so lange mit entwässerter Soda, bis es stark alkalisch reagiert. Unterwirft man die alkalische Flüssigkeit nun nochmals der Wasserdampfdestillation, so geht vollkommen reiner Benzaldehyd über, welcher mit Äther aufgenommen und nach dem Verdampfen des Äthers destilliert wird. S.P. 179°.

Bei der Darstellung des Brombenzols ist bereits erwähnt worden, daß bei der Einwirkung von Chlor oder Brom auf aromatische Kohlenwasserstoffe, welche eine aliphatische Seitenkette enthalten, verschiedene Produkte entstehen, je nachdem man das Halogen in der Kälte oder bei Siedehitze auf den Kohlenwasserstoff einwirken läßt. Wirkt z. B. Chlor bei niedriger Temperatur auf Toluol ein, so entsteht Chlortoluol, welches das Chloratom am Benzolkern enthält:

$$\underset{\text{In der Kälte}}{C_6H_5\cdot CH_3 + Cl_2} = \underset{\text{Chlortoluol}}{C_6H_4\begin{smallmatrix}CH_3\\ Cl\end{smallmatrix}} + HCl.$$

Leitet man dagegen Chlor in siedendes Toluol ein, so tritt das Chloratom in die Seitenkette ein:

$$\underset{\text{In der Hitze}}{C_6H_5\cdot CH_3 + Cl_2} = \underset{\text{Benzylchlorid}}{C_6H_5\cdot CH_2\cdot Cl} + HCl.$$

Setzt man das Einleiten des Chlors in der Hitze längere Zeit fort, so wird zunächst ein zweites und schließlich auch das dritte Wasserstoffatom der Methylgruppe substituiert:

$$\underset{\text{In der Hitze}}{C_6H_5\cdot CH_2Cl + Cl_2} = \underset{\text{Benzalchlorid}}{C_6H_5\cdot CHCl_2} + HCl,$$

$$\underset{\text{In der Hitze}}{C_6H_5\cdot CHCl_2 + Cl_2} = \underset{\text{Benzotrichlorid}}{C_6H_5\cdot CCl_3} + HCl.$$

Damit hat die Einwirkung in der Hitze ihr Ende erreicht, indem selbst bei längerem Einleiten von Chlor das Trichlorid nicht weiter verändert wird.

Die Einführung von Chlor bietet die Schwierigkeit, daß, da man nicht wie bei dem flüssigen Brom von abgewogenen Quantitäten aus gehen kann, man gerade den richtigen Zeitpunkt abpassen muß, in welchem die Chlorierung bis zu der gewünschten Stufe fortgeschritten ist. Es läßt sich dies dadurch ermöglichen, daß man von Zeit zu Zeit die Gewichtszunahme des zu chlorierenden Körpers bestimmt. Da dem Übergang von 1 Mol.-Gewicht Toluol in Benzylchlorid eine Gewichtszunahme von Cl minus H = 34·5 entspricht, so müssen bei der Darstellung von Benzylchlorid 100 Gewichtsteile Toluol um 37·5 Gewichtsteile an Gewicht zunehmen, und dementsprechend bei der Darstellung von Benzalchlorid oder Benzotrichlorid um 2 × 37·5 = 75 oder 3 × 37·5 = 112·5 Gewichtsteile.

Wie bei den meisten organisch-chemischen Reaktionen treten auch bei der Chlorierung neben der Hauptreaktion noch Nebenreaktionen ein, die im obigen Beispiele darin bestehen, daß ein Teil des Toluols über das Benzalchlorid hinaus zu Trichlorid chloriert wird, wofür ein anderer Teil nur bis zum Benzylchlorid substituiert wird. Das oben erhaltene Reaktionsprodukt besteht demnach im wesentlichen aus Benzalchlorid, dem geringe Mengen von Benzylchlorid und Benzotrichlorid beigemengt sind.

Die Halogenderivate der aromatischen Kohlenwasserstoffe, welche das Halogen in der Seitenkette enthalten, sind zum Teil Flüssigkeiten, zum Teil farblose, kristallisierte Substanzen, die sich von den Isomeren, welche das Halogen am Benzolkern enthalten, zunächst dadurch unterscheiden, daß ihre Dämpfe die Schleimhäute der Augen und der Nase aufs heftigste angreifen. Man hüte sich demnach bei obigem Präparate wohl, etwas von dem Chlorierungsprodukte zu verschütten, oder es mit den Händen in Berührung zu bringen.

In chemischer Beziehung unterscheiden sich die beiden isomeren Reihen dadurch, daß das in der Seitenkette befindliche Halogen bei weitem reaktionsfähiger ist als aromatisch gebundenes, wie aus den folgenden Reaktionsgleichungen ersichtlich ist:

$$C_6H_5 \cdot CH_2Cl + NH_3 = \underset{\text{Benzylamin}}{C_6H_5 \cdot CH_2 \cdot NH_2} + HCl,$$

$$C_6H_5 \cdot CH_2Cl + CH_3 \cdot COONa = \underset{\text{Benzylacetat}}{CH_3 \cdot COO \cdot CH_2 \cdot C_6H_5} + NaCl,$$

$$C_6H_5 \cdot CH_2Cl + KCN = \underset{\text{Benzylcyanid}}{C_6H_5 \cdot CH_2 \cdot CN} + KCl.$$

Die aliphatisch substituierten Chloride besitzen präparative Bedeutung für die Darstellung aromatischer Alkohole, Aldehyde und

Säuren. Kocht man jene nämlich mit Wasser, so setzen sie sich nach folgenden Gleichungen um:

$$1.\ C_6H_5 \cdot CH_2Cl + H_2O = \underset{\text{Benzylalkohol}}{C_6H_5 \cdot CH_2 \cdot OH} + HCl,$$

$$2.\ C_6H_5 \cdot CHCl_2 + H_2O = \underset{\text{Benzaldehyd}}{C_6H_5 \cdot CHO} + 2\,HCl,$$

$$3.\ C_6H_5 \cdot CCl_3 + 2\,H_2O = \underset{\text{Benzoesäure}}{C_6H_5 \cdot COOH} + 3\,HCl.$$

Ein am Kern haftendes Halogenatom ist aller dieser Umsetzungen nicht fähig.

Da in den Fällen 1) und 2) die bei der Reaktion entstehende Salzsäure wieder im umgekehrten Sinne aus dem Alkohol oder Aldehyd das ursprüngliche Chlorid regenerieren kann, so muß man dafür Sorge tragen, daß die freie Säure unschädlich gemacht wird, was man gewöhnlich durch Zusatz von Karbonaten, mit denen die Salzsäure unter Entwickelung von Kohlensäure sich umsetzt, erreicht. In der Praxis wendet man zu diesem Zwecke den billigen kohlensauren Kalk (Marmorpulver) an, und die oben ausgeführte Darstellung von Benzaldehyd ist nach Möglichkeit dem technischen Prozesse, welchen man zur Gewinnung dieses Körpers ausführt, nachgebildet.

Auch aus Benzylchlorid läßt sich Benzaldehyd direkt darstellen, indem man jenes bei Gegenwart von Bleinitrat oder Kupfernitrat mit Wasser kocht. Aus dem Benzylchlorid bildet sich hierbei zunächst Benzylalkohol, welcher durch die Nitrate zu Benzaldehyd oxydiert wird.

Wie oben erwähnt, besteht das erhaltene Chlorierungsprodukt wesentlich aus Benzalchlorid, dem geringe Mengen von Benzylchlorid und Benzotrichlorid beigemengt sind. Kocht man die Mischung mit Wasser unter Zusatz von kohlensaurem Kalk, so erhält man wesentlich Benzaldehyd neben Benzylalkohol und Benzoesäure, welch letztere sich mit dem Calciumkarbonat zu benzoesaurem Calcium umsetzt. Destilliert man das Reaktionsgemisch mit Wasserdampf, so gehen Benzaldehyd, Benzylalkohol und geringe Mengen von Chloriden, welche sich der Reaktion entzogen haben, mit dem Wasser über, während das benzoesaure Calcium im Destillierkolben zurückbleibt. Durch Ansäuren kann man aus dem Rückstande wie oben die freie Benzoesäure gewinnen. Ein großer Teil der sogen. „Benzoesäure e toluolo" wird auf diese Weise als Nebenprodukt bei der technischen Darstellung des Benzaldehyds erhalten. Um den Benzaldehyd von Benzylalkohol, von Chloriden und anderen Verunreinigungen zu trennen, macht man von der allgemeinen Eigenschaft der Aldehyde, sich mit saurem schwefligsaurem Natrium zu wasserlöslichen Doppelverbindungen zu vereinigen, Gebrauch. Schüttelt man das Destillat mit Bisulfitlösung, so wird der Aldehyd gelöst, während die Verunreinigungen ungelöst bleiben. Filtriert man von diesen ab und zersetzt die Bisulfitverbindung des Aldehyds durch Soda, so geht bei erneuter Wasserdampfdestillation reiner Aldehyd über.

Die aromatischen Aldehyde sind zum Teil Flüssigkeiten, zum Teil feste Körper, welche vielfach einen angenehmen, aromatischen Geruch besitzen. Sie zeigen die allgemeinen Aldehydreaktionen, indem sie z. B. bei der Reduktion primäre Alkohole, bei der Oxydation Karbonsäuren liefern.

Versuch: Man lasse einige Tropfen Benzaldehyd auf einem Uhrglase an der Luft stehen. Nach längerer Zeit ist jener in Kristalle von Benzoesäure übergegangen:

$$C_6H_5 \cdot CHO + O = C_6H_5 \cdot COOH .$$

Daß sie sich mit Bisulfit zu kristallisierten Verbindungen vereinigen, ist bereits oben erwähnt:

$$C_6H_5 \cdot CHO + HSO_3Na = C_6H_5 \cdot CH\begin{cases} O \cdot SO_2Na \\ OH \end{cases} .$$

Versuch: Man übergieße $^1/_2$ ccm Benzaldehyd mit einer konzentrierten Lösung von Natriumbisulfit und schüttle um. Die Mischung erstarrt nach kurzer Zeit zu einem Kristallbrei.

Ferner reagieren die Aldehyde, wie bereits beim Acetaldehyd erwähnt, mit Hydroxylamin und Phenylhydrazin unter Bildung von Oximen und Hydrazonen. Mit Hydrazin bilden sie je nach den Versuchsbedingungen die nicht sehr beständigen Hydrazine oder die beständigeren und charakteristischen Azine:

$$C_6H_5 \cdot CH\boxed{O + H_2}N \cdot NH_2 = H_2O + \underset{\text{Benzalhydrazin}}{C_6H_5 \cdot CH = N \cdot NH_2} .$$

$$\begin{array}{l} C_6H_5 \cdot CH\boxed{O \quad H_2}N \\ \qquad\quad + \qquad | \\ C_6H_5 \cdot CH\boxed{O \quad H_2}N \end{array} = 2H_2O + \underset{\text{Benzalazin}}{\begin{array}{l} C_6H_5 \cdot CH = N \\ \qquad\qquad\quad | \\ C_6H_5 \cdot CH = N \end{array}} .$$

Sehr leicht kondensieren sich Aldehyde auch mit primären aromatischen Basen unter Austritt von Wasser:

$$C_6H_5 \cdot CHO + C_6H_5 \cdot NH_2 = \underset{\text{Benzylidenanilin}}{C_6H_5 \cdot CH{=}N \cdot C_6H_5} + H_2O$$

Versuch: Man vermische in einem Reagenzrohre 1 ccm Benzaldehyd mit dem gleichen Volumen reinen Anilins und erwärme schwach. Unter Abscheidung von Wassertropfen erstarrt die Mischung beim Abkühlen zu Kristallen von Benzylidenanilin.

Eine weitere Anzahl von charakteristischen Aldehydreaktionen wird später noch praktisch ausgeführt werden und sei hier auf das dort Gesagte verwiesen.

Benzaldehyd wird im großen Maßstabe technisch dargestellt. Die hauptsächlichste Anwendung findet er zur Darstellung der Farbstoffe der Malachitgrünreihe, sowie von Zimtsäure (vgl. diese Präparate).

25. Reaktion: Gleichzeitige Oxydation und Reduktion eines Aldehyds unter dem Einflusse von konzentriertem Kali.

Beispiel: Benzoesäure und Benzylalkohol aus Benzaldehyd.[1]

20 g Benzaldehyd werden in einem Stöpselzylinder oder dickwandigen Glase mit einer erkalteten Lösung von 18 g festem Kali in 12 g Wasser versetzt und bis zur bleibenden Emulsion geschüttelt, worauf man die Mischung über Nacht sich selbst überläßt. Man verschließt hierbei das Gefäß durch einen Kork und nicht durch einen Glasstöpsel, da dieser sich zuweilen so fest am Halse des Gefäßes ansetzt, daß man ihn nur mit Mühe lockern kann. Zu dem abgeschiedenen Kristallbrei (benzoesaures Kalium) fügt man dann so lange Wasser, bis man eine klare Lösung erhält, der man durch mehrmaliges Ausschütteln mit Äther den Benzylalkohol entzieht. Nach dem Verdampfen des Äthers unterwirft man den Benzylalkohol der Destillation, wobei er bei 206° übergeht. Die wässerige alkalische Flüssigkeit säuert man mit Salzsäure an, wodurch die Benzoesäure ausgefällt wird. Ausbeute ca. 8 g Benzylalkohol.

Während viele aliphatische Aldehyde (vgl. Acetaldehyd) durch Alkalien unter Bildung komplizierter hochmolekularer Körper, der sogen. Aldehydharze, zersetzt werden, reagieren aromatische Aldehyde unter den gleichen Verhältnissen in sehr glatter Weise, indem zwei Moleküle mit einem Moleküle Kaliumhydroxyd in Reaktion treten, wobei das eine Aldehydmolekül zu der entsprechenden Säure oxydiert, das andere zu einem primären Alkohol reduziert wird:

$$2C_6H_5\cdot CHO + KOH = C_6H_5\cdot COOK + C_6H_5\cdot CH_2\cdot OH.$$

Da die Aldehyde vielfach leicht zugängliche Substanzen sind, so stellt man viele primäre Alkohole nach dieser Reaktion sehr zweckmäßig dar.

---

[1] B. 14, 2394.

Die primären aromatischen Alhohole verhalten sich vollkommen wie die entsprechenden aliphatischen Alkohole, indem sie Äther und Ester zu bilden vermögen, z. B.:

$$\begin{matrix} C_6H_5\cdot CH_2 \\ C_6H_5\cdot CH_2 \end{matrix}\!\!>\!O; \qquad \begin{matrix} C_6H_5\cdot CH_2 \\ CH_3 \end{matrix}\!\!>\!O; \qquad CH_3\cdot COOCH_2\cdot C_6H_5\,.$$

Benzyläther — Benzylmethyläther — Essigsäurebenzylester

Bei der Oxydation gehen sie zunächst in Aldehyde und schließlich in Säuren über:

$$C_6H_5\cdot CH_2\cdot OH + O = C_6H_5\cdot CHO + H_2O\,,$$
$$C_6H_5\cdot CH_2\cdot OH + O_2 = C_6H_5\cdot COOH + H_2O\,.$$

26. Reaktion: Kondensation eines Aldehyds durch Cyankalium zu einem Benzoin.

Beispiel: Benzoin aus Benzaldehyd.[1]

10 g Benzaldehyd werden mit 20 g Alkohol vermischt, mit einer Lösung von 2 g Cyankalium in 5 ccm Wasser versetzt und am Rückflußkühler auf einem Wasserbade 1 Stunde lang gekocht. Man gießt dann die heiße Lösung in ein Becherglas um, läßt langsam erkalten, filtriert die abgeschiedenen Kristalle ab, wäscht sie mit etwas Alkohol nach und trocknet sie auf dem Wasserbade. Für die Verarbeitung auf Benzil (siehe nächstes Präparat) bedarf es keiner Umkristallisation. Um ganz reines Benzoin zu erhalten, kristallisiere man eine kleine Probe des Rohproduktes aus wenig Alkohol in einem Reagenzrohre um. F.P. 134°. Ausbeute ca. 90 % der Theorie.

Erwärmt man aromatische Aldehyde vom Typus des Benzaldehyds in alkoholischer Lösung mit geringen Mengen von Cyankalium, welches als Katalysator wirkt, so erhält man Körper, welche die gleiche Zusammensetzung wie der Aldehyd besitzen, deren Molekulargewicht jedoch das Doppelte von dem des Aldehyds ist:

$$2\,C_6H_5\cdot CHO = \underset{\text{Benzoin}}{C_6H_5\cdot CO\cdot \underset{\displaystyle OH}{\overset{|}{CH}}\cdot C_6H_5}$$

In der gleichen Weise erhält man aus dem Anisaldehyd und Kuminol das Anisoin und Kuminoin:

[1] A. 198, 150.

$$2\,p\text{-}C_6H_4\begin{cases}OCH_3\\ CHO\end{cases} = CH_3O\cdot C_6H_4\cdot CO\cdot \underset{\displaystyle OH}{\underset{|}{CH}}\cdot C_6H_4\cdot OCH_3$$

Anisaldehyd — Anisoin

$$2\,p\text{-}C_6H_4\begin{cases}C_3H_7\\ CHO\end{cases} = C_3H_7\cdot C_6H_4\cdot CO\cdot \underset{\displaystyle OH}{\underset{|}{CH}}-C_6H_4\cdot C_3H_7\,.$$

Kuminol — Kuminoin

Auch das Furfurol liefert mit Cyankalium das Furoin:

$$\underset{\text{Furfurol}}{2\,C_4H_3O\cdot CHO} = \underset{\text{Furoin}}{C_4H_3O\cdot CO\cdot \underset{\displaystyle OH}{\underset{|}{CH}}\cdot C_4H_3O}\,.$$

Dem Benzoin und seinen Analogen liegt als Kohlenwasserstoff das Dibenzyl $C_6H_5\cdot CH_2\cdot CH_2\cdot C_6H_5$ zugrunde, und es geht in der Tat bei der Reduktion mit Jodwasserstoff das Benzoin in diesen Kohlenwasserstoff über. Die Benzoine verhalten sich einerseits wie Ketone, indem die CO-Gruppe in Reaktion tritt, und anderseits, indem die CH—OH-Gruppe reagiert, wie sekundäre Alkohole. So vermögen sie z. B. mit Hydroxylamin oder Phenylhydrazin Oxime und Hydrazone zu bilden. Reduziert man Benzoin mit Natriumamalgam, so geht die Ketongruppe in die sekundäre Alkoholgruppe über:

$$C_6H_5\cdot CO\cdot \underset{\displaystyle OH}{\underset{|}{CH}}\cdot C_6H_5 + H_2 = \underset{\text{Hydrobenzoin}}{C_6H_5\cdot \underset{\displaystyle OH}{\underset{|}{CH}}-\underset{\displaystyle OH}{\underset{|}{CH}}\cdot C_6H_5}\,.$$

Führt man die Reduktion mit Zink und Salzsäure oder Eisessig aus, so wird nicht die CO-Gruppe, sondern die Alkoholgruppe reduziert, und man erhält das Desoxybenzoin:

$$C_6H_5\cdot CO\cdot \underset{\displaystyle OH}{\underset{|}{CH}}\cdot C_6H_5 + H_2 = \underset{\text{Desoxybenzoin}}{C_6H_5\cdot CO\cdot CH_2\cdot C_6H_5} + H_2O\,,$$

ein Körper, der besonderes Interesse verdient, da in ihm wie im Acetessigester eins der beiden Wasserstoffatome der CH_2-Gruppe infolge des azidifizierenden Einflusses der benachbarten negativen CO- und C_6H_5-Gruppe durch Natrium ersetzbar ist, und man hier die gleichen Synthesen wie beim Acetessigester ausführen kann, z. B.:

$$\underset{\text{Natriumdesoxybenzoin}}{C_6H_5\cdot CO\cdot \underset{\displaystyle Na}{\underset{|}{CH}}\cdot C_6H_5} + JC_2H_5 = \underset{\text{Äthyldesoxybenzoin}}{C_6H_5\cdot CO\cdot \underset{\displaystyle C_2H_5}{\underset{|}{CH}}\cdot C_6H_5} + NaJ\,.$$

Wie ein Alkohol verhält sich ferner das Benzoin, indem die OH-Gruppe mit Alkyl- und Säureresten der Äther- und Esterbildung fähig ist. — Läßt man auf Benzoin Oxydationsmittel einwirken, so wird, wie bei allen sekundären Alkoholen, die Alkoholgruppe zu einer Ketongruppe oxydiert:

$$C_6H_5\cdot CO\cdot \underset{\displaystyle HO}{\underset{|}{CH}}\cdot C_6H_5 + O = \underset{\text{Dibenzoyl = Benzil}}{C_6H_5\cdot CO\cdot CO\cdot C_6H_5} + H_2O\,.$$

Das nächste Präparat wird diese Reaktion behandeln.

27. Reaktion: Oxydation eines Benzoins zu einem Benzil.

Beispiel: Benzil aus Benzoin.

Das bei der vorigen Reaktion erhaltene rohe Benzoin wird nach dem Trocknen fein pulverisiert und in einem offenen Kolben unter häufigem Umschütteln mit seinem doppelten Gewichte reiner konzentrierter Salpetersäure $1^1/_2$ bis 2 Stunden auf einem lebhaft siedenden Wasserbade erhitzt. Nach beendeter Oxydation gießt man das Reaktionsgemisch in kaltes Wasser, gießt nach dem Erstarren die verdünnte Salpetersäure ab, wäscht mehrmals mit Wasser nach, preßt auf einem Tonteller ab, und kristallisiert aus Alkohol um. Die abgeschiedenen Kristalle trocknet man nach dem Abfiltrieren an der Luft auf Filtrierpapier. F.P. 95°. Ausbeute ca. $90^0/_0$ der Theorie.

Die Gleichung für die Oxydation des Benzoins zu Benzil ist bereits bei dem vorigen Präparat gegeben. Auch die Analogen des Benzoins geben bei der Oxydation Körper der Benzilreihe. So erhält man z. B. aus dem Anisoin und Kuminoin das Anisil und Kuminil:

$$\underset{\text{Anisil}}{CH_3O\cdot C_6H_4\cdot CO\cdot CO\cdot C_6H_4\cdot OCH_3}\,;\quad \underset{\text{Kuminil}}{C_3H_7\cdot C_6H_4\cdot CO\cdot CO\cdot C_6H_4\cdot C_3H_7}\,.$$

Das Benzil verhält sich wie ein Diketon, indem es z. B. mit Hydroxylamin Oxime bildet, die deshalb ein hervorragendes Interesse beanspruchen, weil von ihnen unsere Kenntnisse bezüglich der Stereochemie des Stickstoffatoms ausgegangen sind. Das Benzil vermag nämlich **zwei** Monoxime und **drei** Dioxime zu bilden, auf deren Konstitution später bei der Darstellung des Benzophenonoxims noch näher einzugehen ist.

Beim Schmelzen mit Kali oder beim längeren Erhitzen mit wässerigem Kali erleidet das Benzil eine merkwürdige Umwandlung, indem es nämlich unter Aufnahme von Wasser in die sogen. Benzilsäure übergeht:

$$C_6H_5\cdot CO\cdot CO\cdot C_6H_5 + H_2O = \underset{\text{Diphenylglykolsäure = Benzilsäure}}{\begin{matrix} C_6H_5 \\ C_6H_5 \end{matrix}\!\!>\!\underset{\displaystyle OH}{\underset{|}{C}}\cdot COOH}\,.$$

Auch das Anisil und Kuminil liefern in analoger Weise die Anisilsäure und Kuminilsäure.

28. Reaktion: Anlagerung von Cyanwasserstoff an einen Aldehyd.

Beispiel: Mandelsäure aus Benzaldehyd.[1]

a) Mandelsäurenitril.

In einem Kolben übergießt man 13 g fein pulverisiertes 100proz. Cyankalium, oder eine äquivalente Menge eines möglichst reinen Salzes mit 20 g frisch destilliertem Benzaldehyd und läßt hierzu, indem man von außen mit Eis kühlt, aus einem Tropftrichter unter öfterem Umrühren so viel einer möglichst konzentrierten wässerigen Salzsäure tropfenweise fließen, als 7 g wasserfreier HCl entspricht (ca. 20 g konzentrierte Salzsäure). Man überläßt dann unter mehrfachem Umschütteln das Reaktionsgemisch 1 Stunde sich selbst, gießt es in das ca. fünffache Volumen Wasser, wäscht mehrmals mit Wasser nach und trennt das Öl im Scheidetrichter vom Wasser. Bei der Zersetzlichkeit des Nitrils ist eine weitere Reinigung nicht möglich. Ausbeute fast quantitativ.

Viel zweckmäßiger läßt sich sehr reines Mandelsäurenitril nach den Angaben des D. R. P. 85230, Kl. 12 in der folgenden Weise gewinnen:[2] 15 g Benzaldehyd werden in einem Becherglase mit ca. 50 ccm einer konzentrierten Lösung von Natriumbisulfit übergossen, worauf die Mischung so lange mit einem Glasstabe umgerührt wird, bis sie zu einem Brei der Doppelverbindung $C_6H_5 \cdot C \begin{cases} H \\ OH \\ OSO_2Na \end{cases}$ erstarrt ist. Man filtriert diese an der Saugpumpe ab, preßt sie fest zusammen und wäscht einige Male mit wenig Wasser nach. Die Doppelverbindung wird dann mit etwas Wasser zu einem dicken Brei angerührt und mit einer erkalteten Lösung von 12 g Cyankalium in 25 g Wasser versetzt. Nach kurzer Zeit gehen, besonders leicht beim Umrühren, die Kristalle in Lösung, und das Mandelsäurenitril scheidet sich als Öl ab, welches man im Scheidetrichter von der wässerigen Lösung trennt.

b) Verseifung des Nitrils.

Das Nitril wird in einer Porzellanschale mit dem vierfachen Volumen konzentrierter Salzsäure auf einem Wasserbade so weit

[1] B. **14**, 235.
[2] Ch. Z. 1896 S. 90.

eingedampft, bis sich an der Oberfläche der Flüssigkeit Kristalle reichlich abzuscheiden beginnen. Man läßt das Reaktionsgemisch dann über Nacht an einem kühlen Orte stehen, filtriert die abgeschiedenen Kristalle nach dem Verreiben mit wenig Wasser an der Saugpumpe ab und wäscht sie mit nicht zu viel Wasser nach. Aus dem Filtrate gewinnt man noch eine weitere Menge der Säure, indem man jenes ausäthert und den nach dem Verdampfen des Äthers hinterbleibenden Rückstand auf einem Uhrglase einige Zeit auf dem Wasserbade erwärmt. Die rohe Mandelsäure wird auf einem Tonteller abgepreßt und durch Kristallisation aus Benzol rein erhalten. F. P. 118°. Ausbeute ca. 10—15 g.

c) Spaltung der inaktiven Mandelsäure in ihre aktiven Komponenten.[1]

Eine Mischung von 10 g kristallisierter Mandelsäure und 20 g kristallisiertem Cinchonin wird mit 500 ccm Wasser unter recht häufigem Umschütteln eine Stunde lang in einem offenen Kolben auf einem lebhaft siedenden Wasserbade erhitzt. Nach dem Erkalten filtriert man vom Ungelösten ab, ohne hierbei jedoch mit Wasser nachzuwaschen. In diese klare Lösung (a) trägt man dann einige Kristalle von d-mandelsaurem Cinchonin ein (siehe unten) und läßt je nach Bedürfnis einen Tag bis mehrere Tage an einem kühlen Orte stehen (6—8°; im Sommer im Eisschrank, im Winter event. im Keller). Um das hierbei abgeschiedene rohe d-mandelsaure Cinchonin zu reinigen, filtriert man es ab (Filtrat *A* aufbewahren), preßt auf einem Tonteller ab und kristallisiert aus Wasser um, wobei man auf je ein Gramm des trockenen Salzes 25 ccm Wasser anwendet (wie oben beschrieben eine Stunde im offenen Kolben unter Umschütteln auf dem Wasserbade erhitzen). Nach dem Filtrieren der erkalteten Lösung wasche man auch hier die ungelöst gebliebenen Anteile nicht mit Wasser nach. Impft man der Lösung einige Kristalle d-mandelsauren Cinchonins ein, so kristallisiert beim längeren Stehen unter den gleichen Bedingungen wie oben ein reineres Salz aus. Um die freie Rechtsmandelsäure zu erhalten, löst man das gereinigte Salz in nicht zu viel Wasser auf und versetzt mit Ammoniak im geringen Überschuß, wodurch Cinchonin ausgefällt wird, welches man abfiltriert und nach der Umkristallisation aus verdünntem Alkohol für einen neuen Ver-

[1] Vgl. B. **16**, 1773 und **32**, 2385.

such wieder benutzen kann. Das Filtrat, welches rechtsmandelsaures Ammonium enthält, wird mit Salzsäure angesäuert und mit Äther ausgeschüttelt. Erhitzt man den nach dem Verdampfen des Äthers hinterbleibenden Rückstand einige Zeit auf einem Uhrglase auf dem Wasserbade, so erstarrt er beim Abkühlen zu Kristallen von Rechtsmandelsäure, welche nach dem Abpressen auf einem Tonteller aus Benzol umkristallisiert werden. F.P. 133—134°.

Reine Linksmandelsäure läßt sich bei Anwendung kleiner Quantitäten von Mandelsäure nicht leicht erhalten. Ein wenn auch nur schwach linksdrehendes Präparat gewinnt man jedoch auf die folgende Weise: Das oben erhaltene Filtrat *A* verarbeitet man, wie soeben beim reinen rechtsmandelsauren Cinchonin beschrieben, auf die freie Säure, welche, da ja ein Teil der d-Modifikation entfernt worden ist, linksdrehend sein muß.

Von den so erhaltenen drei Präparaten, nämlich 1. inaktiver racemischer, 2. reiner d-Säure und 3. unreiner l-Säure stelle man sich wässerige Lösungen von geeigneter Konzentration her und untersuche diese im Polarisationsapparat auf ihr Drehungsvermögen, wobei auf die Lehrbücher der theoretischen und praktischen Physik verwiesen werden muß.

Ist man nicht im Besitze von d-mandelsaurem Cinchonin, so stellt man sich für den ersten Versuch ein geeignetes Impfmaterial auf die folgende Weise dar: Einige Kubikzentimeter der oben erhaltenen Lösung (a) werden tropfenweise so lange mit einer gesättigten wässerigen Kochsalzlösung versetzt, bis eine geringe Fällung eingetreten ist. Man erhitzt dann bis zur Lösung und läßt stehen, bis sich Kristalle abgeschieden haben, wozu event. eintägiges Stehen erforderlich ist. Die so erhaltenen Kristalle sind salzsaures Cinchonin, auf denen geringe Mengen von d-mandelsaurem Cinchonin niedergeschlagen sind, welche jedoch genügen, um die weitere Abscheidung des d-Salzes zu veranlassen.

Cyanwasserstoff lagert sich sowohl an aliphatische wie aromatische Aldehyde und Ketone unter Bildung von α-Oxysäurenitrilen an:

$$CH_3\cdot CHO + HCN = CH_3\cdot CH\begin{matrix} \diagup OH \\ \diagdown CN \end{matrix},$$

Aldehydcyanhydrin = α-Milchsäurenitril

$$C_2H_5\cdot CO\cdot C_2H_5 + HCN = \begin{matrix} C_2H_5 \diagdown \\ C_2H_5 \diagup \end{matrix} C \begin{matrix} \diagup OH \\ \diagdown CN \end{matrix},$$

Diäthylketon Nitril der Diäthylglykolsäure

$$\underset{\text{Benzaldehyd}}{C_6H_5\cdot CHO} + HCN = \underset{\text{Mandelsäurenitril}}{C_6H_5\cdot CH\begin{matrix}\diagup OH\\ \diagdown CN\end{matrix}},$$

$$\underset{\text{Acetophenon}}{C_6H_5\cdot CO\cdot CH_3} + HCN = \underset{\text{Acetophenoncyanhydrin}}{\begin{matrix}C_6H_5\diagdown\\ CH_3\diagup\end{matrix}C\begin{matrix}\diagup OH\\ \diagdown CN\end{matrix}}.$$

Auch mit komplizierteren Verbindungen, welche eine CO-Gruppe enthalten, gelingt die Reaktion:

$$\underset{\text{Acetessigester}}{CH_3\cdot CO\cdot CH_2\cdot COOC_2H_5} + HCN = CH_3\cdot \underset{HO\ \ CN}{C}-CH_2\cdot COOC_2H_5,$$

$$\underset{\text{Brenztraubensäure}}{CH_3\cdot CO\cdot COOH} + HCN = \underset{\alpha\text{-Cyan-}\alpha\text{-Milchsäure}}{CH_3\cdot \underset{HO\ \ CN}{C}-COOH},$$

$$\underset{\text{Benzoylkarbinol}}{C_6H_5\cdot CO\cdot CH_2\cdot OH} + HCN = C_6H_5\cdot \underset{HO\ \ CN}{C}-CH_2\cdot OH.$$

Die Reaktion kann durch Digerieren mit fertiger wasserfreier Blausäure bei gewöhnlicher oder höherer Temperatur, in den meisten Fällen jedoch zweckmäßiger wie oben durch naszierende Blausäure ausgeführt werden. Wendet man wie bei der zweiten Vorschrift die Natriumbisulfitverbindung eines Aldehydes an, so verläuft die Reaktion nach folgender Gleichung:

$$C_6H_5\cdot CH\begin{matrix}\diagup OH\\ \diagdown \boxed{O\cdot SO_2Na + K}CN\end{matrix} = C_6H_5\cdot CH\begin{matrix}\diagup OH\\ \diagdown CN\end{matrix} + SO_3NaK.$$

Unterwirft man die Oxynitrile einer Verseifung, z. B. durch Kochen mit Salzsäure, so erhält man daraus die freien Oxysäuren, z. B.:

$$\underset{\text{Mandelsäurenitril}}{C_6H_5\cdot CH\begin{matrix}\diagup OH\\ \diagdown CN\end{matrix}} + 2H_2O + HCl = \underset{\text{Mandelsäure}}{C_6H_5\cdot CH\begin{matrix}\diagup OH\\ \diagdown COOH\end{matrix}} + NH_4Cl.$$

Da die „Cyanhydrinreaktion" meistens sehr glatt verläuft, so wird sie in vielen Fällen als wirkliche Darstellungsmethode für α-Oxysäuren verwandt.

Auch in der Zuckergruppe ist die Cyanhydrinreaktion sowohl für die Konstitutionsermittelung wie für den Aufbau von Zuckerarten mit längeren Ketten von Kohlenstoffatomen von hervorragender Bedeutung geworden. In letzter Beziehung sei nur ein Beispiel erwähnt. Lagert man an Traubenzucker, welcher ja ein Aldehyd ist, Blausäure an, so erhält man zunächst ein Oxynitril, welches bei der Verseifung eine Oxysäure liefert. Wird diese, oder vielmehr deren inneres Anhydrid (Lakton), in welches sie leicht übergeht, reduziert, so wird die COOH-Gruppe zu einer Aldehydgruppe reduziert und man erhält einen Zucker, welcher eine CH·OH-Gruppe mehr als der Traubenzucker enthält:

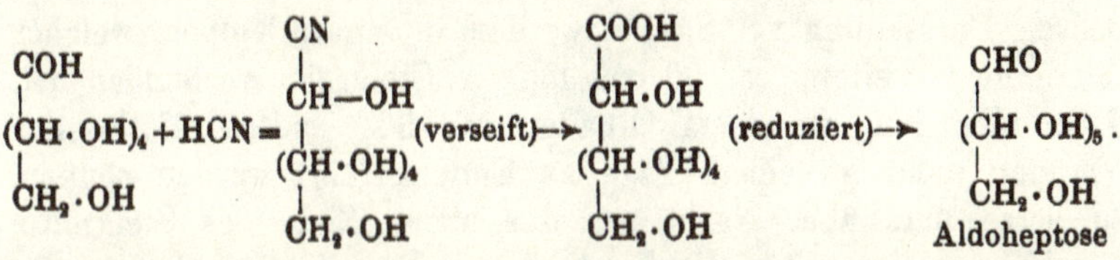

Mit dem so erhaltenen Körper kann man nun die gleiche Reaktion wiederum ausführen usf.

Die Mandelsäure gehört zu den Substanzen, welche ein asymmetrisches Kohlenstoffatom besitzen, d. h. ein solches, welches mit vier verschiedenen Substituenten verbunden ist:

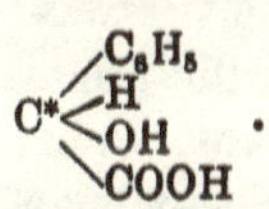

Sie kann deshalb in zwei räumlich verschiedenen Formen auftreten, die sich wie Gegenstand und Spiegelbild zueinander verhalten und nach ihrem optischen Drehungsvermögen als Rechts-(d) und Links-(l)Mandelsäure bezeichnet werden. Die bei der oben ausgeführten Synthese erhaltene Säure ist optisch inaktiv, da, wie stets bei der Synthese von Körpern mit asymmetrischem Kohlenstoffatom aus inaktiven Substanzen, gleichviel Moleküle der Rechts- wie der Linksmodifikation entstehen, die sich im obigen Falle miteinander zu der racemischen inaktiven sog. Paramandelsäure vereinigen. Nach verschiedenen Methoden lassen sich jedoch die aktiven Säuren aus der inaktiven gewinnen. Läßt man z. B. das Cinchoninsalz der Paramandelsäure kristallisieren, so scheidet sich zunächst das schwerer lösliche Salz der Rechtssäure ab, und erst später kristallisiert das Linkssalz aus. Auch mit Hilfe von gewissen Pilzen lassen sich inaktive Körper in ihre aktiven Bestandteile zerlegen. Läßt man z. B. den bekannten Schimmelpilz Penicillium glaucum in einer Lösung von paramandelsaurem Ammonium vegetieren, so verzehrt er die Linksmodifikation, während ein anderer Pilz, Saccharomyces ellipsoïdeus, die Rechtsmodifikation unter Verbrennung aufnimmt und die andere zurückläßt.

29. Reaktion: Perkinsche Zimtsäuresynthese.[1]

Beispiel: Zimtsäure aus Benzaldehyd und Essigsäure.

20 g Benzaldehyd, 30 g Essigsäureanhydrid, beide frisch destilliert, und 10 g pulverisiertes, wasserfreies Natriumacetat (bezgl. dessen Darstellung vgl. S. 125) werden in einem Kolben, welcher mit einem weiten, ca. 60 cm langen Steigrohr verbunden ist, 8 Stunden lang in einem Ölbade auf 180° erhitzt. Sollte der Versuch nicht an einem Tage zu Ende geführt werden können, so setze man über Nacht auf das obere Ende des Steigrohrs ein Chlorcalciumrohr. Nach beendigter Reaktion gießt man das heiße Reaktionsgemisch in einen geräumigen Kolben, spült mit Wasser nach und leitet so lange Wasserdampf hindurch, bis kein Benzaldehyd mehr übergeht. Man wende hierbei so viel Wasser an, daß die Zimtsäure bis auf einen kleinen Rest einer öligen Verunreinigung sich in Lösung befindet. Man kocht dann die Lösung noch kurze Zeit mit etwas Tierkohle und filtriert ab, worauf sich beim Abkühlen die Zimtsäure in glänzenden Blättern abscheidet. Sollte sie nicht sofort den richtigen Schmelzpunkt besitzen, so kristallisiert man sie nochmals aus heißem Wasser um. F.P. 133°. Ausbeute ca. 15 g.

Die Perkinsche Synthese verläuft im obigen Falle in letzter Linie nach folgender Gleichung:

$$C_6H_5\cdot CHO + CH_3\cdot COONa = \underset{\text{Zimtsaures Natrium}}{C_6H_5\cdot CH{=}CH\cdot COONa} + H_2O.$$

Die Reaktion kommt jedoch nicht, wie es nach dieser Gleichung scheinen sollte, derart zustande, daß das Aldehydsauerstoffatom direkt mit zwei Wasserstoffatomen der Methylgruppe unter Vereinigung der Reste austritt; vielmehr verläuft sie in zwei Phasen.

In der ersten lagert sich das Natriumacetat an den Aldehyd unter Bildung von phenylmilchsaurem Natrium an:

$$1.\quad C_6H_5\cdot CHO + CH_3\cdot COONa = \underset{\text{Phenylmilchsaures Natrium}}{\begin{array}{l}C_6H_5\cdot CH\cdot CH_2\cdot COONa\\ \qquad\;\;|\\ \qquad OH\end{array}}.$$

---

[1] J. **1877**, 789. B. **10**, 68; **16**, 1436. A. **227**, 48.

In der zweiten Phase verliert dieses Salz unter dem Einflusse des Essigsäureanhydrides Wasser, wobei sich erst das zimtsaure Natrium bildet:

$$2.\quad \underset{\boxed{OH\ H}}{C_6H_5\cdot CH\cdot CH\cdot COONa} = C_6H_5\cdot CH{=}CH\cdot COONa + H_2O\,.$$

Daß das Natriumacetat und nicht das Essigsäureanhydrid sich mit dem Benzaldehyd kondensiert, folgt aus dem folgenden Versuche: Wendet man an Stelle des essigsauren Natriums propionsaures Natrium an und erhitzt dieses mit Benzaldehyd und Essigsäureanhydrid, so erhält man nicht Zimtsäure, sondern Methylzimtsäure:

$$1.\quad C_6H_5\cdot CHO + \overset{CH_3}{\overset{|}{C}}H_2\cdot COONa = C_6H_5\cdot \underset{\underset{OH}{|}}{CH}-\overset{CH_3}{\overset{|}{C}}H-COONa\,,$$

$$2.\quad C_6H_5\cdot \underset{\underset{OH}{|}}{CH}-\overset{CH_3}{\overset{|}{\underset{\underset{H}{|}}{C}}}-COONa = \underset{\text{Methylzimtsaures Natrium}}{C_6H_5\cdot CH{=}\overset{CH_3}{\overset{|}{C}}-COONa} + H_2O\,.$$

Es folgt hieraus, daß stets das angewandte Natriumsalz in Reaktion tritt. Bei dem soeben beschriebenen Versuche ist es allerdings erforderlich, daß man die Schmelze nicht bei so hoher Temperatur wie in dem oben praktisch ausgeführten Beispiel, sondern nur auf dem Wasserbade ausführt; bei höherer Temperatur setzen sich nämlich propionsaures Natrium und Essigsäureanhydrid zu essigsaurem Natrium und Propionsäureanhydrid um, so daß man Zimtsäure erhält und demnach scheinbar das Anhydrid mit dem Aldehyd reagiert.

Die PERKINsche Reaktion ist zahlreicher Modifikationen fähig, indem man an Stelle des Benzaldehyds dessen Homologe, Nitro-, Oxyderivate u. a., anwenden kann. Daß man auf der anderen Seite die Homologen des essigsauren Natriums verwenden kann, ist bereits erwähnt. Die Kondensation findet in diesen Fällen stets an dem der Karboxylgruppe benachbarten Kohlenstoffatom (α) statt. Auch halogensubstituierte aliphatische Säuren gehen die Reaktion ein: so erhält man z. B. aus Benzaldehyd und Chloressigsäure die Chlorzimtsäure:

$$C_6H_5\cdot CHO + CH_2Cl\cdot COOH = C_6H_5\cdot CH{=}CCl\cdot COOH + H_2O\,.$$

Statt der aliphatischen Homologen der Essigsäure kann man auch die aromatisch substituierten Essigsäuren benutzen, z. B.:

$$C_6H_5\cdot COH + \underset{\text{Phenylessigsäure}}{C_6H_5\cdot CH_2\cdot COOH} = \underset{\text{Phenylzimtsäure}}{C_6H_5\cdot CH{=}\underset{\underset{C_6H_5}{|}}{C}-COOH} + H_2O\,.$$

Diese Beispiele mögen genügen, um die vielseitige Anwendbarkeit der PERKINschen Synthese zu erweisen.

Eine dieser Synthese sehr ähnliche Reaktion besteht darin, daß man essigsaures Natrium anstatt mit Benzaldehyd mit dem billigeren Benzalchlorid erhitzt:

$$C_6H_5\cdot CHCl_2 + CH_3\cdot COONa = C_6H_5\cdot CH{=}CH\cdot COONa + 2\,HCl\,.$$

Die Zimtsäure und ihre Homologen und Analogen verhalten sich einerseits wie Säuren, indem sie Salze, Ester, Chloride, Amide usw. bilden. Sie zeigen ferner die Eigenschaften eines Körpers der Äthylenreihe, indem sie die verschiedensten Atome und Atomgruppen anlagern. Bei der Einwirkung von Wasserstoff in statu nascendi nimmt z. B. die Zimtsäure unter Übergang der doppelten Bindung in eine einfache zwei Atome Wasserstoff auf:

$$C_6H_5\cdot CH{=}CH\cdot COOH + H_2 = \underset{\text{Hydrozimtsäure}}{C_6H_5\cdot CH_2\cdot CH_2\cdot COOH}\,.$$

Ferner addiert sie Chlor und Brom:

$$C_6H_5\cdot CH{=}CH\cdot COOH + Cl_2 = \underset{\text{Dichlorhydrozimtsäure}}{C_6H_5\cdot CHCl\cdot CHCl\cdot COOH}\,,$$

$$C_6H_5\cdot CH{=}CH\cdot COOH + Br_2 = \underset{\text{Dibromhydrozimtsäure}}{C_6H_5\cdot CHBr\cdot CHBr\cdot COOH}\,.$$

Weiter vereinigt sie sich mit Chlorwasserstoff, Bromwasserstoff und Jodwasserstoff, z. B.:

$$C_6H_5\cdot CH{=}CH\cdot COOH + HBr = \underset{\beta\text{-Bromhydrozimtsäure}}{C_6H_5\cdot CHBr\cdot CH_2\cdot COOH}\,.$$

Das Halogenatom lagert sich in diesem Falle stets an das der COOH-Gruppe nicht benachbarte Kohlenstoffatom (β) an.

Auch unterchlorige Säure lagert sich unter Bildung von Phenylchlormilchsäure an:

$$C_6H_5\cdot CH{=}CH\cdot COOH + ClOH = \begin{array}{l} C_6H_5\cdot CH{-}CHCl\cdot COOH\,. \\ \quad\quad\quad\;\; | \\ \quad\quad\quad OH \end{array}$$

Von technischer Wichtigkeit ist die o-Nitrozimtsäure, aus der sich Indigo synthetisch darstellen läßt. Nitriert man Zimtsäure oder besser deren Ester, so erhält man eine Mischung des o- und p-Nitroderivates, welche leicht voneinander getrennt werden können. Läßt man nun auf o-Nitrozimtsäure Brom einwirken, so erhält man:

$$\text{o-}C_6H_4\langle\begin{array}{l} NO_2 \\ CHBr{-}CHBr\cdot COOH \end{array}.$$

Kocht man diese Säure mit alkoholischem Kali, so werden zwei Moleküle HBr abgespalten, und man erhält die o-Nitrophenylpropiolsäure:

$$\text{o-}C_6H_4\langle\begin{array}{l} NO_2 \\ C{\equiv}C\cdot COOH \end{array},$$

welche mit alkalischen Reduktionsmitteln Indigo liefert und in der Indigodruckerei verwandt wird.

Bei der Spaltung der Nebenalkaloide des Kokains ist eine isomere Zimtsäure (Allozimtsäure) erhalten worden, welche zu der Zimtsäure in der gleichen räumlichen Beziehung steht, wie die Maleinsäure zur Fumarsäure:

$$\begin{array}{c} C_6H_5\cdot C\cdot H \\ \| \\ H\cdot C\cdot COOH \\ \text{Zimtsäure} \end{array} , \quad \begin{array}{c} C_6H_5\cdot CH \\ \| \\ HOOC\cdot CH \\ \text{Allozimtsäure} \end{array} .$$

30. Reaktion: Anlagerung von Wasserstoff an ein Äthylenderivat.

Beispiel: Hydrozimtsäure aus Zimtsäure.

In einem Stöpselzylinder oder dickwandigen Präparatenglas werden 10 g Zimtsäure mit 75 ccm Wasser versetzt, worauf man so lange **stark verdünnte** Natronlauge hinzufügt, bis die Säure in Lösung gegangen ist und die Flüssigkeit eben alkalisch reagiert. Scheidet sich hierbei ein Niederschlag von zimtsaurem Natron aus, so hat man zu viel Natron angewandt. Man versetzt dann allmählich mit ca. 200 g 2prozent. Natriumamalgam und erwärmt, sobald dieses sich verflüssigt hat, noch kurze Zeit gelinde auf dem Wasserbade. Es wird dann die wässerige Flüssigkeit vom Quecksilber abgegossen und mit Salzsäure angesäuert, wobei sich die Hydrozimtsäure zunächst ölig abscheidet. Kühlt man jedoch mit Eiswasser ab und reibt das Öl mit einem Glasstabe, so erstarrt es kristallinisch. Nach dem Abpressen auf porösem Ton kristallisiert man die Säure aus Wasser um. Da sie einen niedrigen Schmelzpunkt besitzt, so scheidet sie sich beim Abkühlen leicht ölig aus. Man beachte deshalb das auf Seite 8 Gesagte. F.P. 47°. Ausbeute 8—9 g.

Die Gleichung für die ausgeführte Reaktion ist bereits bei der Zimtsäure angegeben. Auch durch Erhitzen mit Jodwasserstoff und rotem Phosphor läßt sich die gleiche Reduktion herbeiführen.

31. Reaktion: Darstellung eines aromatischen Säurechlorides aus der Säure und PCl_5.

Beispiel: Benzoylchlorid aus Benzoesäure.[1]

50 g Benzoesäure, welche sich in einem trockenen Kolben von $^1/_2$ Liter Inhalt befindet, versetzt man unter dem Abzuge mit

[1] A. 3, 262, sowie OSTWALDS Klassiker der exakten Wissenschaften Nr. 22. (Untersuchungen über das Radikal der Benzoesäure von WÖHLER und LIEBIG.)

90 g fein pulverisiertem Phosphorpentachlorid und schüttelt beide gut durcheinander, worauf nach kurzer Zeit unter lebhafter Salzsäureentwickelung und Verflüssigung der Mischung Reaktion eintritt. Um ein Springen des Gefäßes zu verhindern, stelle man hierbei den sich stark erwärmenden Kolben nicht etwa direkt auf die kalte Steinplatte eines Abzuges, sondern lege einen Holzklotz unter ihn. Nach kurzem Stehen und gelindem Erwärmen auf dem Wasserbade unterwirft man das vollkommen verflüssigte Gemisch unter dem Abzuge unter Benutzung eines Verlängerungsrohres einer zweimaligen fraktionierten Destillation, wobei man das auf Seite 23 und 24 Gesagte beachte. Siedepunkt des Benzoylchlorides 200°. Ausbeute: 90% der Theorie.

Die Darstellung des Benzoylchlorides vollzieht sich nach folgender Gleichung:

$$C_6H_5 \cdot COOH + PCl_5 = C_6H_5 \cdot CO \cdot Cl + POCl_3 + HCl\,.$$

Daß man zur Gewinnung aromatischer Säurechloride sich meistens des Phosphorpentachlorides bedient, ist bereits beim Acetylchlorid erwähnt. Das Benzoylchlorid unterscheidet sich vom Acetylchlorid dadurch, daß es durch Wasser bei weitem schwieriger als dieses zersetzt wird.

Versuch: Man versetze $^1/_2$ ccm Benzoylchlorid mit 5 ccm Wasser und schüttle um. Während das Acetylchlorid unter diesen Umständen unter stürmischer Reaktion zersetzt wurde, wird das Benzoylchlorid kaum verändert. Man erwärme dann etwas. Auch jetzt bedarf es noch eines längeren Erhitzens, bis alles Öl zersetzt ist.

Das sonstige Verhalten des Benzoylchlorides ist ganz das eines normalen Säurechlorides, und es sei hier auf das beim Acetylchlorid Gesagte verwiesen. Nur möge hier noch die Darstellung eines aromatischen Säureamides Platz finden, welche in anderer Weise erfolgt als oben die des Acetamides.

Versuch: In einer Porzellanschale versetze man 10 g fein pulverisiertes kohlensaures Ammonium mit 5 g Benzoylchlorid, rühre beide mit einem Glasstabe gut durcheinander und erwärme so lange auf dem Wasserbade, bis der Geruch des Säurechlorides verschwunden ist. Man verdünnt dann mit Wasser, saugt ab, wäscht auf dem Filter mit Wasser nach und kristallisiert aus Wasser um. F. P. des Benzamides 128°.

$$C_6H_5 \cdot CO \cdot Cl + NH_3 = C_6H_5 \cdot CO \cdot NH_2 + HCl.$$

32. Reaktion: Schotten-Baumannsche Reaktion zur Erkennung NH_2- bezw. NH- bezw. OH-Gruppen enthaltender Verbindungen.

Beispiel: Benzoesäurephenylester aus Phenol und Benzoylchlorid.[1]

In einem Reagenzrohre löse man eine kleine Menge kristallisiertes Phenol (ca. $^1/_2$ g) in 5 ccm Wasser auf, füge $^1/_2$ ccm Benzoylchlorid hinzu, mache mit starker Natronlauge deutlich alkalisch und erwärme unter Schütteln kurze Zeit gelinde über einer Flamme. Kühlt man dann das Reaktionsgemisch unter Schütteln und Reiben mit einem Glasstabe unter der Wasserleitung ab, so erstarrt das abgeschiedene Öl zu farblosen Kristallen, welche man an der Saugpumpe abfiltriert, mit Wasser nachwäscht, auf einem Tonscherben abpreßt und in einem kleinen Reagenzrohre aus wenig Alkohol umkristallisiert. F.P. 68—69°.

Wie schon beim Acetylchlorid erwähnt, reagieren Säurechloride mit Alkoholen, Phenolen, primären und sekundären Aminen derart, daß das Chloratom mit einem Wasserstoffatom der OH-, NH_2- oder NH-Gruppe in Form von HCl austritt, während die Reste sich zu einem Ester oder substituierten Säureamid vereinigen. Das Wesen der Schotten-Baumannschen Reaktion besteht nun darin, daß diese Reaktion bei Anwesenheit von Natron- oder Kalilauge so wesentlich erleichtert wird, daß auch bei Gegenwart von Wasser die Umsetzung eintritt, was bei Abwesenheit von Alkalien nicht möglich ist, z. B.:

$$C_6H_5 \cdot OH + C_6H_5 \cdot CO \cdot Cl + NaOH = C_6H_5 \cdot O \cdot OC \cdot C_6H_5 + NaCl + H_2O.$$

Vor allem zur Erkennung und zur Charakterisierung von wasserlöslichen Verbindungen, welche die oben erwähnten Gruppen enthalten, ist die Reaktion von Bedeutung. Es liegt in der Natur der Sache, daß, wenn man auch kleine Quantitäten jener Körper nachweisen will, man möglichst schwer lösliche Säurederivate derselben darstellen muß. Es haben sich zu diesem Zwecke besonders die Benzoylderivate als geeignet erwiesen. Einige Beispiele mögen das Gesagte erläutern: Versetzt man wässerige Lösungen mehratomiger aliphatischer Alkohole, wie z. B. von Glycerin oder der verschiedensten Zuckerarten, aus denen sich die gelösten Körper nur schwer abscheiden lassen, mit Benzoylchlorid und Alkali, so entstehen meistens in Wasser schwer lösliche Benzoate, welche man an ihrem Schmelzpunkte erkennen kann. Auch zur Erkennung von primären und sekundären Aminen kann man in der gleichen Weise verfahren. So gelingt es z. B. leicht, einen Tropfen

[1] B. **19**, 3218; **21**, 2744; **23**, 2962; **17**, 2545.

in Wasser gelöstes Anilin in der oben angeführten Weise in Benzanilid zu verwandeln, welches an seinem Schmelzpunkte 163° erkannt werden kann. Man stelle einen diesbezüglichen Versuch an:

$$C_6H_5 \cdot NH_2 + C_6H_5 \cdot COCl + NaOH = C_6H_5 \cdot NH \cdot CO \cdot C_6H_5 + H_2O + NaCl .$$

Auch die in Wasser löslichen Amidophenole, Di- und Polyamine werden in schwerlösliche Benzoylderivate übergeführt:

$$C_6H_4\left<\begin{matrix} NH_2 \\ OH \end{matrix}\right. + 2\,C_6H_5 \cdot COCl = C_6H_4\left<\begin{matrix} NH \cdot CO \cdot C_6H_5 \\ O \cdot OC \cdot C_6H_5 \end{matrix}\right. + 2\,HCl,$$

$$C_6H_4\left<\begin{matrix} NH_2 \\ NH_2 \end{matrix}\right. + 2\,C_6H_5 \cdot COCl = C_6H_4\left<\begin{matrix} NH \cdot CO \cdot C_6H_5 \\ NH \cdot CO \cdot C_6H_5 \end{matrix}\right. + 2\,HCl .$$

Statt des Benzoylchlorides kann man auch andere Säurechloride, wie z. B. Phenylessigsäurechlorid oder Benzolsulfochlorid verwenden, welche in der gleichen Weise reagieren. Auch Acetylderivate lassen sich bei Gegenwart von Alkalien in wässeriger Lösung herstellen; nur bedient man sich in diesem Falle nicht des leicht zersetzbaren Acetylchlorides, sondern des Essigsäureanhydrides. Zuweilen gelingt die Reaktion besser, wenn man an Stelle von Natronlauge Kalilauge oder Pyridin verwendet.

33. Reaktion: a) Ketonsynthese nach Friedel und Crafts.[1]
b) Darstellung eines Oxims.
c) Beckmannsche Umlagerung eines Oxims.

Beispiel: Benzophenon aus Benzoylchlorid, Benzol und Aluminiumchlorid.

a) Zu einer Mischung von 30 g Benzol, 30 g Benzoylchlorid und 100 ccm (= 130 g) Schwefelkohlenstoff, die sich in einem trockenen Kolben befindet, fügt man im Laufe von etwa zehn Minuten unter öfterem Umschütteln 30 g frisch dargestelltes und fein gepulvertes Aluminiumchlorid, welches in einem durch einen Kork verschlossenen trockenen Reagenzrohr abgewogen ist. Man verbindet dann den Kolben mit einem langen Rückflußkühler und erwärmt ihn auf einem schwach siedenden Wasserbade oder zweckmäßiger in Wasser, welches man auf 50° erhitzt, so lange, bis sich nur noch geringe Mengen von Chlorwasserstoff entwickeln,

[1] A. ch. [6] 1, 518.

was etwa 2 bis 3 Stunden Zeit erfordert. Der Schwefelkohlenstoff wird dann am absteigenden Kühler abdestilliert und der noch warme Rückstand vorsichtig in einen geräumigen Kolben gegossen, welcher 300 ccm mit Eisstückchen versetztes Wasser enthält. Den an den Wandungen des ersten Kolbens haften bleibenden Rückstand versetzt man mit etwas Wasser und fügt ihn zu der Hauptmenge. Nachdem man dann das Reaktionsgemisch mit 10 ccm konzentrierter Salzsäure versetzt hat, leitet man etwa eine Viertelstunde Wasserdampf hindurch. Der im Kolben verbleibende Rückstand wird darauf nach dem Erkalten mit Äther aufgenommen, die ätherische Lösung mehrmals mit Wasser gewaschen, filtriert und mit verdünnter Natronlauge ausgeschüttelt. Nach dem Trocknen mit Chlorcalcium wird der Äther verdampft und der Rückstand aus einem Fraktionierkolben, dessen Kondensationsrohr möglichst tief unten angesetzt ist, der Destillation unterworfen. Siedepunkt 297°. F.P. 48°. Ausbeute ca. 30 g.

b) Eine Lösung von 2 g Benzophenon in 15 ccm Alkohol wird unter Kühlung mit erkalteten Lösungen von 1·5 g salzsaurem Hydroxylamin in 5 ccm Wasser und 3·5 g Kali in 6 ccm Wasser versetzt und 2 Stunden auf dem Wasserbade am Rückflußkühler erhitzt. Man gießt dann in 50 ccm Wasser, filtriert eventuell von etwas unverändertem Keton ab, welches sich besonders leicht beim Schütteln zusammenballt, säuert das Filtrat mit verdünnter Schwefelsäure schwach an und kristallisiert das freie Oxim aus Alkohol um. Schmelzpunkt 140°.

c) Eine abgewogene Menge des Oxims wird in etwas wasser- und alkoholfreiem Äther in der Kälte gelöst und allmählich mit der $1^1/_2$ fachen Menge fein pulverisierten Phosphorpentachlorides versetzt. Man destilliert dann den Äther ab, versetzt den Rückstand unter Kühlung mit Wasser und kristallisiert den sich hierbei abscheidenden Niederschlag aus Alkohol um. Schmelzpunkt 163°.

a) Läßt man auf aromatische Kohlenwasserstoffe bei Gegenwart von wasserfreiem Aluminiumchlorid entweder ein aromatisches oder aliphatisches Säurechlorid einwirken, so wird ein Benzolwasserstoffatom durch einen Säurerest ersetzt, wobei sich ein Keton bildet:

$$C_6H_6 + C_6H_5\cdot CO\cdot Cl = \underset{\text{Diphenylketon = Benzophenon}}{C_6H_5\cdot CO\cdot C_6H_5} + HCl,$$

$$C_6H_6 + CH_3\cdot CO\cdot Cl = \underset{\text{Phenylmethylketon = Acetophenon}}{C_6H_5\cdot CO\cdot CH_3} + HCl.$$

Die Reaktion läßt sich variieren, indem man 1. statt des Benzols dessen Homologe anwendet, z. B.:

$$\underset{\text{Toluol}}{C_6H_5\cdot CH_3} + C_6H_5\cdot CO\cdot Cl = \underset{\text{Phenyltolylketon}}{p\text{-}C_6H_4\left\langle\begin{array}{l}CH_3\\ CO\cdot C_6H_5\end{array}\right.} + HCl.$$

In derartigen Fällen tritt der Säurerest stets in die p-Stellung zum Alkylreste. Ist diese besetzt, so tritt er in o-Stellung. An Stelle der Kohlenwasserstoffe kann man 2. Phenoläther verwenden, welche äußerst glatt reagieren:

$$\underset{\text{Anisol}}{C_6H_5\cdot OCH_3} + C_6H_5\cdot CO\cdot Cl = \underset{\text{Anisylphenylketon}}{p\text{-}C_6H_4\left\langle\begin{array}{l}OCH_3\\ CO\cdot C_6H_5\end{array}\right.} + HCl.$$

Bezüglich des Eintritts des Säurerestes gilt das gleiche wie soeben beim Toluol. Man kann dann weiterhin 3. an Stelle des Benzoylchlorides oder Acetylchlorides deren Homologe verwenden:

$$C_6H_6 + \underset{\text{Toluylsäurechlorid}}{C_6H_4\left\langle\begin{array}{l}CH_3\\ CO\cdot Cl\end{array}\right.} = C_6H_5\cdot CO\cdot C_6H_4\cdot CH_3 + HCl,$$

$$C_6H_6 + CH_3\cdot CH_2\cdot CO\cdot Cl = C_6H_5\cdot CO\cdot CH_2\cdot CH_3 + HCl,$$

$$C_6H_6 + \underset{\text{Phenylessigsäurechlorid}}{C_6H_5\cdot CH_2\cdot CO\cdot Cl} = \underset{\substack{\text{Phenylbenzylketon =}\\ \text{Desoxybenzoin}}}{C_6H_5\cdot CO\cdot CH_2\cdot C_6H_5} + HCl.$$

Auf diese Weise gelingt es z. B., von der o- oder m-Toluylsäure ausgehend, das o- und m-Tolylphenylketon darzustellen, welche durch Einwirkung von Benzoylchlorid auf Toluol nicht erhalten werden können. Ferner kann man 4. substituierte Säurechloride, wie Brombenzoylchlorid, Nitrobenzoylchlorid u. a. verwenden und so Halogen- oder Nitro-substituierte Ketone darstellen:

$$C_6H_6 + \underset{\text{Brombenzoylchlorid}}{C_6H_4\left\langle\begin{array}{l}Br\\ CO\cdot Cl\end{array}\right.} = \underset{\text{Brombenzophenon}}{C_6H_5\cdot CO\cdot C_6H_4\cdot Br} + HCl,$$

$$C_6H_6 + \underset{\text{Nitrobenzoylchlorid}}{C_6H_4\left\langle\begin{array}{l}NO_2\\ CO\cdot Cl\end{array}\right.} = \underset{\text{Nitrobenzophenon}}{C_6H_5\cdot CO\cdot C_6H_4\cdot NO_2} + HCl.$$

Schließlich reagieren auch 5. die Chloride zweibasischer Säuren unter Bildung von Diketonen oder Ketonsäuren:

$$\underset{\text{Bernsteinsäurechlorid}}{\begin{array}{l}CH_2\text{—}CO\cdot Cl\\ |\\ CH_2\text{—}CO\cdot Cl\end{array}} + 2\,C_6H_6 = \begin{array}{l}CH_2\cdot CO\cdot C_6H_5\\ |\\ CH_2\cdot CO\cdot C_6H_5\end{array} + 2\,HCl,$$

$$\text{m- und p-}C_6H_4\left\langle\begin{matrix}CO\cdot Cl\\CO\cdot Cl\end{matrix}\right. + 2\,C_6H_6 = C_6H_4\left\langle\begin{matrix}CO\cdot C_6H_5\\CO\cdot C_6H_5\end{matrix}\right. + 2\,HCl,$$

Iso- und Terephtalylchlorid

$$CO\left\langle\begin{matrix}Cl\\Cl\end{matrix}\right. + 2\,C_6H_6 = C_6H_5\cdot CO\cdot C_6H_5 + 2\,HCl\,.$$

Phosgen — Benzophenon

Neben diesen drei Ketonen entstehen, indem nur ein Chloratom in Reaktion tritt, noch die Chloride der folgenden drei Säuren:

$$\begin{matrix}CH_2\cdot CO\cdot C_6H_5\\|\\CH_2\cdot CO\cdot OH\end{matrix}\qquad C_6H_4\left\langle\begin{matrix}CO\cdot C_6H_5\\COOH\end{matrix}\right.\qquad C_6H_5\cdot COOH\,.$$

Benzoylpropionsäure — Benzoylbenzoesäure — Benzoesäure

Aus dem Chlorid der Phtalsäure entsteht das wegen seiner Beziehungen zu den Fluoresceinfarbstoffen wichtige Phtalophenon:

$$C_6H_4\left\langle\begin{matrix}CCl_2\\CO\end{matrix}\right\rangle O + 2\,C_6H_6 = C_6H_4\left\langle\begin{matrix}\begin{matrix}C_6H_5\\C_6H_5\end{matrix}\!\!>C-\\CO\end{matrix}\right\rangle O + 2\,HCl\,.$$

Phtalophenon

Von technischer Bedeutung ist das Tetramethyldiamidobenzophenon (Michlers Keton), welches aus Dimethylanilin und Phosgen erhalten wird und zur Darstellung von Farbstoffen der Fuchsinreihe von Wichtigkeit ist (vgl. Kristallviolett):

$$2\,C_6H_5\cdot N(CH_3)_2 + COCl_2 = CO\left\langle\begin{matrix}C_6H_4\cdot N(CH_3)_2\\C_6H_4\cdot N(CH_3)_2\end{matrix}\right. + 2\,HCl\,.$$

Die Friedel-Craftssche Reaktion kann auch zur Darstellung von homologen aromatischen Kohlenwasserstoffen[1] verwandt werden, indem man an Stelle der Säurechloride Halogenalkyle auf die Kohlenwasserstoffe einwirken läßt:

$$C_6H_6 + C_2H_5Br = C_6H_5\cdot C_2H_5 + HBr\,,$$

$$C_6H_5\cdot CH_3 + CH_3Cl = C_6H_4\left\langle\begin{matrix}CH_3\\CH_3\end{matrix}\right. + HCl\,.$$

In dieser Beziehung ist sie jedoch in vielen und gerade den einfachsten Fällen aus drei Gründen nicht von der gleichen Bedeutung wie für

[1] B. 14, 2627.

die Ketonsynthese: Da nämlich das Produkt der Reaktion wiederum ein Kohlenwasserstoff ist, welcher von neuem reagieren kann, so ist es oft schwierig, die Reaktion an dem gewünschten Punkte festzuhalten. So wird z. B. bei der Einwirkung von Chlormethyl auf Toluol nicht nur ein Wasserstoffatom substituiert. sondern man erhält neben Dimethylbenzol noch wechselnde Mengen von Tri- bis schließlich Hexamethylbenzol. Ein zweiter Übelstand ist der, daß in den verschiedenen Reihen auch noch ein Gemisch der Isomeren, im obigen Beispiele z. B. nicht nur eins der drei Dimethylbenzole, sondern eine Mischung der o-, m- und p-Verbindung erhalten wird, welche nicht wie die Homologen durch fraktionierte Destillation zu trennen sind. Schließlich wird die Reaktion noch dadurch kompliziert, daß das Aluminiumchlorid zum Teil auch Alkylgruppen abspaltet, z. B.:

$$C_6H_5 \cdot CH_3 + HCl = C_6H_6 + CH_3Cl\,.$$

Indem so auch die niedrigeren Homologen entstehen, diese mit dem Halogenalkyl ebenfalls wieder synthetisch reagieren, und das bei der Abspaltung entstandene Halogenalkyl seinerseits auch mit in Reaktion tritt, entstehen oft schwer zu trennende Gemische. In manchen günstigen Fällen ist die Reaktion jedoch zur Darstellung der Homologen des Benzols wohl verwendbar.

Auch aromatische Chloride, welche das Halogen in der Seitenkette enthalten, sind der Reaktion zugänglich, z. B.:

$$\underset{\text{Benzylchlorid}}{C_6H_5 \cdot CH_2 \cdot Cl} + C_6H_6 = \underset{\text{Diphenylmethan}}{C_6H_5 \cdot CH_2 \cdot C_6H_5} + HCl\,,$$

$$NO_2 \cdot C_6H_4 \cdot CH_2Cl + C_6H_6 = \underset{\text{Nitrodiphenylmethan}}{NO_2 \cdot C_6H_4 \cdot CH_2 \cdot C_6H_5} + HCl\,.$$

Wie die Chloride zweibasischer Säuren Diketone lieferten, so können auch Alkylenchloride oder Bromide, sowie dreifach und vierfach halogensubstituierte Kohlenwasserstoffe mit mehreren Kohlenwasserstoffmolekülen reagieren, z. B.:

$$2C_6H_6 + CH_2Br{-}CH_2Br = \underset{\text{Dibenzyl = s-Diphenyläthan}}{C_6H_5 \cdot CH_2 \cdot CH_2 \cdot C_6H_5} + 2HBr\,,$$

$$3C_6H_6 + \underset{\text{Chloroform}}{CHCl_3} = \underset{\text{Triphenylmethan}}{CH \cdot (C_6H_5)_3} + 3HCl\,,$$

$$4C_6H_6 + \underset{\text{Acetylentetrabromid}}{CHBr_2{-}CHBr_2} = \underset{\text{s-Tetraphenyläthan}}{(C_6H_5)_2CH{-}CH(C_6H_5)_2} + 4HBr\,.$$

Neben diesem entsteht bei letzterer Reaktion auch noch Anthracen nach folgender Gleichung:

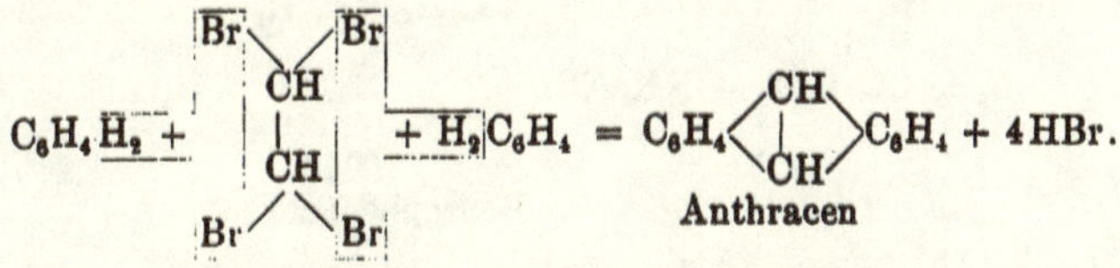

Auch für die Synthese aromatischer Säuren ist die Friedel-Craftssche Reaktion von Bedeutung; zwar lassen sich die Säuren selbst nicht direkt gewinnen, wohl aber Derivate von ihnen, welche bei der Verseifung die freien Säuren liefern, z. B.:

$$C_6H_6 + Cl \cdot CO \cdot NH_2 = C_6H_5 \cdot CO \cdot NH_2 + HCl,$$

Harnstoffchlorid — Benzamid

$$C_6H_6 + C_6H_5 \cdot NCO = C_6H_5 \cdot CO \cdot NH \cdot C_6H_5,$$

Phenylcyanat — Benzanilid

$$C_6H_6 + C_6H_5NCS = C_6H_5 \cdot CS \cdot NH \cdot C_6H_5.$$

Phenylsenföl — Thiobenzanilid

Auch die zwei letzten Reaktionen sind als normale Friedel-Craftssche Reaktionen anzusehen, da die Cyanate und Senföle sich in der ersten Phase der Reaktion mit Salzsäure zu einem Säurechlorid vereinigen, welches dann unter Austritt von HCl mit dem Kohlenwasserstoff reagiert, z. B.:

$$C_6H_5 \cdot NCO + HCl = CO\begin{matrix} \diagup NH \cdot C_6H_5 \\ \diagdown Cl \end{matrix}.$$

Phenylcarbaminsäurechlorid

Bedenkt man, daß bei allen Modifikationen an Stelle der Kohlenwasserstoffe auch Äther ein- und mehrwertiger Phenole, Naphtalin, Thiophen, Diphenyl, Naphtoläther, halogensubstituierte Kohlenwasserstoffe und noch viele andere Körper verwandt werden können, so wird die große Bedeutung der Friedel-Craftsschen Reaktion wohl einleuchten.

Was die Rolle, welche das Aluminiumchlorid bei der Reaktion spielt, anbelangt, so ist diese noch nicht vollkommen aufgeklärt. Sicher ist, daß sowohl Kohlenwasserstoffe wie Phenoläther sich mit $AlCl_3$ zu Doppelverbindungen vereinigen, welche für das Eintreten der Reaktion von Bedeutung sind.

b) Bei der Einwirkung von Hydroxylamin auf Aldehyde und Ketone bilden sich nach folgenden typischen Reaktionen Oxime[1] (Aldoxime oder Ketoxime), z. B.:

---

[1] B. **15**, 1324.

$$C_6H_5\cdot CHO + NH_2\cdot OH = \underset{\text{Benzaldoxim}}{C_6H_5\cdot CH{=}N\cdot OH} + H_2O\,,$$

$$C_6H_5\cdot CO\cdot C_6H_5 + NH_2\cdot OH = \underset{\text{Benzophenonoxim}}{\begin{array}{c} C_6H_5\cdot C\cdot C_6H_5 \\ \| \\ N \\ | \\ OH \end{array}} + H_2O\,.$$

Oxime lassen sich nach drei Methoden darstellen: 1. kann man die meistens alkoholische Lösung des Aldehyds oder Ketons mit einer konzentrierten wässerigen Lösung von salzsaurem Hydroxylamin versetzen und die Mischung in der Kälte stehen lassen oder sie am Rückflußkühler oder im Bombenrohr erhitzen. Ein Zusatz weniger Tropfen konzentrierter Salzsäure befördert oft die Reaktion; 2. kann man die Oximierung mit freiem Hydroxylamin ausführen, indem man dieses aus dem salzsauren Hydroxylamin durch Zusatz der theoretischen Menge von wässeriger Sodalösung in Freiheit setzt; 3. lassen sich in vielen Fällen Oxime sehr glatt gewinnen, indem man wie oben auf eine CO-Gruppe $1\,{}^1/_2$ Moleküle salzsaures Hydroxylamin und 4 bis 5 Moleküle Kali in Anwendung bringt, wobei einerseits durch die Gegenwart des Überschusses von Hydroxylamin und anderseits in der stark alkalischen Lösung meistens eine sehr glatte Umsetzung eintritt. Da die Oxime einen schwach sauren Charakter besitzen, so erhält man unter diesen Umständen zunächst das Alkalisalz des Oxims, z. B.:

$$\begin{array}{c} C_6H_5\cdot C\cdot C_6H_5 \\ \| \\ N \\ | \\ OK \end{array}\,,$$

aus dem das freie Oxim durch eine Säure in Freiheit gesetzt wird.

Von besonderer Bedeutung für die Stereochemie des Stickstoffs sind die Oxime der Aldehyde sowie unsymmetrischer Ketone geworden. Bei der Einwirkung von Hydroxylamin auf Benzaldehyd z. B. entsteht nämlich nicht nur ein ein einziges Oxim, sondern eine Mischung von **zwei** Stereoisomeren. Das Gleiche gilt bezüglich der Oximierung vieler unsymmetrischer Ketone. Die Existenz dieser Isomeren erklärt man sich durch die Annahme, daß die drei Valenzen des Stickstoffs nicht in einer Ebene liegen, daß sie vielmehr wie die drei von der Spitze einer regelmäßigen, dreiseitigen Pyramide ausgehenden Kanten sich im Raume erstrecken.[1] Indem nun z. B. bei der Bildung des Benzaldoxims sich die OH-Gruppe des Hydroxylamins entweder der C_6H_5-Gruppe oder dem

[1] B. **23**, 11, 1243.

Wasserstoffatom benachbart befindet, entstehen die zwei folgenden stereoisomeren Oxime:

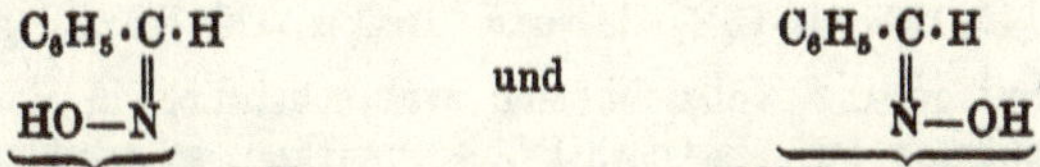

OH benachbart C_6H_5 — OH benachbart H

Die stereoisomeren Formen eines unsymmetrischen Ketons sind nach diesen Anschauungen durch die folgenden Formeln auszudrücken, z. B.:

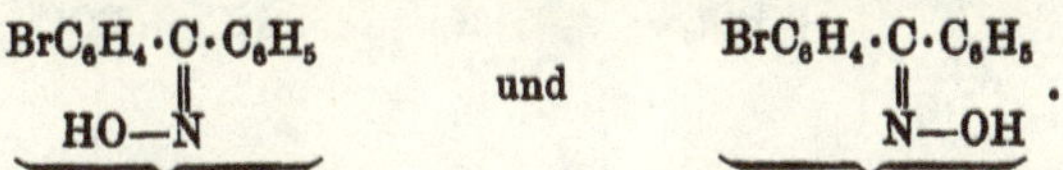

OH benachbart C_6H_4Br — OH benachbart C_6H_5

Bei symmetrischen Ketonen ist es natürlich gleichgültig, auf welcher der beiden gleichen Seiten sich die OH-Gruppe befindet, so daß hier nur ein Oxim möglich ist.

An dieser Stelle sei auch nochmals auf die oben erwähnten zwei Monoxime und drei Dioxime des Benzils, welche den Anstoß zu den diesbezüglichen Untersuchungen gegeben haben,[1] verwiesen. Sie sind durch die folgenden räumlichen Formeln zu erklären:

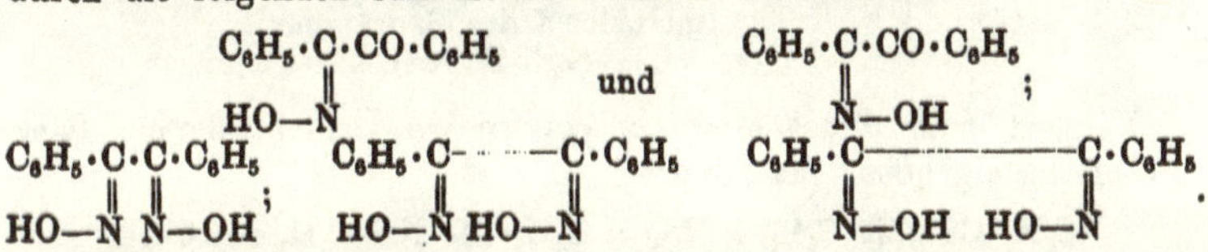

Nicht alle Aldehyde und unsymmetrischen Ketone liefern zwei Oxime. In manchen Fällen ist die eine Form so unbeständig (labil), daß sich nur die stabile bildet.

c) Läßt man auf ein Oxim PCl_5 einwirken, so lagert es sich in ein Anilid[2] um, z. B.:

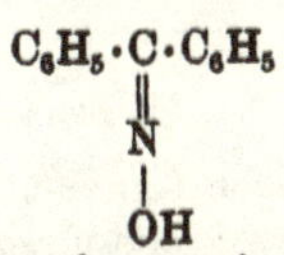

$= C_6H_5\cdot NH\cdot CO\cdot C_6H_5.$
Benzanilid

Benzophenonoxim

Diese sogen. BECKMANNsche Umlagerung ist von großer Bedeutung für die Konfigurationserklärung der isomeren Oxime geworden. Läßt man z. B. auf die beiden oben formulierten stereoisomeren Oxime des Brombenzophenons PCl_5 einwirken, so erhält man nicht aus beiden den gleichen Körper, sondern zwei verschiedene Substanzen, die, wie aus ihren Verseifungsprodukten folgt, einerseits als Benzoylderivat des Brom-

[1] B. **16**, 503; **21**, 784, 1304, 3510; **22**, 537, 564, 1985, 1996.
[2] B. **19**, 988; **20**, 1507 u. 2580; A. **252**, 1.

anilins und anderseits als Brombenzoylderivat des Anilins anzusprechen sind:

$$C_6H_5 \cdot CO \cdot NH \cdot C_6H_4 \cdot Br \quad \text{und} \quad BrC_6H_4 \cdot CO \cdot NH \cdot C_6H_5 .$$

Die Umlagerung vollzieht sich wahrscheinlich in der folgenden Weise: Läßt man auf ein Oxim PCl_5 einwirken, so wird zunächst die OH-Gruppe durch Cl ersetzt:

$$\begin{array}{c} C_6H_5 \cdot C \cdot C_6H_5 \\ \| \\ N \\ | \\ OH \end{array} + PCl_5 = \begin{array}{c} C_6H_5 \cdot C \cdot C_6H_5 \\ \| \\ N \\ | \\ Cl \end{array} + HCl + POCl_3 .$$

Ein derartiger Körper, welcher Chlor an Stickstoff gebunden hält, ist jedoch sehr unbeständig und lagert sich, indem das Chloratom mit einer Phenylgruppe seinen Platz austauscht, in ein beständigeres Imidchlorid um:

$$\begin{array}{c} C_6H_5 \cdot C \cdot C_6H_5 \\ \| \\ N \\ | \\ Cl \end{array} \longrightarrow \begin{array}{c} C_6H_5 \cdot C \cdot Cl \\ \| \\ N \\ | \\ C_6H_5 \end{array} .$$

Imidchlorid des Benzanilids
(vgl. S. 181)

Versetzt man dieses nun mit Wasser, so entsteht daraus Benzanilid nach folgender Gleichung:

$$C_6H_5 \cdot CCl{=}N \cdot C_6H_5 + H_2O = C_6H_5 \cdot CO \cdot NH \cdot C_6H_5 + HCl .$$

Unterwirft man die oben formulierten Oxime des Brombenzophenons der gleichen Reaktion, so erhält man zunächst die unbeständigen Chloride:

$$\underbrace{\begin{array}{r} Br \cdot C_6H_4 \cdot C \cdot C_6H_5 \\ \| \quad\;\; \\ Cl{-}N \quad\;\; \end{array}}_{\text{Cl benachbart } C_6H_4Br} \quad \text{und} \quad \underbrace{\begin{array}{l} Br \cdot C_6H_4 \cdot C \cdot C_6H_5 \\ \quad\quad\quad\;\; \| \\ \quad\quad\quad\;\; N{-}Cl \end{array}}_{\text{Cl benachbart } C_6H_5} .$$

Macht man nun die wahrscheinliche Annahme, daß das Chloratom mit dem ihm **benachbarten** Kohlenwasserstoffrest seinen Platz austauscht, so erhält man:

$$\begin{array}{r} Cl \cdot C \cdot C_6H_5 \\ \| \quad\;\; \\ BrC_6H_4{-}N \quad\;\; \end{array} \quad \text{und} \quad \begin{array}{l} Br \cdot C_6H_4 \cdot C \cdot Cl \\ \quad\quad\quad\;\; \| \\ \quad\quad\quad\;\; N \cdot C_6H_5 \end{array} ,$$

aus denen bei der Behandlung mit Wasser entstehen:

$$\underset{\text{Benzoylbromanilid}}{BrC_6H_4 \cdot NH \cdot CO \cdot C_6H_5} \quad \text{und} \quad \underset{\text{Brombenzoylanilid}}{BrC_6H_4 \cdot CO \cdot NH \cdot C_6H_5} .$$

Verseift man diese, so erhält man:

$$\underset{\text{Bromanilin}}{BrC_6H_4 \cdot NH_2} + \underset{\text{Benzoesäure}}{C_6H_5 \cdot COOH} \quad \text{und} \quad \underset{\text{Brombenzoesäure}}{BrC_6H_4 \cdot COOH} + \underset{\text{Anilin}}{C_6H_5 \cdot NH_2} .$$

Derjenige Rest, dem sich im Oxim die Hydroxylgruppe benachbart befand, wird demnach bei der Verseifung des Umlagerungsproduktes in Form eines primären Amins erhalten. Auf diese Weise ist die Konfiguration der stereoisomeren Oxime unsymmetrischer Ketone ermittelt.

Was schließlich die Konfiguration der stereoisomeren Aldoxime anbelangt, so gehen die Säurederivate (Acetylderivate) der einen Form unter der Einwirkung von Soda leicht in Säurenitrile über, während die zweite Form kein Nitril liefert. Man hat nun die sehr wahrscheinliche Hypothese aufgestellt, daß im ersten Falle der Säurerest oder im entsprechenden Oxim die OH-Gruppe dem Aldehydwasserstoffatom, im zweiten Falle dem Kohlenwasserstoffreste benachbart ist:

$$\left.\begin{array}{l} C_6H_5\cdot C\cdot \boxed{H} \\ \quad\;\; \| \\ \quad\;\; N\cdot \boxed{OH} \end{array}\right\}$$ spaltet wegen der Nachbarschaft von H und OH leicht Wasser ab und liefert ein Nitril $C_6H_5\cdot C\equiv N$;

syn-Oxim

$$\left.\begin{array}{r} C_6H_5\cdot C\cdot H \\ \| \;\;\;\; \\ HO\cdot N \;\;\;\; \end{array}\right\}$$ liefert kein Nitril.

anti-Oxim

34. Reaktion: Reduktion eines Ketons zu einem Kohlenwasserstoff.

Beispiel: Diphenylmethan aus Benzophenon.[1]

Eine Mischung von 10 g Benzophenon, 12 g Jodwasserstoffsäure (S.P. 127°) und 2 g rotem Phosphor wird in einem zugeschmolzenen Rohr 6 Stunden auf 160° erhitzt. Bezüglich des Öffnens der Bombe vgl. S. 62. Den Bombeninhalt versetzt man mit Äther, gießt ihn in einen kleinen Scheidetrichter und schüttelt mehrfach mit Wasser aus. Die ätherische Lösung filtriert man durch ein kleines Faltenfilter, trocknet sie, verdampft dann den Äther und unterwirft den Rückstand der Destillation. S.P. 263°. Beim Abkühlen erstarrt das Diphenylmethan zu Kristallen, die bei 27° schmelzen. Ausbeute fast quantitativ.

Jodwasserstoff ist vor allem bei höherer Temperatur ein äußerst energisches Reduktionsmittel, mit dem sich Reduktionsprozesse ausführen lassen, die wie im obigen Falle kein anderes Reduktionsgemisch, wie z. B. ein Metall und eine Säure, vollführen kann. Die reduzierende Wirkung beruht auf dem folgenden Zerfall:

$$2\,HJ = H_2 + J_2.$$

Die oben ausgeführte Reaktion verlief nach der Gleichung:

$$C_6H_5\cdot CO\cdot C_6H_5 + 4\,HJ = \underset{\text{Diphenylmethan}}{C_6H_5\cdot CH_2\cdot C_6H_5} + H_2O + 2\,J_2.$$

Mit Hilfe der Jodwasserstoffsäure lassen sich nicht nur Ketone, sondern auch Aldehyde und Säuren zu den zugrunde liegenden Kohlenwasserstoffen reduzieren, z. B.:

[1] B. 7, 1624.

$$\underset{}{C_6H_5\cdot CHO} + 4\,HJ = \underset{\text{Toluol}}{C_6H_5\cdot CH_3} + H_2O + 4\,J\,,$$

$$\underset{\text{Benzoesäure}}{C_6H_5\cdot COOH} + 6\,HJ = C_6H_5\cdot CH_3 + 2\,H_2O + 6\,J\,,$$

$$\underset{\text{Stearinsäure}}{C_{17}H_{35}\cdot COOH} + 6\,HJ = \underset{\text{Oktadekan}}{C_{18}H_{38}} + 2\,H_2O + 6\,J\,.$$

Auch Alkohole, Jodide usw. können zu ihren letzten Reduktionsprodukten, zu Kohlenwasserstoffen, reduziert werden, z. B.:

$$\underset{\text{Jodäthyl}}{C_2H_5J} + HJ = \underset{\text{Äthan}}{C_2H_6} + J_2\,,$$

$$\underset{\text{Glycerin}}{\begin{array}{l} CH_2\cdot OH \\ | \\ CH\cdot OH \\ | \\ CH_2\cdot OH \end{array}} + 6\,HJ = \underset{\text{Propan}}{\begin{array}{l} CH_3 \\ | \\ CH_2 \\ | \\ CH_3 \end{array}} + 3\,H_2O + 6\,J\,.$$

Durch Erhitzen mit Jodwasserstoff läßt sich auch Wasserstoff an ungesättigte Verbindungen anlagern, z. B.:

$$C_6H_6 + 6\,HJ = \underset{\text{Hexahydrobenzol}}{C_6H_{12}} + 6\,J\,.$$

Die Wirksamkeit der Jodwasserstoffsäure läßt sich erhöhen, wenn man roten Phosphor hinzufügt. Unter diesen Umständen vereinigt sich nämlich das bei der Reduktion abgeschiedene Jod mit dem Phosphor zu Jodphosphor:

$$3\,J + P = PJ_3\,,$$

welcher mit dem vorhandenen Wasser sich wieder zu Jodwasserstoff umsetzt:

$$PJ_3 + 3\,H_2O = 3\,HJ + \underset{\text{Phosphorige Säure}}{PH_3O_3}\,.$$

Eine bestimmte Menge Jodwasserstoff kann also, wenn genügend Phosphor und Wasser vorhanden ist, immer wieder von neuem reduzierend wirken.

35. Reaktion: Aldehydsynthese nach Gattermann-Koch.

Beispiel: p-Tolylaldehyd aus Toluol und Kohlenoxyd.[1]

30 g frisch destilliertes Toluol (S. P. 110°) werden in einem weithalsigen Gefäß (zweckmäßig wendet man eine Fleischextrakt-Büchse an) unter Kühlung mit Wasser nicht zu schnell mit 45 g fein pulverisiertem, frisch dargestelltem Aluminiumchlorid und 5 g reinem Kupferchlorür (vgl. S. 349) versetzt. Man verschließt das Gefäß sodann durch einen dreifach durchbohrten Kork, durch dessen mittlere Bohrung ein Glasrohr geht, welches einem Rührer (Schaufelrad aus Glas) zur Führung dient, während die seitlichen

[1] B. 30, 1622; 31, 1149.

Durchbohrungen Ein- und Ableitungsrohr führen. (Fig. 75.) Nachdem man den Apparat in eine Klammer fest eingespannt hat, taucht man ihn in eine Kasserolle mit Wasser von 20° und leitet unter Umrühren mit der Turbine einen nicht zu lebhaften Strom von Kohlenoxyd und Salzsäure durch ein Gabelrohr ein. Das Kohlenoxyd entnimmt man einem etwa 10 Liter fassenden Gasometer und leitet es zunächst durch eine mit Kalilauge (1 : 1) und dann durch eine zweite mit konzentrierter Schwefelsäure beschickte Waschflasche. Die Salzsäure wird einem mit geschmolzenem Salmiak und konzentrierter Schwefelsäure beschickten KIPPschen Apparate entnommen und durch eine mit konzentrierter Schwefelsäure gefüllte Waschflasche geleitet. Die Intensität der Gasströme reguliert man derart, daß die des Kohlenoxyds doppelt so groß ist als die der Salzsäure. Das entweichende Gas leitet man direkt in eine Abzugsöffnung der Kapelle.

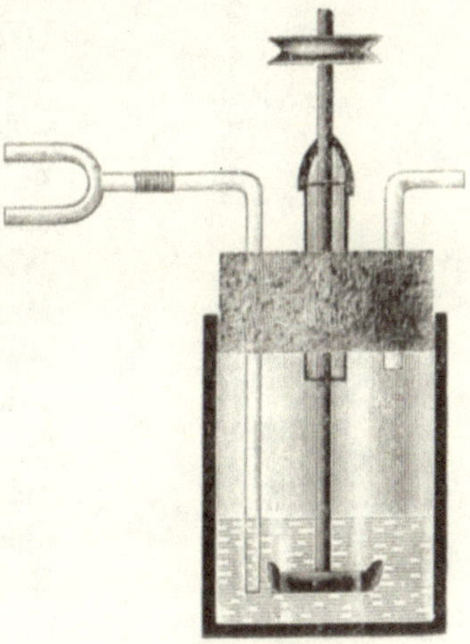

Fig. 75.

Nachdem im Laufe von einer Stunde etwa 1 bis 2 Liter Kohlenoxyd durch den Apparat geleitet sind, steigert man die Temperatur auf 25 bis 30° und leitet jetzt den Rest des Gases im Verlauf von weiteren 4 bis 5 Stunden hindurch. Sollte das Reaktionsgemisch schon vor Ablauf dieser Zeit so dickflüssig geworden sein, daß der Rührer nicht mehr läuft, so kann man schon jetzt die Reaktion unterbrechen. Man gießt alsdann das zähflüssige Reaktionsprodukt in einen geräumigen Kolben auf zerkleinertes Eis und destilliert den entstandenen Aldehyd sowie etwas unangegriffenes Toluol mit Wasserdämpfen über. Das Destillat — Öl und wässerige Flüssigkeit — wird dann längere Zeit mit wässeriger Natriumbisulfitlösung geschüttelt und das ungelöst gebliebene Toluol im Scheidetrichter von der wässerigen Flüssigkeit getrennt. Sollte sich die Bisulfitverbindung des Aldehydes in fester Form abscheiden, so fügt man so lange Wasser hinzu, bis sie gelöst ist. Die in beiden Fällen zuvor filtrierte wässerige Lösung wird dann so lange mit entwässerter Soda versetzt, bis sie deutlich alkalisch reagiert, worauf man den reinen Aldehyd wiederum mit Wasserdampf übertreibt. Man nimmt ihn schließlich mit Äther auf und gewinnt so nach dem Verdampfen des letzteren ca. 20 bis 22 g vollkommen reinen Tolylaldehyd, welcher bei 204° siedet.

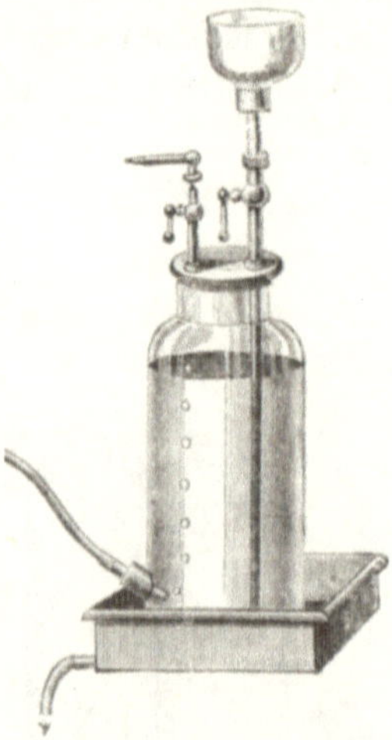

Fig. 76.

Darstellung des Kohlenoxyds. In einem Rundkolben von 1 Liter Inhalt erhitzt man 100 g kristallisierte Oxalsäure mit 600 g konzentrierter Schwefelsäure.[1] Das sich entwickelnde Gas leitet man durch zwei geräumige Waschflaschen, welche mit Kalilauge (1 Teil Kali auf 2 Teile Wasser) gefüllt sind (Fig. 74), und sammelt es dann in einem mit Wasser gefüllten Gasometer auf (Fig. 76). Man erhitze die Schwefelsäure zu Anfang etwas stärker. Sobald die Oxalsäure sich jedoch gelöst hat und ein regelmäßiger Gasstrom sich entwickelt, verkleinere man die Flamme. Ehe man das Gas in dem Gasometer aufsammelt, fülle man ein Reagenzrohr über Wasser mit ersterem und zünde das Gas an. Solange noch Luft in dem Apparate ist, tritt eine schwache Verpuffung ein, während, sobald reines Gas entweicht, dieses ruhig im Rohr herunterbrennt. Erst wenn letzterer Punkt eingetreten ist, leite man das Gas in das Gasometer. Nach beendeter Gasentwickelung hebe man sofort die Verbindung der Waschflaschen mit dem Entwickelungskolben auf. Wegen der Giftigkeit des Kohlenoxyds stelle man den Versuch unter einem Abzuge an und hüte sich, das Gas einzuatmen.

Will man die Anwendung eines Gasometers umgehen, so kann man die Erzeugung eines regelmäßigen und andauernden Kohlenoxydstromes in der Weise ermöglichen, daß man in einem mit Sicherheitsrohr versehenen Literkolben 200 g Oxalsäure mit 200 ccm konzentrierter Schwefelsäure in einem Ölbade zunächst auf 120° erhitzt und die Temperatur je nach Bedürfnis allmählich steigert.

Leitet man das entwickelte Gas zunächst durch zwei mit Kali und sodann durch zwei mit konzentrierter Schwefelsäure beschickte Waschflaschen, so kann man es direkt zur Synthese verwenden.

[1] Die Überleitungsröhren, welche das Gasgemisch passiert, ehe es mit der Kalilauge in Berührung kommt, wähle man möglichst weit, damit sie nicht durch sublimierende Oxalsäure verstopft werden.

Eine direkte Synthese aromatischer Aldehyde mit Hilfe der FRIEDEL-CRAFTSschen Reaktion war bis vor kurzem noch nicht ausgeführt worden, was seinen Grund in der Nichtexistenzfähigkeit des Ameisensäurechlorides hat, welches bei seiner Bildung sofort in Kohlenoxyd und Salzsäure zerfällt:

$$H \cdot CO \cdot Cl = CO + HCl .$$

Wäre dieses beständig, so müßten sich Aldehyde analog den Ketonen nach folgender allgemeiner Gleichung bilden:

$$X \cdot \boxed{H + Cl} \cdot CO \cdot H = X \cdot COH + HCl .$$

Man hat nun gefunden, daß sich ein Gemisch von Kohlenoxyd und Salzsäure bei Gegenwart von Kupferchlorür, welches sich mit ersterem verbindet, wie Ameisensäurechlorid verhält. Die oben ausgeführte Synthese läßt sich dann durch folgende Gleichung ausdrücken:

$$C_6H_4 \begin{cases} CH_3 \\ \boxed{H + Cl} \cdot CO \cdot H \end{cases} = C_6H_4 \begin{cases} CH_3 \\ COH \end{cases} + HCl .$$

Auch aus anderen Kohlenwasserstoffen wie o- und m-Xylol, Mesitylen, Äthylbenzol, Diphenyl u. a. lassen sich in analoger Weise Aldehyde gewinnen. Es hat sich ergeben, daß, wie bei den Ketonsynthesen der Säurerest, so auch hier die Aldehydgruppe stets in Parastellung zu einem Alkylreste tritt. So erhält man aus Toluol

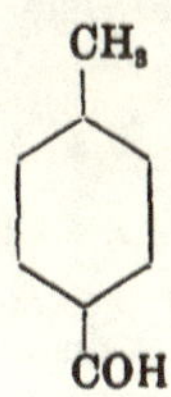

Aus o-Xylol ⟶

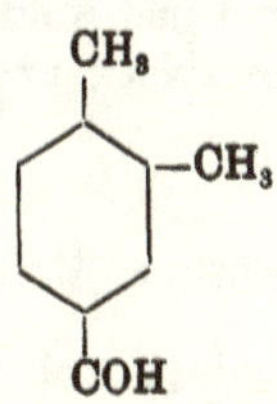

Aus m-Xylol ⟶

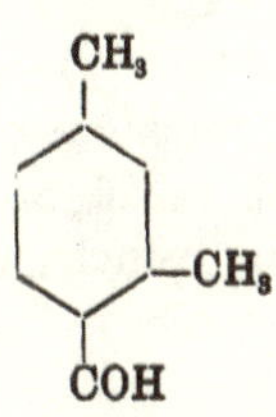

Auffälligerweise ist diese Synthese auf Phenoläther, welche sonst die FRIEDEL-CRAFTSsche Reaktion bei weitem leichter als Kohlenwasserstoffe eingehen, nicht anwendbar. Will man aus diesen Aldehyde erhalten, so läßt man auf sie an Stelle des Kohlenoxyds Blausäure einwirken, wobei die Anwesenheit von Kupferchlorür nicht erforderlich ist. Die Reaktion kommt in der Weise zustande, daß Blausäure und Salzsäure sich zunächst zu dem Chlorid der Imidoameisensäure vereinigen:

$$\mathrm{HCN + HCl = C\begin{matrix}\diagup H \\ {=}NH \\ \diagdown Cl\end{matrix}},$$

welches dann unter dem Einflusse des Aluminiumchlorides mit dem Phenoläther unter Abspaltung von Salzsäure reagiert, z. B.:

$$\mathrm{C_6H_4\Big\langle\begin{matrix}OCH_3 \\ \boxed{H + Cl}\cdot CH{=}NH\end{matrix} = C_6H_4\Big\langle\begin{matrix}OCH_3 \\ CH{=}NH\end{matrix} + HCl}.$$

Man erhält hierbei primär die Imide der Aldehyde, welche jedoch durch Säuren äußerst leicht in Aldehyde übergehen:

$$\mathrm{C_6H_4\Big\langle\begin{matrix}OCH_3 \\ CH{=}\boxed{NH + H_2}O\end{matrix} = NH_3 + C_6H_4\Big\langle\begin{matrix}OCH_3 \\ CHO\end{matrix}}.$$

Auf diese Weise ist es gelungen, in Phenoläther sowie auch in die freien Phenole die Aldehydgruppe einzuführen. Letztere tritt stets in Parastellung zu der Oxalkylgruppe oder zu der Hydroxylgruppe.

Was die Gewinnung des Kohlenoxyds anbelangt, so verläuft sie nach folgender Gleichung:

$$\mathrm{\begin{matrix}COOH \\ | \\ COOH\end{matrix} = CO + CO_2 + H_2O}.$$

Leitet man das sich entwickelnde Gas, welches aus gleichen Volumenteilen Kohlenoxyd und Kohlensäure besteht, durch Alkalien, so wird die Kohlensäure absorbiert, und es entweicht reines Kohlenoxyd.

36. Reaktion: Verseifung eines Säurenitrils.

Beispiel: Toluylsäure aus Tolunitril.[1]

Das nach Reaktion 10) erhaltene p-Tolunitril wird in einem mit Rückflußkühler verbundenen Rundkolben auf einem Sandbade so lange mit schwach verdünnter Schwefelsäure erhitzt, bis im Kühlrohr Kristalle von Toluylsäure sich absetzen. Man wendet hier-

[1] A. **258**, 10.

bei auf je 1 g des Nitrils eine Mischung von 6 g konzentrierter Schwefelsäure mit 2 g Wasser an. Nach dem Erkalten verdünnt man mit Wasser, filtriert die ausgeschiedene Säure ab und wäscht sie mehrmals mit Wasser nach. Einen kleinen Teil löse man in wenig Alkohol auf, versetze bis zur Trübung mit heißem Wasser und koche einige Zeit mit Tierkohle. Beim Abkühlen erhält man die reine Säure vom F.P. 177°. Ausbeute 80—90 % der Theorie.

Unter „Verseifung" im engeren Sinne versteht man die Spaltung eines Säureesters in Säure und Alkohol. Man bezeichnet jedoch im weiteren Sinne auch die Überführung von Säurederivaten, wie Nitrilen, Amiden, substituierten Amiden, z. B. Aniliden, in Säuren mit dem gleichen Namen. Verseifungen werden entweder in alkalischer oder saurer Lösung ausgeführt. So reagierte z. B. oben (Seite 131) das Acetamid beim Erwärmen mit Kali- oder Natronlauge derart, daß unter Ammoniakentwickelung sich das Alkalisalz der Essigsäure bildete. Nitrile und Ester lassen sich vielfach in der gleichen Weise durch wässerige Alkalien verseifen. Ferner kann man alkoholisches Kali oder Natron zu dem gleichen Zwecke verwenden. Schließlich lassen sich durch Erhitzen mit Sodalösung Verseifungen ausführen; dieses Mittel ist besonders für schwer verseifbare Amide oder Anilide unter Druck sehr gut verwendbar.

Um in saurer Lösung zu verseifen, erhitzt man die zu verseifende Substanz entweder mit Salzsäure oder Schwefelsäure in den verschiedensten Verdünnungen, z. B.:

$$C_6H_4{<}{}^{CH_3}_{CN} + 2\,H_2O = C_6H_4{<}{}^{CH_3}_{COOH} + NH_3\,.$$

p-Tolunitril p-Toluylsäure

Säureamide lassen sich sehr bequem verseifen, indem man sie in konzentrierter Schwefelsäure löst, unter Kühlung mit Natriumnitrit versetzt und dann allmählich erwärmt,[1] z. B.:

$$C_6H_5\cdot CO\cdot NH_2 + NO_2H = C_6H_5\cdot COOH + N_2 + H_2O\,.$$

Um nach dieser Methode ein Nitril zu verseifen, verwandelt man es durch Erwärmen mit 85 prozent. Schwefelsäure zunächst in ein Amid und verfährt dann wie soeben. Vielfach ist es zweckmäßiger, auf die Lösung eines Amides in verdünnter Schwefelsäure direkt in der Wärme Nitrit einwirken zu lassen.

Auch die Zerlegung der Äther von Phenolen bezeichnet man als Verseifung. Eine solche läßt sich in den meisten Fällen nicht durch die bislang angeführten Mittel ausführen. Man bedient sich hierbei der Jodwasserstoffsäure, welche beim Erhitzen Phenoläther in die Phenole und Jodalkyl zerlegt:

$$C_6H_5\cdot OCH_3 + HJ = C_6H_5\cdot OH + CH_3J\,.$$

Anisol

[1] B. **26**, Ref. 773; **28**, Ref. 917; **32**, 1118.

Mit großem Vorteil läßt sich hierfür auch das wasserfreie Aluminiumchlorid benutzen, welches beim Erhitzen in folgender Weise auf Phenoläther einwirkt:

$$3\,C_6H_5\cdot OCH_3 + AlCl_3 = \underset{\substack{\text{Aluminiumsalz}\\ \text{des Phenols}}}{(C_6H_5\cdot O)_3Al} + 3\,CH_3Cl\,.$$

Behandelt man das Phenolsalz mit einer Säure, so scheidet sich daraus das freie Phenol ab. Diese Methode bietet den Vorteil, daß man auch Körper verseifen kann, die außer dem Phenolätherreste eine reduzierbare Gruppe, z. B. die CO-Gruppe enthalten, welche nach der ersten Methode durch die Jodwasserstoffsäure verändert werden würde.

37. Reaktion: Oxydation der Seitenkette eines aromatischen Körpers.

Beispiel: Terephtalsäure aus p-Toluylsäure.

5 g der nach Reaktion 36) erhaltenen rohen Toluylsäure werden in einer Lösung von 3 g Ätznatron in 250 ccm Wasser gelöst, in einer Porzellanschale auf dem Wasserbade erhitzt und allmählich so lange mit einer Lösung von 12 g fein gepulvertem Kaliumpermanganat in 250 ccm Wasser versetzt, bis nach längerem Kochen die rote Farbe des Permanganats nicht mehr verschwindet. Man fügt darauf so lange Alkohol hinzu, bis die Flüssigkeit farblos geworden ist, filtriert nach dem Erkalten vom abgeschiedenen Braunstein ab, wäscht diesen mit heißem Wasser aus und säuert das zum Sieden erhitzte Filtrat mit konzentrierter Salzsäure an. Nach dem Erkalten filtriert man die Terephtalsäure ab, wäscht sie mit Wasser nach und trocknet sie auf dem Wasserbade. Ausbeute ca. 90% der Theorie. — Terephtalsäure ist in Wasser unlöslich. Beim Erhitzen sublimiert sie, ohne zuvor zu schmelzen.

Es ist eine allgemeine Eigenschaft aliphatischer Seitenketten, welche sich am Benzolkern befinden, daß sie bei der Oxydation in eine COOH-Gruppe übergehen. Eine CH_3-Gruppe erfordert zur Oxydation 3 Sauerstoffatome:

$$\underset{\text{Toluol}}{C_6H_5\cdot CH_3} + 3\,O = \underset{\text{Benzoesäure}}{C_6H_5\cdot COOH} + H_2O\,.$$

Sind in einem Körper mehrere Seitenketten vorhanden, so können diese entweder alle oder nur zum Teil in COOH-Gruppen übergeführt werden:

$$C_6H_4{<}\begin{matrix}CH_3\\ CH_3\end{matrix} \text{ gibt } \begin{cases} \nearrow\ C_6H_4{<}\begin{matrix}CH_3\\ COOH\end{matrix} \\ \searrow\ C_6H_4{<}\begin{matrix}CCOH\\ COOH\end{matrix}\end{cases},$$

$$C_6H_3{<}\begin{smallmatrix}CH_3\\CH_3\\CH_3\end{smallmatrix} \text{ gibt } \begin{cases} \nearrow\; C_6H_3{<}\begin{smallmatrix}CH_3\\CH_3\\COOH\end{smallmatrix} \\ \longrightarrow\; C_6H_3{<}\begin{smallmatrix}CH_3\\COOH\\COOH\end{smallmatrix}\,. \\ \searrow\; C_6H_3{<}\begin{smallmatrix}COOH\\COOH\\COOH\end{smallmatrix} \end{cases}$$

Enthält eine Seitenkette mehrere Kohlenstoffatome, so ist es in manchen Fällen ausführbar, nur die endständige CH_3-Gruppe zu oxydieren, z. B.:

$$X\cdot CH_2\cdot CH_3 + 3\,O = X\cdot CH_2\cdot COOH + H_2O.$$

Bei einer energischen Oxydation werden jedoch alle Kohlenstoffatome mit Ausnahme des letzten abgespalten:

$$\underset{\text{Äthylbenzol}}{C_6H_5\cdot CH_2\cdot CH_3} + 3\,O_2 = C_6H_5\cdot COOH + CO_2 + 2\,H_2O.$$

Die Basizität der bei der energischen Oxydation eines Kohlenwasserstoffs erhaltenen Säure gibt demnach Auskunft über die Anzahl der in jenem enthaltenen Seitenketten. Auch Derivate von Kohlenwasserstoffen sind der gleichen Reaktion zugänglich, z. B.:

$$\underset{\text{Chlortoluol}}{C_6H_4{<}\begin{smallmatrix}CH_3\\Cl\end{smallmatrix}} + 3\,O = \underset{\text{Chlorbenzoesäure}}{C_6H_4{<}\begin{smallmatrix}COOH\\Cl\end{smallmatrix}} + H_2O\,,$$

$$\underset{\text{Nitrotoluol}}{C_6H_4{<}\begin{smallmatrix}CH_3\\NO_2\end{smallmatrix}} + 3\,O = \underset{\text{Nitrobenzoesäure}}{C_6H_4{<}\begin{smallmatrix}COOH\\NO_2\end{smallmatrix}} + H_2O\,.$$

$$\underset{\text{Acetophenon}}{C_6H_5\cdot CO\cdot CH_3} + 3\,O = \underset{\text{Phenylglyoxylsäure}}{C_6H_5\cdot CO\cdot COOH} + H_2O\,.$$

An dieser Stelle ist auch die oben ausgeführte Reaktion zu erwähnen:

$$C_6H_4{<}\begin{smallmatrix}CH_3\\COOH\end{smallmatrix} + 3\,O = C_6H_4{<}\begin{smallmatrix}COOH\\COOH\end{smallmatrix} + H_2O\,.$$

Amine und Phenole können meistens nicht direkt oxydiert werden; vielmehr muß man einen Umweg einschlagen, indem man die ersteren zunächst in Säurederivate, die letzteren in Ester überführt. Will man z. B. p-Toluidin in p-Amidobenzoesäure überführen, so acetyliert man die Base zunächst und oxydiert dann das Acettoluid:

$$C_6H_4{<}\begin{smallmatrix}CH_3\\NH\cdot CO\cdot CH_3\end{smallmatrix} + 3\,O = C_6H_4{<}\begin{smallmatrix}COOH\\NH\cdot CO\cdot CH_3\end{smallmatrix} + H_2O\,.$$

Verseift man die so erhaltene Säure, so entsteht daraus die gewünschte Amidobenzoesäure:

$$C_6H_4{<}\begin{smallmatrix}COOH\\NH\cdot CO\cdot CH_3\end{smallmatrix} + H_2O = C_6H_4{<}\begin{smallmatrix}COOH\\NH_2\end{smallmatrix} + CH_3\cdot COOH\,.$$

Will man anderseits ein Phenol, z. B. Kresol, $C_6H_4<^{CH_3}_{OH}$, oxydieren, so stellt man sich zunächst den Schwefelsäure- oder Phosphorsäureester desselben dar, oxydiert diesen und verseift dann das erhaltene Reaktionsprodukt.

Als Oxydationsmittel wendet man verdünnte Salpetersäure (1 Vol. konz. HNO_3 und 3 Vol. H_2O),[1] Chromsäure oder Kaliumpermanganat an. Am mildesten wirkt die Salpetersäure, welche man dann anwendet, wenn nicht alle Seitenketten oxydiert werden sollen, sondern nur ein Teil derselben, z. B. für

$$C_6H_4<^{CH_3}_{CH_3} \longrightarrow C_6H_4<^{CH_3}_{COOH}.$$

Auch in den Fällen, wo, wie häufig bei Orthoderivaten, die anderen Oxydationsmittel die Substanz vollkommen verbrennen, wendet man Salpetersäure an.

Ein Oxydationsmittel, welches nicht nur für den vorliegenden Fall, sondern auch für die Oxydation von Alkoholen, Ketonen usw. benutzt werden kann, ist die Chromsäure, welche entweder in Form ihres Anhydrides meistens in Eisessiglösung oder in Form einer mit Schwefelsäure angesäuerten wässerigen Lösung von Kalium- oder Natriumbichromat verwendet wird. Bei der Oxydation geben zwei Moleküle CrO_3 drei Atome Sauerstoff ab:

$$2\,CrO_3 = Cr_2O_3 + 3\,O.$$

Für die Oxydation aromatischer Kohlenwasserstoffe[2] hat es sich als zweckmäßig erwiesen, auf 40 Teile Kaliumbichromat 55 Teile konzentrierte Schwefelsäure, die mit dem doppelten Volumen Wasser verdünnt ist, zu verwenden.

Mit Kaliumpermanganat[3] kann man entweder in alkalischer oder saurer Lösung oxydieren. Im ersten Falle scheidet sich bei der Oxydation Braunstein ab:

$$2\,KMnO_4 + H_2O = 3\,O + 2\,MnO_2 + 2\,KOH.$$

Zwei Moleküle Permanganat geben demnach in alkalischer Lösung 3 Atome Sauerstoff ab.

In saurer (schwefelsaurer) Lösung scheidet sich kein Braunstein ab, da dieser durch die Schwefelsäure unter Entwickelung von Sauerstoff in Form eines Manganoxydulsalzes gelöst wird:

$$2\,KMnO_4 + 3\,H_2SO_4 = 5\,O + K_2SO_4 + 2\,MnSO_4 + 3\,H_2O.$$

Zwei Moleküle Permanganat liefern demnach in saurer Lösung 5 Atome wirksamen Sauerstoff.

Bei der Oxydation mit Permanganat wendet man meistens 2- bis 5 prozent. Lösungen an. Einen Überschuß von Permanganat kann man durch Hinzufügen von Alkohol oder schwefliger Säure entfernen, welche dadurch zu Aldehyd oder Essigsäure und Schwefelsäure oxydiert werden.

---

[1] A. **137**, 302. [2] A. **133**, 41. [3] B. **7**, 1057.

38. Reaktion: Synthese von Oxyaldehyden nach Reimer und Tiemann.[1]

Beispiel: Salicylaldehyd aus Phenol und Chloroform.

In einem Rundkolben von 1 Liter Inhalt löst man 80 g Natron in 80 g Wasser unter Erwärmen auf, versetzt warm mit 25 g Phenol und kühlt die Lösung, ohne sie hierbei umzuschütteln, durch Eintauchen in kaltes Wasser auf ca. 60—65° ab. Man verbindet dann den Kolben durch einen zweifach durchbohrten Kork einerseits mit einem gut wirkenden Rückflußkühler und anderseits mit einem Thermometer, dessen Kugel in die Flüssigkeit eintaucht, und fügt 60 g Chloroform in der folgenden Weise allmählich hinzu: zunächst gießt man durch das Kühlrohr nur ein Drittel des Chloroforms, worauf beim gelinden Umschütteln die Flüssigkeit vorübergehend eine fuchsinrote Farbe annimmt. Nach kurzer Zeit geht die Farbe in orange über, und man bemerkt ein Steigen der Temperatur. Sobald diese auf 70° gestiegen ist, taucht man die ganze Kugel des Kolbens sofort so lange in kaltes Wasser ein, bis das Thermometer wieder bis etwas unter 65° gefallen ist. Auf diese Weise hält man während der ganzen Reaktion die Temperatur stets zwischen 65 und 70°. Sollte die Temperatur unter 60° fallen, so erwärmt man kurze Zeit durch Eintauchen in heißes Wasser, bis die Temperatur von 65° wieder erreicht ist. Nach 10 bis 15 Minuten fügt man dann das zweite Drittel des Chloroforms hinzu und verfährt sonst wie soeben. Schließlich setzt man nach Verlauf von weiteren 20 Minuten den Rest des Chloroforms hinzu. Da die Reaktion gegen Ende sehr ruhig verläuft, so muß man in der letzten Phase den Kolben durch Eintauchen in heißes Wasser häufiger erwärmen, wenn man die Temperatur zwischen den oben angegebenen Grenzen halten will. Nach etwa $1^1/_2$- bis 2 stündiger Einwirkung, vom Beginn an gerechnet, ist die Synthese beendet. Öfteres Umschütteln des Gemisches, insbesondere während der letzten Phase, begünstigt die Ausbeute wesentlich. Nach beendigter Reaktion leitet man durch das Reaktionsprodukt Wasserdampf, bis kein Chloroform mehr übergeht. Man läßt dann etwas abkühlen und säuert die orange gefärbte alkalische Flüssigkeit vorsichtig mit verdünnter Schwefelsäure an, wobei die Flüssigkeit

[1] B. **9**, 423, 824; **10**, 1562; **15**, 2685 etc.

fast farblos wird, und leitet schließlich so lange Wasserdampf ein, bis mit dem Wasser keine Öltropfen mehr übergehen.

Das Destillat wird sodann mit Äther aufgenommen und die ätherische Schicht vom Wasser getrennt, worauf man den Äther auf dem Wasserbade verdampft. Der hinterbleibende Rückstand, welcher aus unverändertem Phenol und Salicylaldehyd besteht, wird nun mit dem doppelten Volumen konzentrierter käuflicher Natriumbisulfitlösung versetzt und mit Hilfe eines Glasstabes mit dieser längere Zeit gut verrührt, wobei sich ein fester Brei der Bisulfitverbindung des Aldehyds abscheiden muß. Nach $^1/_2$- bis 1 stündigem Stehen filtriert man die abgeschiedenen Kristalle an der Saugpumpe ab, preßt sie fest zusammen und wäscht zur vollständigen Entfernung noch anhaftenden Phenols mehrere Male mit Alkohol und schließlich mit Äther nach. Die perlmutterglänzenden Blättchen werden dann auf einem Tonteller abgepreßt, worauf man den Aldehyd durch gelindes Erwärmen mit verdünnter Schwefelsäure auf dem Wasserbade in Freiheit setzt. Nach dem Erkalten nimmt man ihn mit Äther auf, trocknet die ätherische Lösung mit entwässertem Glaubersalz und unterwirft den nach dem Verdampfen des Äthers hinterbleibenden reinen Aldehyd der Destillation, wobei er bei 196° übergeht. Die Ausbeute beträgt 10—12 g.

Der neben Salicylaldehyd in geringerer Menge entstandene p-Oxybenzaldehyd ist mit Wasserdämpfen nicht flüchtig und befindet sich deshalb in dem bei der Wasserdampfdestillation im Kolben hinterbliebenen Rückstande. Um ihn zu gewinnen, filtriert man den Kolbeninhalt nach dem Erkalten durch ein Faltenfilter und sättigt das klare Filtrat mit festem Kochsalz, wobei sich der feste p-Oxybenzaldehyd event. nach längerem Stehen abscheidet. Äthert man nach dem Abfiltrieren das Filtrat aus, so erhält man noch eine weitere Menge, welche gemeinsam mit der ersten durch Umkristallisieren aus Wasser unter Zusatz von etwas wässeriger schwefliger Säure gereinigt werden kann. F.P. 116°. Ausbeute 2—3 g.

Die ausgeführte Synthese verläuft nach folgender Gleichung:

$$C_6H_5\cdot ONa + CHCl_3 + 3\,NaOH = C_6H_4\left\langle\begin{matrix} ONa \\ CHO \end{matrix}\right. + 3\,NaCl + 2\,H_2O\,.$$

Wahrscheinlich vollzieht sich die Reaktion in den folgenden zwei Phasen:

$$1.\quad C_6H_4\begin{cases}OH\\ \boxed{H + Cl}CHCl_2\end{cases} = HCl + C_6H_4\begin{cases}OH\\ CHCl_2\end{cases},$$

$$2.\quad C_6H_4\begin{cases}OH\\ CH\boxed{Cl_2 + H_2}O\end{cases} = 2\,HCl + C_6H_4\begin{cases}OH\\ CHO\end{cases}.$$

Auf diese Weise kann man allgemein in ein- und mehrwertige Phenole eine Aldehydgruppe einführen, und zwar tritt letztere in Ortho- und Parastellung zu einer Hydroxylgruppe ein. So entstehen aus:

Phenol: o- und p-Oxybenzaldehyd

o-Kresol: 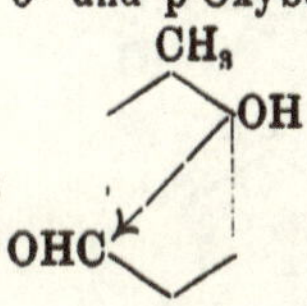 und 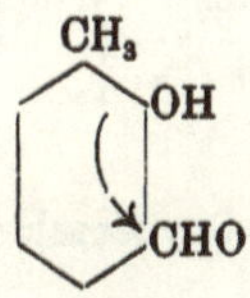

m-Kresol: 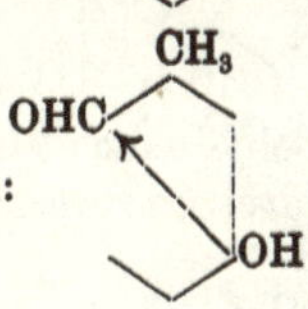 und 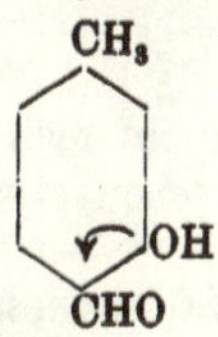

p-Kresol: ausschließlich 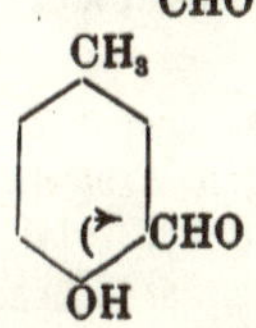

Brenzkatechin: 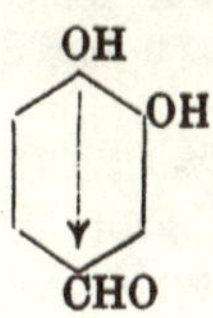 = Protokatechualdehyd

Resorcin: 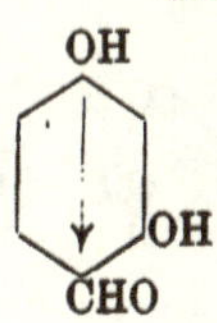 ; daneben noch ein Dialdehyd 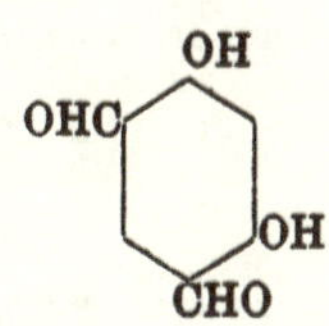

Hydrochinon: 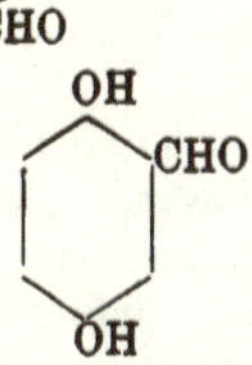 = Gentisinaldehyd.

Auch saure Äther der mehrwertigen Phenole gehen die Reaktion ein. So liefert Guajakol:

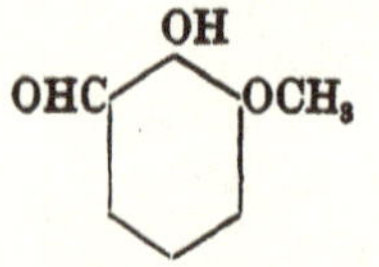 und 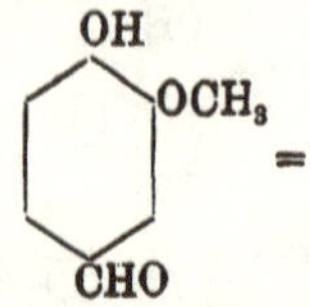 = Vanillin.

Aus Resorcinmonomethyläther entstehen neben zwei Monoaldehyden noch zwei Dialdehyde. Auch Oxyaldehyde selbst, sowie Oxykarbonsäuren sind der Reaktion zugänglich. So entsteht aus Salicylaldehyd ein Gemisch zweier Oxyisophtalaldehyde: $C_6H_3\begin{cases}OH\\CHO\\CHO\end{cases}$.

p-Oxybenzaldehyd liefert: 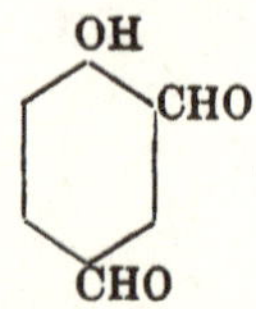.

Daß aus Resorcin neben einem Monoaldehyd auch ein Dialdehyd entsteht, ist oben schon erwähnt. Aus den drei Oxybenzoesäuren entstehen je zwei Oxyaldehydosäuren: $C_6H_3\begin{cases}OH\\COOH\\CHO\end{cases}$.

Die Synthese ist also äußerst vielseitiger Anwendung fähig. Sie leidet jedoch an einigen Mängeln. So läßt nach den Originalvorschriften die Ausbeute an Aldehyd viel zu wünschen übrig. Es beruht dies darauf, daß ein Teil des Phenols überhaupt nicht in Reaktion tritt und ein anderer Teil mit dem Chloroform unter Bildung von Orthoameisensäureester reagiert:

$$3\,C_6H_5\cdot ONa + CHCl_3 = 3\,NaCl + CH(OC_6H_5)_3\,.$$

Von dem primär gebildeten Aldehyd geht ein Teil wieder verloren, indem durch Kondensation mit unangegriffenem Phenol Triphenylmethanderivate gebildet werden:

$$C_6H_4\begin{cases}CH\boxed{O + 2H}C_6H_4\cdot OH\\OH\end{cases} = H_2O + C\begin{cases}C_6H_4\cdot OH\\C_6H_4\cdot OH\\C_6H_4\cdot OH\\H\end{cases},$$

und indem anderseits die Oxyaldehyde durch das Alkali zum Teil in beträchtlichem Umfange verharzt werden.

Überdies ist die Trennung des entstehenden Gemisches verschiedener Mono- und Di-Aldehyde bisweilen mit Schwierigkeiten verknüpft.

Wie bereits auf Seite 298 erwähnt, kann man in Phenole eine Aldehydgruppe auch noch in der Weise einführen, daß man auf sie bei Gegenwart von Kondensationsmitteln, wie Aluminiumchlorid oder Chlorzink, Blausäure und Salzsäure einwirken läßt. Diese Reaktion besitzt manche Vorzüge gegenüber der oben ausgeführten. Sie verläuft nämlich glatter, liefert nur p-Oxyaldehyde, und zwar tritt nur eine Aldehydgruppe ein; es bilden sich ferner bei ihr nur geringe Mengen von Harzen, und schließlich ist sie auf Phenole wie Pyrogallol, Phloroglucin, die beiden Naphtole, mehrwertige Phenole des Naphtalins usw. anwendbar, bei denen die obige Reaktion versagt (vgl. B. **31**, 1765; **32**, 278 usw.)

39. Reaktion: Kolbes Synthese von Oxysäuren.

Beispiel: Salicylsäure aus Phenolnatrium und Kohlensäure.[1]

12·5 g chemisch reines Ätznatron werden in einer Porzellan- oder zweckmäßiger in einer Nickelschale in 20 ccm Wasser gelöst und unter Umrühren allmählich mit 30 g kristallisiertem Phenol versetzt. Man vertreibt dann unter fortdauerndem Umrühren durch Erhitzen mit einer Flamme den größten Teil des Wassers. Sobald sich auf der Flüssigkeit eine Kristallhaut bildet, erhitzt man mit einer leuchtenden Flamme, wobei man den Brenner nicht unter die Schale stellt, sondern ihn fortdauernd unter dieser bewegt. Zur Befestigung der Schale spannt man in eine Klammer vertikal eine Tiegelzange ein, zwischen deren Backen man den Rand der Schale einklemmt. Man erhält zunächst eine zusammenbackende, hellfarbene Masse, welche man von Zeit zu Zeit mit einem Mörserpistill zerdrückt. Sobald die einzelnen Teile nicht mehr zusammenbacken, pulverisiert man die Masse schnell in einer trockenen Reibschale und erhitzt das feine Pulver nochmals so lange unter gutem Umrühren in der Nickelschale, bis es staubtrocken geworden ist. Es wird dann in eine tubulierte Retorte von ca. 200 ccm Inhalt eingefüllt und diese dann so tief wie möglich in ein Ölbad eingetaucht (Fig. 77). Man erhitzt dieses nun auf 110° und leitet dann bei dieser Temperatur 1 Stunde lang trockne Kohlensäure über das Phenolnatrium (das Ende des Einleitungsrohres 1 cm über der Oberfläche des Phenolnatriums). Im

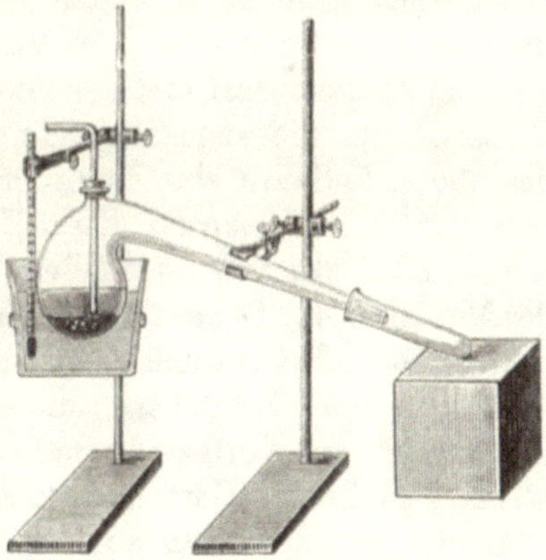

Fig. 77.

[1] J. pr. [2] **10**, 89; **27**, 89; **31**, 397.

Laufe von 4 Stunden steigert man dann unter fortwährendem Durchleiten eines nicht zu lebhaften Kohlensäurestromes die Temperatur allmählich auf 190°, so daß in jeder Stunde eine Temperaturerhöhung von ca. 20° eintritt, und erhitzt schließlich noch 1 bis 2 Stunden auf 200°. Während der Operation rühre man den Retorteninhalt mehrere Male mit einem Glasstabe um. Nach dem Erkalten schmilzt man das im Kondensationsrohr der Retorte befindliche Phenol durch Erhitzen mit einer Flamme heraus, gießt das im Bauch der Retorte befindliche staubfeine Pulver aus dem Tubus in ein großes Becherglas, spült mehrfach mit Wasser nach und fällt die Salicylsäure durch viel konzentrierte Salzsäure aus. Nachdem man das Reaktionsgemisch unter Reiben mit einem Glasstabe längere Zeit durch Eiswasser abgekühlt hat, filtriert man die rohe Salicylsäure ab, wäscht sie mit wenig Wasser nach und preßt sie auf einem porösen Tonteller ab. Die Reinigung der rohen Salicylsäure erfolgt am besten durch Destillation mit überhitztem Wasserdampf. Man erhitzt sie zu diesem Zwecke in trockenem Zustande in einem kurzhalsigen Kölbchen, welches in einem Ölbade auf 170° erwärmt wird, und leitet einen nicht zu lebhaften Wasserdampfstrom von 170—180° darüber (vgl. Seite 39). Die Verbindung des Kolbens mit dem Dampfüberhitzer darf erst dann hergestellt werden, wenn Ölbad und Wasserdampf die angegebene Temperatur besitzen. Da die überdestillierende Säure eine Kühlröhre von üblicher Weite sehr bald verstopft, so muß man für diesen Zweck einen Kühler mit besonders weitem Kühlrohr anwenden (Weite der inneren Röhre 2·5 cm; Weite des Mantels 5 cm; Länge des Mantels 75 cm). Auch das Verbindungsrohr zwischen Kolben und Kühler muß sehr weit (ca. 2 cm) und möglichst kurz sein. Erhitzt man die aus dem Kühlrohr entfernte Säure mit dem in der Vorlage befindlichen wässerigen Destillate bis zur Lösung, so kristallisiert beim Erkalten eine vollkommen farblose Säure in langen Nadeln aus. F.P. 156°. Ausbeute 5—10 g.

Die Darstellung der Salicylsäure gelingt in vielen Fällen nicht gleich beim ersten Male. Das gute Gelingen des Versuches ist vor allem von der Beschaffenheit des Phenolnatriums, welches **vollkommen trocken**[1] sein muß, abhängig. Backt es beim Er-

[1] Der Versuch gelingt sicher, wenn man das Phenolnatrium vor dem Einleiten der Kohlensäure $^1/_2$ Stunde im Wasserstoffstrome auf 140° (Retorte in Ölbad) erhitzt. Ehe man dann Kohlensäure einleitet, lasse man auf 110° erkalten.

wärmen in der Retorte zusammen, so wird mit großer Wahrscheinlichkeit der Versuch mißlingen. Man richte letzteren so ein, daß man gegen Abend das Phenolnatrium darstellt, es über Nacht im Schwefelsäureexsikkator stehen läßt und gleich am nächsten Morgen mit dem Einleiten der Kohlensäure beginnt.

Diese Synthese ist nach ihrem Entdecker unter dem Namen der „Kolbeschen Synthese" bekannt. Sie verläuft in drei Phasen. In der ersten lagert sich Kohlensäure an das Phenolnatrium an, indem sich phenylkohlensaures Natrium bildet:

$$\text{I)}\ C_6H_5\cdot ONa + CO_2 = C_6H_5\cdot O\cdot CO_2Na\,.$$

Bei obigem Versuche vollzieht sich diese Reaktion während des einstündigen Erhitzens auf 110°. In der zweiten Phase lagert sich das phenylkohlensaure Natrium in sogenanntes neutrales salicylsaures Natrium um:

$$\text{II)}\ C_6H_5\cdot O\cdot COONa = C_6H_4\begin{cases}OH\\CO_2Na\end{cases},$$

während in der letzten Phase ein Molekül dieses Salzes mit einem Molekül unveränderten Phenolnatriums in folgender Weise reagiert:

$$\text{III)}\ C_6H_4\begin{cases}OH\\COONa\end{cases} + C_6H_5\cdot ONa = C_6H_4\begin{cases}ONa\\COONa\end{cases} + C_6H_5\cdot OH\,.$$

Diese beiden letzten Reaktionen verlaufen beim allmählichen Erhitzen auf 200°. Es wird demnach nur die eine Hälfte des Phenols in Salicylsäure verwandelt, während die andere unverändert zurückgewonnen wird.

Eine Modifikation der Kolbeschen Reaktion, welche die sofortige Umwandlung des gesamten Phenols in Salicylsäure gestattet, ist unter dem Namen der „Schmittschen Synthese" bekannt. Nach dieser Methode stellt man wie nach Kolbe zunächst phenylkohlensaures Natrium dar; dieses wird dann aber weiterhin in einem Autoklaven unter Druck längere Zeit auf ca. 140° erhitzt, wobei es sich vollkommen in salicylsaures Natron nach Gleichung II umlagert. Statt mit gasförmiger Kohlensäure das phenylkohlensaure Natrium darzustellen, kann man auch sofort im Autoklaven Phenolnatrium mit flüssiger oder fester Kohlensäure mischen.

Die Kolbesche Synthese ist einer sehr allgemeinen Anwendbarkeit fähig, und es läßt sich aus jedem einwertigen Phenol eine Karbonsäure gewinnen. Die Karboxylgruppe sucht hierbei in erster Linie die Orthostellung zur Hydroxylgruppe auf. Auch Derivate des Phenols, z. B. die drei Chlorphenole, liefern gechlorte Salicylsäuren. Saure Äther von mehrwertigen Phenolen, die also noch eine freie Hydroxylgruppe enthalten, wie z. B. Guajakol, $o\text{-}C_6H_4\begin{cases}OCH_3\\OH\end{cases}$, gehen ebenfalls die

Reaktion ein. Auch aus den beiden Naphtolen $C_{10}H_7 \cdot OH$ erhält man Oxynaphtoesäuren: $C_{10}H_6\langle^{OH}_{COOH}$.

Wendet man statt des Phenolnatriums bei der KOLBEschen Synthese die Kaliumverbindung an, so kann man an Stelle der o-Säure die p-Oxybenzoesäure erhalten. Phenolkalium absorbiert wie das Natriumsalz zunächst Kohlensäure, und das hierbei entstehende phenylkohlensaure Kalium liefert im Kohlensäurestrome auf 150° erhitzt ebenfalls nur Salicylsäure; steigert man jedoch die Temperatur, so bildet sich immer mehr der p-Säure, bis schließlich bei 220° nur p-oxybenzoesaures Kalium erhalten wird.

Die Anlagerung von Kohlensäure vollzieht sich noch leichter bei mehrwertigen Phenolen. Bei diesen tritt die Reaktion schon ein, wenn man sie in wässeriger Lösung mit kohlensaurem Ammon oder doppeltkohlensaurem Kalium kocht, z. B.:

$$C_6H_4\langle^{OH}_{OH} + HO \cdot COOK = H_2O + C_6H_3\begin{matrix}OH\\OH\\COOK\end{matrix}.$$

Salicylsäure wird in großem Maßstabe technisch dargestellt, da sie ein ausgezeichnetes Antiseptikum ist und zur Hemmung der Gärung, zum Konservieren von Fleisch, zur Desinfektion von Wunden usw. ausgedehnte Anwendung findet. Sie ist leicht daran zu erkennen, daß ihre wässerige Lösung mit Eisenchlorid eine violette Färbung gibt, wodurch sie sich von der p- und m-Verbindung unterscheidet. — Sie ist mit Wasserdämpfen flüchtig, weshalb man beim Umkristallisieren nicht zu lange im offenen Gefäße kochen darf. Alle o-Oxykarbonsäuren zeigen diese Eigenschaft gegenüber den m- und p-Isomeren, die nicht flüchtig sind. — Erhitzt man Salicylsäure stark, so zerfällt sie in Kohlensäure und Phenol:

$$C_6H_4\langle^{COOH}_{OH} = C_6H_5 \cdot OH + CO_2.$$

Die gleiche Eigenschaft zeigen die p-Oxykarbonsäuren, während die m-Säuren beständig sind.

40. Reaktion: Grignards Reaktion.

a) Benzoesäure aus Jodbenzol. b) Benzhydrol aus Jod- oder Brombenzol und Benzaldehyd.

a) 2·4 g Magnesiumspäne[1] [oder dünnes Magnesiumband von etwa 2 mm Breite, welches man zwischen feiner Schmirgelleinwand blank gerieben, darauf mit Filtrierpapier wieder ab-

[1] Diese können von der Aluminium- und Magnesiumfabrik Hemelingen bei Bremen zum Preise von 14 Mark pro Kilo bezogen werden.

geputzt und in Stücke von etwa 1—2 cm Länge zerschnitten hat] werden in einem mit Rückflußkühler verbundenen Kolben unter Zusatz eines Körnchens Jod mit einer Mischung von 20·4 g **vollkommen trockenem** Jodbenzol und 40 ccm **absolutem** Äther[1] versetzt. Der Kolben wird dann so lange in heißes Wasser getaucht oder auf einem Wasserbade bis zum beginnenden Sieden des Äthers erhitzt, bis letzterer auch nach Entfernung der Wärmequelle infolge der Reaktionswärme lebhaft weiter siedet, was etwa nach $^1/_4$—$^1/_2$ Stunde eintritt und sich durch die Bildung eines weißen, flockigen Niederschlages zu erkennen gibt. Schützt man nun den unteren Teil des Kolbens durch Umwickeln mit einem trockenen Tuche möglichst vor Wärmeabgabe, so ist nach etwa 2 Stunden der größte Teil des Magnesiums in Lösung gegangen, worauf das Sieden des Äthers nachläßt oder ganz aufhört. Man erhitzt dann nochmals wie oben etwa $^1/_2$ Stunde, kühlt darauf mit Eiswasser ab und leitet unter dauernder Kühlung in die ätherische Lösung des Phenylmagnesiumjodides, die nur noch geringe Anteile des Magnesiums ungelöst enthalten darf, nach Entfernung des Kühlers etwa 2—3 Stunden einen nicht zu lebhaften Strom von trockener Kohlensäure ein (zwei mit konzentrierter Schwefelsäure beschickte Waschflaschen einschalten). Das Reaktionsgemisch besteht dann aus zwei Schichten, einer oberen, leicht beweglichen (Äther), sowie einer schweren, zähen, das Reaktionsprodukt enthaltend. Bei zu lebhaftem Kohlensäurestrome verdampft unter Umständen der ganze Äther, und man erhält nur

[1] Für die Versuche a) und b) stellt man diesen in folgender Weise her: 250 ccm käuflicher Äther werden mehrere Male mit je 100 ccm Wasser gut durchgeschüttelt und dann über nicht zu wenig gekörntem Chlorcalcium mehrere Stunden stehen gelassen. Man gießt darauf den Äther von letzterem ab und versetzt ihn mit einigen dünnen Scheiben blanken Natriums, worauf man das Gefäß durch ein in einem Korke befindliches offenes Chlorcalciumrohr verschließt. Sobald die Gasentwickelung vollständig aufgehört hat, destilliert man den Äther aus dem gleichen Gefäße vom Natrium ab, wobei man, um Wasseranziehung aus der Luft zu verhindern, die Vorlage (Saugflasche) mit dem Kühlrohr durch einen Kork verbindet und hinter das Saugrohr ein offenes Chlorcalciumrohr legt. — Die Anwendung vollkommen trockener Materialien und Gefäße ist für das gute Gelingen der Versuche durchaus erforderlich. Sollte das Eintreten der Reaktion (Lösung des Magnesiums) längere Zeit, wie oben angegeben, erfordern, so waren die Reagentien nicht trocken genug. Man lasse dann bei einem neuen Versuche den Äther über Nacht mit dem Natrium in Berührung und verwende frisch vom Natrium abdestillierten Äther.

eine einzige zähe Masse, was den Erfolg des Versuches jedoch kaum beeinträchtigt, wofern man nur für gute Kühlung gesorgt hat. Man versetzt nun mit sauberen Eisstücken, fügt unter Kühlung allmählich eine Mischung von 15 ccm konzentrierter Salzsäure mit dem gleichen Volumen Wasser hinzu und nimmt die Benzoesäure mit käuflichem Äther auf. Der nach dem Verdampfen des letzteren verbleibende Rückstand wird mit Natron- oder Kalilauge gelinde erwärmt, worauf nach dem Abfiltrieren von alkaliunlöslichen Anteilen die Benzoesäure aus der alkalischen Lösung durch Salzsäure ausgefällt und durch Abfiltrieren sowie eventuelles Ausschütteln der Mutterlauge mit Äther gewonnen wird. Die Ausbeute an Rohprodukt beträgt 10—11 g. Aus Wasser kristallisiert sie in farblosen glänzenden Blättern vom F. P. 121°.

b) Genau wie bei a) stellt man sich aus 2·4 g Magnesium, 20·4 g Jodbenzol und 40 ccm absolutem Äther eine Lösung von Phenylmagnesiumjodid her, welche darauf nach dem Abkühlen tropfenweise in eine Mischung von 10·6 g frisch destilliertem Benzaldehyd mit 30 ccm absolutem Äther, die man durch Eiswasser gut kühlt, unter dauerndem Umschütteln vorsichtig eingetragen wird, wobei unter lebhafter Reaktion zunächst ein gelber und schließlich ein weißer Niederschlag sich bildet. Man versetzt darauf das Reaktionsgemisch wie bei a) mit Eis und dann unter Kühlung allmählich mit einer Mischung von 15 ccm konzentrierter Salzsäure mit dem gleichen Volumen Wasser, nimmt mit käuflichem Äther auf und schüttelt die ätherische Schicht nach der Trennung von der wässerigen zur Entfernung von Benzaldehyd mit verdünnter wässeriger Natriumbisulfitlösung gut durch. Das nach dem Verdampfen des Äthers zunächst ölig hinterbleibende Reaktionsprodukt erstarrt beim Abkühlen und Reiben mit einem Glasstabe fast vollständig, worauf es nach dem Abpressen auf einem Tonteller (Ausbeute an Rohprodukt 10—14 g) aus Ligroin umkristallisiert wird. Benzhydrol bildet farblose Nadeln vom F. P. 68°.

Bei Anwendung von Brombenzol und Magnesium gestaltet sich der Versuch in folgender Weise: 2·4 g Magnesium werden unter Zusatz von einem Körnchen Jod mit einer Mischung von 15·7 g **konstant siedendem, vollkommen trockenem** Brombenzol und 50 ccm **absolutem** Äther übergossen. Erhitzt man das Gemisch wie bei a) auf einem Wasserbade, so tritt, wofern die Materialien **rein und vollkommen trocken** waren, schon nach wenigen Minuten die Reaktion ein, d. h. auch ohne äußere

Erwärmung bleibt der Äther im Sieden; nach $^1/_4$—$^1/_2$ Stunde ist fast alles Magnesium in Lösung gegangen, und das Sieden des Äthers hört auf, worauf man noch $^1/_4$ Stunde auf dem Wasserbade mäßig erwärmt. Die weitere Einwirkung auf Benzaldehyd wird genau wie mit Phenylmagnesiumjodid ausgeführt.

Grignard verdankt man die wichtige Beobachtung, daß die Monobrom- oder Monojodderivate der verschiedenartigsten Kohlenwasserstoffe (1 Molekulargewicht) bei Gegenwart von absolutem Äther sich mit Magnesium (1 Atomgewicht) vereinigen, z. B.:

$$CH_3J + Mg = Mg{<}^{CH_3}_{J},$$

Methylmagnesiumjodid

$$C_2H_5Br + Mg = Mg{<}^{C_2H_5}_{Br}.$$

Äthylmagnesiumbromid

Je länger die Kohlenstoffkette wird, um so mehr bilden sich nebenher gesättigte Kohlenwasserstoffe. Von C_6 ab (nur in der Fettreihe) wird diese Halogenentziehung Hauptreaktion:

$$2\,C_6H_{13}\cdot Br + Mg = MgBr_2 + C_{12}H_{26}.$$

Analog entstehen: $C_6H_5\cdot Mg\cdot Br$ und $C_6H_5\cdot Mg\cdot J$ = Phenylmagnesiumbromid und -jodid; $C_6H_5\cdot CH_2\cdot Mg\cdot J$ = Benzylmagnesiumjodid; $C_6H_{11}\cdot Mg\cdot J$ = Hexahydrophenylmagnesiumjodid (aus Jod-cyklohexamethylen) u. a. Da diese Verbindungen nur bei Anwendung von Äther als Lösungsmittel entstehen, so war es wahrscheinlich, daß dieser nicht nur als Solvens dient, sondern eine chemische Rolle bei der Reaktion spielt. In der Tat ist es gelungen, eine Verbindung:

$$C_2H_5\cdot Mg\cdot J + (C_2H_5)_2O$$

zu isolieren, in der vielleicht das Oxoniumderivat:

$$\begin{matrix}C_2H_5\\C_2H_5\end{matrix}{>}\overset{(IV)}{O}{<}\begin{matrix}MgC_2H_5\\J\end{matrix}$$

vorliegt. Die Alkylmagnesiumhaloide oder deren Ätherverbindungen sind in Äther löslich. Sie sind außerordentlich reaktionsfähig und ermöglichen die meistens synthetische Darstellung einer großen Anzahl von Körperklassen. So erhält man z. B. Kohlenwasserstoffe, indem man Wasser oder andere hydroxylhaltige Stoffe auf die Organomagnesiumverbindungen einwirken läßt, z. B.:

$$CH_3\cdot\boxed{Mg\cdot J + HO\cdot}H = CH_4 + Mg{<}^{J}_{OH}.$$

Durch Einwirkung von Alkylsulfaten lassen sich ebenfalls Kohlenwasserstoffe und zwar synthetisch erhalten, z. B.:

$$C_6H_5\cdot Mg\cdot Br + SO_4(CH_3)_2 = C_6H_5\cdot CH_3 + Mg{<}^{Br}_{O\cdot SO_2CH_3}.$$

Kohlenwasserstoffe der Äthylenreihe werden als Neben- oder Hauptprodukt bei der später zu besprechenden Synthese von Alkoholen erhalten.

Mit Aldehyden vereinigen sie sich zu Doppelverbindungen, welche bei der Zerlegung mit Wasser sekundäre Alkohole liefern, z. B.:

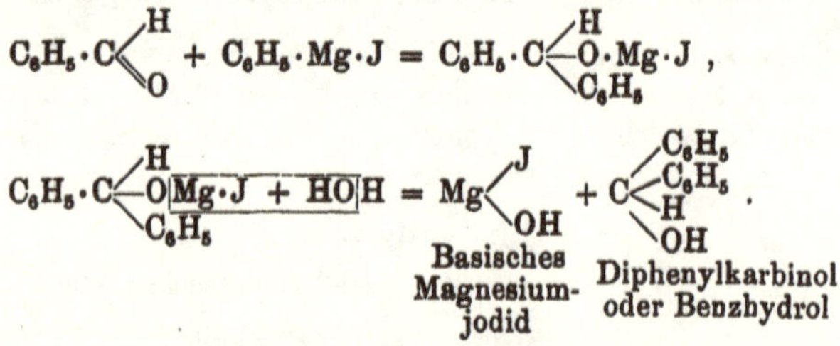

Diese Reaktion wurde oben unter b) ausgeführt.

Wendet man den einfachsten Aldehyd (Formaldehyd) in Form des polymeren Trioxymethylens an, so entstehen primäre Alkohole.

Analog erhält man bei Anwendung von Ketonen tertiäre Alkohole, z. B.:

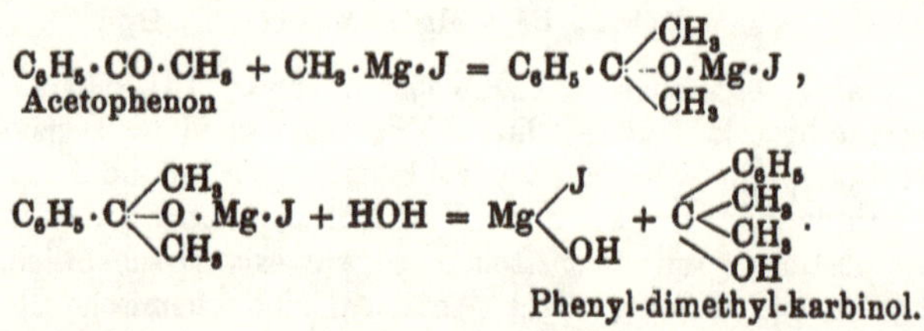

Auch die Ester ein- und mehrbasischer Karbonsäuren reagieren leicht mit Alkylmagnesiumhaloiden, wobei ebenfalls Alkohole entstehen. In diesem Falle reagieren jedoch zwei Moleküle der letzteren auf ein Molekül des Esters. Aus den Estern der Ameisensäure werden auf diese Weise sekundäre Alkohole erhalten, z. B.:

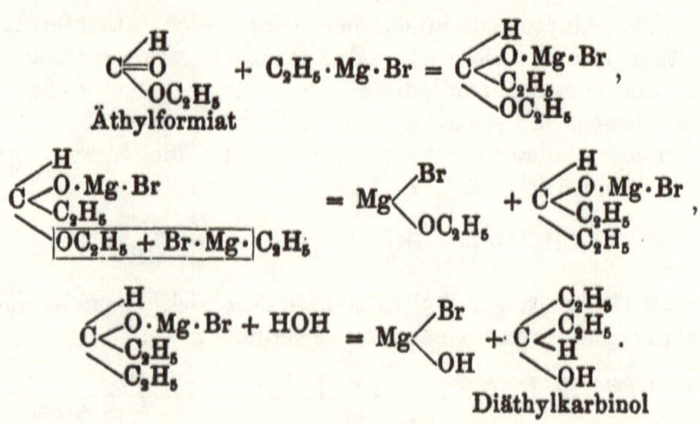

Die Ester aller übrigen einbasischen Säuren liefern in analoger Weise tertiäre Alkohole; aus Essigsäureäthylester und Äthylmagnesiumbromid entsteht z. B.:

$$C\begin{cases}CH_3\\C_2H_5\\C_2H_5\\OH\end{cases} = \text{Methyl-diäthyl-karbinol}.$$

Die Reaktion kommt also in letzter Linie darauf hinaus, daß in der dem Ester zugehörigen freien Säure das Karbonylsauerstoffatom durch zwei einwertige Kohlenwasserstoffreste ersetzt wird. Aus den Estern zweibasischer Säuren werden auf diese Weise zweiwertige Alkohole erhalten; aus Oxalsäureestern und Magnesiummethyljodid entsteht z. B.:

$$\begin{matrix}C\begin{cases}CH_3\\CH_3\\OH\end{cases}\\ |\\ C\begin{cases}OH\\CH_3\\CH_3\end{cases}\end{matrix} = \text{Tetramethylglykol oder Pinakon}.$$

An Stelle der Säureester können auch die entsprechenden Chloride oder Anhydride verwandt werden. Bei obigen Synthesen von Alkoholen bilden sich, wie schon oben erwähnt wurde, neben diesen als Neben- oder in manchen Fällen als Hauptprodukte ungesättigte Kohlenwasserstoffe, welche durch Abspaltung von Wasser aus den Alkoholen entstehen, z. B.:

$$C\begin{cases}C_6H_5\\CH_3\\CH_3\\OH\end{cases} = H_2O + \begin{matrix}C\begin{cases}C_6H_5\\CH_3\end{cases}\\ \|\\ CH_2\end{matrix}$$

Läßt man auf einen Überschuß von Ameisensäureester Organomagnesiumverbindungen einwirken, so erhält man keine sekundären Alkohole, sondern Aldehyde, z. B.:

$$C_6H_5\cdot Mg\cdot J + H\cdot CO\cdot OC_2H_5 = C_6H_5\cdot CHO + Mg\begin{cases}J\\OC_2H_5\end{cases}.$$

Die gleiche Reaktion vollzieht sich, wenn man statt des Ameisensäureesters Orthoameisensäureester, disubstituierte Formamide und andere Derivate der Ameisensäure verwendet.

Nitrile vereinigen sich mit Alkylmagnesiumhaloiden zu Verbindungen, die beim Zersetzen mit Wasser Ketone liefern, z. B.:

$$\underset{\text{Benzonitril}}{C_6H_5\cdot C\equiv N} + CH_3\cdot Mg\cdot J = C\begin{cases}C_6H_5\\=N\cdot Mg\cdot J\\CH_3\end{cases},$$

$$C\begin{cases}C_6H_5\\=N\cdot Mg\cdot J\\CH_3\end{cases} + HOH = J\cdot Mg\cdot OH + C\begin{cases}C_6H_5\\=NH\\CH_3\end{cases},$$

$$C\begin{cases}C_6H_5\\=NH\\CH_3\end{cases} + H_2O = NH_3 + \underset{\text{Acetophenon}}{C_6H_5\cdot CO\cdot CH_3}.$$

Läßt man auf die Alkylmagnesiumhaloide trockene Kohlensäure einwirken, so bilden sich Karbonsäuren, z. B.:

$$CH_3 \cdot Mg \cdot J + CO_2 = CH_3 \cdot COOMgJ,$$

$$CH_3 \cdot COOMgJ + HOH = J \cdot Mg \cdot OH + CH_3 \cdot COOH,$$

oder wie oben unter a) ausgeführt wurde:

$$C_6H_5 \cdot Mg \cdot J + CO_2 = C_6H_5 \cdot COOMgJ,$$

$$C_6H_5 \cdot COOMgJ + HOH = J \cdot Mg \cdot OH + C_6H_5 \cdot COOH.$$

Man kann also auf diesem Wege von dem Bromid oder Jodid eines Kohlenwasserstoffs zu der Monokarbonsäure der nächst höheren Reihe gelangen.

Aus diesen einfachsten Beispielen dürfte die große Bedeutung der GRIGNARDschen Reaktion zur Genüge erhellen. Bezüglich weiterer Einzelheiten sei auf die Schrift von JUL. SCHMIDT: „Die organischen Magnesiumverbindungen und ihre Anwendung zu Synthesen" (Stuttgart; ENKE; 1905) verwiesen.

41. Reaktion: Darstellung eines Farbstoffs der Malachitgrünreihe.

Beispiel: Malachitgrün aus Benzaldehyd und Dimethylanilin.[1]

a) Darstellung der Leukobase: Eine Mischung von 50 g Dimethylanilin und 20 g Benzaldehyd wird unter Zusatz von 20 g Chlorzink, welches man zuvor in einer Porzellanschale geschmolzen und nach dem Erkalten pulverisiert hat (vgl. S. 319), vier Stunden unter öfterem Umrühren in einer Porzellanschale auf dem Wasserbade erhitzt. Die zähflüssige Masse, welche man nicht direkt aus der Schale ausgießen kann, wird durch Übergießen mit heißem Wasser unter gleichzeitigem Erwärmen auf dem Wasserbade verflüssigt und heiß in einen Kolben von ca. $^1/_2$ Liter Inhalt gegossen, worauf man durch sie so lange Wasserdampf leitet, bis keine Öltropfen mehr übergehen. Man erhält so die nichtflüchtige Leukobase des Farbstoffes in Form einer zähen Masse, welche meistens an den Wandungen des Destillierkolbens festhaftet. Nachdem die Flüssigkeit erkaltet ist, gießt man das Wasser ab, wäscht die Base mehrmals mit Wasser nach und löst sie im Kolben selbst unter Erwärmen auf dem Wasserbade in Alkohol auf. Nach dem Filtrieren läßt man die Lösung über Nacht an einem kühlen Orte stehen, wobei die Base sich in farblosen Kristallen abscheidet, welche abfiltriert, mit Alkohol nachgewaschen und an der Luft auf einer mehrfachen Lage von Filtrierpapier getrocknet werden.

[1] A. **206**, 83; **217**, 250.

Durch Einengen der Mutterlauge läßt sich noch eine zweite Kristallisation gewinnen. Sollte sich die Base nicht kristallisiert, sondern ölig abscheiden, was häufig schon nach kurzem Stehen der filtrierten Lösung eintritt, so rührt dies daher, daß man zu wenig Alkohol verwandt hat. Man fügt in diesem Falle zu der Lösung noch etwas Alkohol und erhitzt, bis das Öl gelöst ist.

b) Oxydation der Leukobase: 10 Gewichtsteile der vollkommen trockenen Leukobase werden unter Erwärmen in so viel verdünnter Salzsäure, als 2·7 Gewichtsteilen wasserfreiem HCl entspricht, gelöst. Man verdünnt zu diesem Zwecke reine konzentrierte Salzsäure mit ihrem doppelten Volumen Wasser, bestimmt das spezifische Gewicht, sieht in einer Tabelle nach, wieviel reinen HCl die verdünnte Säure enthält, und berechnet dann, in wieviel Gewichtsteilen derselben die erforderlichen 2·7 Gewichtsteile enthalten sind. Die farblose Lösung der Leukobase verdünnt man in einem geräumigen Kolben mit 800 Gewichtsteilen Wasser, versetzt mit 10 Gewichtsteilen 40 proz. Essigsäure (spezifisches Gewicht 1·0523), die man durch allmähliches Verdünnen von Eisessig mit Wasser herstellt, **kühlt durch Hineinwerfen von Eisstücken gut ab** und trägt im Laufe von fünf Minuten unter häufigem Umschütteln allmählich so viel frisch dargestellte Bleisuperoxydpaste ein, als 7·5 Gewichtsteilen reinem PbO_2 entspricht. Das Superoxyd wägt man in einem Becherglase ab und versetzt es mit so viel Wasser, daß beim Umrühren mit einem Glasstabe ein ganz dünner Brei entsteht. Die nach dem ersten Ausleeren im Becherglase zurückbleibenden Reste spült man mit neuem Wasser heraus usf. Nachdem man das Reaktionsgemisch nach beendetem Eintragen des Superoxydes unter öfterem Umschütteln noch fünf Minuten hat stehen lassen, fügt man zu ihm eine Lösung von 10 Teilen Glaubersalz in 50 Teilen Wasser und filtriert von dem abgeschiedenen Bleisulfat und Chlorblei durch ein Faltenfilter ab. Das Filtrat wird dann mit einer filtrierten Lösung von 8 Gewichtsteilen Chlorzink in möglichst wenig Wasser versetzt, worauf man so lange gesättigte Kochsalzlösung hinzufügt, bis aller Farbstoff ausgefällt ist. Man erkennt dies leicht daran, daß man einen Tropfen der Lösung mit Hilfe eines Glasstabes auf ein Stückchen Filtrierpapier bringt, wobei der blaugrüne Niederschlag von einem nur noch schwach hellgrün gefärbten Hofe umgeben sein darf. Der abgeschiedene Farbstoff wird an der Saugpumpe abfiltriert, mit wenig gesättigter

Kochsalzlösung ausgewaschen und auf einem Tonteller abgepreßt. Um ihn weiter zu reinigen, kann man ihn nochmals in Wasser auflösen und aus der filtrierten Lösung nach dem Erkalten wieder mit Kochsalz ausfällen.

Die soeben ausgeführte, von Otto Fischer im Jahre 1877 entdeckte Reaktion wird auch im großen zur Darstellung des Malachitgrüns oder Bittermandelölgrüns angewandt. Bei der Bildung der Leukobase vollzieht sich der folgende Prozeß:

$$C_6H_5\cdot CH\boxed{O + \begin{matrix}H\\H\end{matrix}}\begin{matrix}\cdot C_6H_4\cdot N(CH_3)_2\\\cdot C_6H_4\cdot N(CH_3)_2\end{matrix} = C\left\langle\begin{matrix}C_6H_5\\C_6H_4\cdot N(CH_3)_2\\C_6H_4\cdot N(CH_3)_2\\H\end{matrix}\right. + H_2O.$$

Tetramethyldiamidotriphenylmethan = Leukobase des Malachitgrüns

Der so erhaltene Körper ist noch kein Farbstoff; er ist vielmehr ein Reduktionsprodukt des eigentlichen Farbstoffs, welches erst bei der Oxydation in diesen übergeht. Man formulierte die Farbstoffbildung früher in der folgenden Weise:

$$C\left\langle\begin{matrix}C_6H_5\\C_6H_4\cdot N(CH_3)_2\\C_6H_4\cdot N(CH_3)_2\boxed{\cdot H}Cl\\\boxed{H}\end{matrix}\right. \boxed{+\,O} = C\left\langle\begin{matrix}C_6H_5\\C_6H_4\cdot N(CH_3)_2\\C_6H_4\cdot N(CH_3)_2Cl\end{matrix}\right. + H_2O.$$

Einbasisches Salz der Leukobase

Die bei der Oxydation zustande gekommene Bindung zwischen dem fünfwertigen N-Atome des einen Dimethylanilinrestes und dem gemeinsamen Methankohlenstoffatom wurde als die Farbstoffnatur bedingend angesehen. Heute neigt man meistens der Ansicht zu, daß die letztere durch die Anwesenheit eines chinonartigen, sekundären Benzolrestes bedingt sei und schreibt dem Farbstoffsalz die folgende Formel zu:

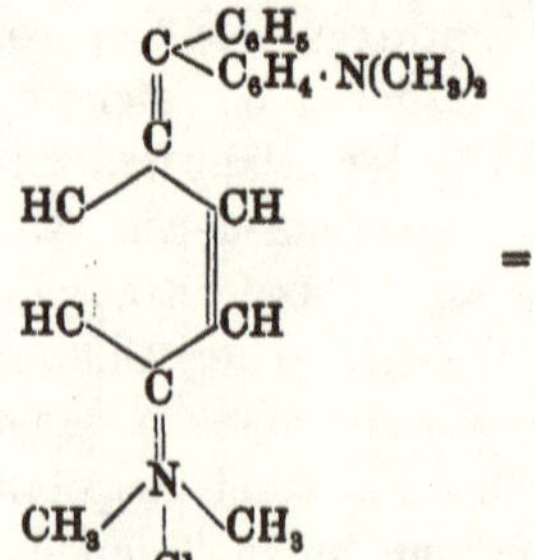

= Chinoide Formel des Malachitgrüns.

Es sei darauf hingewiesen, daß bei der Bildung der Leukobase die zu den $N(CH_3)_2$-Gruppen in Parastellung befindlichen Wasserstoffatome mit dem Aldehydsauerstoffatom als Wasser austreten. Das oben formulierte Salz ist aus seiner Lösung schwer abzuscheiden.

Fügt man jedoch Chlorzink hinzu, so bildet sich ein gleichgefärbtes Doppelsalz:

$$3(C_{23}H_{25}N_2Cl) + 2ZnCl_2 + H_2O,$$

welches sich durch Kochsalz aus der wässerigen Lösung ausfällen läßt.

Malachitgrün kann noch nach einer zweiten Methode erhalten werden, welche von DÖBNER aufgefunden ist und darin besteht, daß man Dimethylanilin bei Gegenwart von Chlorzink mit Benzotrichlorid erhitzt:

$$C\begin{cases} C_6H_5 \\ Cl \quad H \cdot C_6H_4 \cdot N(CH_3)_2 \\ Cl + H \cdot C_6H_4 \cdot N(CH_3)_2 \\ Cl \end{cases} = C\begin{cases} C_6H_5 \\ C_6H_4 \cdot N(CH_3)_2 \\ C_6H_4 \cdot N(CH_3)_2 \\ Cl \end{cases} + 2HCl.$$

Indem das übrigbleibende Chloratom an ein Stickstoffatom wandert, entsteht durch Umlagerung direkt das Farbstoffsalz. Da jedoch die Darstellung von reinem Benzotrichlorid im großen schwierig durchzuführen ist, so hat man heute diese Methode, nach der früher im großen gearbeitet wurde, verlassen und stellt den Farbstoff ausschließlich nach der FISCHERschen Methode dar.

Das Malachitgrün ist der Typus einer ganzen Reihe von Farbstoffen, die man nach ihm Malachitgrünreihe benennt. Wendet man z. B. an Stelle des Dimethylanilins Diäthylanilin an, so erhält man einen analogen Farbstoff, welcher den Namen Brillantgrün führt. An Stelle des Benzaldehyds kann man ferner substituierte Benzaldehyde anwenden usf. Die Farbstoffe der Bittermandelölgrünreihe färben nur die tierische Faser, Seide und Wolle, direkt an. Die vegetabilische Faser (Baumwolle) wird nicht gefärbt, wofern sie nicht zuvor gebeizt ist.

42. Reaktion: Kondensation von Phtalsäureanhydrid mit einem Phenol zu einem Phtalein.

Beispiel: a) Fluorescein.[1] b) Bromierung des Fluoresceins zu Eosin.

a) 15 g Phtalsäureanhydrid werden in einer Reibschale mit 22 g Resorcin innig verrieben und im Ölbade auf 180° erwärmt (Fig. 78). Als Erhitzungsgefäß wendet man hierbei zweckmäßig eine innen glasierte Fleischextraktbüchse an, welche zu billigem Preise leicht zu beschaffen ist, mehrmals zu der gleichen Schmelze verwandt werden kann, und die mit Hilfe eines um ihren hervorstehenden Rand gelegten Drahtdreiecks in das Ölbad hineingehängt wird. In die geschmolzene Masse trägt man dann unter Umrühren mit einem Glasstabe im Laufe von 10 Minuten 7 g pulverisiertes Chlorzink ein. Dieses wird in folgender Weise präpariert: 10 g des käuflichen, stets wasserhaltigen Produktes

[1] A. 183, 1.

werden in einer Porzellanschale vorsichtig über freier Flamme zum Schmelzen erhitzt. Nachdem man die Masse wenige Minuten im Schmelzen erhalten hat, läßt man erkalten, entfernt das erstarrte Chlorzink mit Hilfe eines Messers aus der Schale und pulverisiert es sofort. — Man steigert darauf nach dem Zusatz des Chlorzinks die Temperatur auf 210° und fährt mit dem Erhitzen so lange fort, bis die immer dickflüssiger werdende Masse vollkommen fest geworden ist, wozu 1—2 Stunden Zeit erforderlich sind. Die erkaltete spröde Schmelze wird mit Hilfe eines scharfen Instrumentes, am besten eines Meißels, aus dem Tiegel herausgeschlagen, fein pulverisiert und in einer Porzellanschale mit 200 ccm Wasser unter Zusatz von 10 ccm konzentrierter Salzsäure 10 Minuten lang gekocht. Es gehen hierbei

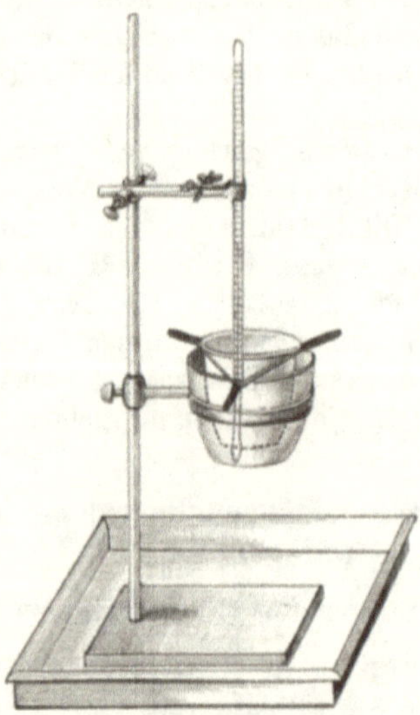

Fig. 78.

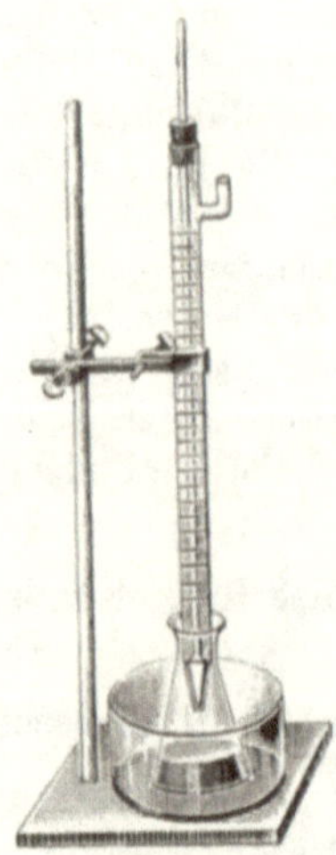

Fig. 79.

die nicht in Reaktion getretenen Ausgangsmaterialien in Lösung; der Zusatz von Salzsäure ist erforderlich, um Zinkoxyd und basisches Chlorzink in Lösung zu bringen. Man filtriert dann das Fluorescein von der wässerigen Flüssigkeit ab, wäscht es so lange mit Wasser nach, bis das Filtrat nicht mehr sauer reagiert, und trocknet auf dem Wasserbade. Ausbeute fast quantitativ.

b) Zu 15 g Fluorescein, welche in einem Kolben mit 60 g ca. 95 proz. Alkohol übergossen sind, läßt man aus einem Tropftrichter unter häufigem Umschütteln 33 g Brom tropfenweise hinzufließen, was etwa eine Viertelstunde Zeit erfordert. An Stelle eines Tropftrichters kann man sich bei allen Bromierungen äußerst zweckmäßig einer Bürette bedienen, wodurch das lästige Abwägen des Broms umgangen wird. Da das spezifische Gewicht des Broms bei mittlerer Temperatur sehr annähernd gleich 3 ist, so braucht man nur die erforderliche Gewichtsmenge in Grammen durch 3 zu dividieren und die so berechnete Anzahl von Kubikzentimetern hinzufließen lassen. Von den zahlreichen Bürettenformen empfiehlt sich für den vorliegenden Zweck am meisten die WINKLERsche Form, welche, da sie keinen Hahn besitzt, bei Anwendung eines nicht zu enghalsigen Kolbens bis in den Bauch des letzteren eingetaucht werden kann, wodurch jede Belästigung durch die Bromdämpfe vermieden wird (Fig. 79). In obigem Falle würden 11 ccm Brom erforderlich sein. Beim Zusatz des Broms des Broms beobachtet man, daß die Menge des in Alkohol unlöslichen Fluoresceins immer mehr abnimmt und daß, wenn etwa die Hälfte Brom hinzugefügt ist, eine klare, dunkelrotbraune Lösung entstanden ist. Es beruht dies darauf, daß sich zunächst das in Alkohol leicht lösliche Dibromid bildet. Bei weiterem Zusatz von Brom bildet sich dann das Tetrabromid, welches, da es in Alkohol schwer löslich ist, sich in Form ziegelroter Blättchen abscheidet. Nachdem alles Brom hinzugefügt ist, läßt man das Reaktionsgemisch noch 2 Stunden stehen, filtriert den Niederschlag ab, wäscht ihn mehrere Male mit Alkohol nach und trocknet ihn auf dem Wasserbade. Das so erhaltene Produkt ist eine Verbindung von 1 Molekül Eosin mit 1 Molekül Alkohol. Will man daraus reines Eosin gewinnen, so erwärmt man es $^1/_2$ Stunde im Trockenschranke auf 110°, wobei es eine hellere Farbe annimmt.

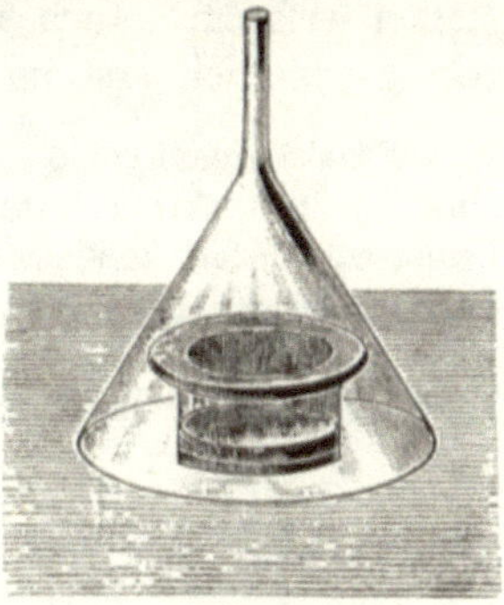

Fig. 80.

Da das Eosin in Wasser unlöslich ist, so stellt man im großen für Färbereizwecke daraus wasserlösliche Salze dar und zwar das Kalium-, Natrium- oder Ammoniumsalz.

Eosinammonium: Auf eine Kristallisierschale mit flachem Boden, welche zu $^1/_3$ mit konzentriertem wässerigem Ammoniak gefüllt ist, legt man ein Filter aus möglichst starkem Papiere, breitet auf diesem die Eosinsäure in einer Schicht von etwa $^1/_2$ cm Dicke aus und überdeckt das Ganze mit einem Trichter (Fig. 80). Die hellroten Kristalle der freien Eosinsäure nehmen sehr bald eine dunklere Färbung an und sind nach etwa 3 Stunden vollständig in das Ammoniumsalz, welches dunkelrote, grünschillernde Kristalle bildet, verwandelt. Das Ende der Reaktion ist leicht daran zu erkennen, daß sich eine Probe in Wasser vollständig auflöst.

Zur Ausführung dieser Reaktion im großen bedient man sich hölzerner Kästen, in welche eine große Anzahl von Rahmen, die mit grobmaschiger Leinwand überspannt sind, in der Art wie Schubladen eingesetzt werden können. Nachdem man auf der Leinwand die Eosinsäure in dünner Schicht ausgebreitet hat, leitet man trockenes Ammoniakgas, welches aus Salmiak und Kalk entwickelt wird, so lange ein, bis eine Probe des Farbstoffs sich in Wasser vollkommen löst.

Eosinnatrium: 6 g Eosin werden mit 1 g entwässerter Soda verrieben, in einem nicht zu kleinen Becherglase mit wenig Alkohol durchfeuchtet und nach Zusatz von 5 ccm Wasser so lange im Wasserbade erwärmt, bis die Entwickelung von Kohlensäure aufgehört hat. Zu der so erhaltenen wässerigen Lösung von Eosinnatrium fügt man dann 20 g Alkohol, erhitzt zum Sieden und filtriert die heiße Lösung. Beim Erkalten scheiden sich prächtige braunrote Nadeln mit metallischem Glanze ab, welche das wasserlösliche Natriumsalz des Eosins darstellen. Wie bei vielen Farbstoffen erfordert auch hier die Kristallisation längere Zeit; sie tritt gewöhnlich erst im Laufe eines Tages ein.

Phtalsäureanhydrid und Phenole können in zweierlei Weise miteinander in Reaktion treten. Es können nämlich 1. gleiche Moleküle beider sich derart kondensieren, daß dasjenige Sauerstoffatom des ersteren, welches die Karbonylgruppen (Brückensauerstoff) verbindet, mit zwei Kernwasserstoffatomen des Phenols als Wasser austritt, was die Bildung eines Anthrachinonderivates zur Folge hat:

$$C_6H_4{<}^{CO}_{CO}{>}\boxed{O + H_2}\cdot C_6H_5\cdot OH = C_6H_4{<}^{CO}_{CO}{>}C_6H_3\cdot OH + H_2O\,.$$

Phenol Oxyanthrachinon

Oder es können 2. auf ein Molekül Phtalsäureanhydrid zwei Moleküle des Phenols derart einwirken, daß, indem eins der beiden Karbonylsauerstoffatome des ersteren mit je einem Kernwasserstoffatom der beiden Phenolmoleküle sich vereinigt, ein sogenanntes Phtalein sich bildet:

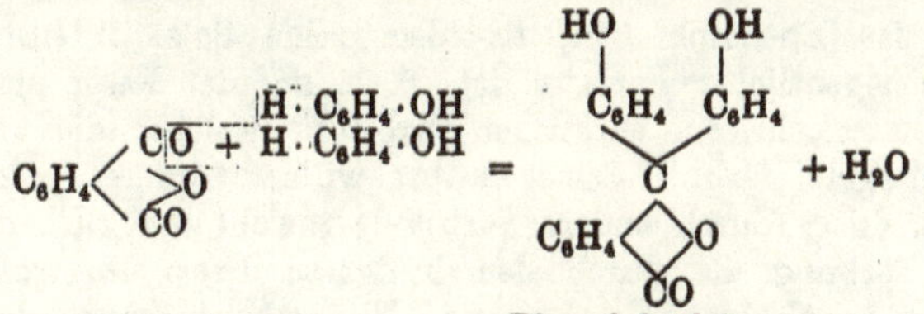

Phenolphtalein = Dioxyphtalophenon

Die Kenntnis der letzteren Körperklasse, zu welcher zahlreiche wichtige Farbstoffe gehören, verdanken wir den Untersuchungen A. v. Baeyers (1871). Als Stammsubstanz derselben ist das Phtalophenon

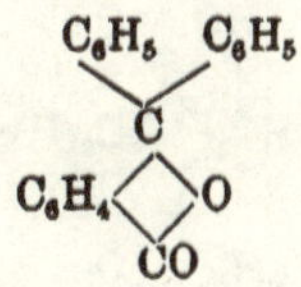

anzusehen, welches, wie bereits erwähnt, aus Phtalylchlorid und Benzol bei Gegenwart von Aluminiumchlorid erhalten werden kann. Denkt man sich an dieses ein Molekül Wasser angelagert, so erhält man eine hypothetische Monokarbonsäure des Triphenylkarbinols:

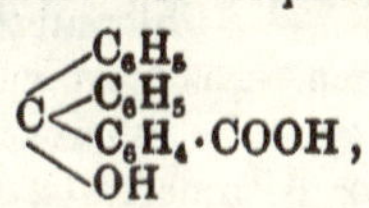

deren Formel die Zugehörigkeit der Phtaleine zu den Triphenylmethanderivaten deutlich hervortreten läßt.

Läßt man, wie durch obige Gleichung ausgedrückt, Phtalsäure auf Phenol einwirken, so erhält man das Phenolphtalein, eine Substanz von sauren Eigenschaften, die in freiem Zustande farblos ist, deren Salze jedoch rot gefärbt sind, und welche in der Maßanalyse als Indikator angewandt wird.

Bei der Einwirkung von Phtalsäureanhydrid auf Resorcin sollte man die Bildung eines Tetraoxyphtalophenons erwarten. Allein das Fluorescein enthält die Bestandteile eines Moleküles Wasser weniger als dieses, indem zwischen zwei Hydroxylgruppen Anhydridbildung eingetreten ist:

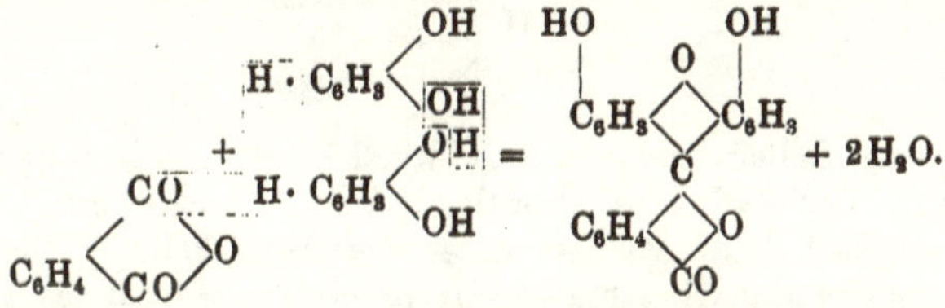

Fluorescein

Das Fluorescein wird in großem Maßstabe technisch dargestellt, und zwar in der gleichen Weise wie oben im kleinen verfahren ist. —

Während das Phenolphtalein, trotzdem seine Salze intensiv gefärbt sind, kein eigentlicher Farbstoff ist, d. h. auf der Faser nicht haftet, ist das Fluorescein ein wirklicher Farbstoff, welcher die animalische Faser echt gelb färbt. Seiner selbst willen wird es jedoch nicht dargestellt, da es durch andere Farbstoffe sowohl bezüglich der Schönheit der Färbung als durch den billigeren Preis übertroffen wird. Allein eine Anzahl von Halogen- und Nitrosubstitutionsprodukten desselben haben wertvolle färbende Eigenschaften und werden aus ihm dargestellt. Der einfachste hierher gehörige Farbstoff ist das Eosin oder Tetrabromfluorescein, welches 1874 von CARO entdeckt ist. Die vier Bromatome sind zu je zweien in die beiden Resorcinreste eingetreten:

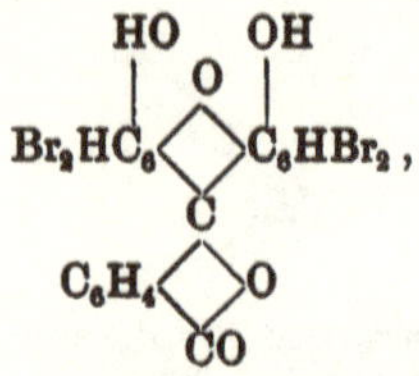

was daraus folgt, daß das Eosin in der Kalischmelze Dibromresorcin neben Phtalsäure liefert. Statt des Phtalsäureanhydrides wird auch im großen dessen Di- und Tetra-Chlorsubstitutionsprodukt mit Resorcin verschmolzen, und man erhält so zunächst im Phtalsäurereste substituiertes Di- bezw. Tetrachlorfluorescein, von dem nun wieder Halogensubstitutionsprodukte, Nitroderivate, Äther von diesen usw. technisch dargestellt werden (Phloxin, Rose bengale).

Außer dem Fluorescein wird von Phtaleinen wesentlich nur noch das Gallein dargestellt und zwar durch Erhitzen von Phtalsäureanhydrid mit dem benachbarten Trioxybenzol, dem Pyrogallol. Hierbei treten die gleichen Anhydridbildungen wie bei der Entstehung des Fluoresceins ein, gleichzeitig werden aber noch die Wasserstoffatome zweier Hydroxylgruppen abgespalten, indem eine superoxydartige Bindung zustande kommt:

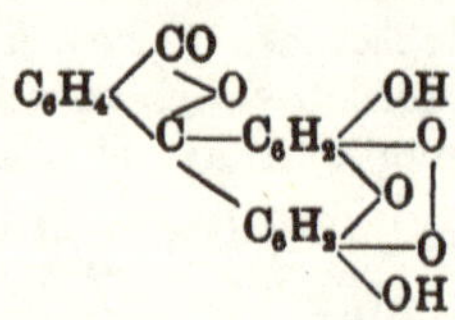 = Gallein.

Aus dem Gallein gewinnt man durch Erhitzen mit Schwefelsäure einen neuen Farbstoff, das Coerulein, welches sich vom Anthracen ableitet. — Seit 1887 werden unter der Bezeichnung „Rhodamine" Phtaleine in den Handel gebracht, die in der gleichen Weise wie Fluorescein dargestellt werden, nur daß man an Stelle des Resorcins m-Amidophenol oder in der Amidogruppe alkylsubstituierte Amidophenole anwendet:

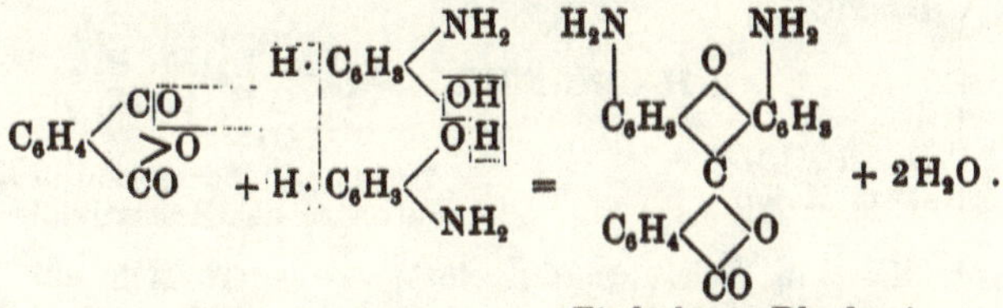

Einfachstes Rhodamin

Das in den Handel kommende Rhodamin ist das Tetraäthylderivat dieser Stammsubstanz.

43. Reaktion: Kondensation von Michlerschem Keton mit einem Amin zu einem Farbstoff der Fuchsinreihe.

Beispiel: Kristallviolett aus Michlers Keton und Dimethylanilin.

Eine Mischung von 25 g Dimethylanilin, 10 g MICHLERschem Keton (im Handel käuflich zu haben) und 10 g Phosphoroxychlorid wird in einem offenen, trockenen Kolben fünf Stunden lang auf einem lebhaft siedenden Wasserbade erhitzt. Die blau gefärbte Schmelze wird dann in Wasser gegossen, mit Natronlauge alkalisch gemacht und so lange mit Wasserdampf behandelt, bis mit den Wasserdämpfen keine Öltropfen von unverändertem Dimethylanilin mehr übergehen. Nach dem Erkalten filtriert man die im Destillierkolben zurückgebliebene erstarrte Farbbase von der alkalischen Flüssigkeit ab, wäscht mit Wasser nach und kocht mit einer Mischung von 1 Liter Wasser und 5 g konzentrierter Salzsäure auf. Die blaue Lösung filtriert man heiß von der ungelöst gebliebenen Farbbase ab und kocht letztere mit neuen Mengen verdünnter Salzsäure noch so oft aus, bis sie fast vollständig in Lösung gegangen ist. Die Farbstofflösungen versetzt man nach dem Erkalten unter Umrühren so lange mit fein pulverisiertem Kochsalz, bis der Farbstoff ausgefällt ist. Man filtriert ihn dann an der Saugpumpe ab, preßt ihn auf einem Tonteller ab und kristallisiert ihn aus wenig Wasser um. Beim Erkalten scheidet sich das Kristallviolett in derben, grünschillernden Kristallen ab, welche man abfiltriert und auf Filtrierpapier an der Luft trocknet.

Erhitzt man MICHLERsches Keton mit einem Amin bei Gegenwart von Kondensationsmitteln ($POCl_3$), so findet Anlagerung nach folgender Gleichung statt:

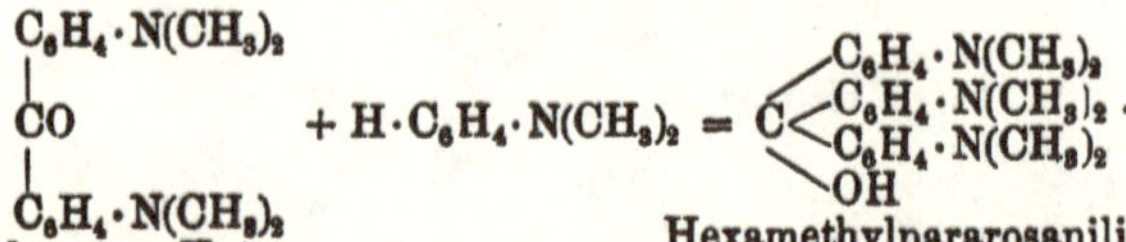

Michlers Keton — Hexamethylpararosanilin = Farbbase des Kristallvioletts

Wird diese in Salzsäure aufgelöst, so lagert sich ein Molekül dieser an; es findet jedoch sofort wie bei der Bildung des Malachitgrüns Wasserabspaltung statt, und es bildet sich der Farbstoff:

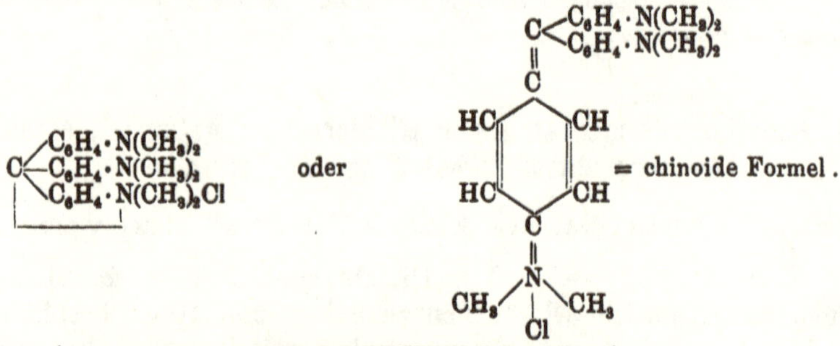

Kristallviolett

Er ist ein Derivat des Parafuchsins:

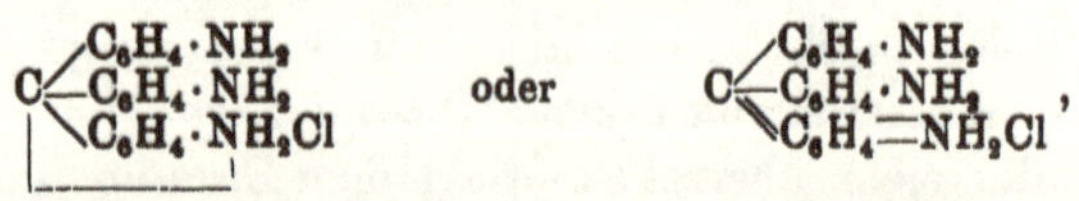

und zwar ist er als Hexamethylparafuchsin anzusprechen. Er wird technisch in der gleichen Weise hergestellt und bildet den Hauptbestandteil des durch Oxydation von Dimethylanilin gewonnenen Methylvioletts.

Auch durch Kombination anderer Amine mit Michlerschem Keton lassen sich in der gleichen Weise Farbstoffe herstellen, von denen hier nur das Viktoriablau und Nachtblau kurz erwähnt werden mögen.

44. Reaktion: Kondensation von Phtalsäureanhydrid mit einem Phenol zu einem Anthrachinonderivat.

Beispiel: Chinizarin aus Phtalsäureanhydrid und Hydrochinon.[1]

Eine Mischung von 5 g reinem Hydrochinon und 20 g Phtalsäureanhydrid wird in einem offenen Kolben mit einem Gemisch von 100 g reiner konzentrierter Schwefelsäure und 10 g Wasser 3 Stunden im Ölbade auf 170—180° und schließlich noch eine Stunde auf 190—200° erhitzt. Die angegebenen Zeiten und Temperaturen

[1] B. **6**, 506; **8**, 152, A. **212**, 10.

sind möglichst genau innezuhalten. Die heiße Lösung gießt man dann unter Umrühren in 400 ccm Wasser, welches sich in einer Porzellanschale befindet, erhitzt bis zum Sieden und filtriert heiß mit Hilfe eines BÜCHNERschen Trichters. Den auf dem Filter verbleibenden Rückstand kocht man nochmals mit Wasser auf und filtriert wiederum heiß ab. Um das Chinizarin von kohligen Zersetzungsprodukten zu trennen, kocht man den Niederschlag mit 200 ccm Eisessig auf, filtriert heiß an der Saugpumpe, gießt das Filtrat in ein Becherglas und versetzt es heiß mit seinem gleichen Volumen heißen Wassers. Den auf dem Filter verbleibenden Rückstand kann man nochmals mit 100 ccm Eisessig aufkochen und nach dem Filtrieren wie soeben behandeln. Das beim Erkalten der verdünnten Eisessiglösungen sich abscheidende rohe Chinizarin filtriert man ab, wäscht es mit Wasser mehrfach nach, trocknet es zunächst auf dem Wasserbade und schließlich im Trockenschranke bei 120°. Da es in diesem Zustande durch Kristallisation nur schwer rein zu erhalten ist, so unterwirft man es nach dem Trocknen aus einer kleinen Retorte aus schwerschmelzbarem Glase der Destillation, wobei man es möglichst schnell mit einer großen Flamme übertreibe. Als Vorlage benutzt man ein Becherglas oder zweckmäßiger eine Reibschale aus Porzellan, die man mit einer Porzellanschale (Wölbung nach oben) bedeckt. Nachdem man das in der Vorlage sowie im Hals der Retorte (man sprenge diesen ab) befindliche Destillat fein pulverisiert hat, kristallisiert man es aus Eisessig um, woraus sich das Chinizarin beim Erkalten in Form großer, orangegelber Blätter abscheidet, welche abfiltriert und zunächst mit Eisessig, den man immer mehr mit Wasser verdünnt, und schließlich mit reinem Wasser nachgewaschen werden. Noch schönere Kristalle (dunkelrote derbe Nadeln) erhält man, wenn man das destillierte Chinizarin unter Erwärmen auf dem Wasserbade in Toluol löst. Die abfiltrierten Kristalle werden einmal mit Toluol und dann mit Alkohol nachgewaschen.

Bereits bei der Darstellung des Fluoresceins ist erwähnt worden, daß sich Phtalsäureanhydrid mit Phenolen unter gewissen Verhältnissen zu Derivaten des Anthrachinons kondensieren kann. Die soeben ausgeführte Reaktion verläuft nach folgender Gleichung:

$$C_6H_4\left\langle\begin{matrix}CO\\CO\end{matrix}\right\rangle\underline{O + H_2}C_6H_2\cdot(OH)_2 = C_6H_4\left\langle\begin{matrix}CO\\CO\end{matrix}\right\rangle C_6H_2\cdot(OH)_2 + H_2O.$$

Chinizarin

In analoger Weise lassen sich auch sowohl einwertige wie mehrwertige Phenole mit Phtalsäureanhydrid kondensieren. Von theoretischer Wichtigkeit ist es, daß man aus Brenzkatechin (o-Dioxybenzol) neben einem zweiten Isomeren das Alizarin gewinnt, wodurch bewiesen wird, daß die zwei OH-Gruppen des Alizarins sich in Orthostellung zueinander befinden. Von praktischer Bedeutung ist die obige Reaktion für die Darstellung des Anthragallols, welches durch Erhitzen von Pyrogallol mit Phtalsäureanhydrid erhalten und im großen technisch gewonnen wird:

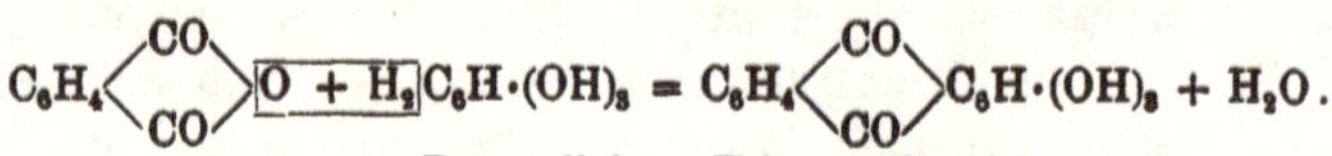

Pyrogallol Trioxyanthrachinon = Anthragallol

Nur kurz sei erwähnt, daß man auch durch Kondensation von Benzoesäure mit Oxybenzoesäuren zu den gleichen Körpern gelangen kann, z. B.:

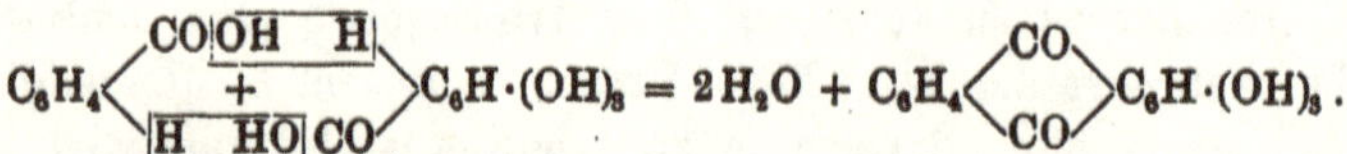

Benzoesäure und Gallussäure Anthragallol

Das Chinizarin löst sich wie alle Oxyanthrachinone in Alkalien unter Färbung (violett) auf (Versuch).

45. Reaktion: Alizarin aus β-anthrachinonmonosulfosaurem Natrium.[1]

In einem Autoklaven oder verschraubbaren Eisenrohre (vgl. S. 64) erhitzt man eine Mischung von 10 Teilen käuflichem anthrachinonmonosulfosaurem Natron, 30 Teilen festem Ätznatron und 1·8 Teilen fein pulverisiertem chlorsaurem Kali mit 40 Teilen Wasser 20 Stunden auf 170°. Nach dem Erkalten kocht man die Schmelze mehrfach mit heißem Wasser aus und säuert die in einer geräumigen Schale zum Sieden erhitzte Lösung mit konzentrierter Salzsäure an. Man filtriert dann das abgeschiedene Alizarin je nach dessen Menge an der Saugpumpe oder mit Hilfe der Filterpresse ab, wäscht es mit Wasser nach, preßt es auf einem Tonteller ab und trocknet es im Trockenschranke bei 120°. Um es vollkommen rein zu erhalten, destilliere man es aus kleinen Retorten schnell über und kristallisiere es aus Eisessig oder bei größeren Mengen aus Nitrobenzol um.

[1] A. Spl. 7, 300; B. 3, 359; 9, 281.

Die Natronschmelze des anthrachinonmonosulfosauren Natriums ist insofern eine abnorme Reaktion, als neben dem Ersatz der Sulfogruppe durch Hydroxyl auch noch eine Oxydation eines Wasserstoffatoms zu einer Hydroxylgruppe eintritt:

$$C_6H_4\left\langle{CO \atop CO}\right\rangle C_6H_2\left\langle{H \atop SO_3Na}\right. + 3\,NaOH + O =$$

$$C_6H_4\left\langle{CO \atop CO}\right\rangle C_6H_2\left\langle{ONa \atop ONa}\right. + Na_2SO_3 + 2\,H_2O.$$

Die Neigung zur Bildung von Alizarin ist so groß, daß selbst ohne Zusatz eines Oxydationsmittels ($KClO_3$ oder Salpeter) sich unter Wasserstoffentwickelung jenes bildet. Früher wandte man den Sauerstoff der Luft als oxydierendes Agens an, indem man die Schmelze bei Zutritt der Luft ausführte.

Um im großen Alizarin darzustellen, geht man vom Anthracen, welches sich in den höchstsiedenden Fraktionen des Steinkohlenteers vorfindet (Anthracenöl), aus. Jenes wird durch Chromsäure zu Anthrachinon oxydiert (siehe unten), und dieses durch Erhitzen mit Schwefelsäure in eine Monosulfosäure verwandelt. Die Abscheidung dieser wird dadurch sehr erleichtert, daß sie ein in Wasser schwer lösliches Natriumsalz bildet, welches wegen seines silberähnlichen Aussehens den Namen „Silbersalz" führt. Neutralisiert man das mit Wasser verdünnte Sulfurierungsgemisch mit kohlensaurem Natrium, so fällt direkt, ohne daß man zuvor die Schwefelsäure zu entfernen braucht, das anthrachinonmonosulfosaure Natrium aus. Die Alizarinschmelze wird im großen genau so wie im kleinen ausgeführt, nur wendet man Autoklaven an, welche mit einem Rührwerk versehen sind. — Dem Alizarin kommt die folgende Konstitutionsformel zu:

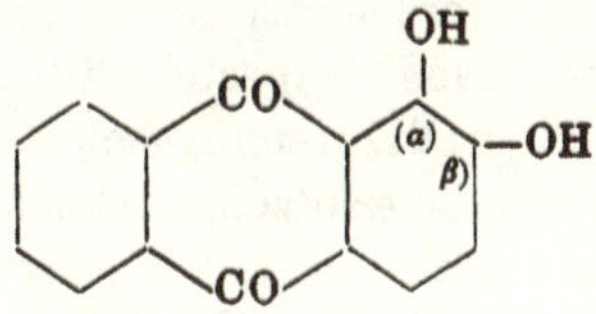

Die Salze des Alizarins sind intensiv gefärbt. Von Wichtigkeit für die Färberei sind vor allem das rote Tonerdesalz, das violette Eisenoxydsalz und das granatbraune Chromsalz. Mit Alizarin und allen ihm verwandten Körpern färbt man in der Art, daß man die Faser zuvor mit Salzen der soeben erwähnten drei Metalloxyde beizt und die so präparierte Faser mit einer dünnen wässerigen Paste der freien, in Wasser schwerlöslichen Farbstoffe erhitzt, wobei sich auf der Faser die Salze (Farblacke) bilden.

In analoger Weise wie das Alizarin aus der Monosulfosäure stellt man aus zwei Disulfosäuren zwei Trioxyanthrachinone dar, das Flavo- und Anthrapurpurin.

Aus dem Alizarin gewinnt man weiterhin durch Nitrieren das α- oder β-Nitroalizarin und aus diesen durch Reduktion die entsprechenden Amidoalizarine. Aus β-Nitro- und Amidoalizarin stellt man durch Erhitzen mit Glycerin und Schwefelsäure das wichtige Alizarinblau dar. Ferner erhält man durch Einwirkung von rauchender Schwefelsäure auf Alizarin ein Tetraoxyanthrachinon (Bordeaux) usf.

46. Reaktion: Zinkstaubdestillation.

Beispiel: Anthracen aus Alizarin oder Chinizarin.

In einen Brei, welchen man sich durch Verreiben von 100 g Zinkstaub mit 30 ccm Wasser herstellt, trägt man Stücke von porösem Bimsstein, welche bequem in eine Verbrennungsröhre passen, ein und rührt um, so daß diese mit Zinkbrei überzogen werden. Nachdem man die Stücke mit einer Pinzette aus dem Brei herausgenommen hat, erhitzt man sie in einer Porzellanschale über freier Flamme (fortdauernd bewegen) so lange, bis das Wasser verdampft ist. — Man zieht sich dann eine ca. 60—70 cm lange, schwer schmelzbare Verbrennungsröhre an dem einen Ende zu einem engen Rohre aus, verschließt das verengte Ende durch einen lockeren Asbestpfropfen und füllt zunächst eine 5 cm lange Schicht von Zinkstaub in das Rohr; dann folgt eine Mischung von $^1/_2$ g bis 1 g Alizarin oder Chinizarin mit 10 g Zinkstaub und schließlich eine 30 cm lange Schicht von Bimssteinzink. Nachdem man durch Aufklopfen der Röhre in horizontaler Lage über dem Zinkstaub einen Kanal hergestellt hat, legt man die Röhre auf einen schräg gestellten Verbrennungsofen (am ausgezogenen Ende erhöht) und leitet, ohne zu erhitzen, trocknen Wasserstoff durch die Röhre. Um zu prüfen, ob die Luft verdrängt ist, verschließt man die vordere Öffnung durch einen Kork, in dem sich eine mit einem Kautschukschlauch und Entbindungsrohr versehene kurze Glasröhre befindet, leitet das entweichende Gas in Seifenwasser und entzündet die sich bildenden Blasen, wobei man beachte, daß die Flamme nicht mit dem aus dem Entbindungsrohr entweichenden Gase in Berührung kommt. Tritt hierbei eine mit Knall verbundene Verpuffung ein, so ist die Luft noch nicht verdrängt; verbrennen dieselben jedoch ruhig, so ist reiner H vorhanden.[1] Ist dies der Fall, so verlangsamt man den Gasstrom so, daß in der Sekunde nur 2 Blasen die Waschflasche passieren, erhitzt dann das Bimssteinzink zunächst mit kleinen Flammen, vergrößert diese allmählich und erhitzt schließlich unter Zudecken mit den Kacheln möglichst hoch. Man erhitzt dann die hintere 5 cm lange Schicht von Zinkstaub und, sobald diese glüht, wie bei einer Stickstoffanalyse allmählich die Mischung von Substanz und Zinkstaub. Das sich hierbei bildende Anthracen kondensiert sich in dem vorderen kalten Teile der Röhre zu Kristallen. Nachdem man nach beendigter Reaktion die Röhre unter etwas lebhafterem Durchleiten von Wasserstoff hat erkalten lassen, sprengt man den vorderen Teil, welcher das Anthracen enthält, ab, entfernt dieses mit einem kleinen Spatel aus der Röhre und reinigt es durch Sublimation mit Hilfe des auf S. 14 oder 15 beschriebenen Apparates. F. P. 213°.

Das sublimierte Anthracen löst man unter Erwärmen in einem Reagenzglase in wenig Eisessig auf, versetzt nach Augenmaß mit ungefähr dem doppelten Gewichte (des Anthracens) Chromsäureanhydrid und erhitzt kurze Zeit zum Sieden. Man verdünnt dann mit dem mehrfachen Volumen Wasser, filtriert das abgeschiedene Anthrachinon ab, wäscht es mit etwas verdünnter Schwefelsäure und dann mit Wasser nach und kristallisiert es im Reagenzrohr aus wenig Eisessig um. Man erhält so lange farblose Nadeln von Anthrachinon, die bei 277° schmelzen.

Zinkstaub ist vor allem bei höherer Temperatur ein ausgezeichnetes Reduktionsmittel (Baeyer, A. **140**, 295), welches für die Reduktion fast aller sauerstoffhaltigen aromatischen Substanzen zu dem ihnen zugrunde liegenden Kohlenwasserstoff benutzt werden kann, z. B.:

$$\underset{\text{Phenol}}{C_6H_5\cdot OH} + Zn = \underset{\text{Benzol}}{C_6H_6} + ZnO\,,$$

$$\underset{\text{Naphtol}}{C_{10}H_7\cdot OH} + Zn = \underset{\text{Naphtalin}}{C_{10}H_8} + ZnO\,.$$

Auch Ketonsauerstoff kann, wie obiges Beispiel zeigt, herausgenommen und durch Wasserstoff ersetzt werden. Die oben mit Alizarin ausgeführte Reaktion besitzt ein historisches Interesse, da Gräbe und Liebermann im Jahre 1868 auf diese Weise erkannten, daß das bis dahin aus der Krappwurzel gewonnene Alizarin ein Derivat des Anthracens sei, wodurch die oben ausgeführte Synthese ermöglicht wurde (B. **1**, 43).

[1] Auch kann man, wie beim Kohlenoxyd beschrieben, kleine Reagenzröhren über Wasser mit dem Gase anfüllen und letzteres dann entzünden.

III. Pyridin- und Chinolinreihe.

I. Reaktion: Pyridinsynthese von Hantzsch.[1]

Beispiel: Collidin = Trimethylpyridin.

Dihydrocollidindikarbonsäureester. Eine Mischung von 25 g Acetessigester und 8 g Aldehydammoniak erwärmt man in einem kleinen Becherglase auf einem Drahtnetze unter Umrühren mit einem Thermometer ca. 3 Minuten lang auf 100—110°. Man versetzt dann das warme Reaktionsgemisch mit seinem doppelten Volumen verdünnter Salzsäure und rührt, ohne weiter zu erhitzen, so lange kräftig um, bis die anfangs flüssige Masse erstarrt ist. Diese wird dann in einer Reibschale fein zerrieben, abfiltriert, mit Wasser ausgewaschen und entweder durch Abpressen oder durch Erwärmen auf dem Wasserbade getrocknet. Für die weitere Verarbeitung auf Collidindikarbonsäureester kann das Rohprodukt direkt verwendet werden. Um den Dihydroester kristallisiert zu erhalten, löst man 2 g des Rohproduktes in einem Reagenzrohr unter Erwärmen in wenig Alkohol auf und läßt langsam erkalten. Man erhält so farblose, bläulich fluoreszierende Tafeln, welche bei 131° schmelzen.

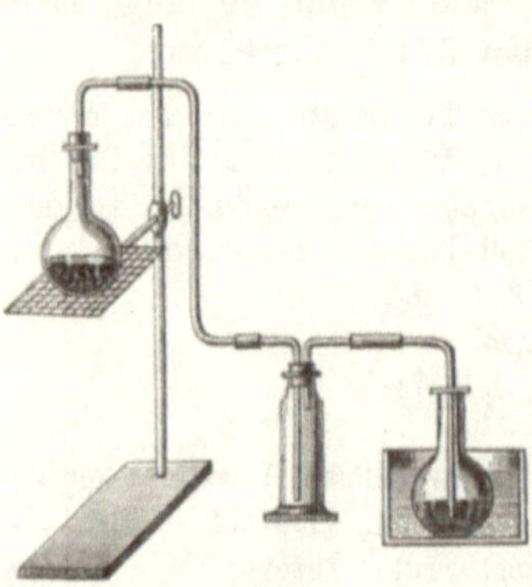

Fig. 81.

Collidindikarbonsäureester. Der rohe Dihydroester wird in einem kleinen Kölbchen mit der gleichen Gewichtsmenge Alkohol versetzt, wobei keine vollkommene Lösung eintritt. In die durch Wasser abgekühlte Mischung leitet man dann so lange gasförmige salpetrige Säure ein (Fig. 81), bis der Dihydroester in Lösung gegangen ist und eine Probe der letzteren sich in verdünnter Salzsäure klar auflöst. Man verdampft dann den Alkohol durch Erwärmen auf dem Wasserbade, versetzt den dickflüssigen Rückstand bis zur alkalischen Reaktion mit Sodalösung und nimmt das hierdurch abgeschiedene Öl mit Äther

[1] A. 215, 1.

auf. Nachdem die ätherische Lösung durch ein kleines Stückchen Kali oder durch Pottasche getrocknet ist, verdampft man den Äther und unterwirft den Rückstand der Destillation, wobei man sich wegen des hohen Siedepunktes des Esters eines Fraktionierkolbens bedient, dessen Kondensationsrohr möglichst nahe der Kugel angesetzt ist. Der zwischen 290—310° übergehende Anteil kann für die folgenden Versuche benutzt werden.

Collidindikarbonsaures Kalium. Die Verseifung des Esters wird durch Kochen mit alkoholischem Kali bewirkt, welches man sich in der folgenden Weise herstellt: Fein pulverisiertes Kali (auf 1 Teil Ester: 2 Teile Kali) wird mit seinem dreifachen Gewichte absoluten Alkohols so lange in einem Kölbchen auf einem Drahtnetz mäßig erwärmt, bis der größte Teil in Lösung gegangen ist. Man gießt dann die alkoholische Lösung vom Ungelösten ab, versetzt sie mit dem zu verseifenden Ester und erhitzt 4—5 Stunden auf einem lebhaft siedenden Wasserbade am Rückflußkühler, wobei sich das Kaliumsalz in Krusten abscheidet. Die alkoholische Flüssigkeit wird dann vom Salz abfiltriert und letzteres auf dem Filter mit Alkohol und schließlich mit Äther nachgewaschen.

Collidin. Das trockene Kaliumsalz wird in einer Reibschale mit seinem doppelten Gewichte gelöschten Kalkes innig verrieben und in eine an einem Ende zugeschmolzene Röhre aus schwer schmelzbarem Glase (ca. 2 cm Weite und 55 cm Länge) eingefüllt. Damit die Mischung nicht in die Vorlage mitgerissen wird, schließt man sie vorn durch einen kleinen lockeren Asbestpfropfen ab. Nachdem man durch Klopfen einen Gang erzeugt hat und mit Hilfe eines Korkes oder durch Asbestpapier die Röhre mit einem abwärts gebogenen Vorstoße verbunden hat, wird jene ihrer ganzen Länge nach auf einem schräg gestellten Verbrennungsofen (das zugeschmolzene Ende erhöht) durch kleine Flammen vorgewärmt, worauf man, vom zugeschmolzenen Ende anfangend, die Flammen immer mehr vergrößert, bis man schließlich bei geschlossenen Kacheln möglichst hoch erhitzt. Das hierbei übergehende Collidin wird mit Äther aufgenommen, mit Kali getrocknet und nach dem Verdampfen des Äthers der Destillation unterworfen. Siedepunkt 172°.

Beim Erhitzen von Acetessigester mit Aldehydammoniak tritt folgende Reaktion ein (vgl. A. **215**, 8):

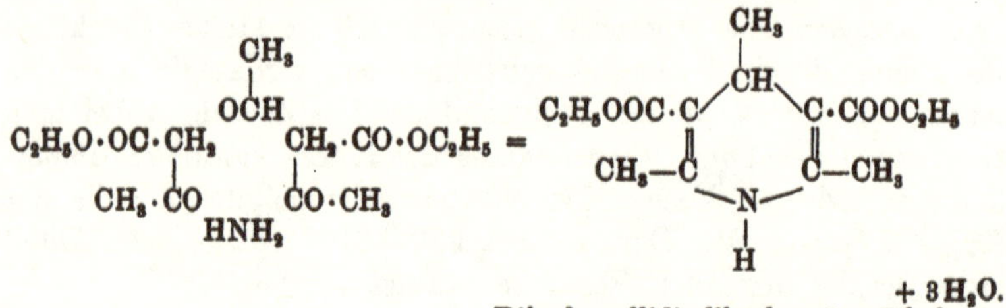

Dihydrocollidindikarbonsäureäthylester

Die Reaktion läßt sich in der Weise modifizieren, daß man statt des Acetaldehydes andere Aldehyde anwendet. So erhält man z. B. aus Benzaldehyd, Acetessigester und Ammoniak den Dihydrophenyllutidindikarbonsäureester:

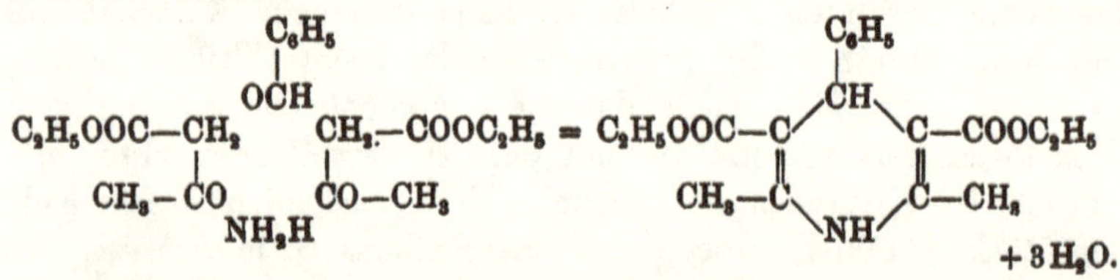

Auch mit Propionaldehyd, Butyraldehyd, Valeraldehyd, Önanthol, Myristinaldehyd, Nitrobenzaldehyd, Phenylacetaldehyd, Furfurol u. a. ist die Reaktion ausgeführt. Alle diese Körper enthalten die zwei Methylgruppen der beiden Acetessigester-Moleküle. Nur die dritte Seitenkette ist je nach der Natur des angewandten Aldehydes verschieden.

Leitet man in eine alkoholische Lösung des Dihydroesters salpetrige Säure ein, so werden zwei Wasserstoffatome, und zwar die der CH- und NH-Gruppe, fortoxydiert, und es entsteht ein Derivat eines nicht hydrierten Pyridins. Während der Dihydroester keine basischen Eigenschaften besitzt, löst sich das Pyridinderivat in Säuren auf. Man kann deshalb durch Behandeln mit Salzsäure prüfen, ob noch unveränderter säureunlöslicher Dihydroester vorhanden ist.

Bezüglich der Verseifung des Esters sei auf das bei Reaktion 36 Gesagte verwiesen.

Die Abspaltung von Kohlensäure aus einer Karbonsäure oder aus einem Salze derselben pflegt man als „Brenzreaktion" zu bezeichnen. Meistens verwendet man zu dieser Reaktion ein Kalksalz, welches man, mit gelöschtem Kalk vermischt, der Destillation unterwirft, z. B.:

$$C_6H_5\cdot\boxed{COOca + caO}H = C_6H_6 + CO_3Ca.$$

Benzoesaures Calcium

(ca = $\frac{1}{2}$Ca)

Auch bei mehrbasischen Säuren kann man so sämtliche COOH-Gruppen durch H ersetzen. Auf diese Weise gelingt es, von einer Säure zu dem ihr zugrunde liegenden Körper zu gelangen. Im obigen Falle kann man an Stelle des Kalksalzes auch das Kaliumsalz verwenden.

2. Reaktion: Skraupsche Chinolinsynthese.

Beispiel: Chinolin.

In einem Kolben von $1^1/_2$ l Inhalt wird eine Mischung von 24 g Nitrobenzol, 38 g Anilin und 120 g Glycerin unter Umschütteln mit 100 g konzentrierter Schwefelsäure versetzt. Man verbindet den Kolben dann mit einem langen, weiten Rückflußkühler und erhitzt ihn auf einem Sandbade. Sobald der Eintritt der Reaktion sich durch Entwickelung von Dampfblasen, die plötzlich aus der Flüssigkeit aufsteigen, zu erkennen gibt, entfernt man sofort die Flamme und läßt die lebhafte Hauptreaktion ohne äußere Erhitzung sich vollziehen. Hat das Reaktionsgemisch sich beruhigt, so erhitzt man noch 3 Stunden auf dem Sandbade, verdünnt mit Wasser und treibt aus der sauren Flüssigkeit das unveränderte Nitrobenzol durch Einleiten von Wasserdampf ab. Sobald keine Öltropfen mehr übergehen, unterbricht man das Einleiten von Dampf. Man läßt dann die im Destillierkolben zurückgebliebene Flüssigkeit etwas abkühlen und macht sie mit konzentrierter Natronlauge alkalisch, worauf man das in Freiheit gesetzte Chinolin, dem auch unverändertes Anilin beigemengt ist, mit Wasserdämpfen überdestilliert. Da diese sich durch fraktionierte Destillation nicht voneinander trennen lassen, so muß man zu ihrer Trennung zu einem chemischen Mittel seine Zuflucht nehmen. Man versetzt zu diesem Zwecke das Destillat (Öl und wässerige Flüssigkeit) so lange mit verdünnter Schwefelsäure, bis alles Öl gelöst ist, fügt dann noch einen Überschuß von Schwefelsäure hinzu und versetzt darauf die kalte Lösung so lange mit Natriumnitritlösung, bis ein Tropfen der Flüssigkeit Jodkaliumstärkepapier bläut. Sollte hierbei die Bläuung nicht eintreten, so fehlt es an Schwefelsäure; man fügt dann von dieser noch etwas hinzu. Das Anilin als primäres Amin ist jetzt in Diazobenzolsulfat verwandelt, während das tertiäre Chinolin unverändert geblieben ist. Man erhitzt nun einige Zeit auf dem Wasserbade, wobei, wie bei Reaktion 8, das Diazosulfat in Phenol übergeht. Jetzt wird wiederum alkalisch gemacht, wobei das aus dem Anilin entstandene Phenol in Lösung geht, während das Chinolin in Freiheit gesetzt wird. Nachdem man letzteres jetzt in reinem Zustande wiederum mit Wasserdämpfen überdestilliert hat, nimmt man es mit Äther auf und reinigt es nach dem

Verdampfen des Äthers durch Destillation. S. P. 237°. Ausbeute 40—45 g (vgl. Wiener Monatshefte **2**, 141).

Bei der obigen Reaktion hat sich das Chinolin nach folgender Gleichung gebildet:

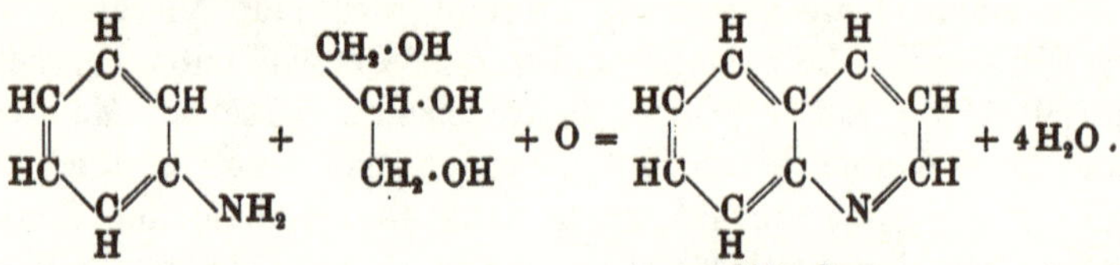

Chinolin

Der zu der Reaktion erforderliche Sauerstoff wird dem Nitrobenzol entzogen, welches hierbei in noch nicht ganz aufgeklärter Weise reduziert wird. Die Reaktion kommt möglicherweise in der Weise zustande, daß sich zunächst aus dem Glycerin unter dem Einfluß der Schwefelsäure Akrolein bildet:

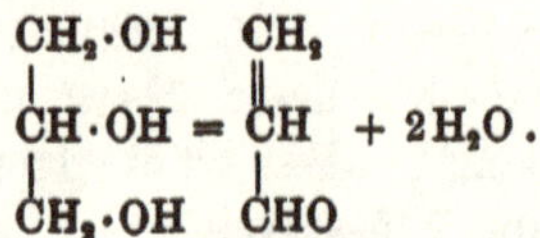

Akrolein

Wie alle Aldehyde, so kondensiert sich auch dieses mit dem Anilin zu Akroleinanilin:

$$C_6H_5\cdot NH_2 + OHC\cdot CH{=}CH_2 = C_6H_5\cdot N{=}CH{-}CH{=}CH_2 + H_2O\,.$$

Indem dieses dann unter dem Einflusse des oxydierend wirkenden Nitrokörpers zwei Atome Wasserstoff verliert, bildet sich Chinolin:

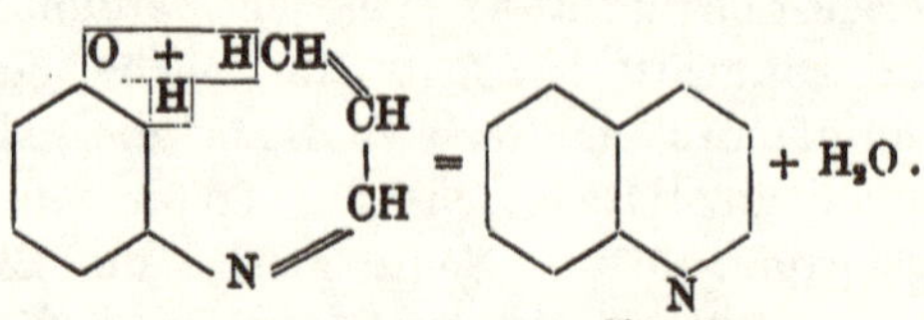

Chinolin

Die Skraupsche Reaktion ist einer äußerst vielseitigen Anwendbarkeit fähig. Wendet man z. B. statt des Anilins dessen Homologe an, so erhält man Methyl-, Dimethyl- usw. Chinolin. Auch halogen-, nitro- usw. substituierte Amine liefern halogen-, nitro- usw. substituierte Chinoline. Auch Amidokarbonsäuren, Amidosulfosäuren, Amidophenole liefern Karbonsäuren, Sulfonsäuren oder Oxyderivate des Chinolins. Auch die entsprechenden Amidoverbindungen der Naphtalinreihe sind der Reaktion zugänglich. Geht man von Diaminen aus, so werden am Benzolringe zwei neue Pyridinringe gebildet, und man erhält die sogen. Phenanthroline usw.

Von technischem und historischem Interesse ist die von PRUDHOMME im Jahre 1877 gemachte Entdeckung, welche den Anstoß zu der SKRAUPschen Synthese gab, daß β-Nitroalizarin beim Erhitzen mit Glycerin und Schwefelsäure einen blauen Farbstoff, das Alizarinblau, liefert. GRÄBES Untersuchungen verdankt man die Erkenntnis dieses Prozesses, bei welchem wie oben eine Chinolinsynthese sich in folgender Weise vollzieht:

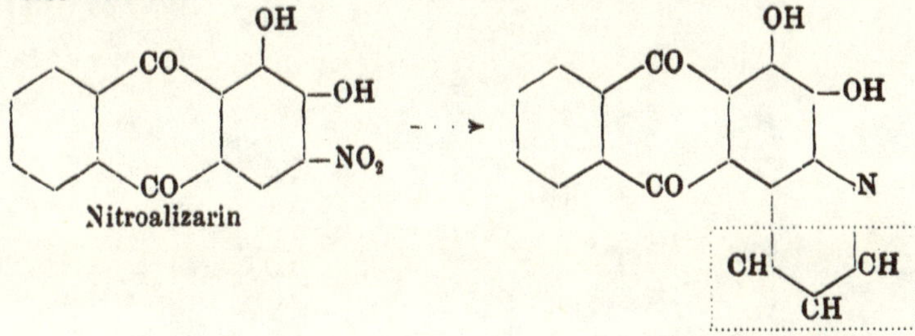

Nitroalizarin

Rest des angelagerten Glycerins

Alizarinblau

IV. Anorganischer Teil.

1. Chlor.

Gasförmiges Chlor entwickelt man, indem man in einen Rundkolben haselnußgroße Stücke von Braunstein (der Kolben sei ca. zu einem Drittel damit gefüllt) mit so viel konzentrierter Salzsäure übergießt, daß jene eben von der Säure bedeckt sind. Erhitzt man die Mischung über einem Drahtnetz mit freier Flamme, so entwickelt sich ein regelmäßiger Strom von Chlor, welchen man zur Entfernung von mitgerissener Salzsäure durch Wasser, und darauf behufs Trocknung durch konzentrierte Schwefelsäure leitet (vgl. Fig. 74 u. 87). Wie stets beim Erhitzen von größeren Kolben, lege man über das Drahtnetz ein Stück dünnes Asbestpapier, wodurch die Gefahr des Springens wesentlich vermindert wird.

Einen sehr regelmäßigen Chlorstrom kann man auch aus fein gepulvertem Kaliumbichromat und roher konzentrierter Salzsäure durch Erhitzen auf dem Wasserbade erzeugen. Auf 1 Liter rohe Salzsäure wende man 180—200 g pulverisiertes Kaliumbichromat an.

Über die Darstellung von Chlor aus Kaliumpermanganat und Salzsäure vgl. B. **35**, 43.

2. Chlorwasserstoff.

Gasförmigen Chlorwasserstoff entwickelt man am zweckmäßigsten in einem Kippschen Apparate, welcher mit möglichst großen Stücken von geschmolzenem Salmiak und konzentrierter Schwefel-

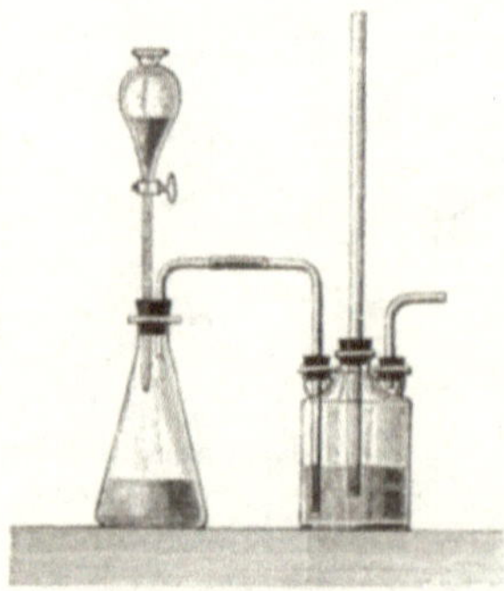

Fig. 82.

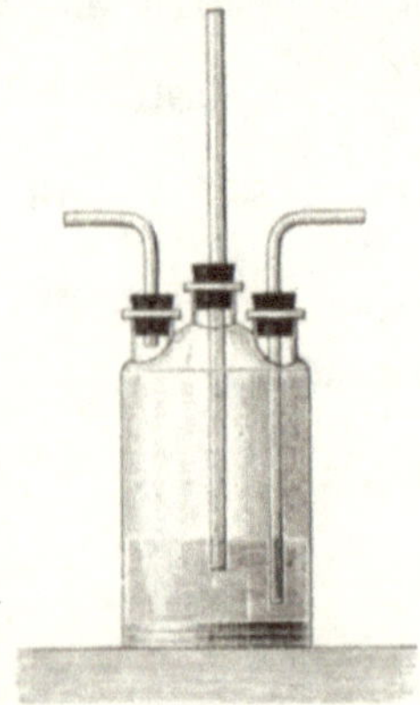

Fig. 83.

säure beschickt wird. Der Apparat läßt sich wie ein Kippscher CO_2- oder H-Apparat behandeln.

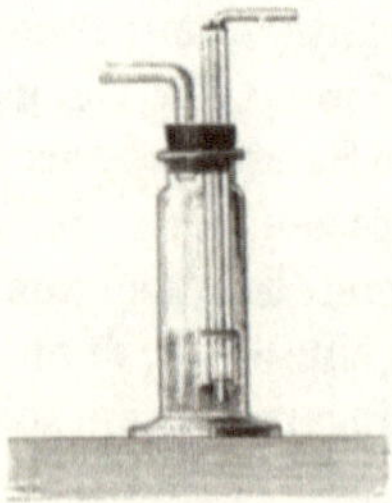

Fig. 84.

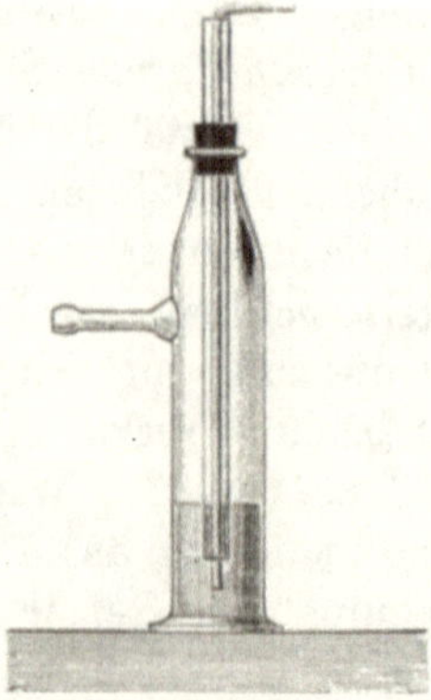

Fig. 85.

Ist man nicht im Besitze eines solchen, so kann man Chlorwasserstoff sehr bequem in der folgenden Weise entwickeln:

Zu konzentrierter Salzsäure, die sich in einer Saugflasche befindet, läßt man tropfenweise aus einem Tropftrichter konzentrierte Schwefelsäure fließen (Fig. 82) und trocknet den durch die

Schwefelsäure verdrängten Chlorwasserstoff, indem man ihn durch konzentrierte Schwefelsäure leitet.

Beim Einleiten von HCl wende man stets eine Sicherheitswaschflasche an (Fig. 83), da es sonst leicht vorkommt, daß bei unregelmäßigem Gasstrome die zu sättigende Flüssigkeit in die Waschflasche oder das Entwickelungsgemisch zurücksteigt. An Stelle einer dreifach tubulierten WOULFschen Flasche läßt sich auch eine einhalsige Waschflasche in der in Fig. 84 dargestellten Weise in eine Sicherheitswaschflasche verwandeln: In einen doppelt durchbohrten Kork setzt man ein rechtwinklig umgebogenes, sowie ein gerades, möglichst weites Rohr ein. Durch letzteres führt ein engeres, gebogenes Einleitungsrohr, welches fast bis auf den Boden der Waschflasche reicht. Die zu sättigende Flüssigkeit kann bei dieser Anordnung nicht in die Waschflasche zurücksteigen, da, falls Neigung hierfür vorhanden sein sollte, durch die zwischen dem engen Einleitungsrohr und dem weiteren Glasrohr befindliche Öffnung Luft in die Saugflasche eintritt. Besitzt die Waschflasche einen seitlichen Tubus, so kann man diese, wie aus Fig. 85 ersichtlich, in eine Sicherheitswaschflasche verwandeln.

Auch durch Erwärmen von 10 Teilen Kochsalz mit einer erkalteten Mischung von 3 Teilen Wasser und 18 Teilen konzentrierter Schwefelsäure kann man gasförmigen HCl entwickeln.

3. **Bromwasserstoff** (vgl. Brombenzol).

Die bei der Bromierung als Nebenprodukt erhaltene wässerige Bromwasserstoffsäure reinigt man, indem man sie aus einem Fraktionierkolben mit vorgelegtem Kühler der Destillation unterwirft. Es geht hierbei zunächst Wasser über, bis schließlich konstant bei 126° eine 48prozentige Säure destilliert, welche gesondert aufgefangen wird.

Um aus ihr Bromkalium darzustellen, welches für die Gewinnung von Bromäthyl verwandt werden kann, verdünnt man die Säure mit etwas Wasser und versetzt dann so lange mit trockener Pottasche, bis keine Kohlensäureentwickelung mehr eintritt und die Flüssigkeit neutral reagiert. Auf 1 Teil Bromwasserstoffsäure hat man ca. 0·5 Teile Pottasche anzuwenden. Die wässerige Lösung des Bromkaliums wird dann auf dem Wasserbade zur Trockne verdampft. Das so erhaltene Bromkalium läßt sich für die Darstellung von Bromäthyl direkt verwenden.

4. Jodwasserstoff.

In einem kleinen Rundkolben (Fig 86) von etwa 100 ccm Inhalt fügt man zu 44 g *nicht* pulverisiertem Jod allmählich 4 g gelben Phosphor, den man in etwa 8 Stücke zerkleinert und kurz vor dem Eintragen zwischen Fließpapier abtrocknet. Das erste Phosphorstückchen vereinigt sich mit dem Jod unter lebhafter Feuererscheinung. Ist die erste Reaktion beendet, so trägt man das zweite Stückchen ein, nachdem man zuvor den Kolbeninhalt, der sich bald verflüssigt, umgeschüttelt hat; die Reaktion ist auch jetzt noch deutlich zu erkennen, jedoch weniger intensiv wie beim ersten Stück. Beim Eintragen des Phosphors achte man darauf, daß dieser möglichst in die Mitte des Kolbens und nicht etwa an die Wandungen fällt, da sonst leicht ein Zerspringen des Kolbens eintritt. Ist aller Phosphor eingetragen, so erhält man eine geschmolzene, dunkle Masse von PJ_3, die beim Erkalten fest wird. Die durch Erwärmen mit Wasser hieraus darzustellende Jodwasserstoffsäure muß zuvor durch Überleiten über roten Phosphor von etwa mitgerissenem Jod befreit werden, was man in folgender Weise erreicht: 5 g roter Phosphor werden in einer Schale mit 2 ccm wässeriger Jodwasserstoffsäure oder, falls diese nicht zur Hand sein sollte, mit möglichst wenig Wasser (höchstens 1 ccm) zu einem Brei verrieben. In diesen bringt man Glasperlen oder Glasscherben, welche man durch Umrühren mit dem Phosphorbrei überzieht, und mit welchen man dann eine U-Röhre füllt. Handelt es sich um die Darstellung von wässeriger Jodwasserstoffsäure, so leitet man das aus der U-Röhre entweichende Gas auf 45 ccm Wasser in der aus Fig. 86 zu ersehenden Weise (Kork mit seitlichem Einschnitt versehen). Das Glasrohr darf hierbei nicht in die Flüssigkeit eintauchen, da sonst infolge des großen Absorptionsvermögens des Wassers für Jodwasserstoff leicht ein Zurücksteigen des Wassers zu befürchten ist; jenes muß vielmehr etwa 1 cm oberhalb der Wasseroberfläche endigen. Will

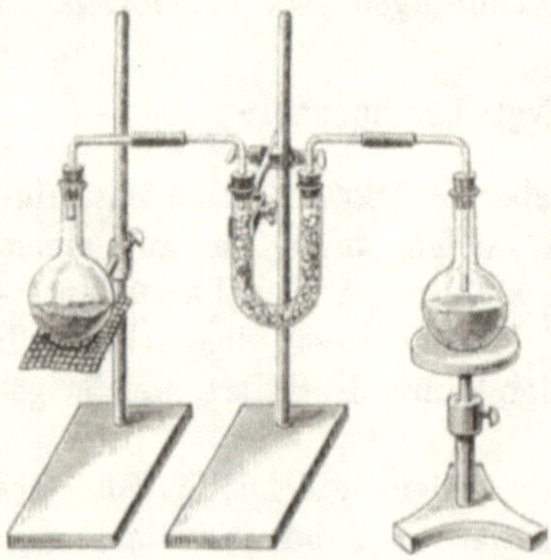

Fig. 86.

man nun mit Hilfe des so hergerichteten Apparates Jodwasserstoffsäure gewinnen, so versetzt man den vollkommen erkalteten Jodphosphor mit 6 g Wasser und erwärmt mit einer sehr kleinen leuchtenden Flamme. Man beobachtet dann, daß der Kolbeninhalt immer klarer wird, während in dem vorgelegten Wasser schwere Schlieren von Jodwasserstoff zu Boden sinken. Man fährt mit dem Erwärmen so lange fort, bis in dem Entwickelungskolben sich nur noch eine wasserhelle Flüssigkeit befindet.

Um konzentrierte wässerige Jodwasserstoffsäure zu gewinnen, unterwirft man die in der Vorlage befindliche Flüssigkeit unter Anwendung eines Kühlers der Rektifikation. Es gehen hierbei zunächst wenige Kubikzentimeter Wasser bei 100° über, dann steigt das Thermometer bald auf 125°, und nun sammelt man bis 130° die konzentrierte Säure gesondert auf. Sie siedet zum allergrößten Teile bei 127°.

Dieser Versuch lehrt manches über die Chemie des Phosphors und Jods: Zunächst zeigt er, daß Jod und Phosphor sich unter lebhafter Reaktion direkt zu Jodphosphor vereinigen:

$$P + 3J = PJ_3.$$

Der Jodphosphor zersetzt sich dann weiterhin mit Wasser unter Bildung von Jodwasserstoff, welcher entweicht, während in dem Entwickelungskolben phosphorige Säure zurückbleibt:

$$PJ_3 + 3H|OH = 3HJ + PH_3O_3.$$

Die gasförmige Jodwasserstoffsäure ist ein intensiv rauchendes Gas, wovon man sich leicht überzeugen kann, wenn man die das Wasser enthaltende Vorlage für einen Augenblick entfernt. Jodwasserstoff wird von Wasser äußerst lebhaft absorbiert. Die konstant bei 127° siedende Säure enthält annähernd 50% Jodwasserstoff.

Bei diesem Versuche beobachtet man ferner noch, daß die Verbindungsröhren des Apparates vor allem zwischen dem Entwickelungskolben und dem U-Rohre, sich mit weißen, diamantglänzenden Kristallen überziehen. Diese Kristalle sind Jodphosphonium, PH_4J, welches durch Zersetzung der phosphorigen Säure in der folgenden Weise entstanden ist: Es ist eine allgemeine Eigenschaft aller niederen Oxydationsstufen des Phosphors, beim Erwärmen unter Entwickelung von Phosphorwasserstoff in das höchste Oxydationsprodukt, Phosphorsäure, überzugehen. Bei der phosphorigen Säure verläuft diese Reaktion nach folgender Gleichung:

$$4PH_3O_3 = 3PH_3O_4 + PH_3.$$

Der so entstehende Phosphorwasserstoff vereinigt sich nun, da er schwach basische Eigenschaften besitzt, mit Jodwasserstoff zu Jodphosphonium:

$$PH_3 + HJ = PH_4J.$$

Da dieses die Verbindungsröhren leicht verstopfen kann, so wähle man letztere möglichst weit. — Beim Reinigen derselben mit Wasser kann man schließlich eine Reaktion des Jodphosphoniums kennen lernen. Man beobachtet dabei die Entwickelung eines knoblauchartig riechenden Gases, welches nichtselbstentzündlicher Phosphorwasserstoff ist. Jodphosphonium zersetzt sich nämlich mit Wasser in seine Komponenten: $PH_4J = PH_3 + HJ$. Diese Reaktion benutzt man bekanntlich zur Darstellung des reinen, nichtselbstentzündlichen Phosphorwasserstoffs.

5. Ammoniak.

Gasförmiges Ammoniak stellt sich am bequemsten her, indem man möglichst konzentriertes wässeriges Ammoniak in einem Kolben über einem Drahtnetz mit nicht zu großer Flamme erhitzt. Man trocknet es, indem man es durch einen mit Natronkalk gefüllten Trockenturm leitet (vgl. Fig. 66).

6. Salpetrige Säure.

Zur Darstellung von gasförmiger salpetriger Säure übergießt man arsenige Säure, welche man in Stücke von Erbsengröße zerschlagen hat (Vorsicht; unter dem Abzuge), mit Salpetersäure vom spez. Gew. 1·3 und erwärmt über einem Drahtnetze gelinde mit einer kleinen Flamme. Um die mitgerissene Salpetersäure zu kondensieren, leitet man das Gas durch eine leere Waschflasche, welche man durch kaltes Wasser abkühlen kann (vgl. Fig. 81).

7. Phosphortrichlorid.

In einer Reibschale aus Porzellan zerkleinert man mit Hilfe eines Messers oder Meißels 40 g unter Wasser befindlichen gelben Phosphor zu kleinen Stückchen, welche sich bequem durch den Tubus einer Retorte von ca. 300 ccm Inhalt in diese einfüllen lassen. Nachdem man vor dem Einfüllen des Phosphors die Luft aus der Retorte (Fig. 87) durch trockene Kohlensäure verdrängt hat, trocknet man jedes einzelne Stückchen Phosphor, indem man es mit einer Pinzette faßt, zwischen einer mehrfachen Lage von Filtrierpapier schnell ab und wirft es sofort in die Retorte, wobei man darauf achte, daß es sich nicht etwa durch Reibung an der Öffnung des Tubus entzündet. Sobald aller Phosphor eingefüllt ist, verbindet man den Tubus der Retorte mit dem Einleitungsrohr, welches im Korke leicht beweglich sein muß, und leitet einen nicht zu langsamen Strom von trockenem Chlor über den Phosphor, welcher hierbei unter Feuererscheinung sich mit dem Chlor zu PCl_3 vereinigt. Sollten sich im Hals der Retorte Kristalle von PCl_5 absetzen, so schiebt man das Einleitungsrohr

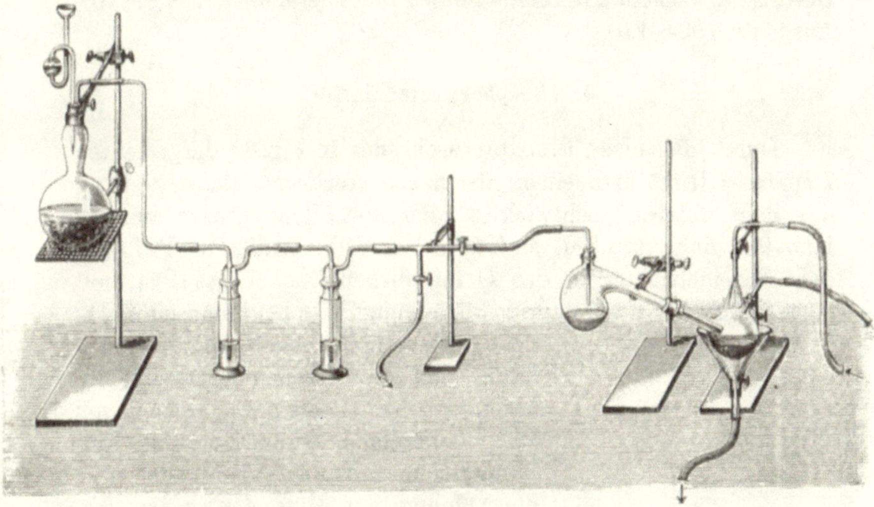

Fig. 87.

etwas weiter in die Retorte hinein. Destilliert anderseits Phosphor in die oberen Teile des Retortenbauches, so zieht man das Rohr etwas im Korke hoch. Das in der Vorlage kondensierte PCl_3 wird aus einem trockenen Fraktionierkolben bei vorgelegtem Kühler destilliert. S. P. 74°. Ausbeute 125—140 g.

8. Phosphoroxychlorid (vgl. J. p. Ch. 1883, [2] Bd. 23, 382).

In 100 g PCl_3, welche sich in einer mit absteigendem Kühler verbundenen tubulierten geräumigen Retorte befinden, trägt man allmählich [in kleinen Portionen von ca. 2—3 g] 32 g fein pulverisiertes chlorsaures Kali ein. Nach jedesmaligem Eintragen einer Portion wartet man die durch Aufwallen der Flüssigkeit sich bemerklich machende Reaktion ab, ehe ein neues Quantum des Salzes zugefügt wird. Sollte beim Eintragen der ersten Portion keine Reaktion eintreten, so unterstützt man diese durch gelindes Erwärmen. Beim Eintragen darf keine Flüssigkeit in die Vorlage überdestillieren; sollte dies dennoch eintreten, so gießt man das Destillat in die Retorte zurück. Nach beendetem Zusatz des Chlorates treibt man das entstandene $POCl_3$ durch Erhitzen der Retorte in einem Ölbade (auf 130°) oder mit leuchtender Flamme in die Vorlage (Saugflasche) über, welche durch einen Kork fest mit dem Ende des Kühlrohres verbunden ist, und rektifiziert das Destillat aus einem Fraktionierkolben mit Thermometer. S.P. 110°. Ausbeute 100—110 g.

9. Phosphorpentachlorid.

Durch das obere Einleitungsrohr des in Fig. 88 dargestellten Apparates leitet man einen Strom von trockenem Chlor, welcher aus dem unteren rechtwinklig gebogenen Rohr wieder austritt. Man läßt dann von Zeit zu Zeit einige Kubikzentimeter PCl_3 aus dem Scheidetrichter in das Gefäß fließen, wobei das PCl_3 mit dem Chlor sich zu festem PCl_5 vereinigt. Indem man dies von neuem wiederholt, sobald man annehmen kann, daß die Vereinigung erfolgt ist, kann man so beliebig große Mengen von PCl_5 darstellen. Sollte sich das Einleitungsrohr verstopfen, so macht man die Öffnung mit Hilfe des in ihm befindlichen Glasstabes wieder frei. In dem Maße, wie sich das PCl_5 in dem Gefäße ansammelt, zieht man das Einleitungsrohr immer höher. Ausbeute: quantitativ.

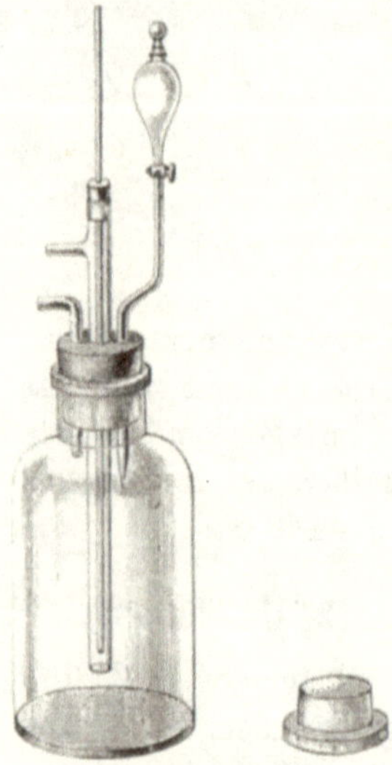

Fig. 88.

10. Schweflige Säure.

Gasförmige schweflige Säure wird in dem in Fig. 82 dargestellten Apparate entwickelt, indem man zu der käuflichen, wässerigen Natriumbisulfitlösung eine erkaltete Mischung gleicher Volumenteile von Wasser und konzentrierter Schwefelsäure tropfen läßt. Man schüttle den Entwickelungskolben öfters um, damit sich nicht die spezifisch leichtere Schwefelsäure über dem Bisulfit ansammelt.

11. Natrium.

a) Schneiden desselben. Um Natrium zu zerteilen, kann man es entweder mit einem Messer in Scheiben zerschneiden, oder mit Hilfe einer Natriumpresse zu Draht auspressen. Zum Zerschneiden von Natrium in Scheiben wendet man zweckmäßig den in Fig. 89 abgebildeten Apparat[1] an. Nachdem man das Messer auf beiden Seiten sowie den vorderen Teil des Tisches mit einer dünnen Schicht von Vaseline eingerieben hat, legt man ein langes Stück des zu zerschneidenden Metalles, welches man an seinem hinteren Ende mit etwas Filtrierpapier umwickelt hat, auf den Tisch, so daß es etwas über die vordere Kante herausschaut, und führt nun einen kurzen Ruck mit dem Messer aus usf. Auf den vorderen Teil der unteren Platte stellt man ein mit Äther oder Ligroin gefülltes Schälchen, in welches die Scheiben sofort hineinfallen. Man beachte beim Schneiden vor allem die folgenden zwei Punkte: Das Auge befinde sich nicht vor dem Messer, sondern hinter ihm, d. h. auf der Seite des Tischchens, damit man die das Natrium haltenden Finger sieht. Nur so kann man sich vor Verletzungen schützen. Ferner sei der Querschnitt des Natriumstückes nicht zu groß, da sonst das Metall an dem Messer festhaftet. Man schneide quadratische Scheiben, deren Kantenlänge höchstens 5—6 mm betrage. Trotzdem kann man bei einiger Übung in kürzester Zeit große Mengen des Metalles in sehr dünne Scheiben zerschneiden.

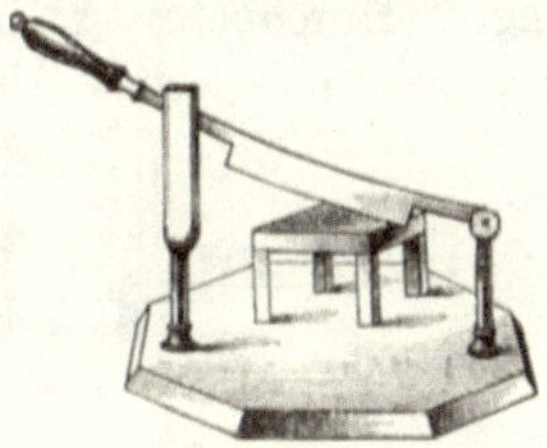

Fig 89.

Natriumreste werfe man nicht in Wasser oder gar in den Schmutzkasten; vielmehr trage man sie in etwas Alkohol, der sich in einem Becherglase oder einer Schale befindet, ein.

b) Natriumamalgam. In Quecksilber, welches sich in einem Porzellanmörser befindet, taucht man in ziemlich schneller Folge mit Hilfe eines kurz rechtwinklig umgebogenen, nicht zu dünnen Glasstabes, welcher an seinem kurzen Ende zu einer Spitze ausgezogen ist, Natriumscheiben von der ungefähren Größe eines Markstückes, welche man auf den Glasstab aufspießt, ein, wobei man das Natrium bis auf den Boden der Reibschale drückt.

[1] Ausgeführt von der Firma C. Desaga, Heidelberg.

(Unter dem Abzuge; Augen durch eine Brille, Hand durch einen Handschuh geschützt.)

Auch kann man das Quecksilber in einer Porzellankasserolle auf dem Wasserbade anwärmen (60—70°) und ohne weitere Erwärmung kleine Stückchen Natrium von der Größe einer halben Bohne mit Hilfe eines Glasstabes bis auf den Boden des Gefäßes in das Quecksilber eintauchen.

12. Aluminiumchlorid.

Ein möglichst weites (Durchmesser $1^1/_2$ bis 2 cm), schwer schmelzbares Glasrohr, welches auf der einen Seite zu einem engen Rohr ausgezogen ist, wird mit Hilfe eines durchbohrten Korkes mit einem weithalsigen sogen. Pulverglase verbunden (Fig. 90). Der dieses verschließende Kork hat noch eine zweite engere Durchbohrung, in welcher sich ein nicht zu enges, mindestens 8 mm weites Ableitungsrohr befindet, welches bis in die

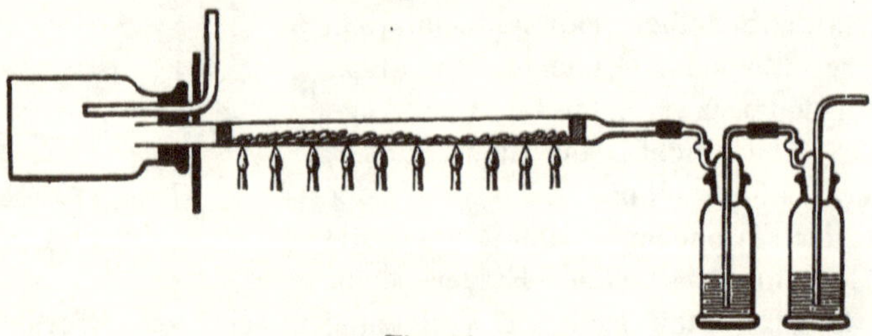

Fig. 90.

Mitte der Vorlage reicht. Nachdem man die Röhre bis zur Hälfte ihres Querschnittes mit Aluminiumspänen (oder dem in letzter Zeit an Stelle dieser in den Handel gebrachten sogen. „Aluminiumgries"), welche sich zwischen zwei lockeren Asbestpfropfen befinden, und welche zuvor durch mehrmaliges Auskochen mit Alkohol von Öl befreit und darauf im Trockenschrank bei 120° getrocknet sind (Aluminiumgries braucht nicht mit Alkohol behandelt zu werden), beschickt hat, leitet man einen lebhaften Strom trockenen Salzsäuregases, welchen man am zweckmäßigsten einem mit geschmolzenem Salmiak und konzentrierter Schwefelsäure beschickten Kippschen Apparat entnimmt, durch den Apparat, wobei darauf zu achten ist, daß die mit Schwefelsäure gefüllten Trockenflaschen nicht zu klein sind, da leicht Schäumen eintritt. Sobald die Luft aus dem Apparat verdrängt ist, was man daran erkennt, daß die aus dem Ableitungsrohr entweichenden

Gase von Wasser vollkommen absorbiert werden (man verbindet das Rohr mit einem Schlauche und taucht diesen von Zeit zu Zeit in ein mit Wasser gefülltes Bechergläschen ein), erhitzt man die Röhre auf einem Verbrennungsofen sofort ihrer ganzen Länge nach zunächst mit kleinen Flammen, welche man allmählich vergrößert (Fig. 90). Bei einer gewissen Flammengröße bemerkt man dann, daß weiße Dämpfe von Aluminiumchlorid auftreten. welche sich in der Vorlage verdichten. Die Reaktion ist beendet sobald das Aluminium bis auf einen kleinen dunkel gefärbten Rückstand aus der Röhre verschwunden ist. Für das Gelingen des Präparates ist besonders auf folgende Punkte zu achten: 1. Alle Teile des Apparates müssen vollkommen trocken sein. 2. Die Luft muß möglichst vollkommen durch Chlorwasserstoff verdrängt sein, da sonst Knallgasexplosionen eintreten können. 3. Der aus dem Verbrennungsofen herausragende weite Teil des Rohres muß möglichst kurz sein, da sich sonst in ihm das Aluminiumchlorid kondensiert, was ein Verstopfen des Apparates zur Folge hat. Damit der Kork der Vorlage nicht anbrennt, schützt man ihn durch eine mit einem Ausschnitt versehene Asbestplatte. 4. Das Aluminium darf nicht bis zum Schmelzen erhitzt werden. Tritt dies an einer Stelle ein, so müssen sofort die Flammen verkleinert werden. 5. Der Salzsäurestrom muß **äußerst lebhaft** sein; man darf nicht etwa die einzelnen Blasen zählen können, dieselben müssen sich vielmehr ununterbrochen folgen. Man lasse sich nicht dadurch stören, daß aus dem Ableitungsrohr geringe Mengen eines qualmenden Gases entweichen; der allergrößte Teil des Aluminiumchlorides wird doch kondensiert, wenn auch die Salzsäure die Waschflaschen durchjagt. Sollte der erste Versuch infolge Verstopfens der Röhre mißlingen, so suche man den Fehler in erster Linie in dieser Richtung.

Neuerdings hat es sich als zweckmäßig erwiesen, an Stelle des weithalsigen Pulvergases als Vorlage eine eiserne Röhre von 25 cm Länge und 4 cm innerer Weite zu verwenden, an deren eine Öffnung eine kurze 2 cm lange engere Röhre angeschweißt ist, welche durch Ausfeilen nach innen etwas konisch verjüngt ist, und deren innerer Durchmesser so gewählt wird, daß man die Glasröhre, welche das Aluminium enthält, durch wenige Windungen von Asbestpapier darin befestigen kann. Das nicht verengte Ende wird durch einen Kork verschlossen, in dem sich eine möglichst weite zum Abzug führende Glasröhre befindet. Eine derartige Vorlage bietet den Vorteil, daß man das Glasrohr bis zum äußerten Ende kräftig erhitzen kann, wodurch ein Verstopfen der Röhre, welches bei obigem Apparate immerhin eintreten kann, vollkommen vermieden wird. Sollte die eiserne Röhre zu heiß werden, so legt man auf sie ein feuchtes Tuch, welches man von Zeit zu Zeit mit neuem Wasser tränkt.

Das in der Vorlage kondensierte Aluminiumchlorid wird in einem gut verschlossenen Glase am besten im Exsikkator aufbewahrt.

13. Bleisuperoxyd.

In einer großen Porzellanschale löst man unter Erwärmen 50 g essigsaures Blei in 250 ccm Wasser auf, versetzt mit einer Chlorkalklösung, welche man durch Schütteln von 100 g Chlorkalk mit $1^1/_2$ Liter Wasser und darauffolgendes Filtrieren hergestellt hat, und erhitzt so lange nicht ganz bis zum Sieden, bis der anfangs helle Niederschlag tief-dunkelbraun geworden ist. Man filtriert dann eine kleine Probe heiß ab, versetzt das Filtrat mit Chlorkalklösung und erhitzt zum Sieden. Entsteht hierbei noch ein brauner Niederschlag, so füge man der Hauptmenge so lange neue Chlorkalklösung hinzu und erhitze noch einige Zeit, bis eine Probe keinen Niederschlag mit Chlorkalk mehr liefert. Durch Dekantieren gießt man dann die Hauptmenge der Flüssigkeit von dem schweren Niederschlage ab, wäscht mehrfach mit Wasser nach (Dekantieren), saugt schließlich an der Saugpumpe ab und wäscht auch hier noch öfters mit Wasser nach. Das Bleisuperoxyd wird nicht getrocknet, sondern in Form einer dicken Paste in einem verschlossenen Glase aufbewahrt.

Wertbestimmung: Um den Wert der Paste zu bestimmen, erhitzt man eine abgewogene Probe mit Salzsäure, leitet das sich entwickelnde Chlor in Jodkaliumlösung und titriert das abgeschiedene Jod mit $^1/_{10}$ Normal-Natriumthiosulfatlösung (vgl. die Lehrbücher über Maßanalyse). Diese stellt man sich mit einer für präparative Zwecke ausreichenden Genauigkeit her, indem man auf der analytischen Wage auf einem Uhrglase genau 6·2 g reines kristallisiertes Natriumthiosulfat abwägt und dies in so viel kaltem Wasser auflöst, daß das Volumen der Lösung gerade 250 ccm beträgt. In einem kleinen Kölbchen wägt man sich dann 0·5 bis 1 g der Superoxydpaste ab, versetzt unter Kühlung mit einer Mischung von gleichen Volumenteilen konzentrierter Salzsäure und Wasser, verbindet das Kölbchen sofort mit einem

Entbindungsrohr und taucht dieses in eine umgekehrt aufgestellte Retorte ein, deren Hals ausgebaucht ist, und welche eine wässerige Lösung von 4 g Jodkalium enthält. Erhitzt man nun, so entwickelt sich Chlor, welches aus dem Jodkalium Jod in Freiheit setzt. Nach beendetem Erhitzen gebe man acht, daß die Jodkaliumlösung nicht in das Kölbchen zurücksteigt. Man gießt dann den Retorteninhalt in ein Becherglas und versetzt ihn so lange mit Thiosulfatlösung, die sich in einer Bürette befindet, bis eben die gelbe Farbe des Jods verschwunden ist. Da ein Molekül Superoxyd zwei Atome Jod in Freiheit setzt, so entspricht ein Kubikzentimeter Thiosulfatlösung $= \frac{0 \cdot 0239}{2} = 0 \cdot 012$ g reinem PbO_2.

14. Kupferchlorür.

In eine 60—70° warme wässerige Lösung von 50 g Kupfervitriol und 24 g Kochsalz leitet man gasförmige schweflige Säure ein, bis das ausfallende Kupferchlorür sich nicht weiter vermehrt. Den Niederschlag filtriert man an der Saugpumpe ab und wäscht ihn zunächst mit schwefliger Säure und dann mit Eisessig so lange nach, bis letzterer farblos abläuft. Das feuchte Präparat wird dann in einer flachen Schale oder auf einem großen Uhrglase auf dem Wasserbade so lange erwärmt, bis es nicht mehr nach Eisessig riecht. Man bewahrt es gut verschlossen auf.

15. Wertbestimmung des Zinkstaubs.

In ein kleines Rundkölbchen von ca. 100 ccm Inhalt bringt man mit Hilfe eines Wägeröhrchens etwa 0·1 g Zinkstaub (genaue Wägung ausführen) und fügt wenige Kubikzentimeter Wasser hinzu. Man verschließt den Kolben sodann durch einen guten dreifach durchbohrten Kork, in dessen mittlerer Bohrung ein kleiner Tropftrichter sich befindet, während die seitlichen Bohrungen Zu- und Ableitungsrohr enthalten (Fig. 91). Zuvor füllt man jedoch das Abflußrohr des Trichters mit Wasser, indem man das Ende desselben in ein mit Wasser gefülltes Schälchen eintaucht, bei geöffnetem Hahne an der oberen Öffnung mit dem Munde saugt und dann den Hahn schließt. Nachdem man das Zuleitungsrohr mit einem KIPPschen Kohlensäureapparate und das Ableitungsrohr mit dem bei der Elementar-

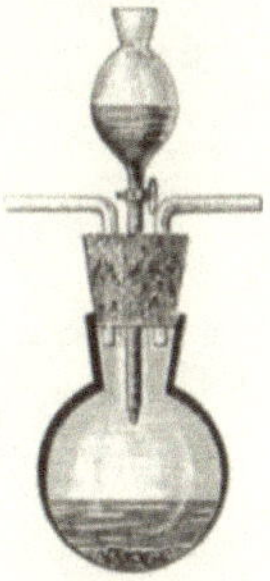

Fig. 91.

analyse beschriebenen und mit Kalilauge gefüllten Stickstoffsammler verbunden hat, leitet man so lange Kohlensäure durch den Apparat, bis alles Gas von der Kalilauge absorbiert wird. Man mäßigt dann den Kohlensäurestrom und läßt zu dem Zinkstaub aus dem Tropftrichter eine Mischung von 10 ccm konzentrierter Salzsäure und 10 ccm Wasser, welche man mit einigen Tropfen Platinchlorid versetzt hat, fließen, wobei man schließlich gelinde erwärmt. Aus dem erhaltenen Volumen Wasserstoff läßt sich dann der Gehalt des Zinkstaubs an Zink berechnen. Die einzelnen Operationen dieser Analyse sind die gleichen, wie bei der Stickstoffanalyse beschrieben.

Register.

t	b 726	728	730	732	734	736	738	740	742	744	746	748	750
5°	1·163 06541	1·166 06662	1·169 06782	1·172 06902	1·175 07021	1·179 07141	1·182 07259	1·185 07378	1·188 07496	1·192 07614	1·195 07732	1·198 07849	1·20 0796
6°	1·158 06355	1·161 06476	1·164 06596	1·167 06716	1·171 06835	1·174 06955	1·177 07074	1·180 07192	1·183 07311	1·186 07429	1·190 07546	1·193 07664	1·19 0778
7°	1·153 06169	1·156 06289	1·159 06410	1·162 06530	1·165 06650	1·169 06769	1·172 06888	1·175 07007	1·178 07125	1·181 07243	1·185 07361	1·188 07479	1·19 0759
8°	1·148 05983	1·151 06104	1·154 06225	1·157 06345	1·161 06465	1·164 06584	1·167 06703	1·170 06822	1·173 06941	1·176 07059	1·180 07177	1·183 07294	1·18 0741
9°	1·143 05796	1·146 05920	1·149 06041	1·152 06161	1·156 06281	1·159 06400	1·162 06520	1·165 06638	1·168 06757	1·171 06875	1·175 06993	1·178 07111	1·181 0722
10°	1·138 05609	1·141 05730	1·144 05851	1·147 05971	1·151 06091	1·154 06210	1·157 06330	1·160 06449	1·163 06567	1·166 06686	1·170 06804	1·173 06922	1·17 0703
11°	1·133 05412	1·136 05534	1·139 05654	1·142 05775	1·145 05895	1·149 06015	1·152 06134	1·155 06253	1·158 06372	1·161 06490	1·164 06609	1·168 06726	1·17 0684
12°	1·128 05223	1·131 05344	1·134 05465	1·137 05586	1·140 05706	1·144 05826	1·147 05945	1·150 06064	1·153 06183	1·156 06302	1·159 06420	1·162 06538	1·16 0665
13°	1·123 05029	1·126 05150	1·129 05271	1·132 05392	1·135 05512	1·138 05632	1·142 05751	1·145 05871	1·148 05990	1·151 06108	1·154 06227	1·157 06345	1·16 0646
14°	1·118 04828	1·121 04949	1·124 05070	1·127 05191	1·130 05312	1·133 05432	1·136 05552	1·140 05671	1·143 05790	1·146 05909	1·149 06028	1·152 06146	1·15 0626
15°	1·112 04628	1·116 04750	1·119 04871	1·122 04992	1·125 05113	1·128 05233	1·131 05353	1·134 05472	1·137 05592	1·141 05711	1·144 05829	1·147 05947	1·15 0606
16°	1·107 04428	1·111 04550	1·114 04672	1·117 04793	1·120 04913	1·123 05034	1·126 05154	1·129 05274	1·132 05393	1·135 05512	1·138 05631	1·142 05749	1·14 0586
17°	1·102 04224	1·105 04345	1·108 04467	1·111 04588	1·115 04709	1·118 04830	1·121 04950	1·124 05070	1·127 05189	1·130 05308	1·133 05427	1·136 05546	1·13 0566
18°	1·097 04019	1·100 04141	1·103 04262	1·106 04384	1·109 04505	1·112 04625	1·115 04746	1·119 04866	1·122 04986	1·125 05105	1·128 05224	1·131 05343	1·13 0546
19°	1·092 03808	1·095 03931	1·098 04053	1·101 04174	1·104 04295	1·107 04416	1·110 04537	1·113 04657	1·116 04777	1·119 04896	1·122 05015	1·125 05134	1·12 0525
20°	1·086 03592	1·089 03715	1·092 03837	1·095 03958	1·099 04080	1·102 04201	1·105 04321	1·108 04442	1·111 04562	1·114 04682	1·117 04801	1·120 04920	1·12 0503
21°	1·081 03377	1·084 03499	1·087 03621	1·090 03743	1·093 03865	1·096 03986	1·099 04107	1·102 04228	1·105 04348	1·108 04468	1·111 04587	1·114 04707	1·11 0482
22°	1·076 03161	1·079 03284	1·082 03406	1·085 03528	1·088 03650	1·091 03772	1·094 03893	1·097 04013	1·100 04134	1·103 04254	1·106 04374	1·109 04493	1·11 0461
23°	1·070 02934	1·073 03057	1·076 03180	1·079 03302	1·082 03424	1·085 03546	1·088 03667	1·091 03788	1·094 03909	1·097 04029	1·100 04149	1·103 04268	1·10 0438
24°	1·064 02707	1·067 02830	1·070 02953	1·073 03076	1·076 03198	1·079 03320	1·082 03441	1·086 03562	1·089 03683	1·092 03804	1·095 03924	1·098 04044	1·10 0416
25°	1·059 02481	1·062 02604	1·065 02727	1·068 02850	1·071 02972	1·074 03094	1·077 03216	1·080 03338	1·083 03459	1·086 03579	1·089 03700	1·092 03820	1·09 0394
26°	1·053 02242	1·056 02366	1·059 02489	1·062 02612	1·065 02735	1·068 02857	1·071 02979	1·074 03101	1·077 03222	1·080 03343	1·083 03464	1·086 03584	1·08 0370
27°	1·047 02004	1·050 02128	1·053 02251	1·056 02375	1·059 02498	1·062 02620	1·065 02742	1·068 02864	1·071 02986	1·074 03107	1·077 03228	1·080 03349	1·08 0346
28°	1·041 01759	1·044 01884	1·047 02008	1·050 02131	1·053 02254	1·056 02377	1·059 02500	1·062 02622	1·065 02744	1·068 02865	1·071 02986	1·074 03107	1·07 0322
29°	1·036 01516	1·038 01640	1·041 01764	1·044 01888	1·048 02012	1·050 02135	1·053 02258	1·056 02380	1·059 02502	1·062 02624	1·065 02745	1·068 02867	1·07 0298
30°	1·029 01259	1·032 01384	1·035 01509	1·038 01633	1·042 01757	1·044 01880	1·047 02003	1·050 02126	1·053 02248	1·056 02370	1·059 02492	1·062 02614	1·06 0273
	b 726	728	730	732	734	736	738	740	742	744	746	748	750

·ff-Bestimmungen.

756	758	760	762	764	766	768	770	772	774	776	778	780 mm	t
·211 ·8315	1·214 08431	1·217 08546	1·221 08661	1·224 08776	1·227 08891	1·230 09005	1·234 09119	1·237 09233	1·240 09346	1·243 09459	1·247 09572	1·250 09684	5°
·206 8130	1·209 08246	1·212 08361	1·216 08477	1·219 08592	1·222 08706	1·225 08820	1·228 08934	1·232 09048	1·235 09162	1·238 09275	1·241 09387	1·245 09500	6°
·201 7945	1·204 08061	1·207 08177	1·210 08292	1·214 08407	1·217 08522	1·220 08636	1·223 08750	1·226 08864	1·230 08977	1·233 09090	1·236 09203	1·239 09316	7°
·196 7761	1·199 07877	1·202 07993	1·205 08108	1·208 08223	1·212 08338	1·215 08452	1·218 08566	1·221 08680	1·224 08794	1·228 08907	1·231 09020	1·234 09133	8°
·191 7578	1·194 07694	1·197 07810	1·200 07925	1·203 08040	1·206 08155	1·210 08270	1·213 08384	1·216 08498	1·219 08612	1·223 08725	1·226 08838	1·229 08951	9°
·186 7389	1·189 07505	1·192 07621	1·195 07737	1·198 07852	1·201 07967	1·205 08081	1·208 08196	1·211 08310	1·214 08423	1·217 08537	1·220 08650	1·224 08763	10°
·180 7195	1·183 07311	1·187 07427	1·190 07542	1·193 07658	1·196 07773	1·199 07887	1·202 08002	1·205 08116	1·209 08230	1·212 08343	1·215 08456	1·218 08569	11°
·175 7007	1·178 07123	1·181 07239	1·185 07355	1·188 07470	1·191 07585	1·194 07700	1·197 07814	1·200 07929	1·203 08043	1·207 08156	1·210 08269	1·213 08383	12°
·170 6814	1·173 06930	1·176 07046	1·179 07162	1·182 07278	1·186 07393	1·189 07508	1·192 07622	1·195 07737	1·198 07851	1·201 07964	1·204 08078	1·208 08191	13°
·165 6615	1·168 06732	1·171 06848	1·174 06964	1·177 07080	1·180 07195	1·183 07310	1·186 07425	1·190 07539	1·193 07653	1·196 07767	1·199 07881	1·202 07994	14°
·159 6417	1·162 06534	1·165 06650	1·169 06767	1·172 06882	1·175 06998	1·178 07113	1·181 07228	1·184 07342	1·187 07457	1·190 07571	1·194 07684	1·197 07798	15°
·154 6220	1·157 06336	1·160 06453	1·163 06569	1·166 06685	1·170 06801	1·173 06916	1·176 07031	1·179 07146	1·182 07260	1·185 07374	1·188 07488	1·191 07601	16°
·149 6017	1·152 06134	1·155 06251	1·158 06367	1·161 06483	1·164 06599	1·167 06714	1·170 06829	1·173 06944	1·176 07058	1·180 07173	1·183 07287	1·186 07400	17°
·143 5814	1·146 05931	1·149 06048	1·153 06165	1·156 06281	1·159 06397	1·162 06512	1·165 06627	1·168 06742	1·171 06857	1·174 06971	1·177 07085	1·180 07199	18°
·138 5607	1·141 05724	1·144 05841	1·147 05957	1·150 06074	1·153 06190	1·156 06305	1·159 06421	1·162 06536	1·165 06651	1·169 06765	1·172 06879	1·175 06993	19°
·132 5393	1·135 05510	1·138 05627	1·141 05744	1·144 05861	1·148 05977	1·151 06093	1·154 06208	1·157 06324	1·160 06439	1·163 06553	1·166 06668	1·169 06782	20°
·127 5180	1·130 05298	1·133 05415	1·136 05532	1·139 05649	1·142 05765	1·145 05881	1·148 05997	1·151 06112	1·154 06227	1·157 06342	1·160 06457	1·163 06571	21°
·121 4967	1·124 05085	1·127 05203	1·130 05320	1·133 05437	1·136 05553	1·139 05669	1·142 05785	1·146 05901	1·149 06016	1·152 06131	1·155 06246	1·158 06360	22°
·115 4744	1·118 04862	1·121 04979	1·125 05097	1·128 05214	1·131 05330	1·134 05447	1·137 05563	1·140 05679	1·143 05794	1·146 05909	1·149 06024	1·152 06139	23°
·110 4520	1·113 04638	1·116 04756	1·119 04873	1·122 04991	1·125 05108	1·128 05224	1·131 05341	1·134 05457	1·137 05572	1·140 05688	1·143 05803	1·146 05917	24°
·104 4297	1·107 04415	1·110 04533	1·113 04651	1·116 04769	1·119 04886	1·122 05002	1·125 05119	1·128 05235	1·131 05351	1·134 05467	1·137 05582	1·140 05697	25°
·098 4062	1·101 04180	1·104 04299	1·107 04417	1·110 04534	1·113 04652	1·116 04769	1·119 04886	1·122 05002	1·125 05118	1·128 05234	1·131 05349	1·134 05465	26°
·092 3828	1·095 03946	1·098 04065	1·101 04183	1·104 04301	1·107 04419	1·110 04536	1·113 04653	1·116 04770	1·119 04886	1·122 05002	1·125 05118	1·128 05233	27°
·086 3587	1·089 03706	1·092 03825	1·095 03944	1·098 04062	1·101 04180	1·104 04297	1·107 04415	1·110 04531	1·113 04648	1·116 04764	1·119 04880	1·122 04996	28°
·080 3348	1·083 03467	1·086 03586	1·089 03705	1·092 03823	1·095 03941	1·098 04059	1·101 04177	1·104 04294	1·107 04411	1·110 04527	1·113 04644	1·116 04759	29°
·074 3096	1·077 03216	1·080 03335	1·083 03454	1·086 03573	1·089 03691	1·092 03809	1·095 03927	1·098 04045	1·101 04162	1·104 04278	1·106 04395	1·109 04511	30°
756	758	760	762	764	766	768	770	772	774	776	778	780 mm	

www.ingramcontent.com/pod-product-compliance
Lightning Source LLC
LaVergne TN
LVHW092156300926
849161LV00002B/283